140-1
Multimediales Zusatzangebot
über Webcode im Internet:

1. Webseite **www.cornelsen.de/zahlen-und-groessen** aufrufen
2. Buch auswählen **MZG002856**
3. Webcode ergänzen: z. B. **MZG002856**-140-1

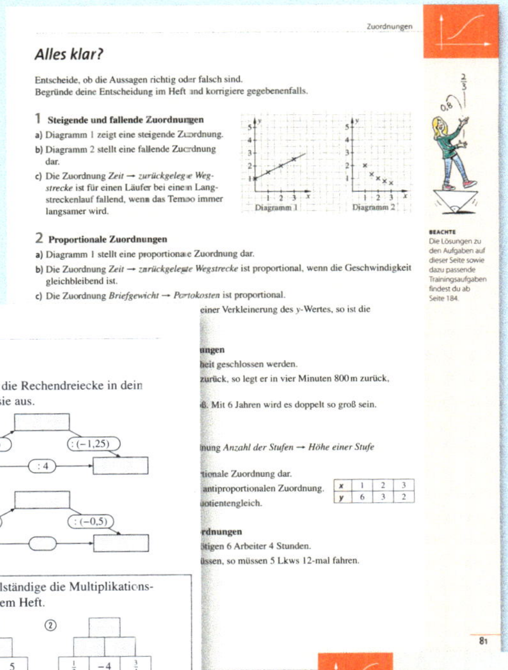

5 Mit der Seite **Alles klar?** am Ende jedes Kapitels kannst du dein Wissen selbstständig überprüfen. Die Lösungen zu den Aufgaben und weitere passende Übungen stehen am Ende des Buches.

6 Die **Zusammenfassung** enthält kurz und knapp das Wichtigste aus dem Kapitel. Sie dient dem schnellen Nachschlagen des gelernten Stoffes.

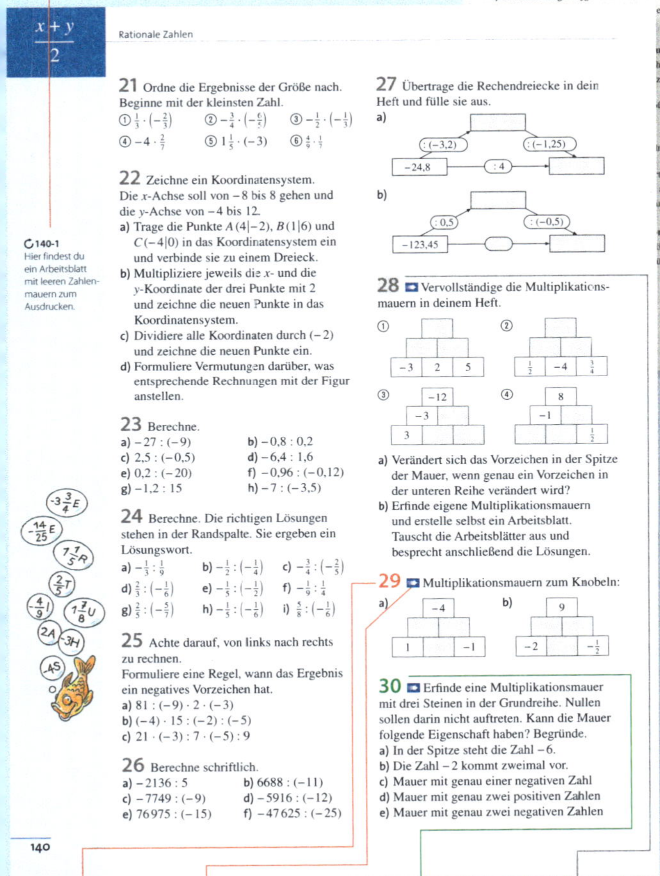

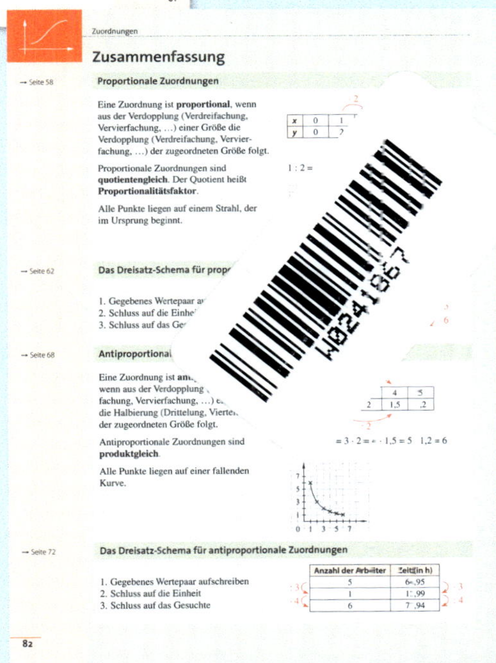

Schwere Aufgabe

Aufgabe, die speziell prozessbezogene Kompetenzen fördert

Aufgabe auf Gymnasialniveau

Aufgabe, die dem Niveau eines Erweiterungskurses entspricht

Was bietet das Buch noch?

Auf den **Themen- und Methodenseiten** lernst du z. B. den Umgang mit Werkzeugen oder Formen der Gruppenarbeit. Vielfach musst du Probleme lösen, Rechenwege erkunden und erklären, im Internet recherchieren oder eigene Arbeiten präsentieren. Dabei benötigst du Kenntnisse aus anderen Fächern und aus dem Alltag, die mit dem mathematischen Problem in Zusammenhang zu bringen sind.

In jedem Kapitel findest du unter den **Vermischten Übungen** weitere Aufgaben zu den Lerneinheiten des gesamten Kapitels. Auf der letzten dieser Seiten steht eine besonders spannende Aufgabe, bei der du selbst bestimmen kannst, wie tief du in die Mathematik „eintauchen“ möchtest.

Brüche multiplizieren und dividieren

Nele fährt jeden Morgen mit dem Fahrrad zu ihrer $3\frac{1}{2}$ km entfernten Schule. Für die Strecke braucht sie eine Viertelstunde. Neles Freundin Selina legt jeden Tag mit dem Schulbus insgesamt einen Weg von $13\frac{1}{2}$ km zurück. Für Hin- und Rückfahrt benötigt sie eine Dreiviertelstunde.

In diesem Kapitel lernst du, wie man Brüche mit natürlichen Zahlen multipliziert. So kannst du z. B. berechnen, wie viel Kilometer Nele und Selina in einer Woche auf ihren Schulwegen zurücklegen. Außerdem erfährst du, wie man Brüche multipliziert und dividiert. Damit lässt sich beispielsweise Neles Durchschnittsgeschwindigkeit bestimmen.

Noch fit?

1 Was wird hier dargestellt? Benutze die mathematischen Fachbegriffe (kürzen, erweitern, gemischte Zahl, …).

a) 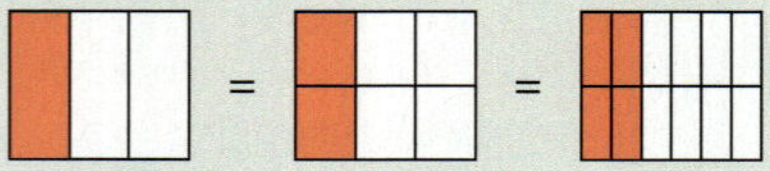

b) 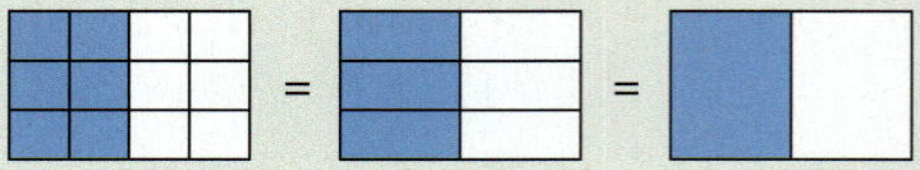

c) 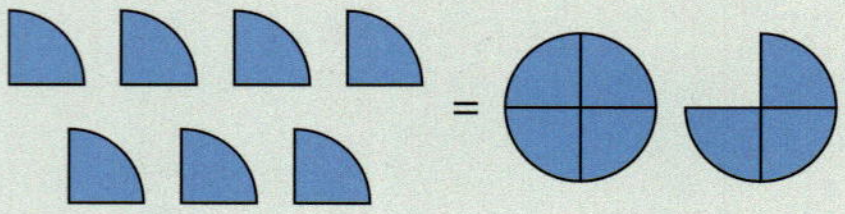

d) 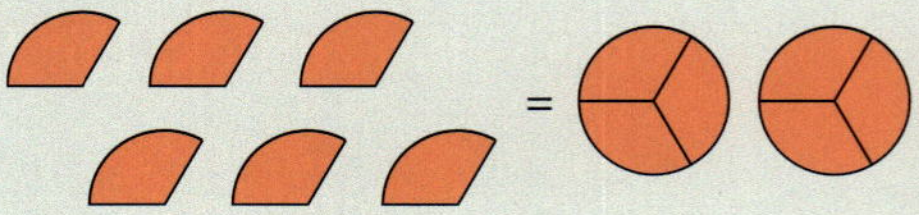

2 Kürze, wenn es möglich ist.

a) $\frac{4}{12}$ b) $\frac{3}{15}$ c) $\frac{4}{17}$ d) $\frac{15}{55}$ e) $\frac{9}{30}$ f) $\frac{7}{30}$ g) $\frac{12}{44}$
h) $\frac{14}{56}$ i) $\frac{25}{5}$ j) $\frac{13}{39}$ k) $\frac{20}{24}$ l) $\frac{19}{20}$ m) $\frac{33}{90}$ n) $\frac{16}{52}$

006-1
Unter dem Webcode findest du eine interaktive Übung zur Umwandlung von Brüchen in Dezimalbrüche.

3 Wandle die Brüche in Dezimalbrüche um.

a) $\frac{3}{10}$ b) $\frac{27}{100}$ c) $\frac{9}{100}$ d) $\frac{3}{5}$ e) $\frac{8}{25}$ f) $\frac{3}{4}$ g) $\frac{7}{20}$ h) $\frac{1}{50}$

4 Wandle die Dezimalbrüche in Brüche um. Kürze die Brüche so weit wie möglich.

a) 0,7 b) 0,4 c) 0,89 d) 0,55 e) 0,32 f) 0,08 g) 0,25 h) 3,7

5 Berechne.

a) $\frac{1}{3}+\frac{1}{3}$ b) $\frac{2}{5}+\frac{1}{5}$ c) $\frac{1}{4}+\frac{1}{4}$ d) $\frac{3}{10}+\frac{7}{10}$ e) $\frac{1}{4}+\frac{3}{8}$ f) $\frac{2}{5}+\frac{3}{10}$
g) $\frac{2}{3}+\frac{1}{5}$ h) $\frac{1}{4}+\frac{5}{6}$ i) $\frac{7}{8}+\frac{9}{10}$ j) $1\frac{1}{2}+1\frac{1}{2}$ k) $3\frac{3}{4}+2\frac{3}{5}$ l) $1\frac{5}{9}+2\frac{7}{12}$

6 Berechne und erkläre, wie sich die Ergebnisse in einer Zeile verändern.

a) 30 · 50	3 · 50	3 · 5	3 · 0,5	0,3 · 0,5	0,03 · 0,5
b) 70 · 11	7 · 11	7 · 1,1	0,7 · 1,1	0,7 · 0,11	0,07 · 0,11
c) 180 : 3	18 : 3	1,8 : 3	0,18 : 3	0,18 : 0,3	0,18 : 0,03
d) 1600 : 40	160 : 4	16 : 0,4	1,6 : 0,04	1,6 : 0,4	1,6 : 4

7 Berechne.

a) 3,8 · 7 b) 0,84 · 5 c) 0,9 · 0,47 d) 6,7 · 3,5 e) 4,8 · 0,36 f) 5,62 · 3,6
g) 13,5 : 5 h) 8,55 : 3 i) 3,1 : 2 j) 0,57 : 0,3 k) 0,61 : 0,5 l) 36 : 0,9

Bunt gemischt

1. Rechne in die nächstgrößere Einheit um: 5000 m; 800 kg; 70 mm; 370 ct; 90 s; 5 dm
2. Rechne in die nächstkleinere Einheit um: 4 m; 5 cm; 0,8 dm; 0,5 km; 0,08 kg; 2 h; $\frac{1}{2}$ min
3. Multipliziere schriftlich: 207 · 956
4. Dividiere schriftlich: 54 432 : 8
5. Zeichne das Schrägbild eines Quaders mit $a = 3$ cm; $b = 4{,}5$ cm und $c = 8$ cm.
6. Ordne die Zahlen von klein nach groß: 8; –8; –2; 2; $\frac{1}{2}$; $-\frac{6}{7}$; $-\frac{1}{2}$; $\frac{6}{7}$
7. Welches Rechengesetz wurde hier verwendet? $8 \cdot 0{,}4 + 8 \cdot 0{,}6 = 8 \cdot (0{,}4 + 0{,}6) = 8$
8. Ergänze im Heft: Ein Würfel hat ▢ Ecken, ▢ Flächen und ▢ Kanten.

Brüche mit natürlichen Zahlen multiplizieren

Erforschen und Entdecken

1 Multiplikation ist die mehrmals ausgeführte Addition des gleichen Summanden.
Statt $41 + 41 + 41 + 41 + 41$ kann man auch $5 \cdot 41$ schreiben.

a) Berechne und schreibe dann die Summen als Produkt.

① $\frac{2}{7} + \frac{2}{7} + \frac{2}{7}$ ② $\frac{1}{9} + \frac{1}{9} + \frac{1}{9} + \frac{1}{9}$ ③ $\frac{3}{11} + \frac{3}{11}$

b) Schreibe die Produkte als Summen und berechne dann das Ergebnis.

① $3 \cdot \frac{2}{11}$ ② $2 \cdot \frac{2}{9}$ ③ $5 \cdot \frac{1}{6}$ ④ $4 \cdot \frac{3}{10}$

c) Erkläre, wie man $5 \cdot \frac{4}{23}$ berechnen kann, ohne die Rechnung vorher als Summe zu schreiben. Formuliere eine Regel zur Multiplikation einer natürlichen Zahl mit einem Bruch.

2 Für einen Cocktail benötigt man laut Rezept $\frac{1}{5}$ ℓ roten Traubensaft, $\frac{3}{10}$ ℓ Apfelsaft, $\frac{1}{8}$ ℓ Wasser, einen Spritzer Zitronensaft, 1 Zimtstange, 1 Teelöffel Honig und 2 Nelken. Noah bekommt Besuch von zwei Freunden und sie wollen die dreifache Menge zubereiten.

a) Was berechnet Noah mit dem Produkt $\frac{1}{5} \cdot 3$?

b) Noah schreibt: $\frac{1}{5} \cdot 3 = 0{,}2 \cdot 3 = 0{,}6 = \frac{6}{10} = \frac{3}{5}$
Erkläre Noahs Rechnung.

c) Schreibe das Rezept für drei Cocktails um. Verdreifache dazu auch die anderen Angaben.

d) Wie multipliziert man einen Bruch mit einer natürlichen Zahl, ohne ihn in einen Dezimalbruch umzuwandeln? Formuliere einen Merksatz.

e) Berechne die Aufgaben.

① $\frac{1}{6} \cdot 5$ ② $\frac{2}{7} \cdot 3$ ③ $\frac{3}{4} \cdot 5$

3 $\frac{2}{3}$ von 12 ist 8, denn …

a) Übertrage die fünf Ideen von oben auf die Aufgabe $\frac{3}{4}$ von 12 = …

b) Berechne mit einer Vorgehensweise deiner Wahl.
Vergleicht die Ergebnisse untereinander.

① $\frac{2}{3}$ von 9 ② $\frac{3}{5}$ von 20 ③ $\frac{5}{6}$ von 42 ④ $\frac{15}{17}$ von 51

Lesen und Verstehen

Jan hat heute 5 Stunden Unterricht.
Jede Unterrichtsstunde dauert eine $\frac{3}{4}$ Stunde.
Wie viel Zeit verbringt er heute im Unterricht?

Die Multiplikation mit einer natürlichen Zahl kann auch als verkürzte Addition verstanden werden.

Einen **Bruch** kann man **mit einer natürlichen Zahl multiplizieren**, indem man den Zähler mit dieser Zahl multipliziert und den Nenner beibehält.

BEISPIEL 1

$\frac{3}{4}+\frac{3}{4}+\frac{3}{4}+\frac{3}{4}+\frac{3}{4}=5\cdot\frac{3}{4}$

$5\cdot\frac{3}{4}=\frac{5\cdot 3}{4}=\frac{15}{4}=3\frac{3}{4}$

Jan hat heute $3\frac{3}{4}$ h Unterricht.

Morgen hat Jan 6 Unterrichtsstunden.
Wie viel Zeit verbringt er morgen im Unterricht?

Das vorherige Kürzen der Brüche vereinfacht die Rechnungen.

Das Kommutativgesetz der Multiplikation gilt weiterhin. Faktoren innerhalb eines Produkts dürfen also vertauscht werden.

BEISPIEL 2

$6\cdot\frac{3}{4}=\frac{\not{6}^{3}\cdot 3}{\not{4}_{2}}=\frac{9}{2}=4\frac{1}{2}$

$6\cdot\frac{3}{4}=\frac{3}{4}\cdot 6$

Basisaufgaben

1 Schreibe als Produkt und berechne.

a) $\frac{1}{5}+\frac{1}{5}+\frac{1}{5}=3\cdot\frac{1}{5}=\dots$
b) $\frac{1}{7}+\frac{1}{7}+\frac{1}{7}+\frac{1}{7}$
c) $\frac{1}{8}+\frac{1}{8}+\frac{1}{8}+\frac{1}{8}+\frac{1}{8}+\frac{1}{8}+\frac{1}{8}$
d) $\frac{3}{10}+\frac{3}{10}+\frac{3}{10}$
e) $\frac{2}{11}+\frac{2}{11}+\frac{2}{11}+\frac{2}{11}+\frac{2}{11}$
f) $\frac{2}{9}+\frac{2}{9}+\frac{2}{9}+\frac{2}{9}$
g) $\frac{4}{21}+\frac{4}{21}+\frac{4}{21}+\frac{4}{21}+\frac{4}{21}$

2 Schreibe als Produkt und berechne. Schreibe das Ergebnis als gemischte Zahl.

a) $\frac{2}{5}+\frac{2}{5}+\frac{2}{5}+\frac{2}{5}$
b) $\frac{3}{7}+\frac{3}{7}+\frac{3}{7}+\frac{3}{7}+\frac{3}{7}+\frac{3}{7}$
c) $\frac{5}{12}+\frac{5}{12}+\frac{5}{12}+\frac{5}{12}+\frac{5}{12}$
d) $\frac{7}{8}+\frac{7}{8}+\frac{7}{8}$
e) $\frac{4}{9}+\frac{4}{9}+\frac{4}{9}+\frac{4}{9}+\frac{4}{9}+\frac{4}{9}+\frac{4}{9}$
f) $\frac{6}{7}+\frac{6}{7}+\frac{6}{7}+\frac{6}{7}+\frac{6}{7}+\frac{6}{7}+\frac{6}{7}+\frac{6}{7}$

3 Berechne. Schreibe das Ergebnis als gemischte Zahl, wenn dies möglich ist.

a) $4\cdot\frac{2}{9}$ b) $5\cdot\frac{2}{11}$ c) $6\cdot\frac{2}{7}$
d) $8\cdot\frac{1}{11}$ e) $5\cdot\frac{3}{13}$ f) $4\cdot\frac{2}{5}$

4 Berechne die Produkte. Kürze, falls möglich, vor dem Multiplizieren.

a) $6\cdot\frac{3}{8}$ b) $4\cdot\frac{5}{6}$ c) $2\cdot\frac{4}{5}$
d) $8\cdot\frac{7}{10}$ e) $6\cdot\frac{4}{9}$ f) $9\cdot\frac{5}{12}$

5 Berechne und formuliere anschließend eine Regel.

a) $3\cdot\frac{2}{3}$ b) $5\cdot\frac{3}{5}$ c) $7\cdot\frac{4}{7}$
d) $11\cdot\frac{4}{11}$ e) $8\cdot\frac{7}{8}$ f) $6\cdot\frac{1}{6}$

6 Berechne die Produkte.

a) $\frac{2}{3}\cdot 5$ b) $\frac{4}{7}\cdot 3$ c) $\frac{5}{6}\cdot 8$
d) $9\cdot\frac{7}{9}$ e) $\frac{9}{10}\cdot 15$ f) $\frac{4}{5}\cdot 10$

7 Schreibe als Produkt und berechne.

BEISPIEL $\frac{3}{4}$ von 12; $\frac{3}{4} \cdot 12 = \ldots = 9$

a) $\frac{2}{3}$ von 9 b) $\frac{3}{5}$ von 20
c) $\frac{5}{6}$ von 30 d) $\frac{4}{7}$ von 70
e) $\frac{4}{5}$ von 35 f) $\frac{7}{12}$ von 96
g) $\frac{3}{4}$ von 50 h) $\frac{4}{9}$ von 12

8 Schreibe als Produkt und berechne.

a) das Doppelte von $\frac{4}{5}$
b) das Vierfache von $\frac{2}{3}$
c) das Zehnfache von $\frac{3}{4}$
d) das Achtfache von $\frac{5}{6}$
e) die Hälfte von 5
f) ein Viertel von 9
g) drei Achtel von 4
h) zwei Drittel von 21

9 Die 7 a mit 27 Schülerinnen und Schülern besteht zu $\frac{4}{9}$ aus Mädchen. Wie viele Mädchen und wie viele Jungen sind in der Klasse?

10 Eine Unterrichtsstunde dauert eine $\frac{3}{4}$ Stunde. Wie viel Zeit verbrachten die folgenden Personen im Unterricht?

a) Herr Bremer hat heute fünf Stunden Unterricht.
b) Clara hat sechs Stunden Unterricht.
c) Hanna hat acht Stunden Unterricht.
d) Mario hat in dieser Woche 31 Stunden Unterricht.
e) Rieke hat in dieser Woche 36 Stunden Unterricht.

11 Wie viel Liter des Getränks sind in einem Kasten enthalten? Die Getränkehandlung bietet unter anderem die folgenden Kästen an:

a) Sprudel mit 12 Flaschen zu je $\frac{7}{10}$ ℓ
b) Limonade mit 24 Flaschen zu je $\frac{1}{3}$ ℓ
c) Cola mit 12 Flaschen zu je $1\frac{1}{2}$ ℓ
d) Wasser mit 10 Flaschen zu je $\frac{3}{4}$ ℓ
e) Apfelsaft mit 12 Flaschen zu je $\frac{2}{10}$ ℓ
f) Orangensaft mit 8 Flaschen zu je $\frac{8}{10}$ ℓ

Weiterführende Aufgaben

12 Wandle die gemischte Zahl vor dem Multiplizieren in einen Bruch um. Schreibe, falls möglich, die Ergebnisse als gemischte Zahlen.

BEISPIEL $3 \cdot 1\frac{1}{4} = 3 \cdot \frac{5}{4} = \frac{3 \cdot 5}{4} = \frac{15}{4} = 3\frac{3}{4}$

a) $3 \cdot 1\frac{1}{2}$ b) $5 \cdot 1\frac{1}{3}$ c) $6 \cdot 1\frac{1}{6}$
d) $2 \cdot 1\frac{1}{4}$ e) $3 \cdot 1\frac{2}{3}$ f) $4 \cdot 1\frac{3}{4}$
g) $7 \cdot 1\frac{2}{7}$ h) $9 \cdot 1\frac{1}{6}$ i) $8 \cdot 2\frac{1}{2}$
j) $10 \cdot 3\frac{2}{3}$ k) $3 \cdot 4\frac{2}{3}$ l) $4 \cdot 5\frac{2}{5}$

13 Berechne.

a) $1\frac{2}{3} \cdot 5$ b) $1\frac{3}{5} \cdot 3$ c) $1\frac{7}{8} \cdot 4$
d) $1\frac{9}{10} \cdot 6$ e) $2\frac{1}{6} \cdot 7$ f) $3\frac{1}{7} \cdot 2$
g) $4\frac{1}{6} \cdot 4$ h) $1\frac{7}{8} \cdot 8$ i) $1\frac{9}{12} \cdot 5$
j) $2\frac{2}{3} \cdot 7$ k) $3\frac{1}{6} \cdot 6$ l) $4\frac{1}{9} \cdot 9$

14 Gib mindestens drei Produkte aus Brüchen an, die das Ergebnis 3 haben.

15 Bestimme.

BEISPIEL $\frac{2}{3}$ von 8 m $= \frac{2}{3} \cdot 8\,\text{m} = \frac{16}{3}\,\text{m} = 5\frac{1}{3}\,\text{m}$

a) $\frac{2}{3}$ von 10 m b) $\frac{3}{4}$ von 7 kg
c) $\frac{4}{5}$ von 12 h d) $\frac{3}{8}$ von 12 cm
e) $\frac{5}{6}$ von 15 ℓ f) $\frac{7}{12}$ von 8 t

16 Übertrage in dein Heft und ergänze die Lücken.

a) $3 \cdot \frac{\square}{10} = \frac{9}{10}$ b) $\square \cdot \frac{2}{15} = \frac{14}{15}$
c) $2 \cdot \frac{4}{\square} = \frac{8}{9}$ d) $\frac{4}{5} \cdot \square = 1\frac{3}{5}$
e) $3 \cdot \frac{\square}{11} = 1\frac{1}{11}$ f) $5 \cdot \frac{1}{\square} = \frac{1}{2}$
g) $8 \cdot \frac{\square}{12} = 3\frac{1}{3}$ h) $\square \cdot \frac{2}{3} = 4$

17 Schreibe als Produkt und berechne.

a) das Doppelte von $1\frac{3}{4}$
b) das Dreifache von $4\frac{1}{3}$
c) das Vierfache von $5\frac{3}{8}$
d) das Neunfache von $2\frac{5}{6}$

BEACHTE
Die Lösungen zu Aufgabe 16 ergeben in der richtigen Reihenfolge den Namen einer europäischen Hauptstadt. Zu welchem Land gehört die Stadt?
2 (S); 3 (H); 4 (); 5 (K); 6 (I); 7 (E); 9 (L); 10 (N)

18 Bilde aus den Kärtchen Aufgaben und berechne. Wähle geschickt. Jedes Kärtchen darf nur einmal verwendet werden.

ein Fünftel von | $\frac{3}{8}$ von | $\frac{5}{6}$ von | $\frac{5}{12}$ von | $\frac{7}{10}$ von | ein Drittel von

18 kg | 70 € | 25 km | 48 cm | 30 min | 32 h

19 Ergänze die Lücken in deinem Heft.

a) $\square$ von 180 € sind 120 €.
b) Drei Viertel von $\square$ sind 15 km.
c) $\square$ von 40 ℓ sind 25 ℓ.
d) Vier Neuntel von $\square$ Schülern sind 124 Schüler.
e) Das 12-fache von $\square$ ist 45.

20 Setze die drei Ziffern so ein, dass das Ergebnis möglichst groß (möglichst klein) wird: $\square \cdot \frac{\square}{\square}$

a) 2, 3 und 5
b) 3, 4 und 9

21 Chantal meint: „Erweitern mit 2 und mit 2 multiplizieren ist das Gleiche." Erkläre Chantal, warum sie Unrecht hat.

22 Vergleiche die drei Rechenwege.

Ⓐ $4 \cdot 1\frac{2}{5} = 4 \cdot \frac{7}{5} = \frac{28}{5} = 5\frac{3}{5}$

Ⓑ $4 \cdot 1\frac{2}{5} = 4 \cdot 1\frac{4}{10} = 4 \cdot 1{,}4 = 5{,}6 = 5\frac{6}{10} = 5\frac{3}{5}$

Ⓒ $4 \cdot 1\frac{2}{5} = 4 \cdot \left(1 + \frac{2}{5}\right) = 4 + \frac{8}{5} = 4 + 1\frac{3}{5} = 5\frac{3}{5}$

a) Beschreibe, wie bei den Rechnungen vorgegangen wurde.
b) Welche Rechengesetze wurden verwendet?
c) Berechne wie im Beispiel auf drei unterschiedlichen Wegen:
① $9 \cdot 2\frac{4}{5}$ ② $8 \cdot 3\frac{7}{10}$ ③ $4\frac{1}{2} \cdot 6$ ④ $2\frac{3}{8} \cdot 4$
d) Welchen Rechenweg findest du am einfachsten und warum?

23 Erkläre, wie man einen Bruch mit einer natürlichen Zahl multipliziert. Wie geht man dabei mit gemischten Zahlen um?
Was ist der Vorteil, wenn man kürzen kann? Notiere deine Erklärungen in deinem Lerntagebuch.

24 Ein Pantoffeltierchen von $\frac{1}{5}$ mm Länge wird unter einem Mikroskop untersucht. Das Objektiv des Mikroskops bewirkt eine 25-fache Vergrößerung, das Okular vergrößert nochmals 10-fach.

a) Berechne, wie groß das Pantoffeltierchen im Bild erscheint.
b) Welchen Durchmesser hat das vergrößerte Bild eines Menschenhaares, das in der Realität einen Durchmesser von $\frac{1}{12}$ mm hat?
c) Wie groß erscheint das Menschenhaar bei einem 40-fachen Objektiv und einem 10-fachen Okular im Bild?

25 In Deutschland lebten 2012 ca. 80,5 Mio. Menschen. Etwa $\frac{5}{23}$ davon lebten in Nordrhein-Westfalen. $\frac{10}{23}$ waren verheiratet. Jeder 20. war jünger als 6 Jahre.
Bestimme die jeweilige Anzahl.

26 Erfinde zu den folgenden Aufgaben passende Rechengeschichten und löse sie.
Anregungen:
– etwas wird geteilt
– die Anzahl der Schüler, die eine bestimmte Eigenschaft haben

a) $\frac{1}{3}$ von 30
b) das Doppelte von $\frac{3}{10}$
c) $\frac{3}{4}$ von 1092
d) $\frac{7}{8}$ von 24

27 Ergänze Zahlen so, dass die Rechnung stimmt. Finde mehrere Möglichkeiten.

a) $3 \cdot \frac{\square}{\square} = 1\frac{1}{2}$
b) $2 \cdot \frac{\square}{5} = 1\frac{\square}{5}$
c) $\frac{2}{3} \cdot \square = \square\frac{1}{3}$
d) $\frac{\square}{9} \cdot \square = \frac{8}{9}$
e) $6 \cdot \frac{2}{\square} = \frac{\square}{5}$
f) $1\frac{3}{4} \cdot \square = \square\frac{1}{2}$

Brüche multiplizieren

Erforschen und Entdecken

1 Bei Tims Geburtstagsfeier ist ein Viertel der Geburtstagstorte übrig geblieben. Am nächsten Tag wollen sich Tims Schwester, sein Vater und seine Mutter das verbliebene Stück teilen. Sie überlegen:
Wie viel ist ein Drittel von einem Viertel?

a) Erkläre mit Hilfe der Zeichnungen und der Rechnung unten, warum die Lösung $\frac{1}{12}$ sein muss.
b) Nutze die vier Lösungsideen, um zu berechnen, wie viel die Hälfte von einem Drittel ist.

ERINNERE DICH
Die Angabe „von" bedeutet bei Anteilen, dass multipliziert wird. Ein Drittel von einem Viertel ist also $\frac{1}{3} \cdot \frac{1}{4}$.

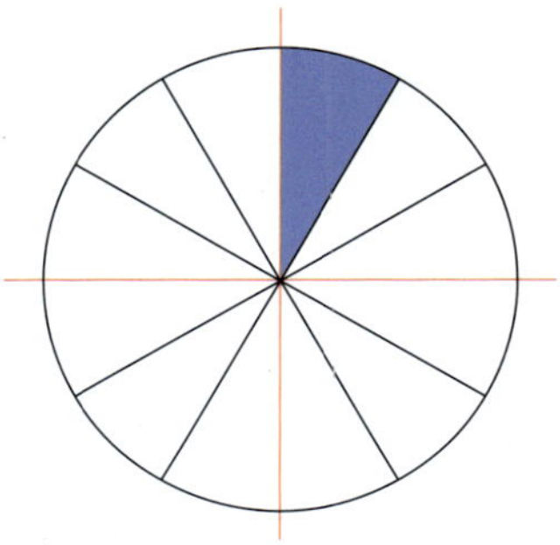

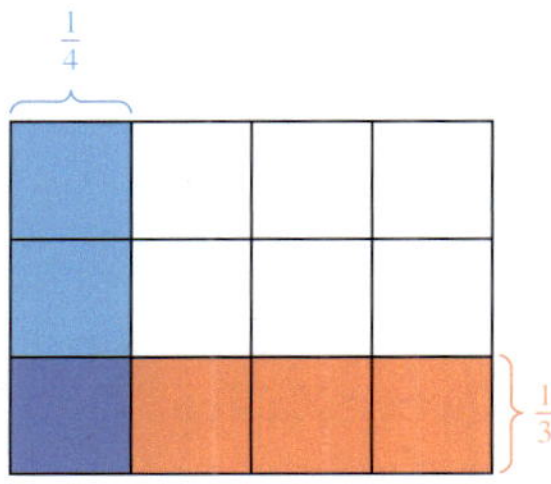

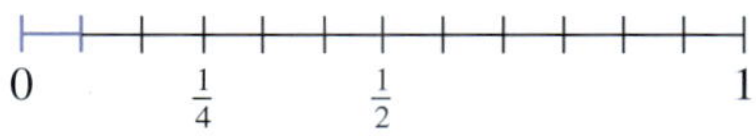

$\frac{1}{3} \cdot \frac{1}{4} = \frac{1}{12}$

c) Ist die Hälfte von einem Drittel das Gleiche wie ein Drittel von einer Hälfte? Begründe.
d) Bestimme die Lösungen mit einer Methode deiner Wahl:
① $\frac{1}{3}$ von $\frac{1}{5}$ ② $\frac{2}{3}$ von $\frac{4}{5}$ ③ $\frac{3}{4}$ von $\frac{2}{5}$

2 Vergleiche die Flächeninhalte der beiden Quadrate miteinander.

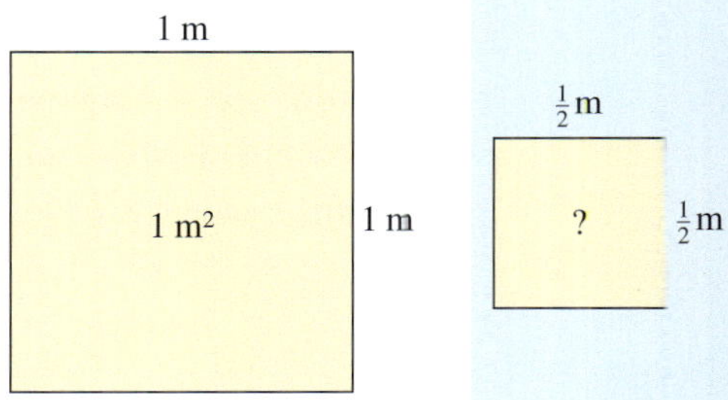

a) Bestimme über den Vergleich der Flächeninhalte den Wert des Produkts $\frac{1}{2} \cdot \frac{1}{2}$.
b) Ersetze die Brüche durch Dezimalbrüche und überprüfe deine Lösung aus Aufgabenteil a).
Überlege, wie beim Produkt $\frac{1}{2} \cdot \frac{1}{2}$ das Ergebnis aus den Faktoren entsteht.
c) Finde ähnliche Aufgaben mit Dezimalbrüchen und ersetze sie durch Brüche. Überprüfe deine Vermutung aus b).
d) Wie würdest du folgende Aufgaben lösen? Löse sie.
① $\frac{1}{4} \cdot \frac{2}{3}$ ② $\frac{1}{2} \cdot \frac{3}{8}$ ③ $\frac{2}{5} \cdot \frac{3}{11}$

3 Löse die Aufgaben. Was fällt dir auf?
Setze logisch um drei Produkte fort.

a)	b)	c)
$4 \cdot \frac{1}{2}$	$12 \cdot \frac{1}{2}$	$10 \cdot \frac{2}{5}$
$2 \cdot \frac{1}{2}$	$6 \cdot \frac{1}{2}$	$5 \cdot \frac{2}{5}$
$1 \cdot \frac{1}{2}$	$3 \cdot \frac{1}{2}$	$2\frac{1}{2} \cdot \frac{2}{5}$
$\frac{1}{2} \cdot \frac{1}{2}$	$1\frac{1}{2} \cdot \frac{1}{2}$	$1\frac{1}{4} \cdot \frac{2}{5}$
$\frac{1}{4} \cdot \frac{1}{2}$	$\frac{3}{4} \cdot \frac{1}{2}$	$\frac{5}{8} \cdot \frac{2}{5}$
$\frac{1}{8} \cdot \frac{1}{2}$	$\frac{3}{8} \cdot \frac{1}{2}$	$\frac{5}{16} \cdot \frac{2}{5}$

Lesen und Verstehen

Eine Weidefläche hat eine Länge von $\frac{3}{4}$ km und eine Breite von $\frac{2}{5}$ km. Wie groß ist ihr Flächeninhalt?

> Brüche werden multipliziert, indem man Zähler mit Zähler und Nenner mit Nenner multipliziert.

BEISPIEL 1
$\frac{3}{4} \cdot \frac{2}{5} = \frac{3 \cdot 2}{4 \cdot 5} = \frac{6}{20} = \frac{3}{10}$
Der Flächeninhalt der Weide beträgt $\frac{3}{10}$ km^2.
$\frac{3}{4} \cdot \frac{2}{5} = \frac{3}{\not{4}_2} \cdot \frac{\not{2}^1}{5} = \frac{3}{10}$

Um die Rechnung zu vereinfachen, kann schon vor dem Multiplizieren ein Faktor des Zählers gegen einen Faktor des Nenners gekürzt werden.

BEACHTE
Auch das Kommutativgesetz (Faktoren dürfen vertauscht werden) und das Assoziativgesetz (Faktoren dürfen beliebig durch Klammern zusammengefasst werden) gelten weiterhin.

Das Grundstück des Nachbarn ist sogar $1\frac{1}{4}$ km lang und $\frac{2}{5}$ km breit. Wie viel km^2 sind das?

Gemischte Zahlen kann man oft leichter multiplizieren, wenn man sie in Brüche umwandelt.

BEISPIEL 2
$1\frac{1}{4} \cdot \frac{2}{5} = \frac{5}{4} \cdot \frac{2}{5} = \frac{{}^1\not{5} \cdot \not{2}^1}{{}_2\not{4} \cdot \not{5}_1} = \frac{1}{2}$

Welchen Flächeninhalt haben die beiden Grundstücke zusammen?

Genau wie bei der Multiplikation mit natürlichen Zahlen gilt auch bei der Multiplikation mit Brüchen das Distributivgesetz.

BEISPIEL 3
$\frac{3}{4} \cdot \frac{2}{5} + 1\frac{1}{4} \cdot \frac{2}{5} = \frac{3}{10} + \frac{1}{2} = \frac{8}{10}$
$=$ $=$
$\left(\frac{3}{4} + 1\frac{1}{4}\right) \cdot \frac{2}{5} = 2 \cdot \frac{2}{5} = \frac{4}{5}$

Basisaufgaben

1 Ordne jeder Aufgabe eine Darstellung aus der Randspalte zu und berechne.

BEISPIEL $\frac{1}{2}$ von $\frac{1}{3} = \frac{1}{2} \cdot \frac{1}{3} = \frac{1}{6}$

a) $\frac{1}{2}$ von $\frac{3}{4}$
b) $\frac{2}{3}$ von $\frac{3}{5}$
c) $\frac{1}{2}$ von $\frac{1}{4}$

①
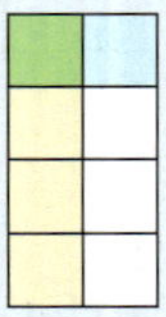

②

③

2 Übertrage die Rechtecke in dein Heft und löse zeichnerisch. Notiere die zugehörigen Multiplikationsaufgaben. Erkläre, wie Zeichnung und Rechnung zusammenhängen.

a) $\frac{1}{2}$ von $\frac{1}{5}$

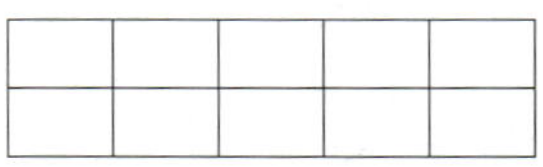

b) $\frac{1}{4}$ von $\frac{3}{5}$

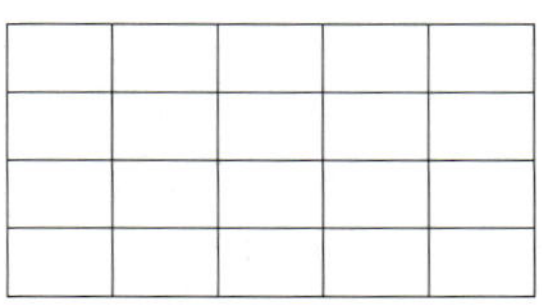

3 Berechne jeweils das Produkt.

a) $\frac{7}{9} \cdot \frac{1}{3}$ b) $\frac{2}{5} \cdot \frac{3}{7}$ c) $\frac{1}{6} \cdot \frac{1}{5}$
d) $\frac{5}{12} \cdot \frac{1}{3}$ e) $\frac{9}{10} \cdot \frac{7}{10}$ f) $\frac{4}{11} \cdot \frac{5}{9}$

4 Berechne die Produkte. Kürze zuvor.

BEISPIEL $\frac{2}{9} \cdot \frac{3}{4} = \frac{{}^1\not{2} \cdot \not{3}^1}{{}_3\not{9} \cdot \not{4}_2} = \frac{1}{6}$

a) $\frac{2}{5} \cdot \frac{3}{4}$ b) $\frac{1}{6} \cdot \frac{3}{5}$ c) $\frac{5}{6} \cdot \frac{9}{11}$
d) $\frac{3}{8} \cdot \frac{4}{9}$ e) $\frac{2}{3} \cdot \frac{1}{2}$ f) $\frac{5}{7} \cdot \frac{14}{15}$
g) $\frac{14}{15} \cdot \frac{20}{49}$ h) $\frac{77}{84} \cdot \frac{36}{55}$ i) $\frac{27}{32} \cdot \frac{40}{81}$

5 Übertrage die Tabelle ins Heft. Berechne.

·	$\frac{3}{4}$	$\frac{4}{5}$	$\frac{5}{6}$	$\frac{7}{8}$	$\frac{9}{10}$
$\frac{1}{4}$					
$\frac{2}{5}$					
$\frac{3}{8}$					
$\frac{1}{8}$					

6 Berechne das Produkt. Kürze, wenn möglich, schon vor dem Rechnen.

a) $\frac{2}{9} \cdot \frac{3}{5}$ b) $\frac{3}{4} \cdot \frac{8}{5}$ c) $\frac{3}{4} \cdot \frac{7}{8}$
d) $\frac{2}{5} \cdot \frac{1}{6}$ e) $\frac{2}{3} \cdot \frac{3}{5}$ f) $\frac{11}{24} \cdot \frac{6}{13}$
g) $\frac{15}{16} \cdot \frac{32}{75}$ h) $\frac{12}{17} \cdot \frac{1}{9}$ i) $\frac{5}{18} \cdot \frac{9}{10}$
j) $\frac{14}{15} \cdot \frac{21}{22}$ k) $\frac{25}{28} \cdot \frac{49}{50}$ l) $\frac{13}{70} \cdot \frac{35}{39}$

7 Vervollständige die Multiplikationsmauern im Heft. Multipliziere die Brüche in nebeneinanderstehenden Steinen und schreibe das Ergebnis darüber.

a)
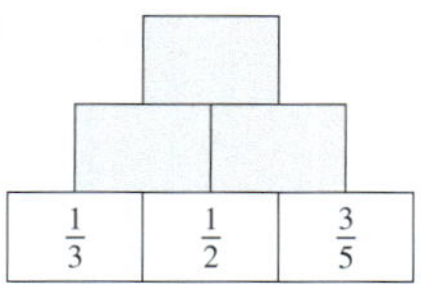

b)
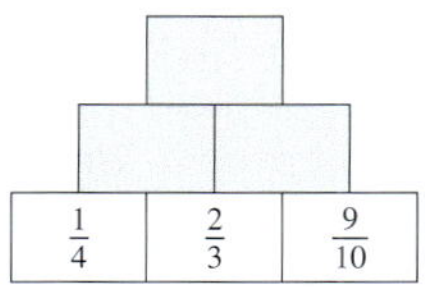

c)
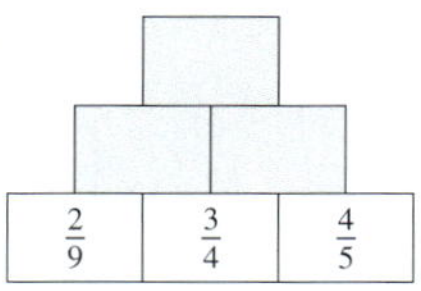

d)
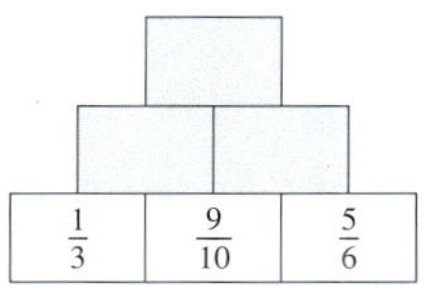

8 Schreibe den Bruch als Produkt zweier Brüche. Findest du mehrere Lösungen?

a) $\frac{12}{27}$ b) $\frac{18}{21}$ c) $\frac{49}{54}$ d) $\frac{36}{75}$
e) $\frac{32}{45}$ f) $\frac{98}{144}$ g) $\frac{81}{85}$ h) $\frac{47}{100}$
i) $\frac{27}{32}$ j) $\frac{84}{96}$ k) $\frac{96}{210}$ l) $\frac{53}{77}$

9 An der Gesamtschule West wählen $\frac{2}{5}$ der Schüler im 6. Schuljahr eine zweite Fremdsprache.
Ein Drittel dieser Schüler wählt im 8. Schuljahr eine dritte Fremdsprache.

a) Wie groß ist der Anteil der Schüler, die drei Fremdsprachen lernen?
b) Im Jahrgang sind 120 Schülerinnen und Schüler. Wie viele haben Kenntnisse in einer, in zwei bzw. in drei Fremdsprachen?

10 Multipliziere den kleinsten mit dem größten Bruch, den zweitkleinsten mit dem zweitgrößten usw.

$\frac{1}{8}$ $\frac{1}{3}$ $\frac{2}{3}$ $\frac{3}{4}$ $\frac{2}{7}$ $\frac{1}{2}$ $\frac{7}{10}$ $\frac{8}{9}$

11 Schreibe als Produkt und berechne.

BEISPIEL ein Drittel von $\frac{1}{2}$ h sind $\frac{1}{3} \cdot \frac{1}{2}$ h $= \frac{1}{6}$ h

a) ein Viertel von $\frac{1}{2}$ h
b) ein Zehntel von $\frac{1}{2}\,km^2$
c) ein Viertel von $\frac{1}{8}$ kg
d) drei Viertel von $\frac{2}{3}$ cm
e) zwei Drittel von 0,75 €
f) fünf Achtel von 0,4 t
g) fünf Sechstel von 0,9 m

Weiterführende Aufgaben

12 Ergänze die Lücken im Heft.

a) $\frac{2}{7} \cdot \frac{\square}{5} = \frac{6}{35}$ b) $\frac{4}{5} \cdot \frac{2}{\square} = \frac{8}{25}$
c) $\frac{1}{\square} \cdot \frac{1}{4} = \frac{1}{12}$ d) $\frac{4}{5} \cdot \frac{1}{\square} = \frac{2}{5}$
e) $\frac{2}{3} \cdot \frac{\square}{4} = \frac{1}{6}$ f) $\frac{\square}{3} \cdot \frac{1}{6} = \frac{1}{9}$
g) $\frac{5}{\square} \cdot \frac{4}{7} = \frac{5}{14}$ h) $\frac{3}{\square} \cdot \frac{2}{9} = \frac{1}{12}$

13 Ordne die Lösungen in der Randspalte den Aufgaben zu. Lies von hinten nach vorn.

a) $2\frac{1}{2} \cdot 3\frac{1}{4}$ b) $3\frac{2}{5} \cdot 4\frac{1}{6}$ c) $4\frac{1}{7} \cdot 5\frac{1}{8}$
d) $5\frac{2}{3} \cdot 2\frac{3}{4}$ e) $7\frac{2}{3} \cdot 4\frac{1}{5}$ f) $8\frac{1}{2} \cdot 9\frac{1}{3}$
g) $3\frac{3}{4} \cdot 3\frac{3}{5}$ h) $6\frac{2}{5} \cdot 2\frac{5}{8}$ i) $4\frac{1}{3} \cdot 4\frac{1}{4}$
j) $5\frac{2}{7} \cdot 3\frac{1}{3}$ k) $1\frac{3}{8} \cdot 2\frac{2}{5}$ l) $9\frac{1}{2} \cdot 3\frac{4}{5}$

14 Eine Waldameise mit einer Länge von $5\frac{1}{2}$ mm wird durch eine Lupe mit
a) $3\frac{1}{2}$-facher,
b) $4\frac{3}{4}$-facher
Vergrößerung betrachtet.
Wie groß erscheint die Ameise unter der Lupe?
Wie groß erscheint ein $2\frac{3}{4}$ mm langer Floh?

15 Schreibe als Produkt zweier Brüche.

a) $2\frac{1}{10}$ b) $5\frac{5}{6}$ c) $1\frac{11}{24}$

013-1
Unter dem Webcode gibt es eine interaktive Übung zum Multiplizieren von Brüchen.

BEACHTE
Lösungen zu Aufgabe 13

$14\frac{1}{6}$ E
$3\frac{3}{10}$ C
$15\frac{7}{12}$ Ä
$32\frac{1}{5}$ R
$16\frac{4}{5}$ T
$21\frac{13}{56}$ B
$18\frac{5}{12}$ A
$13\frac{1}{2}$ Z
$36\frac{1}{10}$ S
$8\frac{1}{8}$ R
$79\frac{1}{3}$ G
$17\frac{13}{21}$ H

16 Vervollständige die Multiplikationsmauern in deinem Heft.

a)

$2\frac{3}{4}$	$\frac{4}{5}$	$\frac{5}{8}$

b)

$1\frac{1}{3}$	$1\frac{1}{2}$	$\frac{1}{3}$

c)

2	$\frac{5}{6}$	$4\frac{3}{10}$

d)

$2\frac{1}{3}$	$3\frac{1}{2}$	$1\frac{2}{3}$

17 Wähle zwei Brüche so aus, dass der Wert des Produkts …

a) möglichst groß ist.
b) möglichst klein ist.
c) genau $1\frac{1}{3}$ ist.

$1\frac{2}{3}$ $2\frac{1}{4}$ $\frac{4}{5}$ $1\frac{5}{8}$ $1\frac{4}{7}$

18 Rechne vorteilhaft. Kürze, wenn möglich, vor dem Rechnen.

a) $\frac{3}{4}\cdot\frac{5}{7}\cdot\frac{2}{3}$
b) $\frac{2}{7}\cdot\frac{3}{4}\cdot\frac{14}{15}$
c) $\frac{4}{15}\cdot\frac{5}{7}\cdot\frac{3}{8}$
d) $\frac{1}{4}\cdot\frac{4}{9}\cdot\frac{6}{11}$
e) $\frac{6}{7}\cdot\frac{5}{6}\cdot\frac{7}{10}$
f) $\frac{4}{5}\cdot\frac{1}{3}\cdot\frac{5}{8}$
g) $3\frac{1}{2}\cdot\frac{1}{4}\cdot\frac{2}{5}$
h) $1\frac{3}{4}\cdot\frac{3}{7}\cdot2\frac{1}{2}$
i) $2\frac{2}{5}\cdot\frac{9}{14}\cdot3\frac{1}{3}$
j) $1\frac{1}{9}\cdot\frac{1}{2}\cdot5\frac{1}{4}$

19 Schreibe als Produkt und berechne.

BEISPIEL ein Viertel von $1\frac{1}{2}$ km sind
$\frac{1}{4}\cdot1\frac{1}{2}\,\text{km}=\frac{1}{4}\cdot\frac{3}{2}\,\text{km}=\frac{3}{8}\,\text{km}$

a) ein Fünftel von $2\frac{1}{2}$ km
b) drei Zehntel von $3\frac{3}{4}$ h
c) drei Viertel von $4\frac{2}{9}$ kg
d) vier Fünftel von 1,25 ℓ
e) zwei Drittel von 4,50 €
f) sieben Achtel von 3,2 m

20 Setze <, > oder = ein. Kannst du die Aufgaben lösen ohne zu rechnen?

a) $\frac{7}{9}\cdot9$ ▢ 7
b) $\frac{2}{3}\cdot\frac{10}{11}$ ▢ 1
c) $1\frac{3}{10}\cdot\frac{7}{8}$ ▢ $\frac{7}{8}$
d) $2\frac{7}{8}\cdot2\frac{8}{10}$ ▢ 9
e) $4\frac{1}{2}\cdot6\frac{1}{9}$ ▢ 24
f) $\frac{7}{8}\cdot1\frac{1}{7}$ ▢ 1

21 Korrigiere die Rechnungen. Beschreibe, welche Fehler gemacht wurden.

a) $\frac{2}{7}\cdot\frac{3}{7}=\frac{6}{7}$
b) $3\cdot\frac{4}{5}=\frac{12}{15}$
c) $\frac{4^2}{9}\cdot\frac{2^1}{5}=\frac{2}{45}$
d) $2\frac{1}{3}\cdot2\frac{1}{4}=4\frac{1}{12}$
e) $2\frac{2}{3}\cdot1\frac{3}{5}=\frac{4}{1}\cdot\frac{6}{5}=\frac{24}{5}=4\frac{4}{5}$

22 Berechne.

a) $\left(\frac{3}{5}+\frac{1}{5}\right)\cdot\frac{2}{3}$
b) $\frac{1}{2}\cdot\left(\frac{3}{8}+\frac{1}{8}\right)$
c) $\frac{3}{4}\cdot\left(\frac{3}{10}+\frac{1}{2}\right)$
d) $\frac{4}{5}\cdot\left(\frac{2}{3}-\frac{1}{6}\right)$
e) $\frac{1}{2}-\frac{1}{4}\cdot\frac{4}{5}$
f) $\frac{3}{4}\cdot\frac{7}{9}-\frac{1}{3}$
g) $\left(\frac{3}{4}+\frac{1}{6}\right)\cdot\frac{3}{22}$
h) $\left(3\frac{1}{8}+\frac{5}{8}\right)\cdot\frac{3}{5}$
i) $\left(1\frac{2}{7}+3\frac{1}{7}\right)\cdot2\frac{1}{3}$
j) $7\frac{4}{5}-1\frac{1}{5}\cdot3\frac{1}{3}$

23 Drei Viertel aller in Deutschland lebenden Menschen haben im letzten Jahr eine Urlaubsreise unternommen.
Ein Siebtel dieser Urlauber reiste nach Spanien.

a) Wie groß ist der Anteil der Urlaubsreisenden nach Spanien an der Gesamtbevölkerung?
b) In Deutschland leben ca. 80,5 Mio. Menschen. Wie viele in Deutschland lebende Menschen sind nach Spanien gereist?

24 Löse zeichnerisch und rechnerisch.

a) eine Hälfte und ein Drittel der anderen Hälfte
b) zwei Drittel von einer Hälfte und ein Drittel der anderen Hälfte
c) ein Viertel und zwei Drittel der restlichen drei Viertel
d) zwei Fünftel und drei Viertel der restlichen drei Fünftel
e) ein Viertel von fünf Sechsteln und ein Viertel des verbliebenen Sechstels

BEACHTE
Die Lösungen zu Aufgabe 24 ergeben in der richtigen Reihenfolge den Namen einer europäischen Hauptstadt. Zu welchem Land gehört die Stadt?
$\frac{1}{4}$ (Z); $\frac{1}{2}$ (A); $\frac{2}{3}$ (V); $\frac{3}{4}$ (D); $\frac{17}{20}$ (U)

Brüche dividieren

Erforschen und Entdecken

1 Die Frage „Wie oft passt 3 in 12?“ kann mit der Aufgabe 12 : 3 = 4 gelöst werden. Beantworte mit Hilfe der Zeichnungen die Fragen und schreibe als Divisionsaufgabe.

a) Wie oft passt $\frac{1}{2}$ in 2?

b) Wie oft passt $\frac{1}{3}$ in 2?

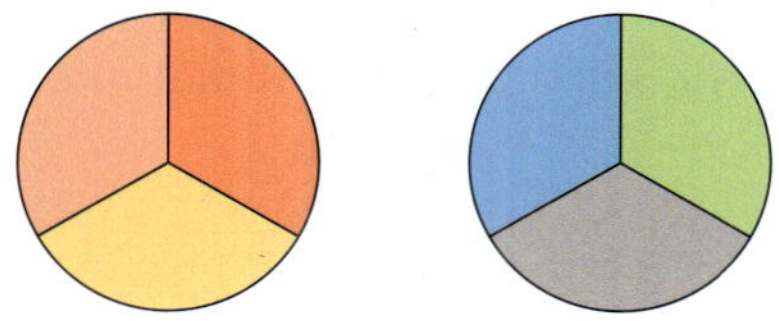

c) Wie oft passt $\frac{2}{3}$ in 4?

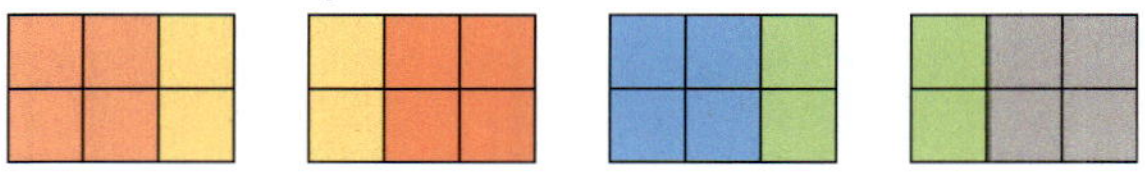

d) Wie oft passt $\frac{1}{3}$ in $2\frac{1}{3}$?

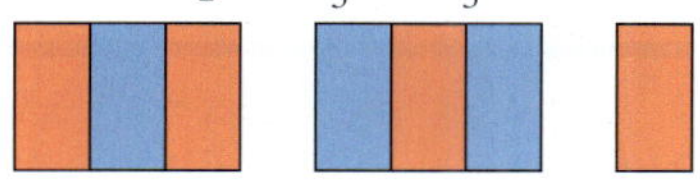

2 Gegeben sind zwei Aufgaben an den Zahlenstrahlen. Löse die beiden Aufgaben mit Hilfe der Zeichnung.

a)

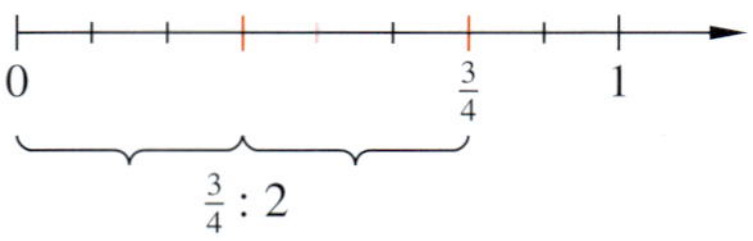

b)

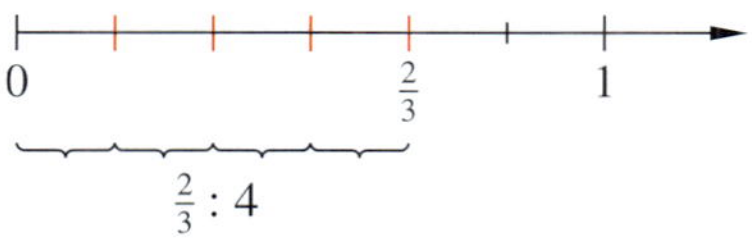

3 Für diese Aufgabe benötigt ihr:
einen Messbecher mit den Markierungen $\frac{1}{4}\ell$, $\frac{1}{2}\ell$, $\frac{3}{4}\ell$, $1\,\ell$;
eine Flasche mit $1\frac{1}{2}\ell$ Inhalt;
eine Flasche mit $\frac{7}{10}\ell$ Inhalt;
Gläser mit Eichstrich in den Größen $\frac{1}{5}\ell$ (0,2 ℓ), $\frac{1}{4}\ell$ (0,25 ℓ), $\frac{3}{10}\ell$ (0,3 ℓ) und $\frac{1}{2}\ell$ (0,5 ℓ).

a) Füllt 1 ℓ Wasser in den Messbecher. Teilt das Wasser jetzt auf die Gläser mit $\frac{1}{5}\ell$ Inhalt auf. Wie viele Gläser lassen sich füllen?

b) Im Messbecher sind $\frac{3}{4}\ell$ Wasser. Wie viele Gläser zu $\frac{1}{4}\ell$ lassen sich damit füllen? Formuliere eine passende Divisionsaufgabe.

c) In einer Flasche sind $1\frac{1}{2}\ell$ Wasser. Wie viele Gläser zu $\frac{1}{2}\ell$ lassen sich damit füllen? Formuliere eine passende Divisionsaufgabe.

d) Führe weitere Füllexperimente durch und notiere die Aufgaben und die Ergebnisse so genau wie möglich.

4 Löse die Aufgaben $\frac{2}{5} \cdot \frac{3}{7}$ und $\frac{2}{3} \cdot \frac{1}{2}$.

a) Schreibe jeweils die beiden zugehörigen Umkehraufgaben auf. Überlege, wie aus Dividend und Divisor in den Umkehraufgaben der Quotient entstehen könnte. Formuliere einen Merksatz.

b) Überprüfe deinen Merksatz aus Teilaufgabe a), indem du die Aufgabe 1,2 : 0,5 berechnest und die Dezimalbrüche dann in (gekürzte) Brüche umwandelst. Stimmte deine Vermutung?

ERINNERE DICH
Die Umkehraufgaben zu $8 \cdot 3 = 24$ sind $24 : 8 = 3$ und $24 : 3 = 8$.

Lesen und Verstehen

In einer Flasche befinden sich $1\frac{1}{2}$ Liter Wasser.
Wie viele Gläser mit einem Volumen von $\frac{2}{5}$ ℓ lassen sich damit füllen?

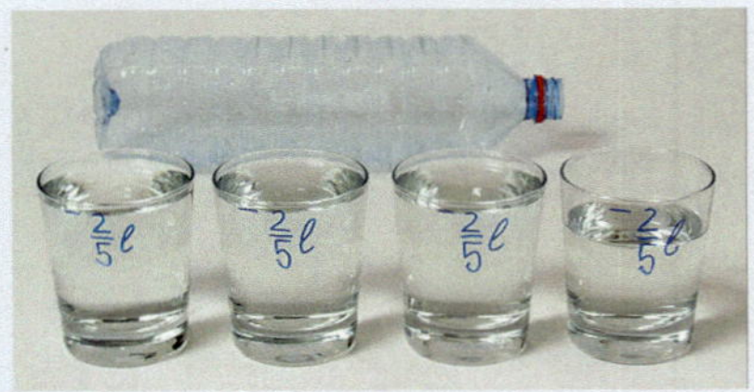

Man dividiert durch einen Bruch, indem man mit seinem Kehrwert multipliziert.

Den **Kehrwert** eines Bruchs bildet man, indem man Zähler und Nenner tauscht.

BEISPIEL
$1\frac{1}{2} : \frac{2}{5} = \frac{3}{2} : \frac{2}{5} = \frac{3}{2} \cdot \frac{5}{2} = \frac{15}{4} = 3\frac{3}{4}$

Mit einer $1\frac{1}{2}$-Liter-Flasche Wasser lassen sich $3\frac{3}{4}$ Gläser zu je $\frac{2}{5}$ ℓ füllen.

Der Kehrwert von $\frac{2}{5}$ ist $\frac{5}{2}$, der Kehrwert von $\frac{3}{4}$ ist $\frac{4}{3}$.

BEACHTE
Es lassen sich auch Kehrwerte von natürlichen Zahlen bilden. Der Kehrwert von 3 ist beispielsweise $\frac{1}{3}$, der Kehrwert von 10 ist $\frac{1}{10}$.

Manche Brüche kann man vor dem Dividieren durch Dezimalzahlen ersetzen.

$1\frac{1}{2} : \frac{2}{5} = 1{,}5 : 0{,}4 = 15 : 4 = 3{,}75$

Basisaufgaben

1 Bilde den Kehrwert.
a) $\frac{2}{3}$ b) $\frac{4}{7}$ c) $\frac{5}{8}$ d) $\frac{1}{3}$
e) $\frac{1}{8}$ f) $\frac{1}{10}$ g) 4 h) 9
i) $1\frac{1}{2}$ j) $2\frac{1}{4}$ k) $3\frac{3}{5}$ l) $5\frac{4}{7}$

2 Kann man den Kehrwert von Null bilden? Begründe.

3 Löse die Aufgaben zeichnerisch (wie in Aufgabe 1 auf S. 15) und rechnerisch.
a) $1 : \frac{1}{2}$ b) $3 : \frac{1}{4}$ c) $2 : \frac{1}{5}$
d) $1\frac{1}{2} : \frac{1}{2}$ e) $1\frac{2}{3} : \frac{1}{3}$ f) $1\frac{3}{4} : \frac{1}{4}$
g) $3 : \frac{3}{4}$ h) $4 : \frac{2}{5}$ i) $4\frac{1}{2} : \frac{3}{4}$

4 Übertrage den Zahlenstrahl in dein Heft. Löse die Aufgaben zeichnerisch (wie in Aufgabe 2 auf S. 15) und rechnerisch.

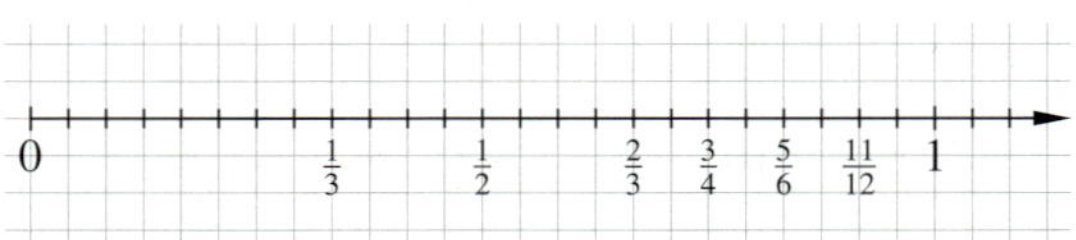

a) $\frac{3}{4} : 3$ b) $\frac{1}{2} : 3$ c) $\frac{1}{3} : 4$
d) $\frac{11}{12} : 2$ e) $\frac{2}{3} : 8$ f) $\frac{5}{6} : 10$

5 Berechne.
BEISPIEL $4 : \frac{2}{3} = 4 \cdot \frac{3}{2} = 6$
a) $3 : \frac{1}{2}$ b) $8 : \frac{1}{3}$ c) $5 : \frac{1}{7}$
d) $3 : \frac{3}{5}$ e) $4 : \frac{4}{9}$ f) $6 : \frac{6}{11}$
g) $48 : \frac{4}{5}$ h) $120 : \frac{6}{7}$ i) $111 : \frac{3}{4}$

6 Berechne.
a) $\frac{1}{8} : 5$ b) $\frac{3}{7} : 8$ c) $\frac{7}{10} : 9$
d) $\frac{2}{3} : 2$ e) $\frac{4}{7} : 4$ f) $\frac{5}{9} : 5$
g) $\frac{2}{5} : 4$ h) $\frac{3}{4} : 9$ i) $\frac{6}{7} : 15$

7 Dividiere und kürze, falls möglich.
BEISPIEL $\frac{4}{5} : \frac{2}{3} = \frac{4}{5} \cdot \frac{3}{2} = \frac{6}{5} = 1\frac{1}{5}$

:	$\frac{1}{2}$	$\frac{1}{3}$	$\frac{1}{4}$	$\frac{2}{3}$	$\frac{3}{4}$	$\frac{2}{5}$
$\frac{1}{2}$						
$\frac{1}{3}$						
$\frac{1}{4}$						
$\frac{4}{5}$				$1\frac{1}{5}$		
$\frac{5}{6}$						
$\frac{8}{9}$						
$\frac{5}{1}$						
2						

$\frac{x+y}{2}$

8 Vervollständige die Multiplikationsmauern in deinem Heft.

a)

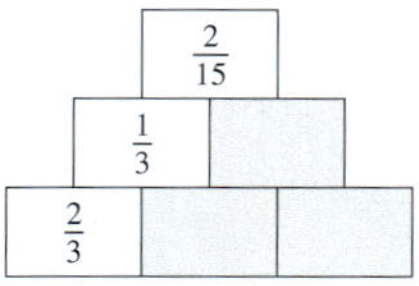

b)

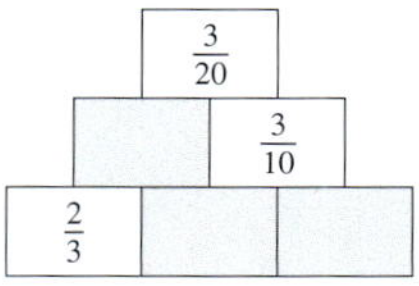

9 Berechne und kürze vollständig. Beachte die Randspalte.

a) $\frac{3}{4} : \frac{3}{8}$ b) $\frac{2}{7} : \frac{5}{9}$ c) $\frac{9}{14} : \frac{3}{10}$
d) $\frac{7}{8} : \frac{1}{8}$ e) $\frac{3}{5} : \frac{2}{5}$ f) $\frac{4}{7} : \frac{6}{11}$
g) $\frac{3}{10} : \frac{5}{9}$ h) $\frac{8}{11} : \frac{7}{11}$ i) $\frac{1}{6} : \frac{4}{15}$

10 Ein 9 m langer Abwasserkanal soll gebaut werden mit Rohren, die $\frac{3}{4}$ m lang sind. Wie viele Rohre sind zum Bau des Kanals erforderlich?

11 Herr Renn hat $13\frac{1}{2}$ ℓ Apfelsaft und $4\frac{1}{5}$ ℓ Kirschsaft hergestellt.
Er will den Apfelsaft in $\frac{3}{4}$-ℓ-Flaschen und den Kirschsaft in $\frac{7}{10}$-ℓ-Flaschen abfüllen. Wie viele Flaschen sind jeweils nötig?

BEACHTE
Dies sind die Lösungen von Aufgabe 9:
$\frac{27}{50}$ A; 2 A; $1\frac{\,}{21}$ B; 7 E; $2\frac{1}{7}$ F; $1\frac{1}{2}$ L; $\frac{5}{8}$ M; $\frac{18}{35}$ P; $1\frac{1}{7}$ U.
Es ergibt sich ein Lösungswort.

Weiterführende Aufgaben

12 Wandle die gemischten Zahlen in unechte Brüche um und berechne.

a) $\frac{1}{2} : 1\frac{1}{4}$ b) $\frac{2}{3} : 1\frac{5}{6}$ c) $\frac{3}{5} : 2\frac{1}{4}$
d) $\frac{5}{7} : 7\frac{1}{2}$ e) $\frac{5}{8} : 3\frac{3}{4}$ f) $\frac{2}{9} : 1\frac{1}{3}$
g) $2\frac{1}{2} : 1\frac{1}{4}$ h) $1\frac{1}{3} : 1\frac{1}{10}$ i) $2\frac{1}{3} : 1\frac{3}{4}$
j) $2\frac{2}{3} : 2\frac{1}{6}$ k) $5\frac{3}{4} : 2\frac{3}{8}$ l) $1\frac{1}{2} : 2\frac{1}{4}$

13 Korrigiere die Rechnungen. Beschreibe, welche Fehler gemacht wurden.

a) $\frac{6}{7} : \frac{2}{7} = \frac{3}{7}$
b) $\frac{4}{6} : 2 = \frac{2}{3}$
c) $\frac{4}{9} : \frac{1}{3} = \frac{\cancel{9}^{3}}{4} \cdot \frac{1}{\cancel{3}_{1}} = \frac{3}{4}$
d) $6 : \frac{2}{5} = \frac{6 : 2}{5} = \frac{3}{5}$
e) $\frac{2}{5} : 6 = \frac{2 \cdot 6}{5} = \frac{12}{5} = 2\frac{2}{5}$
f) $\frac{\cancel{4}^{1}}{5} : \frac{7}{\cancel{8}_{2}} = \frac{1}{5} \cdot \frac{2}{7} = \frac{2}{35}$

14 Übertrage in dein Heft und ergänze.

a) $\frac{1}{4} : \frac{3}{\square} = \frac{5}{12}$ b) $\frac{2}{5} : \frac{\square}{4} = \frac{8}{15}$
c) $\frac{5}{6} : \frac{\square}{4} = 1\frac{1}{9}$ d) $\frac{\square}{8} : \frac{3}{4} = \frac{5}{6}$
e) $\frac{7}{\square} : \frac{14}{15} = \frac{5}{8}$ f) $1\frac{1}{6} : \frac{7}{\square} = 3$

15 Linn behauptet: „Durch 3 teilen und mit $\frac{1}{3}$ multiplizieren führt zum gleichen Ergebnis."
Überprüfe, ob Linns Behauptung richtig ist. Begründe.

16 Setze die Ziffern 2, 3, 5 und 7 an beliebigen Stellen ein.
Jede Ziffer muss verwendet werden.

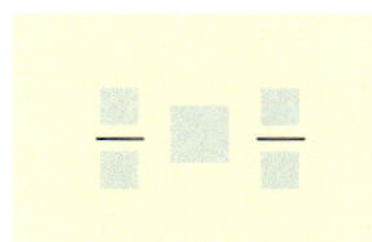

Verbinde die beiden Brüche mit den Rechenzeichen ⊙ oder ⊙.
a) Bilde mindestens drei Multiplikations- und drei Divisionsaufgaben und berechne.
b) Vergleicht die Ergebnisse im Klassenverband. Was fällt euch auf?

17 Vervollständige die Multiplikationsmauern in deinem Heft.

a)

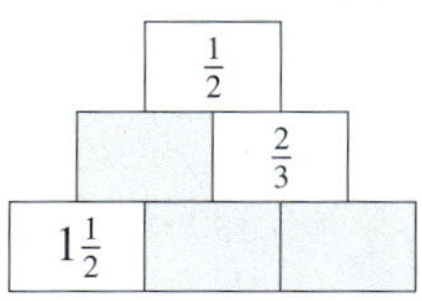

b)

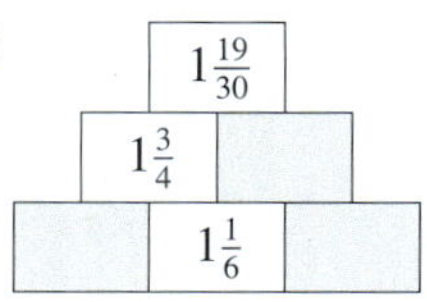

18 Berechne.

a) $\left(1 - \frac{11}{21}\right) : \frac{4}{7}$ b) $\left(1\frac{1}{9} + \frac{5}{6}\right) : \left(\frac{1}{3} + \frac{1}{2}\right)$
c) $\frac{7}{9} + \frac{2}{9} : \frac{1}{3}$ d) $\left(3\frac{1}{9} - 2\frac{22}{45}\right) : \left(\frac{1}{4} + \frac{9}{20}\right)$

Schaltungen bei Mountainbikes

Die Gangschaltungen bei Mountainbikes sorgen dafür, dass man bei großen Steigungen und in schwierigem Gelände, aber auch im normalen Straßenverkehr gut fahren kann.
An der Tretkurbel des Mountainbikes befinden sich stets drei größere Zahnräder, die man **Kettenblätter** nennt. An der Hinterachse sind mehrere kleinere Zahnräder angebracht. Diese Zahnräder (auch Ritzel genannt) bilden die **Kassette**.

Beim Schalten wird nun ein Zahnrad des Kettenblatts mit einem bestimmten Ritzel der Kassette am Hinterrad verbunden. Bei einer Neuner-Kassette und dem Dreier-Kettenblatt könnten somit 27 Gänge geschaltet werden.

1 Wie viele Gänge könnten mit der abgebildeten
a) Kassette, **b)** einer Siebener-Kassette
geschaltet werden?

Jeder Gang ist eine bestimmte Zahnradkombination. Wählt man am vorderen Kettenblatt 32 Zähne und bei der hinteren Kassette 16 Zähne, so erhält man als **Übersetzungsverhältnis** den Bruch $\frac{32}{16} = 2$.
Bei einer Drehung der Tretkurbel würde sich das Hinterrad **zwei** Mal drehen.

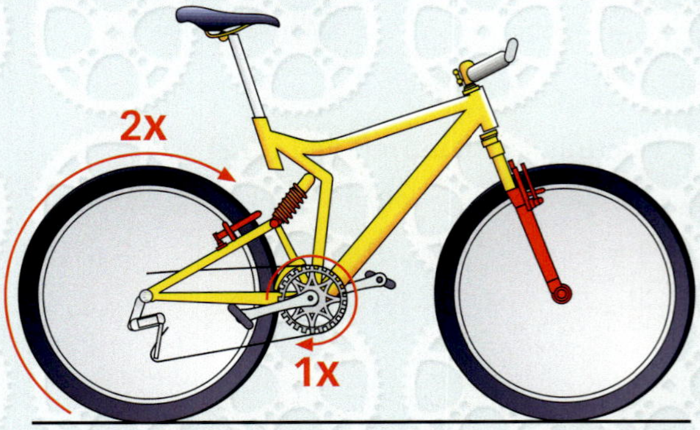

2 Berechne das Übersetzungsverhältnis für ein Kettenblatt mit 22 Zähnen und ein Kassetten-zahnrad mit 16 (24) Zähnen. Runde an der Zehntelstelle.

3 Wie viele verschiedene Übersetzungsverhältnisse (Gänge) findest du? Was fällt dir dabei auf?

Manche Kombinationen sind wegen des schrägen Kettenlaufs ungünstig, weil die Kette stark verschleißt oder sogar abspringen kann.

Übersetzungsverhältnisse

Die Tabelle zeigt die Übersetzungsverhältnisse für ein Dreier-Kettenblatt und eine Achter-Kassette. Die Zahlen wurden an der Zehntelstelle gerundet.

		Ritzel der Hinterradkassette							
		28	24	21	18	16	14	12	11
Zahnräder des Kettenblatts	22	0,8	0,9	1,0	1,2	1,4	1,6	1,8	2,0
	32	1,1	1,3	1,5	1,8	2,0	2,3	2,7	2,9
	44	1,6	1,8	2,1	2,4	2,8	3,1	3,7	4,0

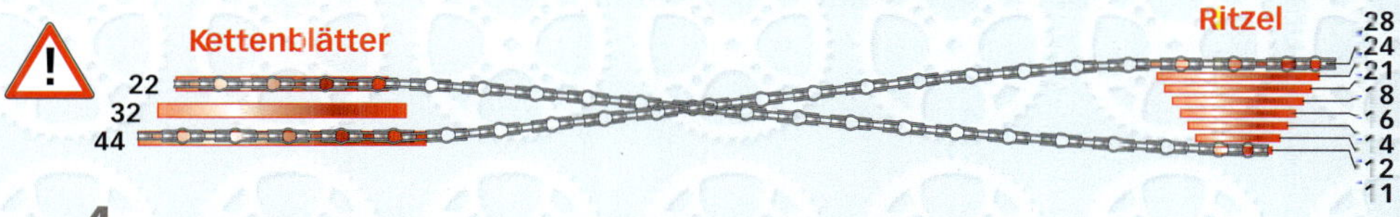

4 Welche Zahnräder sollten nicht zusammen geschaltet werden? Schaue in der Tabelle nach, durch welche Kombination du sie ersetzen kannst.

5 Welche Übersetzungsverhältnisse sind geeignet für das Fahren in schwierigem Gelände, welche für das Fahren auf einer abschüssigen, ebenen Straße?

6 Erstelle eine Tabelle mit den Übersetzungsverhältnissen für ein Kettenblatt mit 26, 36, 48 Zähnen und einer Kassette mit 12, 14, 16, 18, 20, 23, 26, 30, 34 Zähnen. Runde an der Zehntelstelle.

a) Wie viele Gänge wären bei dieser Schaltung möglich?

b) Wie viele echte Gänge sind nach der Tabelle nur vorhanden? Färbe Felder mit gleichen Zahlen ein.

Vermischte Übungen

1 Übertrage die Multiplikationsmauern in dein Heft und fülle sie dort aus.

a)
- (leer)
- (leer) | (leer)
- (leer) | (leer) | (leer)
- $\frac{1}{2}$ | $\frac{2}{3}$ | $\frac{3}{4}$ | $\frac{4}{5}$

b)
- $\frac{1}{40}$
- $\frac{3}{4}$ | (leer)
- 3 | (leer) | (leer)
- 4 | (leer) | (leer) | (leer)

c)
- (leer)
- (leer) | (leer)
- (leer) | $1\frac{2}{3}$ | $2\frac{1}{2}$
- $\frac{1}{4}$ | 2 | (leer) | (leer)

2 Vervollständige die Multiplikationsmauern im Heft.

a)
- (leer)
- (leer) | (leer)
- $\frac{6}{20} = \frac{3}{10}$ | (leer) | (leer)
- $\frac{3}{4}$ | $\frac{2}{5}$ | $\frac{5}{7}$ | $\frac{1}{9}$

b)
- (leer)
- (leer) | (leer)
- $\frac{4}{5}$ | (leer) | $\frac{5}{9}$
- $\frac{3}{10}$ | (leer) | $\frac{2}{3}$ | (leer)

c)
- (leer)
- (leer) | (leer)
- $\frac{5}{6}$ | (leer) | $\frac{3}{4}$
- (leer) | $2\frac{1}{2}$ | $1\frac{1}{4}$ | (leer)

3 Ergänze die Tabelle im Heft.

·	$\frac{3}{4}$	$\frac{3}{5}$		$\frac{4}{7}$
$\frac{1}{8}$	$\frac{3}{32}$		$\frac{5}{96}$	
$\frac{4}{9}$				
		$\frac{9}{40}$	$\frac{5}{32}$	

4 Die angegebene Menge Sprudel soll an sechs Kinder gerecht verteilt werden. Wie viel Liter erhält jedes Kind?

a) $\frac{3}{4}\,\ell$ b) $1\frac{1}{2}\,\ell$ c) $2\frac{1}{4}\,\ell$

5 Bei Computern wird die Länge der Bildschirmdiagonale in Zoll angegeben. Ein Zoll entspricht ungefähr $2\frac{1}{2}$ cm. Bestimme die Maße in cm.

a) 19-Zoll-Monitor b) 23-Zoll-Monitor
c) 24-Zoll-Monitor d) 27-Zoll-Monitor

6 Gehe zurück zu Seite 5 und berechne.

a) Wie viel Kilometer legt Nele in einer Woche auf ihrem Schulweg zurück? Wie viele sind es bei Selina?
b) Wie groß ist die Entfernung zwischen der Schule und Selinas Elternhaus?
c) Bestimme Neles Durchschnittsgeschwindigkeit auf ihrem Schulweg.

7 Formuliere selbst die Frage und beantworte sie.

a) Eine Heizungsanlage verbraucht im Durchschnitt $28\frac{1}{4}\,\ell$ Heizöl pro Tag. $2825\,\ell$ Heizöl sind im Tank.
b) Anna benötigt $3\frac{1}{2}$ min für den Schnellrechentest. Uli braucht 1,5-mal so lange.

8 Berechne. Bilde eine Umkehraufgabe.

a) $\frac{1}{2} \cdot 5$ b) $\frac{2}{9} \cdot 3$ c) $\frac{3}{4} \cdot \frac{8}{9}$
d) $\frac{1}{2} \cdot \frac{3}{4}$ e) $\frac{2}{3} \cdot \frac{1}{2}$ f) $\frac{4}{9} \cdot \frac{3}{18}$
g) $1\frac{1}{2} \cdot 4$ h) $2\frac{3}{4} \cdot 5$ i) $3\frac{1}{2} \cdot 2\frac{1}{2}$
j) $3\frac{1}{3} \cdot \frac{3}{4}$ k) $5\frac{5}{9} \cdot \frac{2}{7}$ l) $6\frac{5}{9} \cdot 3\frac{3}{4}$

9 Erfinde zu den Ergebnissen jeweils eine Multiplikations- und eine Divisionsaufgabe.

a) $\frac{3}{4}$ b) $\frac{5}{9}$ c) $\frac{7}{8}$ d) $\frac{8}{15}$

10 Berechne, setze um drei Aufgaben fort:

a) $1 : \frac{1}{2}$; $2 : \frac{1}{2}$; $3 : \frac{1}{2}$; $4 : \frac{1}{2}$; …
b) $1 : \frac{1}{4}$; $2 : \frac{1}{4}$; $3 : \frac{1}{4}$; $4 : \frac{1}{4}$; …
c) $\frac{1}{2} : 2$; $\frac{1}{2} : 3$; $\frac{1}{2} : 4$; $\frac{1}{2} : 5$; …
d) $\frac{1}{3} : 2$; $\frac{1}{3} : 3$; $\frac{1}{3} : 4$; $\frac{1}{3} : 5$; …

11 Kürze, wenn möglich, vor dem Rechnen.

a) $\frac{7}{12} \cdot \frac{6}{11} \cdot \frac{33}{35}$ b) $\frac{15}{16} \cdot \frac{14}{27} \cdot \frac{4}{35}$
c) $\frac{1}{27} \cdot \frac{48}{49} \cdot 1\frac{5}{16}$ d) $\frac{13}{84} \cdot 1\frac{1}{11} \cdot \frac{21}{52}$
e) $2\frac{5}{8} \cdot 1\frac{9}{35} \cdot 1\frac{4}{11}$ f) $1\frac{19}{26} \cdot 2\frac{9}{28} \cdot 1\frac{13}{15}$

BEACHTE
Die Lösungen zu Aufgabe 11 ergeben in der richtigen Reihenfolge den Namen einer europäischen Hauptstadt. Zu welchem Land gehört die Stadt?
$\frac{1}{21}$ (O); $\frac{1}{18}$ (K); $\frac{3}{44}$ (P); $\frac{3}{10}$ (S); $4\frac{1}{2}$ (J); $7\frac{1}{2}$ (E)

$\frac{x+y}{2}$

12 Löse die Multiplikationsdreiecke im Heft.

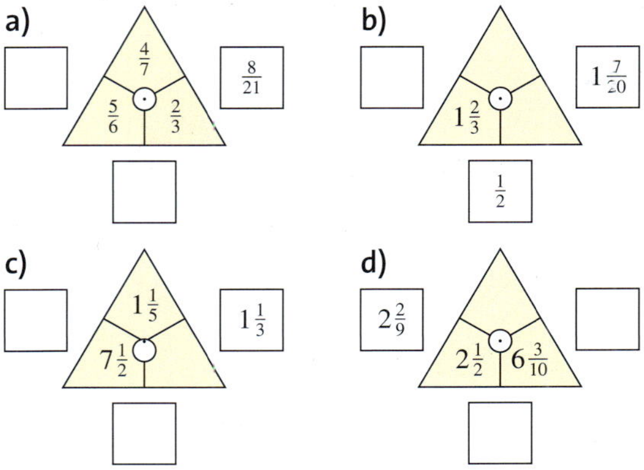

13 Jeweils eine Aufgabe aus der linken und der rechten Spalte haben das gleiche Ergebnis. Ordne sie einander zu.

Ⓐ $1\frac{1}{2} \cdot \frac{1}{3}$	① $\frac{7}{12} + \frac{1}{6}$
Ⓑ $6 \cdot \frac{1}{4}$	② $1\frac{1}{2} : 2\frac{1}{4}$
Ⓒ $\frac{1}{4} : \frac{1}{3}$	③ $\frac{1}{3} + \frac{1}{6}$
Ⓓ $\frac{1}{3} : 2$	④ $\frac{4}{9} \cdot 4\frac{1}{2}$
Ⓔ $\frac{1}{6} : \frac{1}{4}$	⑤ $2\frac{1}{4} - \frac{3}{4}$
Ⓕ $\frac{1}{4} \cdot 8$	⑥ $\frac{11}{12} - \frac{3}{4}$

14 Vergleiche die Ergebnisse. Was fällt dir auf?

a) $\left(\frac{1}{6} \cdot \frac{4}{5}\right) \cdot \frac{9}{10}$
b) $\left(\frac{1}{6} \cdot \frac{4}{5}\right) : \frac{9}{10}$
c) $\left(\frac{1}{6} : \frac{4}{5}\right) \cdot \frac{9}{10}$
d) $\left(\frac{1}{6} : \frac{4}{5}\right) : \frac{9}{10}$
e) $\frac{1}{6} \cdot \left(\frac{4}{5} \cdot \frac{9}{10}\right)$
f) $\frac{1}{6} \cdot \left(\frac{4}{5} : \frac{9}{10}\right)$
g) $\frac{1}{6} : \left(\frac{4}{5} \cdot \frac{9}{10}\right)$
h) $\frac{1}{6} : \left(\frac{4}{5} : \frac{9}{10}\right)$

15 Setze die Ziffern 1, 2, 3, 5, 7 und 8 ein. Jede Ziffer muss verwendet werden und der Nenner muss größer als der zugehörige Zähler sein.

$\square\frac{\square}{\square} \cdot \square\frac{\square}{\square}$

Setze so ein, dass das Ergebnis …
a) möglichst groß wird.
b) möglichst klein wird.
c) genau $19\frac{1}{4}$ ist.

16 Erläutere den Unterschied zwischen der Division eines Bruches durch eine natürliche Zahl und dem Kürzen eines Bruches.

17 So kann man die Zahl bestimmen, die genau zwischen der 19 und der 57 liegt:
$(19 + 57) : 2 = 76 : 2 = 38$
Welcher Bruch liegt genau zwischen …
a) $\frac{1}{2}$ und $\frac{1}{4}$?
b) $\frac{3}{4}$ und $\frac{2}{3}$?
c) $1\frac{2}{9}$ und $3\frac{1}{2}$?
d) $2\frac{5}{6}$ und 5?
e) $3\frac{19}{24}$ liegt genau zwischen $2\frac{3}{4}$ und $\square$.

18 Bei der Multiplikation und Division natürlicher Zahlen gilt:
1. Multipliziert man eine Zahl mit 0, so ist der Wert des Produkts ebenfalls 0.
2. Das Produkt ist (außer bei Multiplikation mit 0 und 1) größer als die Faktoren.
3. Dividiert man eine Zahl durch 1, ist der Dividend auch der Wert des Quotienten.
4. Der Wert des Quotienten ist (außer bei Division durch 1) kleiner als der Dividend.

a) Finde Beispiele mit natürlichen Zahlen.
b) Welche Eigenschaften gelten auch bei der Multiplikation bzw. Division von Brüchen?

19 Vervollständige den Rechenbaum in deinem Heft und schreibe die zugehörige Aufgabe auf.

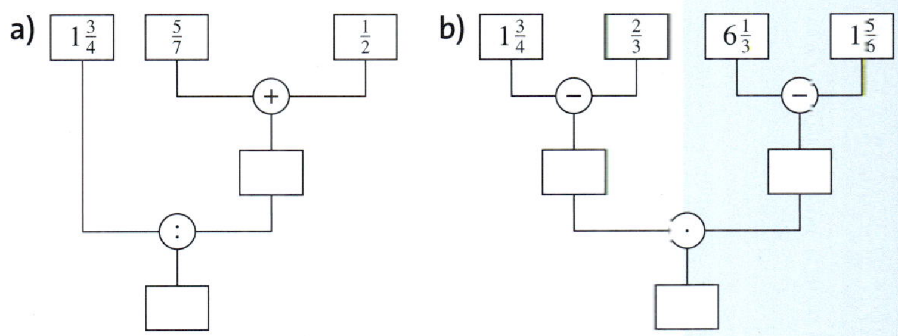

20 Zeichne einen Rechenbaum und berechne.
a) $\left(\frac{5}{6} + \frac{1}{2}\right) : 1\frac{1}{2}$
b) $6 \cdot \left(2\frac{3}{8} + 5\frac{7}{12}\right)$
c) $\frac{2}{3} \cdot 1\frac{2}{7} + 1\frac{1}{2} \cdot \frac{3}{7}$
d) $\left(\frac{3}{8} + 1\frac{1}{12}\right) : \left(1\frac{1}{3} - \frac{19}{20}\right)$

21 Rechne vorteilhaft, indem du das Distributivgesetz verwendest.
a) $6 \cdot 4\frac{2}{3} + 6 \cdot 5\frac{1}{3}$
b) $2\frac{7}{10} \cdot 8 - 1\frac{1}{5} \cdot 8$
c) $4\frac{1}{4} \cdot \frac{4}{5} + 4\frac{1}{4} \cdot 3\frac{1}{5}$
d) $6\frac{1}{2} \cdot 3\frac{3}{4} - 3\frac{3}{4} \cdot 2\frac{1}{2}$
e) $\frac{1}{4} \cdot 1\frac{3}{5} + \frac{1}{4} \cdot 2\frac{2}{5}$
f) $1\frac{9}{10} \cdot \frac{3}{8} - \frac{9}{10} \cdot \frac{3}{8}$
g) $4\frac{1}{4} \cdot 3\frac{4}{5} - 4\frac{1}{4} \cdot 3\frac{2}{5}$
h) $1\frac{1}{2} \cdot 3\frac{3}{4} + 3\frac{3}{4} \cdot 1\frac{1}{2}$

ERINNERE DICH
So verwendet man das Distributivgesetz:
$8 \cdot 2 + 8 \cdot 7$
$= 8 \cdot (2 + 7)$

Beim Juwelier

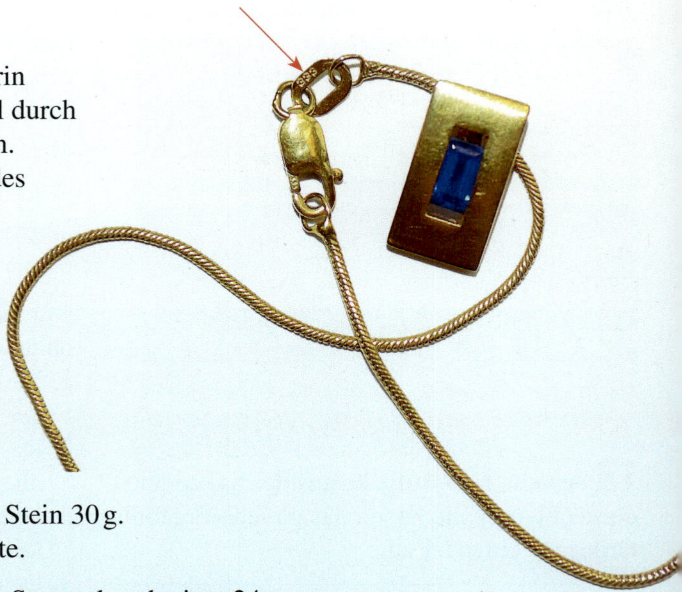

Bei Schmuckstücken wird der darin enthaltene Gold- oder Silberanteil durch einen Stempeleindruck angegeben. Die Zahl 333 bedeutet, dass $\frac{333}{1000}$ des Ringes, also etwa ein Drittel, aus Gold bestehen.

Bei Edelsteinen und Diamanten dagegen ist Karat die Einheit der Masse.
1 Karat entspricht einer Masse von $\frac{1}{5}$ Gramm.

a) Die abgebildete Kette wiegt ohne Stein 30 g.
Berechne die Goldmenge der Kette.

b) Eine andere Kette hat einen 750er Stempel und wiegt 24 g.
Berechne die Goldmenge der Kette.

c) Wie schwer ist ein Edelstein von $\frac{1}{2}$ Karat? Gib das Ergebnis in Milligramm an.

d) Der „Pink Star" ist einer der schwersten Diamanten der Welt. Er hat ein Gewicht von $59\frac{3}{5}$ Karat. Berechne das Gewicht des „Pink Star".
Gib das Gewicht auch als Dezimalbruch an.

---

e) Ein Diamant wiegt 50 mg. Wie viel Karat hat er?

f) Der Cullinan-Diamant ist der größte jemals gefundene Diamant. Er wurde 1905 in Südafrika entdeckt und wog im Rohzustand $621\frac{1}{3}$ g. Der Rohdiamant wurde in 108 Steine gespalten. Der größte ist der Cullinan I. Er wiegt $106\frac{1}{25}$ g und ist Teil der britischen Kronjuwelen. Gib die beiden genannten Gewichte in Karat an.

g) Ein Ohrring besteht aus 750er Gold und hat einen Diamanten von $\frac{3}{5}$ Karat.
Der Ohrring wiegt insgesamt $3\frac{1}{4}$ g. Berechne die Goldmenge des Ohrrings.

---

h) Ein 20 g schwerer Ring besteht aus 585er Gold und zehn gleich schweren Diamanten.
Gib mindestens drei Kombinationen aus dem Gewicht der Diamanten (in Karat) und der Goldmenge des Rings an.

i) Recherchiere im Internet nach bekannten Schmuckstücken und Diamanten.
Erfinde Aufgaben dazu und löse sie. Tauscht die Aufgaben untereinander aus.

$\frac{x+y}{2}$

Alles klar?

Entscheide, ob die Aussagen richtig oder falsch sind.
Begründe deine Entscheidung im Heft und korrigiere gegebenenfalls.

BEACHTE
Die Lösungen zu den Aufgaben auf dieser Seite sowie dazu passende Trainingsaufgaben findest du ab Seite 180.

1 Brüche mit natürlichen Zahlen multiplizieren

a) $5 \cdot \frac{2}{13} = \frac{5 \cdot 2}{13} = \frac{10}{13}$

b) $\frac{3}{4} \cdot 5 = \frac{3 \cdot 5}{4} = \frac{15}{4} = 3\frac{3}{4}$

c) $\cancel{15}^{3} \cdot \frac{7}{\cancel{10}_{2}} = \frac{7}{6} = 1\frac{1}{6}$

d) $\cancel{18}^{3} \cdot \frac{\cancel{12}^{2}}{13} = \frac{3 \cdot 2}{13} = \frac{6}{13}$

e) $1\frac{1}{3} \cdot 4 = \frac{4}{3} \cdot 4 = \frac{16}{3} = 5\frac{1}{3}$

f) $5 \cdot 4\frac{1}{10} = 20\frac{5}{10} = 20\frac{1}{2}$

g) $\frac{3}{8}$ von 24 Schülern sind $\frac{3}{8} \cdot 24$, also 9 Schüler.

h) In einer Kiste sind 12 Flaschen mit je $1\frac{1}{2}$ ℓ Wasser.
Dann berechnet man mit $12 \cdot 1\frac{1}{2}$ die Wassermenge in der Kiste.

2 Brüche multiplizieren

a) $\frac{2}{9} \cdot \frac{1}{9} = \frac{2}{9}$

b) $\frac{4}{5} \cdot \frac{1}{2} = \frac{4}{10} = 0{,}4$

c) $\frac{7}{9} \cdot \frac{6}{35} = \frac{1}{3} \cdot \frac{2}{5} = \frac{2}{15}$

d) $1\frac{1}{2} \cdot \frac{5}{8} = \frac{3}{2} \cdot \frac{5}{8} = \frac{15}{16}$

e) Das Produkt aus $\frac{3}{4}$ und $\frac{1}{5}$ ist größer als $\frac{1}{5}$ und kleiner als $\frac{3}{4}$.

f) $\frac{7}{10} \cdot 0{,}2 = 0{,}7 \cdot 0{,}2 = 1{,}4$

g) $\frac{3}{4} \cdot \frac{1}{3} + \frac{3}{4} \cdot \frac{2}{3} = \frac{3}{4} \cdot \left(\frac{1}{3} + \frac{2}{3}\right) = \frac{3}{4} \cdot 1 = \frac{3}{4}$

h) $\frac{2}{5}$ von $1\frac{3}{4}$ kg sind $\frac{2}{5} \cdot \frac{7}{4}$ kg $= \frac{14}{20}$ kg $= \frac{7}{10}$ kg $= 0{,}7$ kg $= 700$ g

3 Brüche dividieren

a) $\frac{3}{4} : \frac{2}{5} = \frac{4}{3} \cdot \frac{2}{5} = \frac{8}{15}$

b) $5 : \frac{1}{4} = 5 \cdot 4 = 20$

c) $\frac{3}{5} : 4 = \frac{5}{3} \cdot 4 = \frac{20}{3} = 6\frac{2}{3}$

d) $1\frac{2}{5} : 4\frac{1}{5} = \frac{7}{5} : \frac{21}{5} = \frac{7}{5} \cdot \frac{5}{21} = \frac{1}{3}$

e) $\frac{3}{4}$ von $\frac{1}{2}$ bestimmt man wie folgt: $\frac{3}{4} : \frac{1}{2} = \frac{3}{4} \cdot \frac{2}{1} = \frac{6}{4} = 1\frac{1}{2}$

f) $1\frac{1}{4}$ ℓ Limonade sollen gleichmäßig auf vier Gläser verteilt werden.
Mit $4 : 1\frac{1}{4}$ berechnet man dann die Menge der Limonade in einem Glas.

g) $3\frac{1}{2} + 1\frac{1}{2} \cdot \frac{3}{10} = \frac{5 \cdot 3}{10} = \frac{15}{10} = 1\frac{1}{2}$

Zusammenfassung

→ Seite 8

Brüche mit natürlichen Zahlen multiplizieren

Die Multiplikation mit einer natürlichen Zahl kann auch als verkürzte Addition verstanden werden.

$2 \cdot \frac{2}{3} = \frac{2}{3} + \frac{2}{3} = \frac{4}{3} = 1\frac{1}{3}$

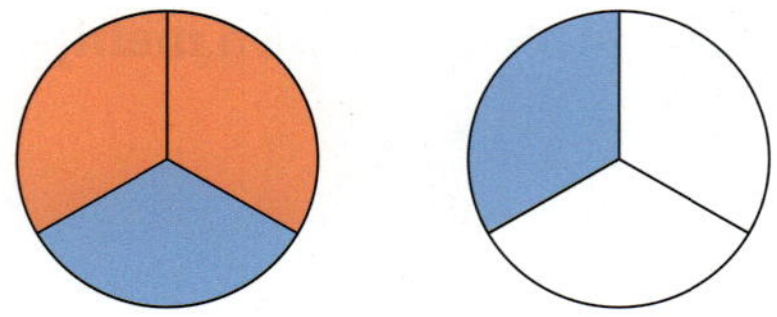

Ein Bruch kann mit einer natürlichen Zahl multipliziert werden, indem man den Zähler mit dieser Zahl multipliziert und den Nenner beibehält.

$\frac{2}{3}$ von 2 $\frac{2}{3} \cdot 2 = \frac{2 \cdot 2}{3} = \frac{4}{3} = 1\frac{1}{3}$

→ Seite 12

Brüche multiplizieren

Brüche werden multipliziert, indem man Zähler mit Zähler und Nenner mit Nenner multipliziert.

$\frac{2}{3}$ von $\frac{3}{4}$

Um die Rechnungen zu vereinfachen, kann vor dem Multiplizieren gekürzt werden.

$\frac{2}{3} \cdot \frac{3}{4} = \frac{\cancel{2}^{1} \cdot \cancel{3}^{1}}{\cancel{3}_{1} \cdot \cancel{4}_{2}} = \frac{1}{2}$

Gemischte Zahlen kann man multiplizieren, indem man sie in Brüche oder Dezimalbrüche umwandelt.

$\frac{12}{35} \cdot 1\frac{7}{18} = \frac{12}{35} \cdot \frac{25}{18} = \frac{\cancel{12}^{2} \cdot \cancel{25}^{5}}{\cancel{35}_{7} \cdot \cancel{18}_{3}} = \frac{10}{21}$

$2 \cdot 1\frac{1}{4} = 2 \cdot 1{,}25 = 2{,}5$

Genau wie bei der Multiplikation von natürlichen Zahlen gilt auch bei der Multiplikation von Brüchen:

- Das Kommutativgesetz: Faktoren dürfen vertauscht werden. $\frac{3}{4} \cdot \frac{2}{5} = \frac{2}{5} \cdot \frac{3}{4}$
- Das Assoziativgesetz: Faktoren dürfen beliebig durch Klammern zusammengefasst werden. $\left(\frac{2}{3} \cdot \frac{8}{11}\right) \cdot \frac{33}{40} = \frac{2}{3} \cdot \left(\frac{8}{11} \cdot \frac{33}{40}\right)$
- Das Distributivgesetz: Man kann eine Zahl mit einer Summe multiplizieren, indem man diese Zahl mit jedem Summanden multipliziert und die Produkte addiert. $\frac{1}{3} \cdot \left(\frac{3}{8} + \frac{6}{7}\right) = \frac{1}{3} \cdot \frac{3}{8} + \frac{1}{3} \cdot \frac{6}{7}$

→ Seite 16

Brüche dividieren

Man dividiert durch einen Bruch, indem man mit seinem Kehrwert multipliziert.

$\frac{2}{3} : \frac{3}{4} = \frac{2}{3} \cdot \frac{4}{3} = \frac{2 \cdot 4}{3 \cdot 3} = \frac{8}{9}$

Der Kehrwert wird gebildet, indem man Zähler und Nenner eines Bruches vertauscht.

Der Kehrwert von $\frac{3}{4}$ ist $\frac{4}{3}$.

Beziehungen zwischen Winkeln

An Treppengeländern sind viele Winkel zu finden. Kennt man dort die Größe eines Winkels, so kann man alle anderen Winkelgrößen bestimmen. Finde selbst gleich große Winkel auf dem Bild.

In diesem Kapitel entdeckst du Zusammenhänge aus der Welt der Winkel, Dreiecke und Vierecke. Dabei lernst du, welche verschiedenen Dreiecksarten es gibt. Du wirst besondere Linien im Dreieck mit dem Geodreieck und dem Zirkel zeichnen und das Computerprogramm GeoGebra weiter kennenlernen.

Noch fit?

1 Erinnere dich an die Winkelarten und ergänze die Lücken.

a) Ein rechter Winkel ist genau __________ groß.
b) Einen Winkel, der kleiner als 90° ist, nennt man ____________________ Winkel.
c) Ein Winkel α mit $90° < \alpha < 180°$ heißt _________________ Winkel.
d) Ein überstumpfer Winkel ist größer als _____________.
e) Ein 180°-Winkel heißt ________________ Winkel.

026-1
Unter dem Webcode befindet sich eine interaktive Übung zum Bestimmen von Winkelarten.

2 Schätze zunächst die Größe der angegebenen Winkel. Miss dann genau ihre Größe und gib die Winkelart an.

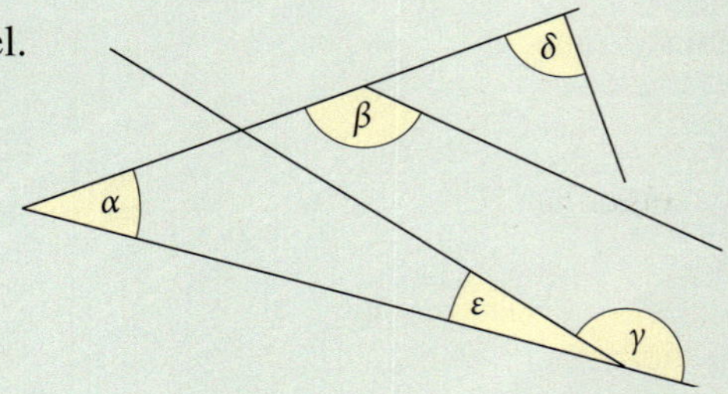

Winkel	Winkelart	geschätzt	gemessen
α	spitzer Winkel		
β			
…			

3 Zeichne den Winkel und gib die Winkelart an.

a) $\alpha = 58°$ b) $\beta = 148°$ c) $\gamma = 222°$ d) $\delta = 17°$ e) $\varepsilon = 172°$

4 Berechne die fehlende Winkelgröße.

a)
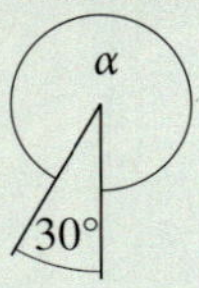

b)
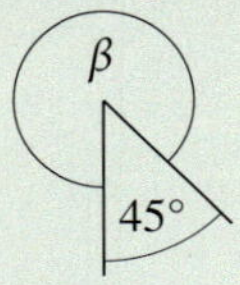

c)
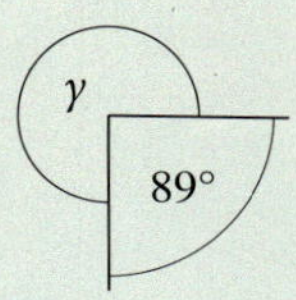

d)
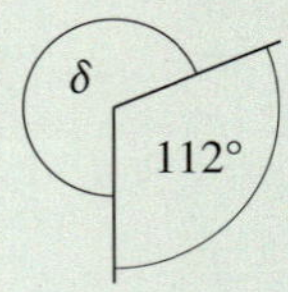

5 Zeichne die Punkte in ein Koordinatensystem und verbinde sie zu einem Viereck. Wie bezeichnet man die entstandenen Vierecke?

a) $A(2|1)$, $B(5|1)$, $C(5|3)$, $D(2|3)$
b) $A(1|3)$, $B(5|1)$, $C(9|3)$, $D(5|5)$
c) $A(2|2)$, $B(8|1)$, $C(8|4)$, $D(2|6)$
d) $A(1|2)$, $B(1|1)$, $C(3|1)$, $D(2|3)$

6 Übertrage die Tabelle in dein Heft und untersuche die Eigenschaften der Vierecke.

	Quadrat	Rechteck	Parallelogramm	Raute
Die benachbarten Seiten sind senkrecht zueinander.				
Die gegenüberliegenden Seiten sind parallel zueinander.				
Die gegenüberliegenden Seiten sind gleich lang.				
Die gegenüberliegenden Winkel sind gleich groß.				
Die Diagonalen halbieren sich.				
Das Viereck ist achsensymmetrisch.				

Bunt gemischt

1. Welche Seitenlänge hat ein Quadrat mit einem Flächeninhalt von $36\,cm^2$?
2. Wie viele 0,25-ℓ-Gläser kann man aus einem Krug mit $2\frac{1}{2}$ ℓ Limonade befüllen?
3. Gib den Maßstab an: 4 cm auf der Landkarte sind 10 km in der Wirklichkeit.
4. Berechne das Volumen eines Kartons, der 40 cm lang, 2,5 dm breit und 1,5 dm hoch ist.

Winkel an Geradenkreuzungen

Erforschen und Entdecken

1 Das Andreaskreuz befindet sich unmittelbar vor einem Bahnübergang.

a) Zeichne das Andreaskreuz vereinfacht durch zwei sich schneidende Geraden g und h. Bezeichne die Winkel wie im Bild.

b) Ermittle in deiner Zeichnung die Winkelgrößen. Was fällt dir auf?

c) Vergleicht untereinander und formuliert eure Ergebnisse mit eigenen Worten.

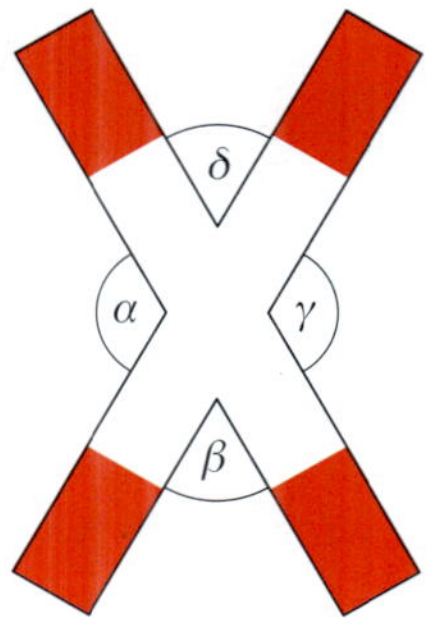

2 Arbeitet in Gruppen. Ihr benötigt vier 25 cm lange Pappstreifen und vier Briefklammern. Zeichnet auf jeden Pappstreifen im Abstand von 5 cm vier Markierungen für ein Loch.

a) Baut aus den vier Pappstreifen ein Viereck. Beschreibt die Eigenschaften eures Vierecks. Benutzt die Begriffe: Strecke, Winkel, zueinander parallel, zueinander senkrecht, zueinander symmetrisch, ….

b) Baut aus euren vier Streifen ein bewegliches Parallelogramm ähnlich wie im Bild. Welche Winkel sind jeweils gleich groß?

c) Verändert das Parallelogramm durch Bewegung. Welche besonderen Vierecke können entstehen? Wie verändern sich die Winkel beim Bewegen?

3 In alten Türen, Gartentoren, aber auch im Bild auf der ersten Seite dieses Kapitels findest du gerade Linien, Winkel und Parallelen.

a) Finde in den Bildern Buchstaben wieder. Übertrage die roten Linien als Geraden vereinfacht auf eine Folie. Bezeichne die zueinander parallelen Geraden mit g und h.

b) Miss die Größe der Winkel. Was fällt dir auf?

c) Welchen Sinn haben die Verstrebungen?

Lesen und Verstehen

Es gibt Situationen, in denen man Winkel nicht direkt messen kann, zum Beispiel Winkel im Gelände an einem Deich.

Die Größe dieser Winkel kann man oft mit Hilfe anderer Winkel berechnen.

Schneiden sich zwei Geraden, so entstehen an der Geradenkreuzung vier Winkel.

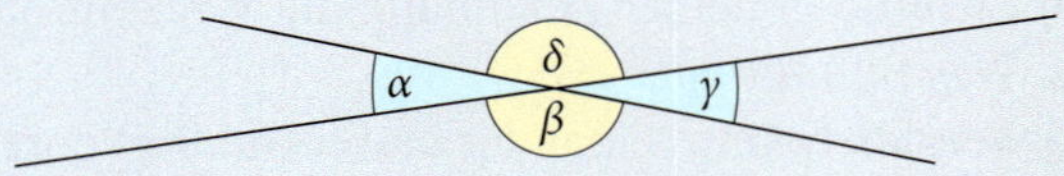

Winkel, die sich an einer Geradenkreuzung gegenüberliegen, nennt man **Scheitelwinkel**.

> Scheitelwinkel sind gleich groß.

BEISPIEL 1
$\alpha = \gamma$, denn α und γ sind Scheitelwinkel.

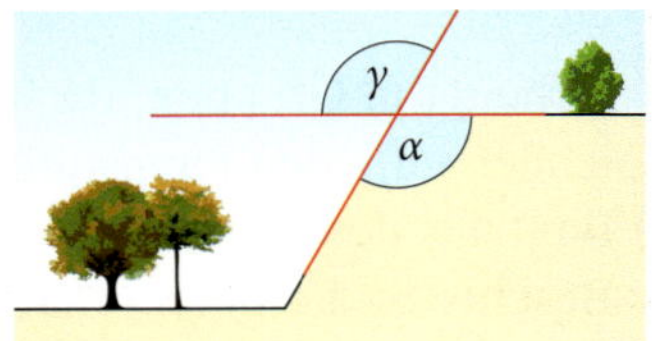

Winkel, die an einer Geradenkreuzung nebeneinanderliegen, nennt man **Nebenwinkel.**

BEISPIEL 2
$\alpha + \delta = 180°$, denn α und δ sind Nebenwinkel.

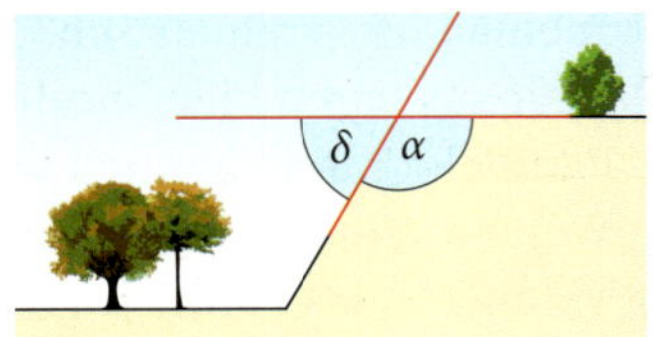

> Nebenwinkel ergänzen sich zu 180°.

Berechnung von α mit Hilfe von $\delta = 120°$, also $\alpha = 180° - \delta = 180° - 120° = 60°$

Werden zwei zueinander parallele Geraden von einer Geraden geschnitten, so entstehen zwei gleiche Geradenkreuzungen mit insgesamt acht Winkeln.

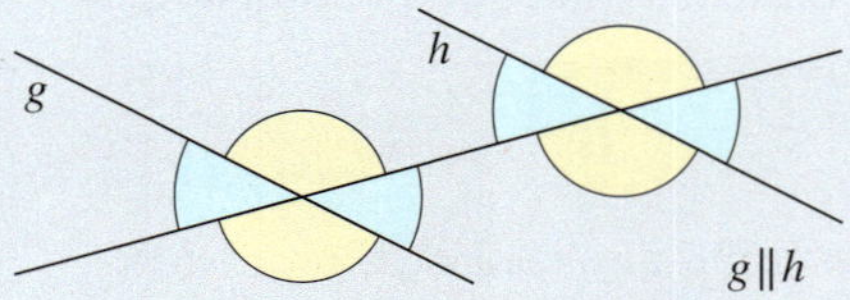

Haben die Winkel benachbarter Geradenkreuzungen an geschnittenen Parallelen die gleiche Lage, nennt man sie **Stufenwinkel**.

> **Stufenwinkel** an geschnittenen Parallelen sind gleich groß.

BEISPIEL 3
$\varepsilon = \beta$, denn ε und β sind Stufenwinkel.

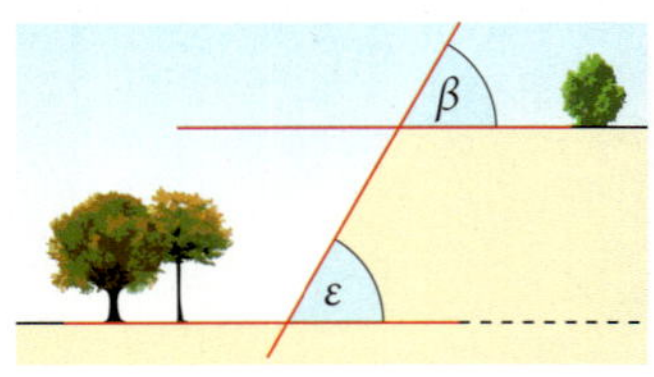

Die Kombination von Scheitelwinkel und Stufenwinkel führt zum **Wechselwinkel**.

> **Wechselwinkel** an geschnittenen Parallelen sind gleich groß.

BEISPIEL 4
$\varepsilon = \delta$, denn ε und δ sind Wechselwinkel.

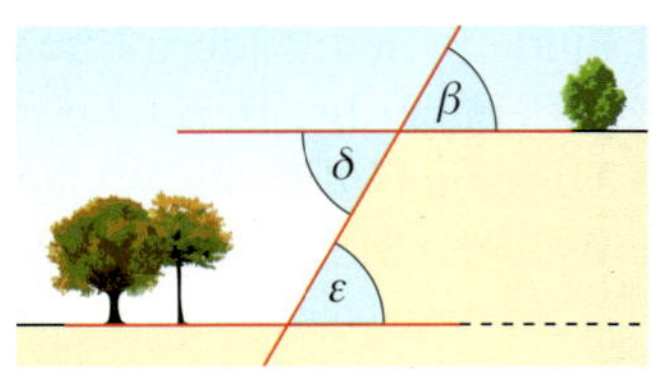

BEACHTE
Die **Stufenwinkelfigur** sieht fast wie ein „F“ aus.

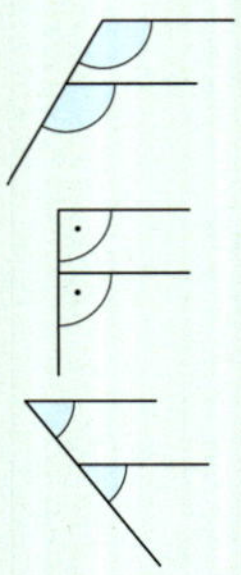

Die **Wechselwinkelfigur** sieht fast wie ein „Z“ aus.

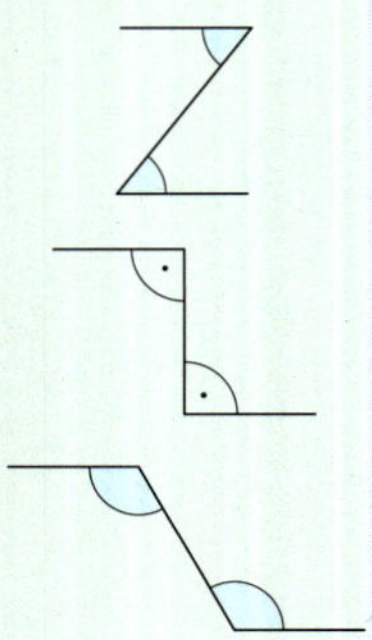

Basisaufgaben

1 Betrachte die Abbildung.
a) Wie heißt der Scheitelwinkel von α?
b) Nenne die Nebenwinkel von β.

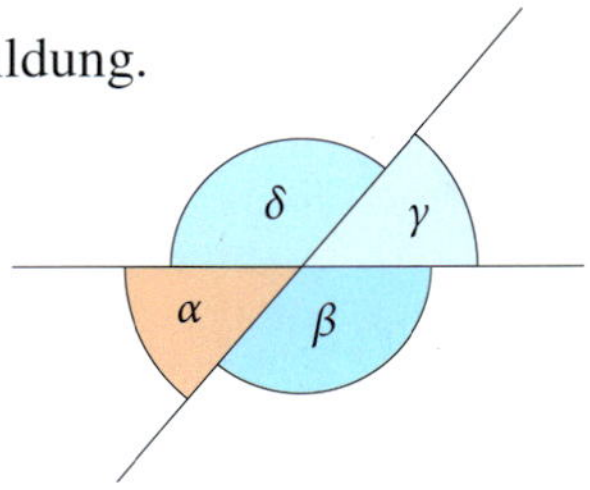

2 Gib für die Figur …
a) alle Scheitelwinkelpaare an.
b) alle Nebenwinkelpaare an.

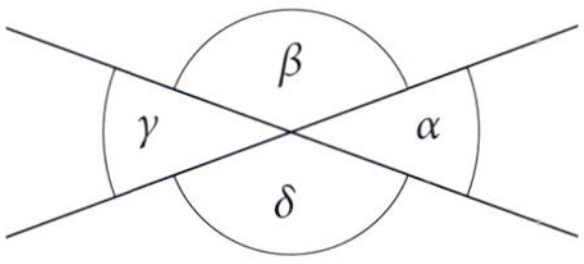

3 Zeichne den Winkel $\alpha = 60°$. Markiere einen Nebenwinkel zu α blau und den Scheitelwinkel grün.

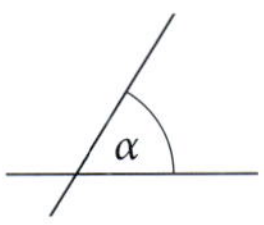

4 Finde bei der Hebebühne in der Randspalte Paare von Neben- und Wechselwinkeln. Skizziere sie.

5 Begründe, weshalb man die Winkelpaare (α, β) und (γ, δ) nicht als Nebenwinkel bezeichnen darf.

a) 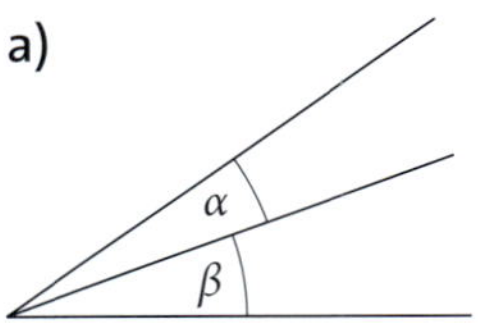

b) 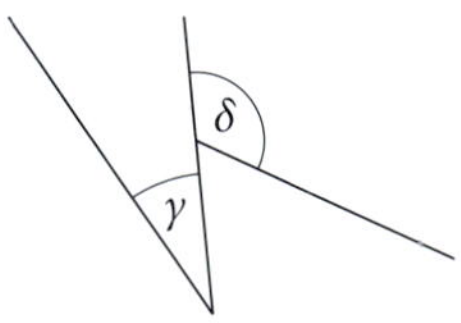

6 Wie groß sind die Winkel α, β und δ?

a) 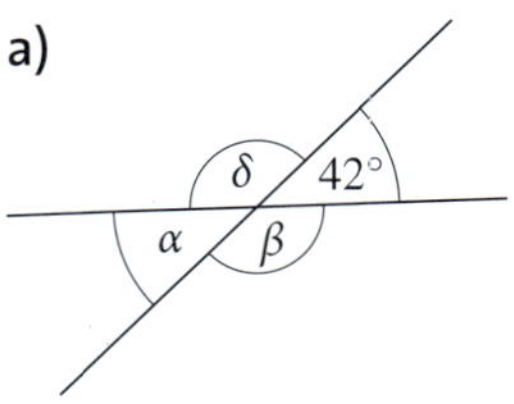

b) 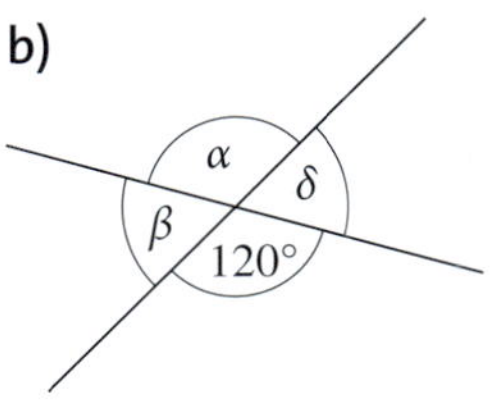

7 Bestimme passend zum Bild aus Aufgabe 2 die Größe der übrigen Winkel.

	α	β	γ	δ
a)	59°			
b)		15°		
c)			115°	
d)				159°

8 Nenne …
a) Stufenwinkel zu α.
b) Wechselwinkel zu β.

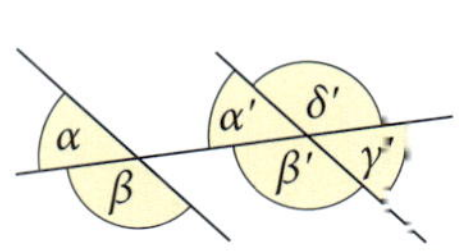

9 Gib alle Paare von Scheitel-, Neben-, Stufen- und Wechselwinkeln an.
BEISPIEL γ und δ sind Nebenwinkel.

a) 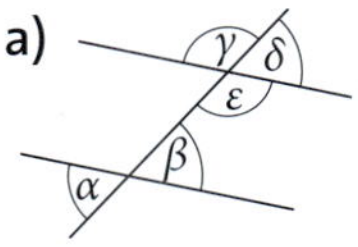

b) 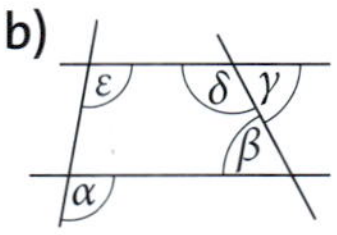

10 Markiere im Heft:
Stufenwinkel zu γ rot,
Wechselwinkel zu γ blau,
Scheitelwinkel zu γ grün,
Nebenwinkel zu γ gelb.

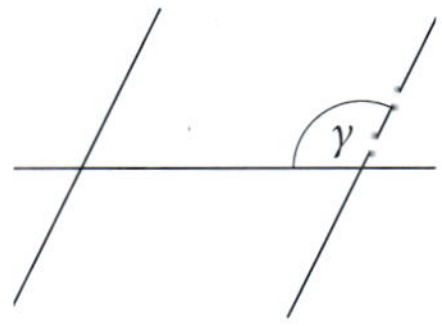

11 Sind die hellroten Winkel jeweils gleich groß? Begründe.

a) 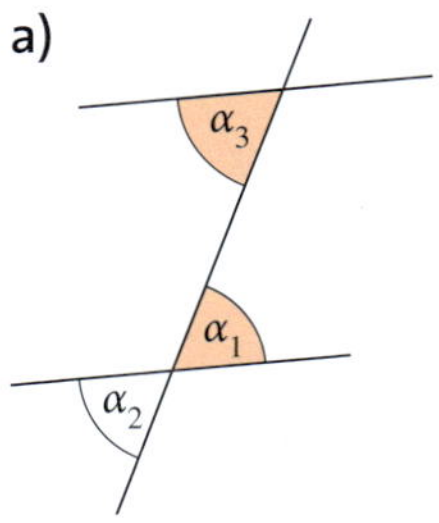

b) 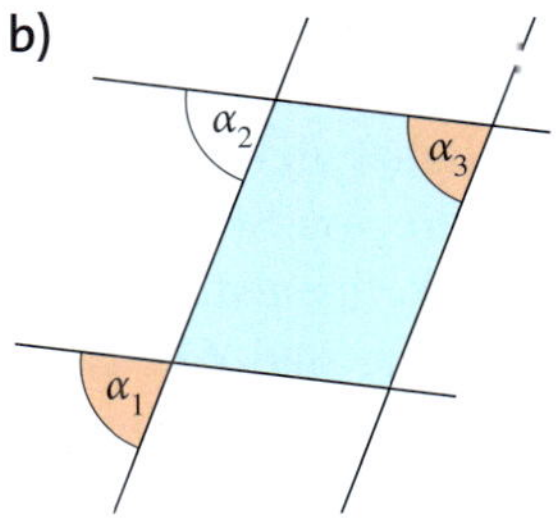

12 Arbeitet zu zweit. Findet gleich große Winkel und begründet dies.

13 Wie groß ist der Winkel α? Begründe.

a) 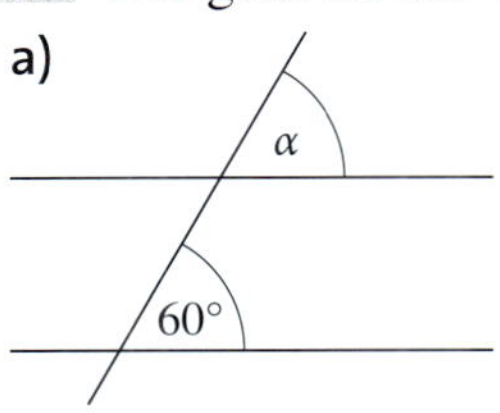

b) 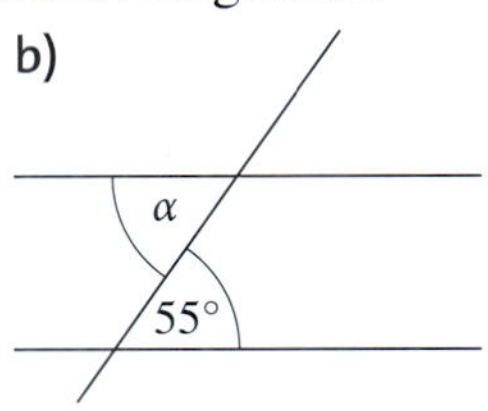

14 Gib die Größe der benannten Winkel an.

a) 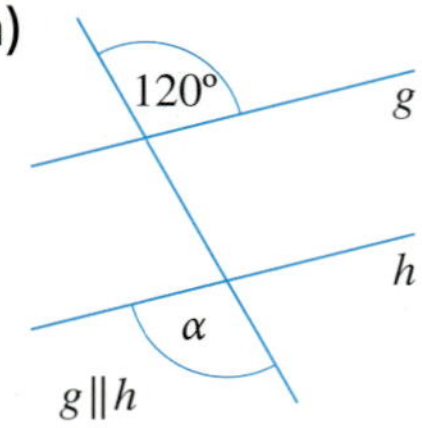

b) 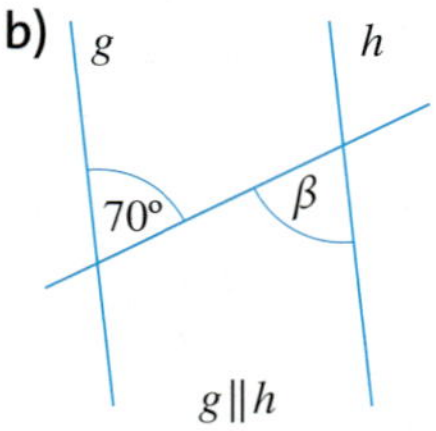

c) 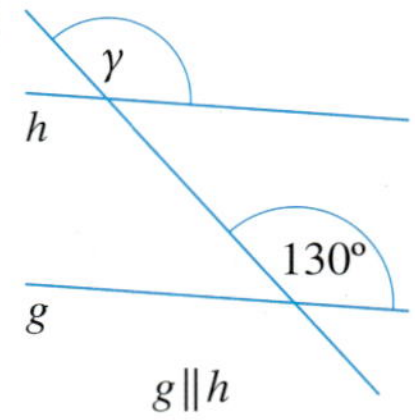

d) 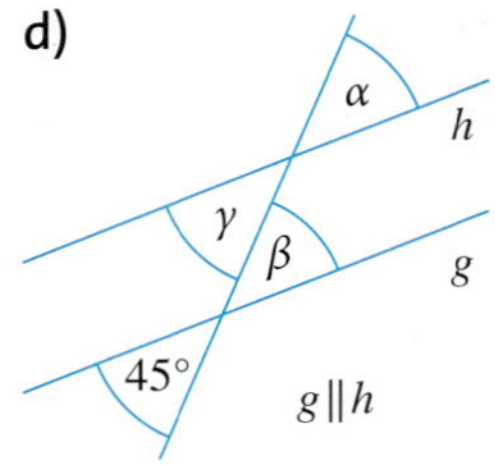

Weiterführende Aufgaben

15 Wie groß sind die Winkel? Begründe.

a) 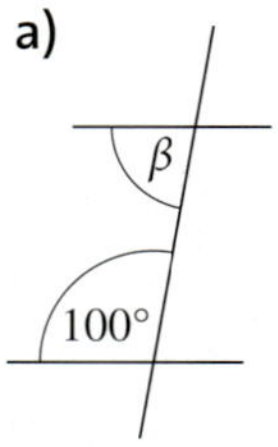

b) 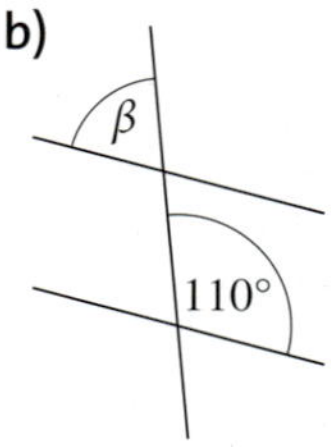

c) 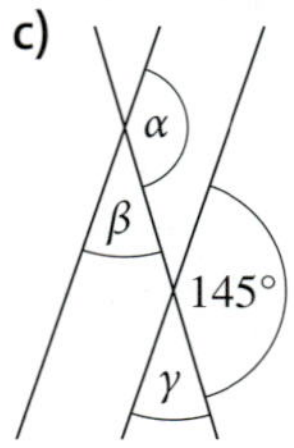

16 Ergänze im Heft drei Geraden so, dass möglichst viele …

a) Paare von Scheitelwinkeln entstehen.

b) Stufen- und Wechselwinkel zu α entstehen.

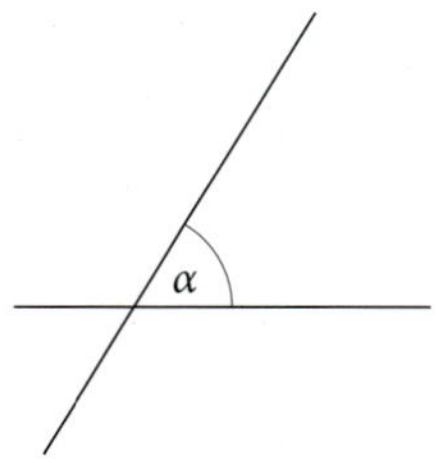

17 Zeichne ein Dreieck ABC und die Parallele zu $\overline{AB}$ durch C. Verlängere alle Seiten. Markiere Stufen- und Wechselwinkel.

18 Betrachte das Parallelogramm.

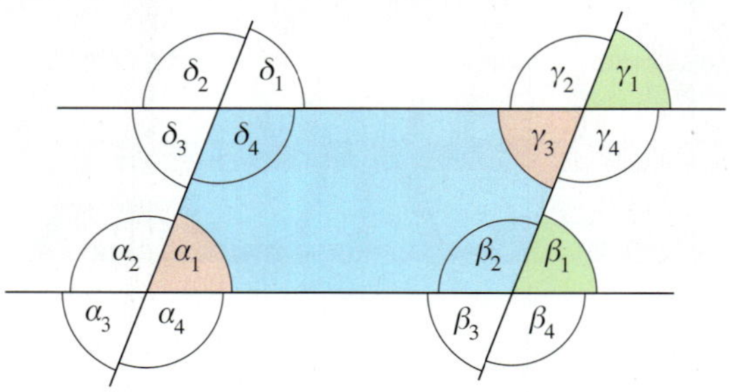

a) Zeige mit Hilfe der grünen Winkel, dass die roten Winkel gleich groß sind.

b) Gibt es weitere Möglichkeiten, auf die gleiche Größe von α_1 und γ_3 zu schließen?

c) Berechne alle Winkelgrößen für $\alpha_1 = 35°$.

19 Berechne die Größe des Winkels α, wenn gilt:

a) α ist doppelt so groß wie der zugehörige Nebenwinkel.

b) α ist um 25° kleiner ist als der zugehörige Nebenwinkel.

20 Betrachte die Zeichnung.

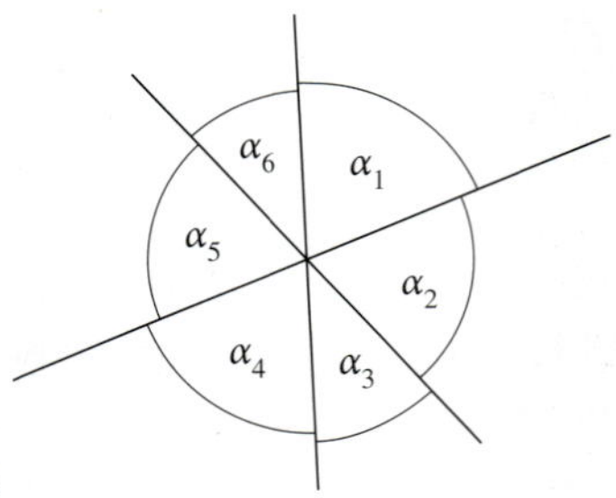

a) Gib alle Scheitelwinkelpaare an.

b) Welche Winkel bilden zusammen ein Nebenwinkelpaar?

c) Berechne α_2 bis α_5 für $\alpha_1 = 95°$, $\alpha_6 = 35°$.

d) Berechne alle Winkel, wenn $a_1 + a_2 = 120°$ und $a_3 + a_4 = 120°$.

21 Wahr oder falsch? Gib bei falschen Aussagen ein Gegenbeispiel an.

a) Wenn zwei Winkel gleich groß sind und einen gemeinsamen Scheitelpunkt haben, dann sind sie Scheitelwinkel.

b) Nebenwinkel haben einen gemeinsamen Scheitelpunkt und einen gemeinsamen Schenkel.

c) Zwei stumpfe Winkel sind keine Nebenwinkel.

d) Wenn zwei Winkel spitze Winkel sind, dann können sie nicht Nebenwinkel sein.

e) Wenn sich zwei Geraden schneiden und zwei Nebenwinkel gleich groß sind, dann sind alle Nebenwinkel gleich groß.

Benennung von Dreiecken

Erforschen und Entdecken

031-1
Auf dem Arbeitsblatt im Internet gibt es die Dreiecke zum Ausschneiden

1 Arbeitet zu zweit.

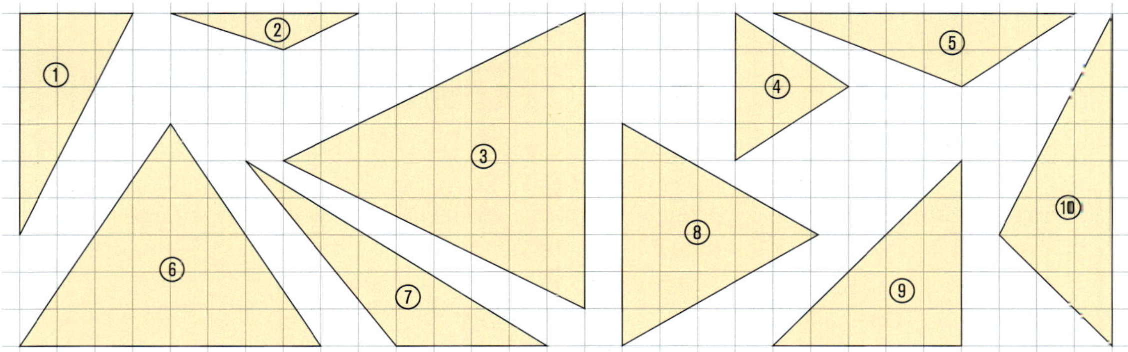

a) Jeder zeichnet die Dreiecke ab und schneidet sie aus.
Partner A: Zeichne die Tabelle ins Heft und ordne die Dreiecke zu.

alle Seiten unterschiedlich lang	genau zwei Seiten gleich lang	alle Seiten gleich lang

Partner B: Zeichne die Tabelle ins Heft und ordne die Dreiecke zu.

alle Innenwinkel spitz	ein rechter Innenwinkel	ein stumpfer Innenwinkel

b) Erklärt euch gegenseitig, was ihr entdeckt habt. Erstellt ein Plakat, auf dem ihr die verschiedenen Dreiecke aufklebt und ihre gemeinsamen Eigenschaften beschreibt. Lasst über den einzelnen Dreiecken Platz für eine Überschrift.

2 Bringt Fotos mit, auf denen viele Dreiecke zu sehen sind. Vielleicht könnt ihr auch selbst solche Fotos machen. Tauscht die Fotos untereinander aus und findet darauf möglichst viele Dreiecke.

Diese 934 Meter lange, aus Fachwerkträgern bestehende zweigleisige Eisenbahnbrücke überspannt bei Duisburg den Rhein.

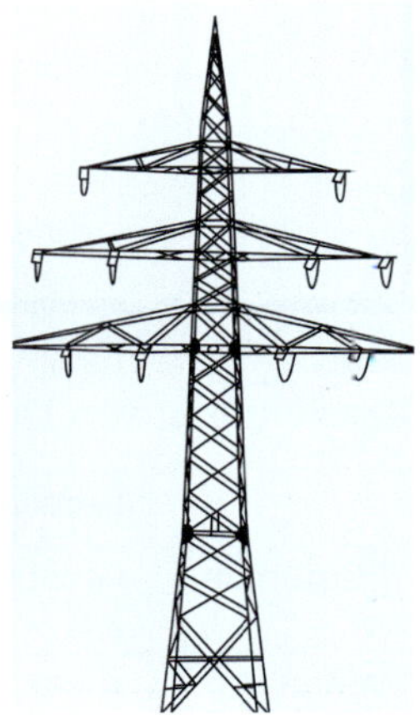

3 Zeichne ein Koordinatensystem.

a) Zeichne die Dreiecke ein: Dreieck 1 $A_1(1|1)$, $B_1(5|1)$, $C_1(3|4)$
Dreieck 2 $A_2(3|5)$, $B_2(8|3)$, $C_2(8|7)$
Dreieck 3 $A_3(10|1)$, $B_3(6|3)$, $C_3(7|0)$

b) Miss in jedem Dreieck die Seitenlängen und die Winkelgrößen. Was stellst du fest?

c) Zeichne jeweils die Symmetrieachse des Dreiecks ein.

Lesen und Verstehen

In Fachwerkhäusern entstehen durch Balken viele Dreiecke und damit ein stabiles Gerüst.

Dreiecke kann man nach ihren Eigenschaften in verschiedene Dreiecksarten unterteilen.

BEACHTE
Im gleichschenkligen Dreieck sind die beiden Basiswinkel gleich groß.

Einteilung der Dreiecke nach den Seiten

Unregelmäßige Dreiecke haben drei verschieden lange Seiten.

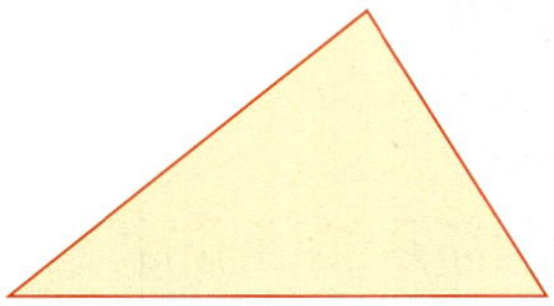

Gleichschenklige Dreiecke haben zwei gleich lange Seiten.

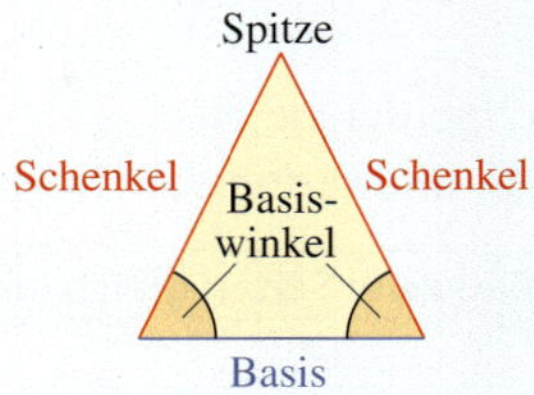

Gleichseitige Dreiecke haben drei gleich lange Seiten.

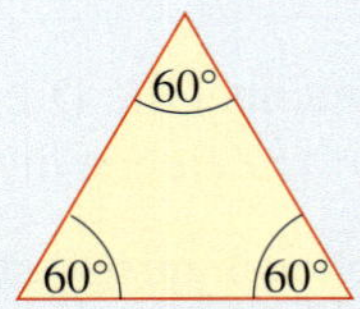

Alle Winkel sind gleich groß.

Einteilung der Dreiecke nach den Winkeln

Spitzwinklige Dreiecke haben drei spitze Winkel.

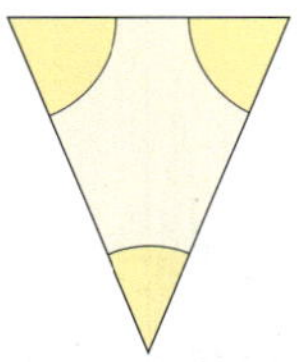

Rechtwinklige Dreiecke haben einen rechten Winkel.

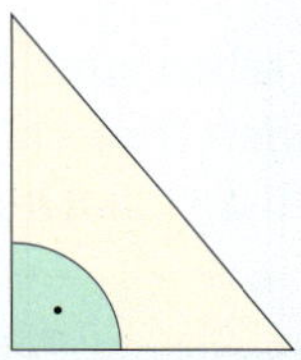

Stumpfwinklige Dreiecke haben einen stumpfen Winkel.

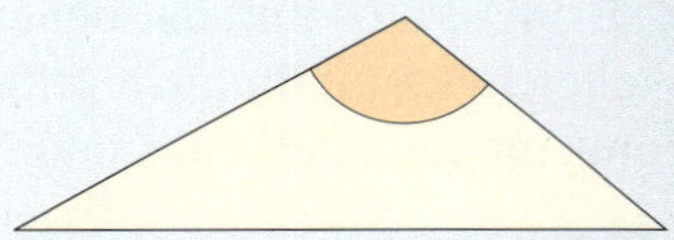

Bezeichnung von Dreiecken

	Bezeichnung	Lage
Eckpunkte	Großbuchstaben, z. B. A, B, C…	entgegen dem Uhrzeigersinn
Seiten	Kleinbuchstaben, z. B. a, b, c…	a liegt Punkt A gegenüber usw.
Winkel	griechische Buchstaben, z. B. α, β, γ …	α liegt bei A usw.

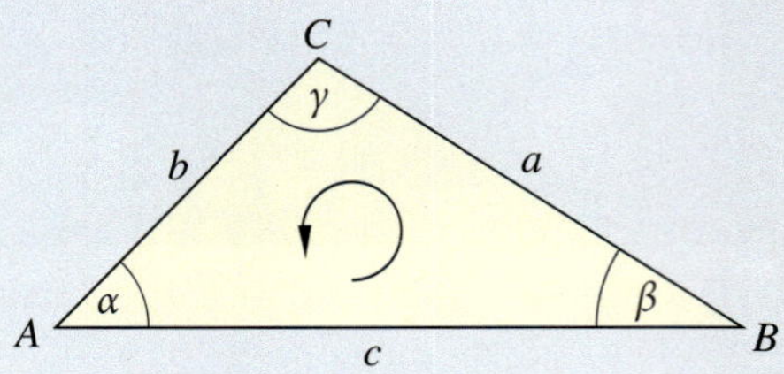

oder auch $\triangle ABC$

$\overline{AB} = c$ $\quad$ $\sphericalangle BAC = \alpha$

$\overline{BC} = a$ $\quad$ $\sphericalangle CBA = \beta$

$\overline{AC} = b$ $\quad$ $\sphericalangle ACB = \gamma$

Basisaufgaben

1 Schreibe jeweils die Dreiecksart nach Seiten und nach Winkeln auf.
BEISPIEL 1: unregelmäßig, rechtwinklig

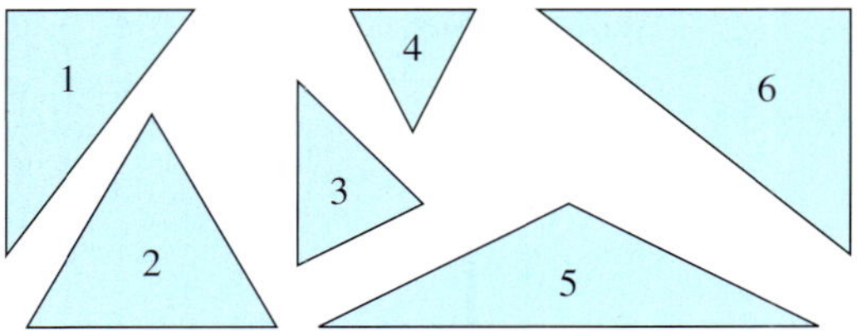

2 Zeichne die Dreiecke in ein Koordinatensystem. Bestimme die Dreiecksart.
a) $A(2|1)$; $B(8|2{,}5)$; $C(3{,}5|7)$
b) $A(3|8{,}5)$; $B(1|4{,}5)$; $C(5{,}5|2{,}5)$

3 Zeichne das Bauteil für das Dach einer Lagerhalle ins Heft. Finde möglichst viele Dreiecke und benenne sie nach den Seiten und nach den Winkeln.

4 Übertrage die Tabelle in dein Heft. Überprüfe, ob es Dreiecke mit den beiden genannten Eigenschaften gibt.
Wenn ja, setze ein Kreuz (×) und zeichne ein Beispiel dazu.
Wenn nein, begründe kurz.

	unregelmäßig	gleichschenklig	gleichseitig
spitzwinklig	×		
rechtwinklig			
stumpfwinklig			

5 Ein gleichschenkliges Dreieck mit Seite c als Basis hat die Winkel α, β und γ.
Gib alle Winkelgrößen an.
Als Hilfe kannst du eine Skizze zeichnen.
a) $\alpha = 84°$ b) $\alpha = 56°$ c) $\beta = 22°$
d) $\beta = 10{,}5°$ e) $\gamma = 72°$ f) $\gamma = 85°$

6 Dana meint: „Ein spitzwinkliges Dreieck hat drei spitze Winkel, ein rechtwinkliges hat drei rechte Winkel und ein stumpfwinkliges hat drei stumpfe Winkel.“ Was meinst du dazu?

Weiterführende Aufgaben

7 Ergänze die Tabelle im Heft.

Winkelgrößen			Dreiecksart	
α	β	γ	nach Winkeln	nach Seiten
72°	65°	43°		
75°	75°	30°		
31°	90°	59°		
40°	100°	40°		
				gleichseitig

8 Zeichne und beantworte.
a) Wie viele Symmetrieachsen hat ein gleichschenkliges Dreieck?
b) Wie viele Symmetrieachsen hat ein gleichseitiges Dreieck?
c) Wie viele Symmetrieachsen hat ein rechtwinkliges Dreieck?

9 Wahr oder falsch?
Begründe deine Entscheidung.
a) Wenn ein Dreieck gleichseitig ist, so ist es auch gleichschenklig.
b) Wenn ein Dreieck stumpfwinklig ist, so hat es zwei spitze Winkel.
c) Wenn ein Dreieck gleichschenklig ist, so ist es auch gleichseitig.
d) Der Winkel α liegt dem Eckpunkt C gegenüber.
e) Ein Dreieck mit einem rechten Winkel hat zwei stumpfe Winkel.

10 Zeichne ein stumpfwinkliges Dreieck. Versuche eine Gerade so durch einen Eckpunkt zu zeichnen, dass dieses Dreieck in zwei spitzwinklige Dreiecke zerlegt wird. Ist das möglich? Begründe.

033-1
Unter dem Webcode befindet sich eine interaktive Übung zum Bezeichnen von Dreiecken.

Methode: Dynamische Geometrie-Software

Mit einer dynamischen Geometrie-Software kannst du Figuren am Computer konstruieren.

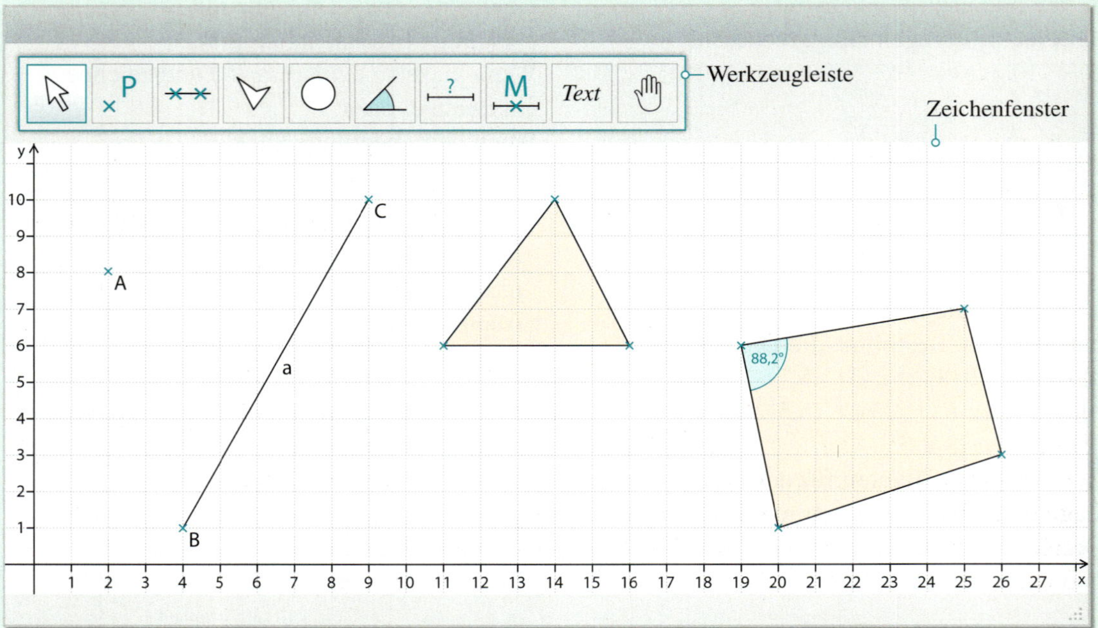

Es gibt verschiedene Software, daher können der Aufbau und die Symbole unterschiedlich aussehen. Das Grundprinzip ist aber häufig gleich.
In der Werkzeugleiste findest du Werkzeuge wie „Punkt", „Strecke", „Gerade" und „Vieleck". Außerdem kannst du Längen, Winkelgrößen und Flächeninhalte messen.
Man kann auch bewegliche Figuren durch Ziehen an Punkten verändern.

Alle Werkzeuge lassen sich mit Hilfe von Symbolen aufrufen.

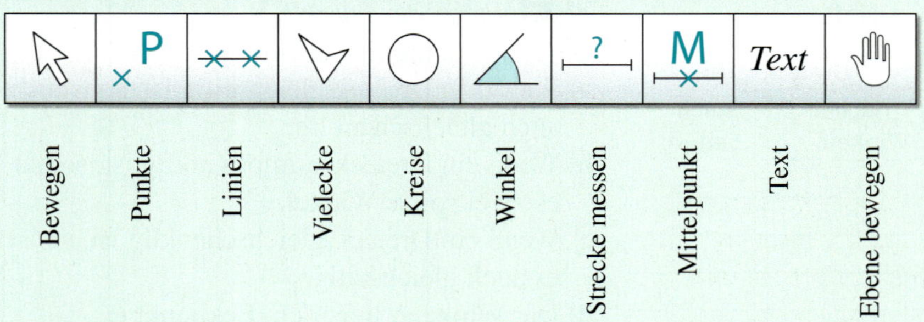

1 Wähle jeweils ein Feld der Werkzeugleiste aus. Schaue, ob sich noch Werkzeuge hinter den Symbolen verbergen. Manchmal muss man mit der rechten Maustaste darauf klicken, manchmal ein Teil des Symbols anklicken.
Probiere verschiedene Werkzeuge aus, indem du einen Punkt setzt, eine Strecke zeichnest, ein Vieleck konstruierst, …

2 Zeichne das Haus vom Nikolaus.

a) Vergleicht eure Vorgehensweisen untereinander. Findet möglichst viele Möglichkeiten, die Zeichnung zu beginnen.

b) Finde ein Scheitelwinkelpaar, ein Nebenwinkelpaar und ein Stufenwinkelpaar. Miss die Größe der Winkel und überprüfe die Gesetzmäßigkeit.
Verwende dazu .

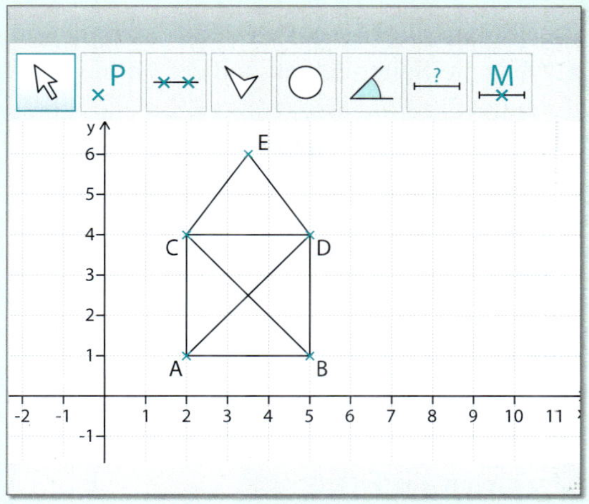

3 Zeichne eine Stecke $\overline{AB}$ und trage mit  ihren Mittelpunkt M ein.
Zeichne einen Kreis um den Mittelpunkt M, der durch A und B verläuft, nutze dazu .
Lege einen Punkt P irgendwo innerhalb des Kreises fest.
Verbinde den Punkt P durch je eine Strecke mit den Endpunkten A und B.
Miss die Größe des Winkels APB mit dem Scheitel in P: 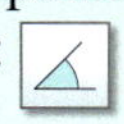

Wähle den Zeiger , klicke den Punkt P an und bewege mit gedrückter Maustaste die Maus.
Beobachte die gemessene Winkelgröße, wenn der Punkt P …

- innerhalb des Kreises liegt.
- auf der Kreislinie liegt.
- außerhalb des Kreises liegt.

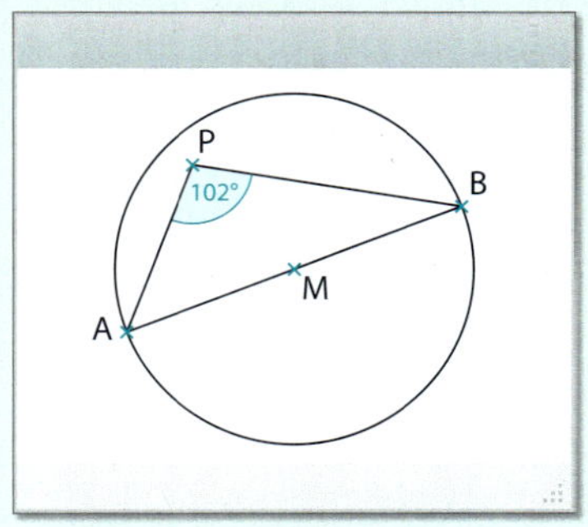

4 Zeichne das Ziffernblatt einer Uhr:

- Das Ziffernblatt hat einen Radius von 5 Einheiten.
- Der große Zeiger ist 4,5 Einheiten lang, der kleine Zeiger ist 3 Einheiten lang. Die Zeiger haben ihren Drehpunkt im Punkt (2|2).
- Am Ziffernblatt sind die Stunden 3, 6, 9 und 12 beschriftet.

Zeichne den Winkel zwischen der Spitze des kleinen Zeigers, dem Drehpunkt und der Spitze des großen Zeigers ein. Erzeuge verschiedene Uhrzeiten und beobachte die Größe des Winkels zwischen den Zeigern.

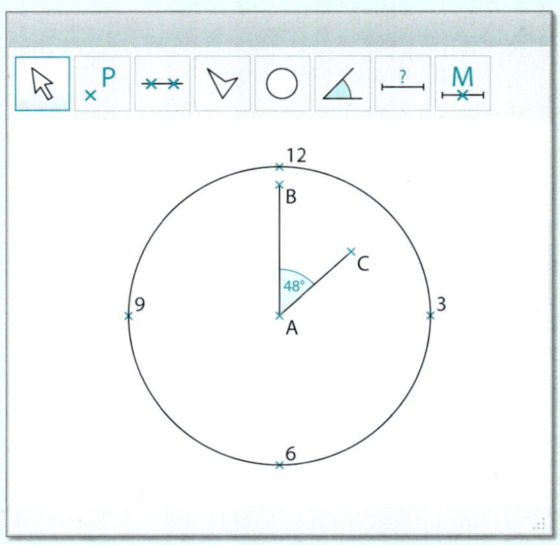

5 Zeichne das Dreieck mit den Eckpunkten $A(2|2)$; $B(7|1)$; $C(8|6)$.

a) Miss die Seitenlängen und die Größe der Innenwinkel.
Nutze dazu die Werkzeuge „Strecke messen“  und „Winkel messen“ .
Notiere die Ergebnisse in deinem Heft.

b) Welche Dreiecksart ist entstanden?

c) Wähle das Werkzeug mit dem Zeiger  und bewege mit der Maus einen Eckpunkt, sodass du ein …
① unregelmäßiges, rechtwinkliges Dreieck
② gleichschenkliges, spitzwinkliges Dreieck
③ unregelmäßiges, stumpfwinkliges Dreieck
④ gleichseitiges, spitzwinkliges Dreieck erhältst.

6 Zeichne die Dreiecke:
① $A(1|3)$; $B(6|5)$; $C(3|7)$ ② $A(3|6)$; $B(5|2)$; $C(9|2)$ ③ $A(9|-2)$; $B(9|3)$; $C(-3|3)$
Miss jeweils die Seitenlängen, die Größe der Innenwinkel und gib die Dreiecksart an.

7 Zeichne ein Dreieck mit den Eckpunkten $A(2|1)$ und $B(9|3)$ und den Winkeln $\alpha = 45°$ und $\beta = 70°$.
Wie lauten die Koordinaten des dritten Eckpunkts?
Welche Dreiecksart liegt vor?

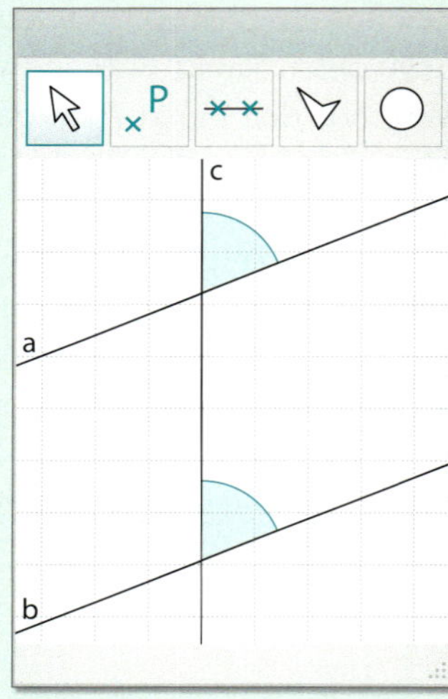

8 Zeichne eine Gerade a durch zwei beliebige Punkte. Zeichne dazu eine Parallele b. Zeichne eine Gerade c, die a und b schneidet, und markiere zwei Stufenwinkel.

a) Wähle das Werkzeug mit dem Zeiger und bewege mit der Maus die Gerade a, verändere ihre Lage und beobachte die Größe der Winkel.

b) Verändere nun die Lage von Gerade c und beobachte wiederum die Größe der Winkel.

c) Zeichne Nebenwinkelpaare, Scheitelwinkelpaare und Wechselwinkelpaare ein, verändere genauso und beobachte die Winkelpaare.

9 Zeichne die Olympischen Ringe:

a) Zeichne die Punkte $A(1|4)$; $B(7|4)$; $C(13|4)$; $D(4|0)$ und $E(9|0)$.

b) Zeichne die Ringe mit dem Werkzeug „Kreis“. Der Radius soll $r = 4$ sein.

c) Färbe nun die Kreise ein, verstärke die Linien und blende die Mittelpunkte aus. Verwende dazu das Eigenschaftsfenster (eventuell rechter Mausklick auf Objekt).

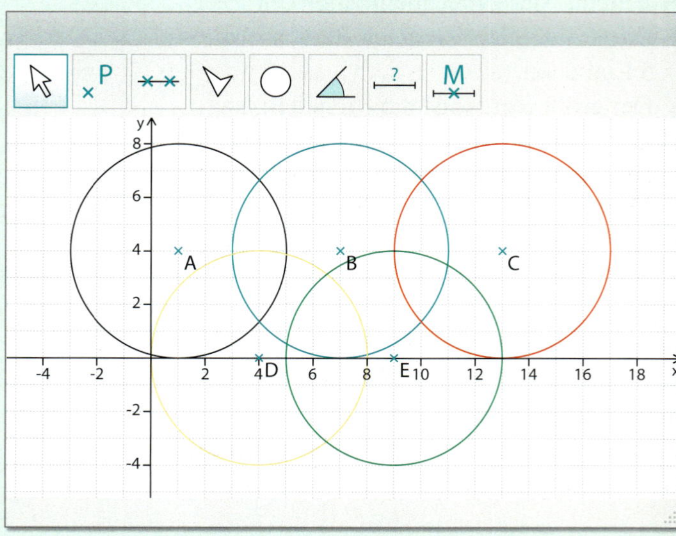

Innenwinkelsumme im Dreieck und im Viereck

Erforschen und Entdecken

1 Experimente mit Papier und Schere

a) Zeichne ein beliebiges Dreieck *ABC*.
Male die Winkel farbig an.
Schneide nun das Dreieck aus. Reiße die Ecken des Dreiecks ab und lege die drei Ecken aneinander.

b) Wie groß ist der Winkel, der sich beim Zusammenlegen der drei Ecken ergibt?

c) Vergleicht eure Ergebnisse untereinander.

d) Legt nun eine Ecke wieder an die passende Stelle des Dreiecks. Könnt ihr die anderen beiden Winkel so anlegen, dass ihre Seiten eine gerade Strecke bilden?
Beschreibt, wie ihr vorgeht.

2 Untersuche Dreiecke mit Hilfe einer dynamischen Geometriesoftware.

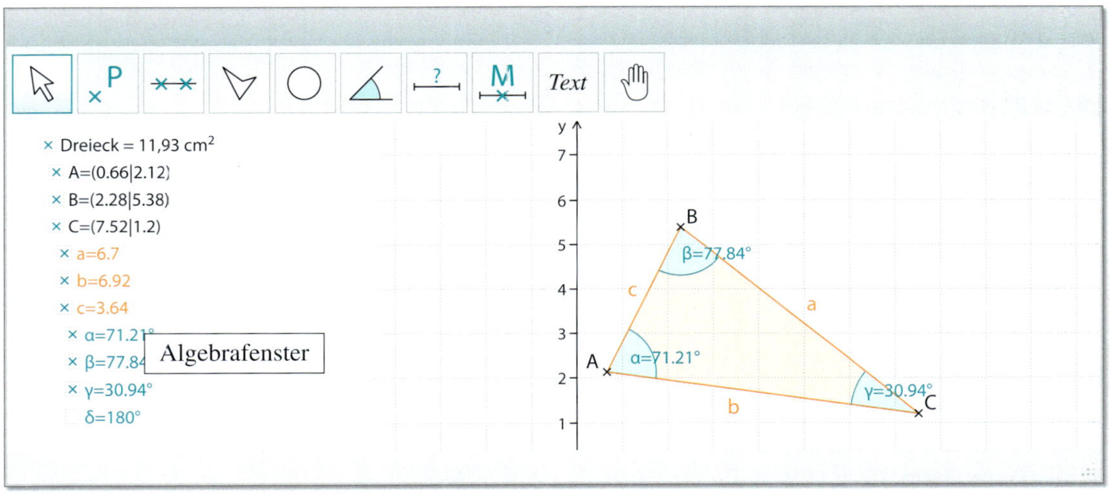

a) Zeichne ein beliebiges Dreieck *ABC*.
Ermittle die Größe der drei Innenwinkel, indem du das Winkelwerkzeug auswählst und die Seiten des Dreiecks anklickst. Die Winkelgrößen α, β und γ werden vom Programm gemessen und eingetragen.

b) In der Befehlszeile, einem Eingabefeld oder einem extra Fenster kannst du nun die Summe der drei Winkelgrößen berechnen lassen.
Tippe $\alpha + \beta + \gamma$ ein und drücke die Eingabetaste. δ ist das Ergebnis der Rechnung und steht in unserem Beispiel links im Fenster.
Verändere das Dreieck, indem du den Modus „Bewegen“ wählst: .
Ziehe mit der Maus an einem Eckpunkt und beobachte, wie sich die Summe der Winkelgrößen verändert.
Formuliere deine Beobachtung mit deinen eigenen Worten.

c) Verlängere eine Seite des Dreiecks zu einer Geraden. Wähle dazu die Option „Gerade“ und wähle zwei Eckpunkte des Dreiecks aus.
Lasse nun die drei neu entstandenen Winkel messen. Was fällt dir auf?

Lesen und Verstehen

Miriam hat Dreiecke gezeichnet und daraus auch ein Viereck gelegt. Sie hat alle Winkel gemessen und addiert nun die Größen der Innenwinkel.

BEISPIEL 1

$45° + 45° + 90° = 180°$
$40° + 73° + 67° = 180°$

BEISPIEL 2

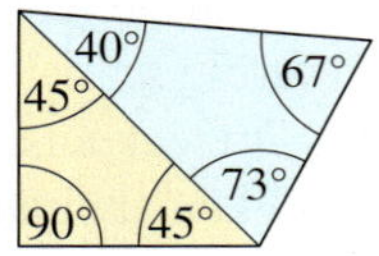

$45° + 45° + 90° + 40° + 73° + 67° = 360°$

Miriam stellt fest, dass die Winkelsumme in jedem Dreieck gleich ist.

Jedes Viereck kann man in zwei Dreiecke unterteilen. Daher erhält man auch im Viereck immer die gleiche Winkelsumme.

Im Dreieck beträgt die Winkelsumme der Innenwinkel immer 180°.

Im Viereck beträgt die Winkelsumme der Innenwinkel immer 360°.

BEISPIEL 3
In einem Dreieck *ABC* ist $\alpha = 80°$ und $\beta = 55°$. Berechne die Größe des Winkels γ.
$\alpha + \beta + \gamma = 180°$, es muss also $80° + 55° + \gamma = 180°$ gelten.
$180° - 80° - 55° = 45°$, also ist $\gamma = 45°$.

Basisaufgaben

BEACHTE
Die Lösungen zu Aufgabe 1 ergeben in der richtigen Reihenfolge den Namen einer europäischen Hauptstadt. Zu welchem Land gehört die Stadt?
15° (O); 30° (L); 75° (S); 98° (O)

1 Berechne die Größe des fehlenden Winkels im Dreieck.

a)
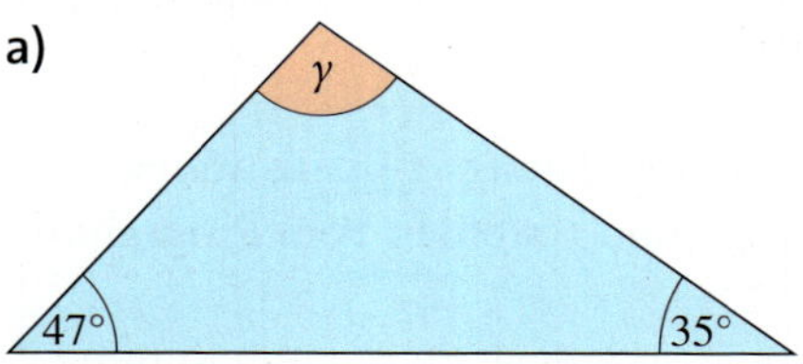

b)
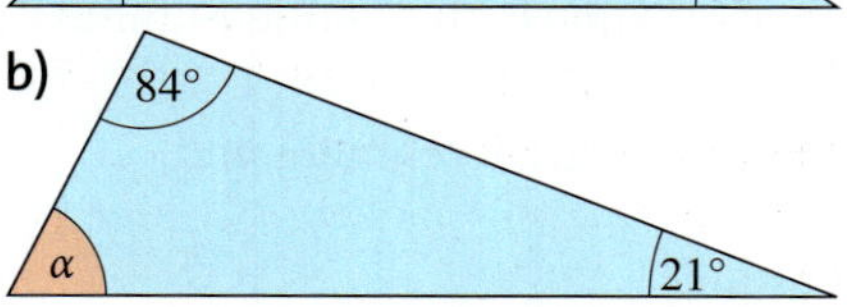

c)
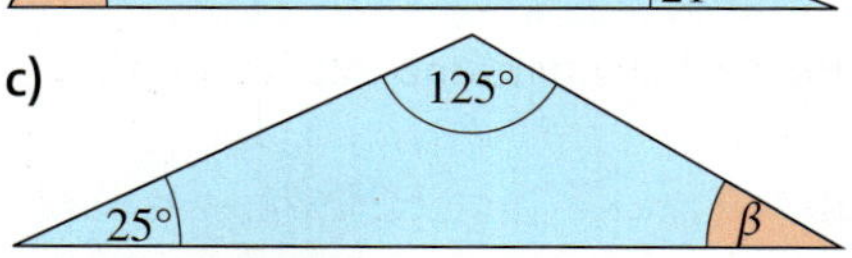

d)
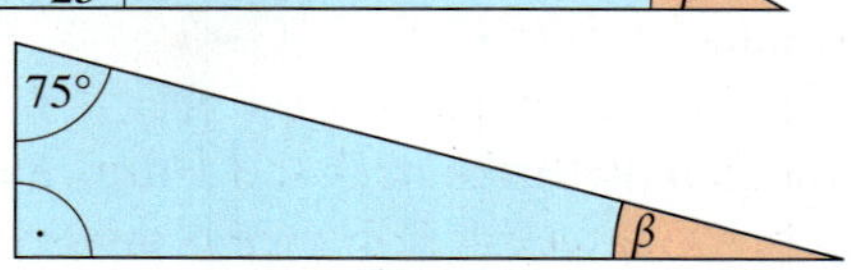

2 Berechne die Größe des fehlenden Dreieckswinkel.
a) $\alpha = 90°$, $\beta = 72°$ b) $\alpha = 64°$, $\beta = 90°$
c) $\beta = 21°$, $\gamma = 90°$ d) $\alpha = 45°$, $\gamma = 90°$

3 Wie groß ist der fehlende Winkel?

a)
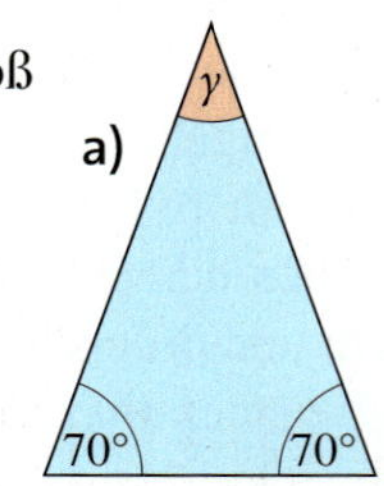

b)
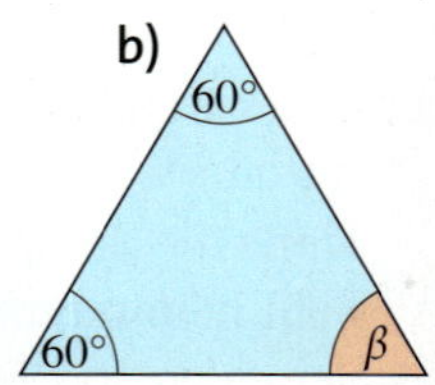

4 Welches Dreieck ist ein besonderes? Berechne die Größe des dritten Winkels.

	a)	b)	c)	d)	e)
α	60°	90°		57°	90°
β	60°		23°	75°	90°
γ		43°	109°		

5 Berechne die Größe des fehlenden Winkels im Viereck.

a)
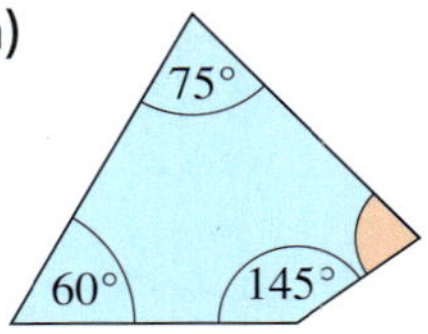

b)
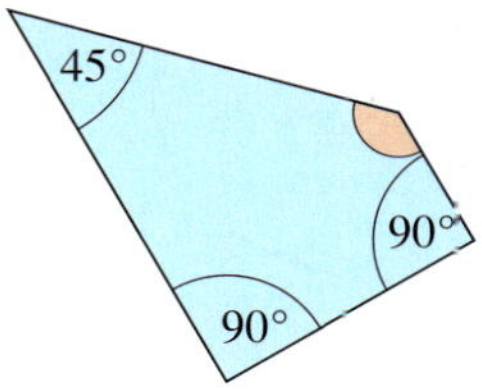

c)
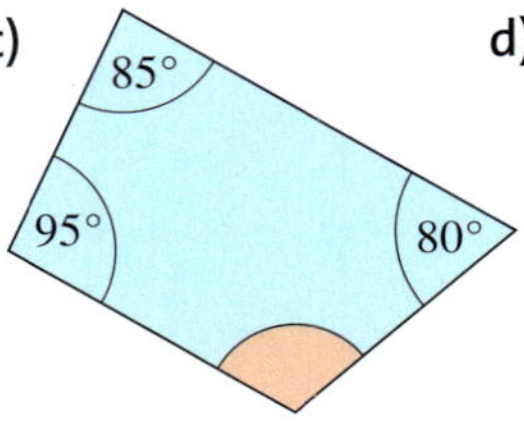

d)
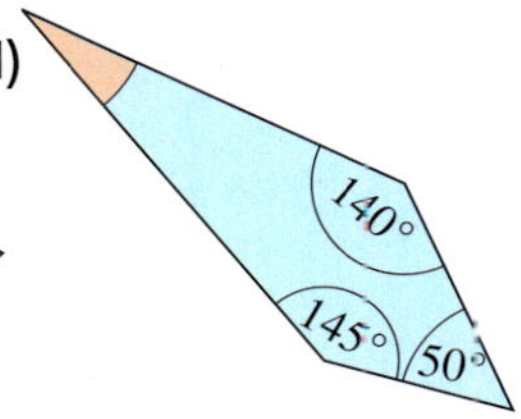

e)
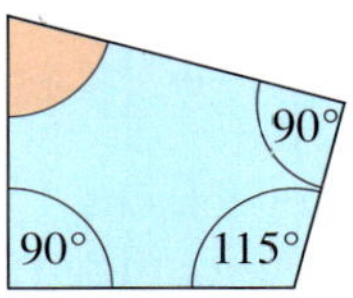

f)

6 Welches Viereck ist ein besonderes? Berechne die Größe des vierten Winkels.

	a)	b)	c)	d)	e)	f)	g)	h)
α	90°		83°	90°	68°		100°	125°
β	90°	45°	107°	90°		75°	65°	
γ		45°	90°	90°	87°	105°		83°
δ	70°	125°			138°	75°	112°	96°

7 Berechne die Größe des Winkels δ.

a) $\alpha = 57°$
b) $\alpha = 75°$
c) $\alpha = 62°$
d) $\alpha = 45°$

8 Welche Ecken kann man zu einem Dreieck zusammensetzen?

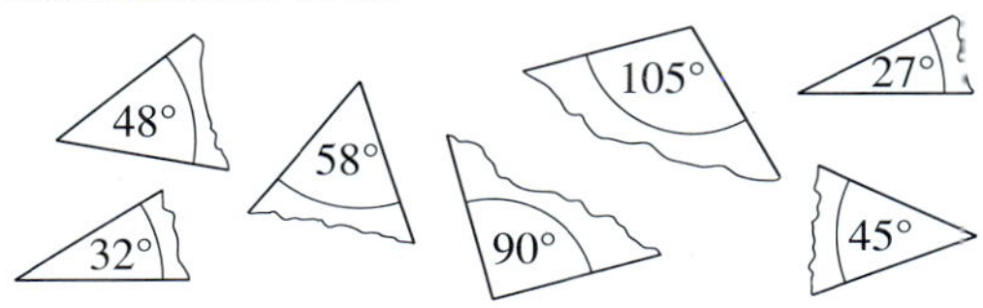

BEACHTE
Die Lösungen zu Aufgabe 5 ergeben in der richtigen Reihenfolge den Namen einer europäischen Hauptstadt. Zu welchem Land gehört die Stadt?
25° (A); 65° (N)
80° (T); 100° (R);
130° (A); 135° (I)

Weiterführende Aufgaben

9 Berechne die fehlenden Winkelgrößen.

a) $\alpha = 37°, \beta = 42°$ b) $\gamma = 74°, \varepsilon = 118°$
c) $\beta = 46°, \varepsilon = 152°$ d) $\beta = 32°, \gamma = 90°$
e) $\gamma = 53°, \varepsilon = 126°$ f) $\beta = 61°, \varepsilon = 95°$

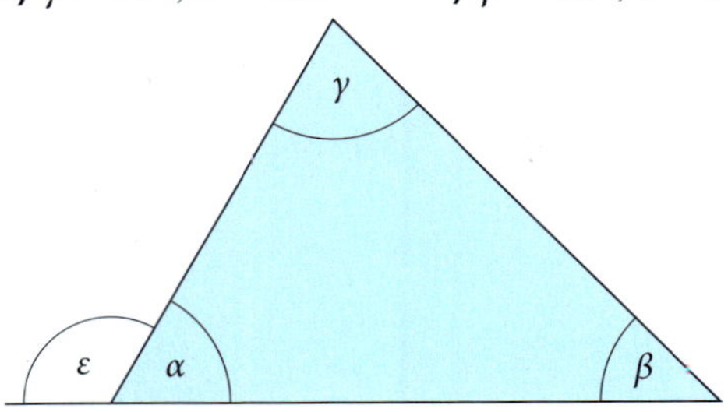

10 Zeichne ein Dreieck auf ein loses Blatt Papier und schneide es aus. Falte das Dreieck so, dass man erkennt, dass die Winkelsumme 180° beträgt. Begründe.

11 Gib die Größe der Innenwinkel an.

a) Das Dreieck hat einen rechten Winkel, die anderen beiden Winkel sind gleich groß.
b) Zwei Dreieckswinkel sind jeweils 54° groß.

12 Gib die Größe der Innenwinkel im Dreieck *ABC* an.

a) Ein Winkel misst 50°, die anderen beiden Winkelgrößen unterscheiden sich um 10°.
b) Ein Winkel misst 60°. Ein anderer Winkel ist um 10° größer.

13 Beträgt die Winkelsumme in diesem Viereck ebenfalls 360°? Prüfe und begründe.

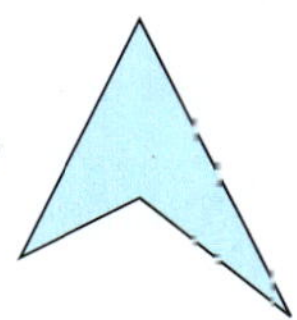

14 Wie viele spitze (stumpfe) Winkel hat ein Viereck höchstens? Begründe.

15 Zeichne verschiedene unregelmäßige Vielecke (Fünfecke, Sechsecke, …). Zerlege sie in Dreiecke und bestimme so ihre Winkelsumme.
Findest du eine Regelmäßigkeit?
Du kannst diese Aufgabe auch mit Hilfe einer dynamischen Geometrie-Software bearbeiten.

Methode: Argumentieren in der Geometrie

In der Mathematik stellt man **Behauptungen** auf, wie die Schüler oben im Bild.
Solche Behauptungen können wahr oder falsch sein. Will man zeigen, dass eine Aussage falsch ist, so kann man versuchen, ein **Gegenbeispiel** zu finden.
Eine Behauptung ist noch nicht richtig, wenn zutreffende Beispiele gefunden werden.
Man muss in einem **Beweis** zeigen, dass die Behauptung grundsätzlich richtig ist.
Das geschieht mit Hilfe geeigneter Argumente, die in eine logische Reihenfolge gebracht werden. Die Gegebenheiten, von denen man ausgeht, bezeichnet man als **Voraussetzungen**.

1 Beweis eines Winkelsummensatzes

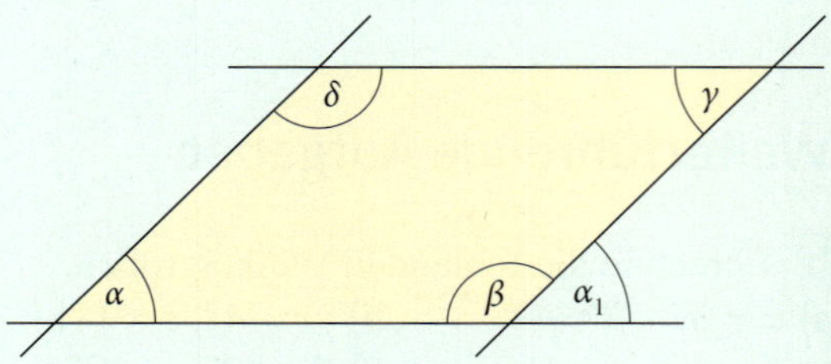

Daniel soll zeigen, dass die Winkelsumme im Parallelogramm 360° beträgt.
Er benutzt nur sein Wissen über Scheitelwinkel, Nebenwinkel, Stufenwinkel und Wechselwinkel.
Ergänze seinen Beweis.

$\alpha_1 + \beta = 180°$ (_________winkel, ergänzen sich zu 180°.)
$\alpha_1 = \alpha$ (_________winkel sind gleich groß.) Also gilt: $\alpha + \beta = 180°$.
$\alpha = \gamma$ (_________winkel sind gleich groß.)
$\beta = \delta$ (_________winkel sind gleich groß.)
Es gilt: $\alpha + \beta + \gamma + \delta = \alpha + \beta + \alpha +$ ___ $= 180° +$ ___ $= 360°$.

2 Winkelsumme im Sechseck

a) Zeichne ein beliebiges Sechseck.
b) Miss die Winkel und berechne die Winkelsumme. Formuliere eine Behauptung über die Winkelsumme im Sechseck: „Im Sechseck beträgt die Winkelsumme immer …“
c) Beweise deine Behauptung mit Hilfe des Winkelsummensatzes für Dreiecke.
d) Beweise deine Behauptung mit Hilfe des Winkelsummensatzes für Vierecke.
e) Findest du noch eine weitere Begründung für deine Behauptung?

3 Winkelsumme im Achteck

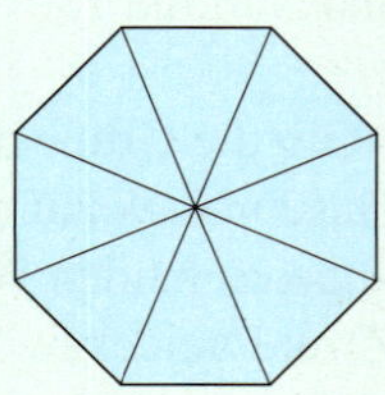

Carina behauptet: Jedes Achteck besteht aus acht Dreiecken und seine Winkelsumme beträgt daher $8 \cdot 180° = 1440°$.
a) Überzeuge Carina durch ein Gegenbeispiel, dass sie nicht Recht hat.
b) Bestimme die richtige Winkelsumme.

Mittelsenkrechte und Winkelhalbierende

Erforschen und Entdecken

1 Auf einer Wiese stehen zwei Pflaumenbäume der gleichen Sorte. Einer gehört Herrn Nowak (A), der andere Herrn Schulze (B). Durch einen Sturm sind viele Pflaumen heruntergefallen. Nun wollen sie die Pflaumen gerecht verteilen.

a) Macht Vorschläge für eine gerechte Verteilung.

b) Übertragt die Zeichnung ins Heft. Markiert die Pflaumen, die Herr Nowak bekommt, und die Pflaumen von Herrn Schulze mit zwei verschiedenen Farben.

c) Bei welchen Pflaumen ist die Entscheidung nicht möglich? Beschreibt, wo sich diese Pflaumen befinden.

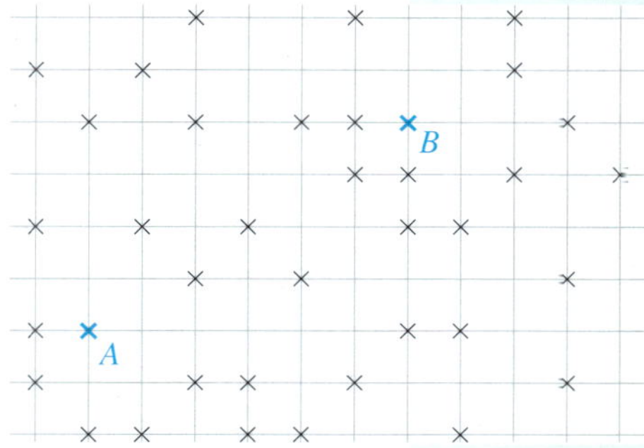

041-1
Unter dem Webcode findest du eine Vorlage für die „Pflaumenwiese“.

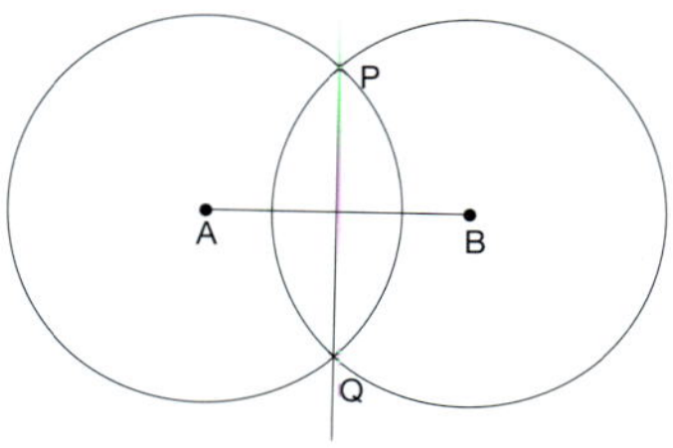

2 Das Bild wurde mit einer Geometrie-Software erstellt.

a) Beschreibe, welche Eigenschaften die Gerade durch die Punkte P und Q hat. Was gilt für die Größe der Kreise?

b) Erkläre, wie die Gerade $\overline{PQ}$ konstruiert worden ist, wenn man von einer Strecke $\overline{AB}$ der Länge 6,5 cm ausgeht. Konstruiere die Gerade $\overline{PQ}$.

c) Begründe, warum man die Gerade $\overline{PQ}$ als Mittelsenkrechte der Strecke $\overline{AB}$ bezeichnet.

3 Mit Zirkel und Lineal kannst du eine Winkelhalbierende exakt konstruieren.

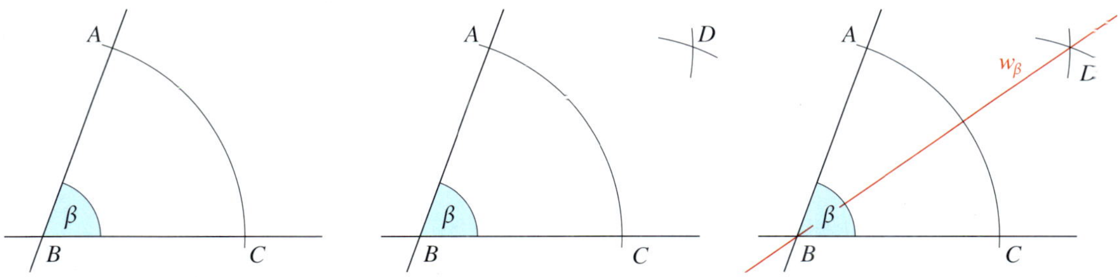

a) Erkläre mit eigenen Worten, was eine Winkelhalbierende ist.

b) Beschreibe, wie hier die Winkelhalbierende mit Hilfe von drei Kreisbögen konstruiert wird.

c) Zeichne einen beliebigen spitzen Winkel und konstruiere die Winkelhalbierende.

4 Zeichne zwei beliebige Dreiecke ABC und schneide sie aus.

a) Falte das erste Dreieck so, dass die Punkte A und B aufeinander liegen. Wiederhole die Faltung mit den Punkten B und C und dann mit A und C.
Notiere Vermutungen über die Lage und die Eigenschaften der drei Faltlinien und überprüfe sie (eventuell durch Messungen).

b) Falte das zweite Dreieck so, dass Seite c auf Seite b liegt. Wiederhole die Faltung mit den anderen Seiten.
Notiere Vermutungen über die Lage und die Eigenschaften der drei Faltlinien und überprüfe sie (eventuell durch Messungen).

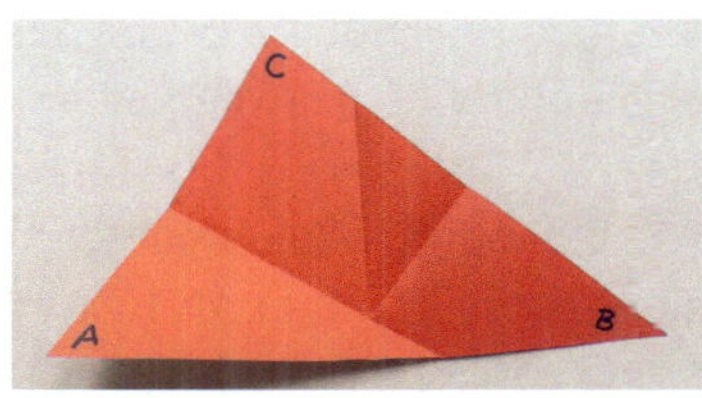

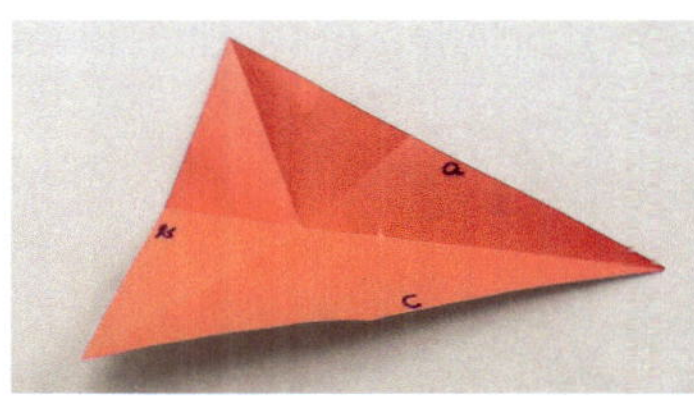

Lesen und Verstehen

Euklid

Die griechischen Mathematiker des Altertums erlaubten als Hilfsmittel beim Konstruieren nur Zirkel und Lineal. Sie konstruierten damit zwei Geraden mit besonderen Eigenschaften.

> Auf der **Mittelsenkrechten** einer Strecke $\overline{AB}$ liegen alle Punkte, die von den Punkten A und B den gleichen Abstand haben. Die Mittelsenkrechte halbiert die Strecke $\overline{AB}$.

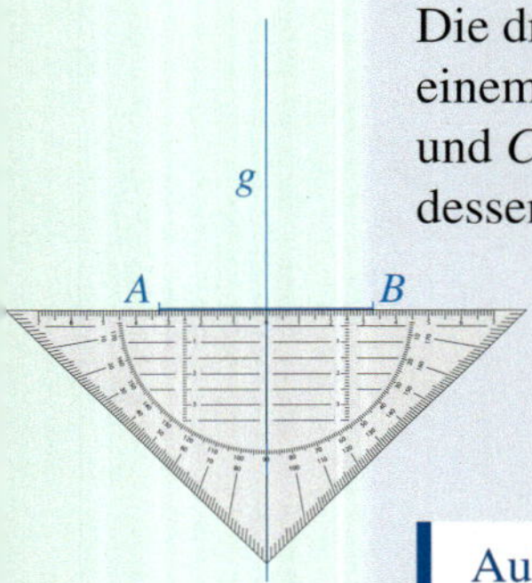

BEISPIEL
g ist die Mittelsenkrechte zu $\overline{AB}$.

Konstruktion der Mittelsenkrechten

1. Zeichne eine Strecke $\overline{AB}$.
2. Zeichne einen Kreis um A mit dem Radius r.
   (r muss größer als die Hälfte der Streckenlänge sein.)
3. Zeichne einen Kreis um B mit dem gleichen Radius r.
4. Die Kreise schneiden sich in zwei Punkten.
   Zeichne eine Gerade durch diese beiden Punkte.
   Diese Gerade ist die Mittelsenkrechte der Strecke $\overline{AB}$.

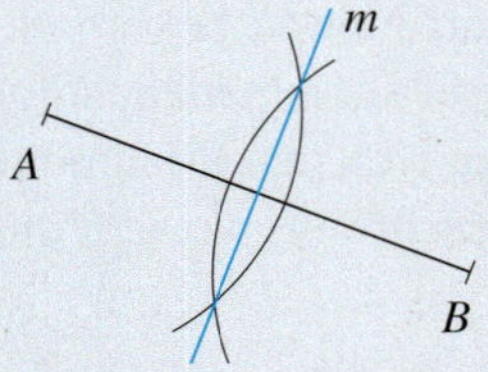

Die drei Mittelsenkrechten in einem Dreieck schneiden sich in einem Punkt M. Er ist gleich weit von jedem der Punkte A, B und C entfernt. Deshalb ist er der Mittelpunkt des **Umkreises**, dessen Kreislinie durch alle Eckpunkte des Dreiecks geht.

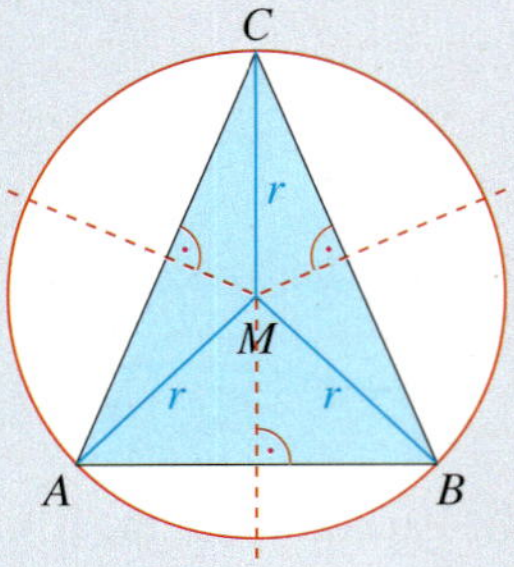

> Auf der **Winkelhalbierenden** w eines Winkels liegen alle Punkte, die von den beiden Schenkeln des Winkels den gleichen Abstand haben.

Konstruktion der Winkelhalbierenden

1. Zeichne einen Winkel α mit dem Scheitelpunkt S.
2. Zeichne einen Kreis mit einem beliebigen Radius um S.
   Der Kreis schneidet die Schenkel in A und B.
3. Zeichne um A und B zwei Kreise mit dem gleichen Radius so, dass sie sich schneiden.
4. Die Gerade durch S und den Schnittpunkt ist die Winkelhalbierende des Winkels α. Sie wird mit w_α bezeichnet.

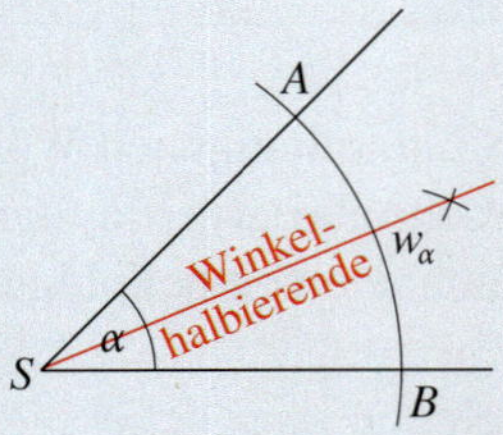

Auch die drei Winkelhalbierenden eines Dreiecks schneiden sich in einem Punkt M. Er ist gleich weit von jeder der Seiten a, b und c entfernt. Deshalb ist er der Mittelpunkt des **Inkreises**, der alle Seiten des Dreiecks in einem Punkt berührt.

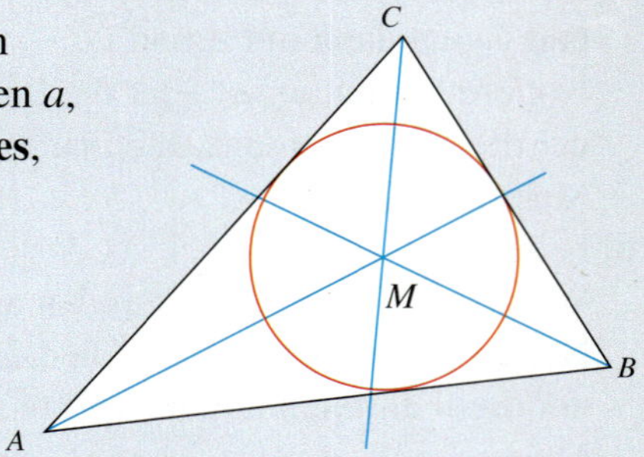

Basisaufgaben

1 Ist m die Mittelsenkrechte der Strecke?

a)

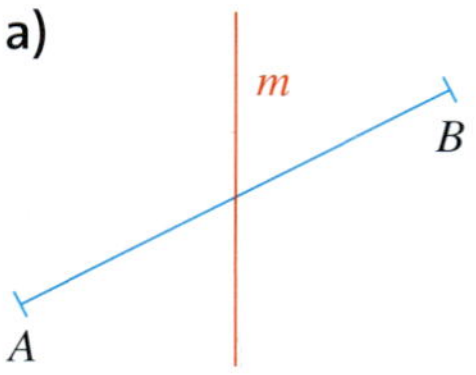

b)

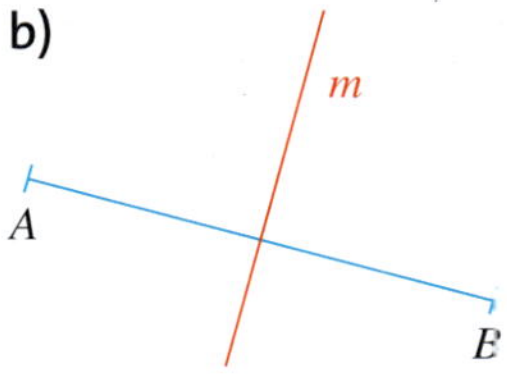

2 Zu einer Strecke $\overline{AB} = 3{,}5\,\text{cm}$ soll die Mittelsenkrechte konstruiert werden.
Bringe die Konstruktionsbeschreibung in die richtige Reihenfolge. Konstruiere dann die Mittelsenkrechte nach der Beschreibung.

1. Ich zeichne einen Kreis um B mit dem Radius 2 cm.
2. Ich zeichne die Strecke $\overline{AB} = 3{,}5\,\text{cm}$.
3. Die Kreise schneiden sich in zwei Punkten. Durch diese beiden Punkte zeichne ich eine Gerade. Diese Gerade ist die Mittelsenkrechte von $\overline{AB}$.
4. Ich zeichne einen Kreis um A mit dem Radius 2 cm.

3 Konstruiere die Mittelsenkrechte mit Zirkel und Lineal.

a) $\overline{AB} = 4\,\text{cm}$ b) $\overline{CD} = 7\,\text{cm}$
c) $\overline{EF} = 3{,}4\,\text{cm}$ d) $\overline{GH} = 5{,}2\,\text{cm}$
e) $\overline{IJ} = 6{,}5\,\text{cm}$ f) $\overline{KL} = 8{,}3\,\text{cm}$

4 Zwischen zwei Häusern fließt ein Fluss. Es soll eine Brücke gebaut werden, die von beiden Häusern gleich weit entfernt ist.

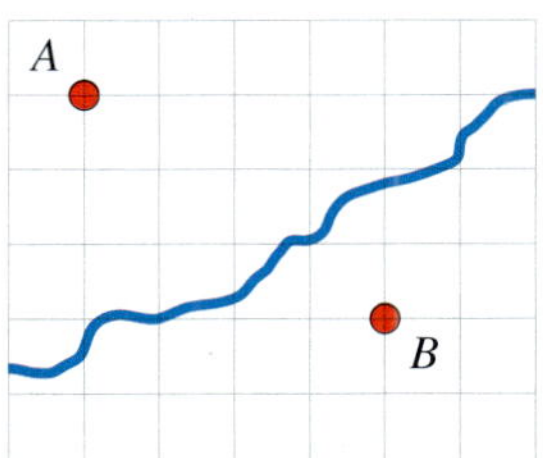

a) Übertrage die Karte in dein Heft.
b) Bestimme den Standort der Brücke. Beschreibe deine Konstruktion.

5 Übertrage ins Heft. Konstruiere alle Mittelsenkrechten und den Umkreis.

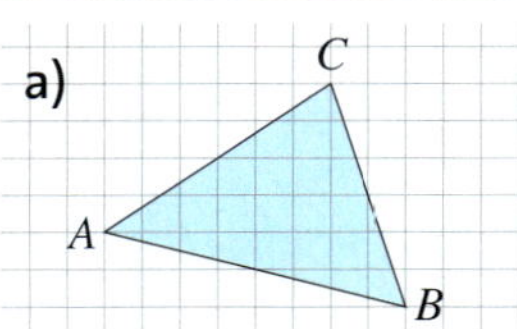

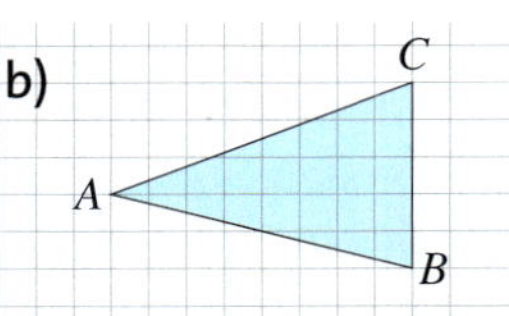

6 Ist w die Winkelhalbierende des Winkels?

a)

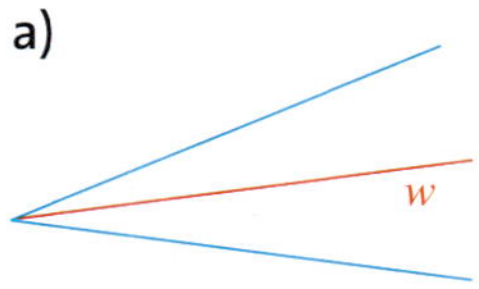

b)

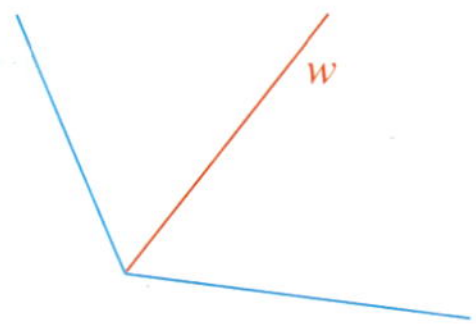

7 Zu einem Winkel $\alpha = 65°$ soll die Winkelhalbierende konstruiert werden.
Bringe die Konstruktionsbeschreibung in die richtige Reihenfolge. Konstruiere dann.

1. Die Gerade durch den Scheitelpunkt und C ist die Winkelhalbierende von α.
2. Ich zeichne um A und B zwei Kreise mit dem gleichen Radius. Sie schneiden sich in einem Punkt C.
3. Ich ziehe einen Kreis mit beliebigem Radius um den Scheitelpunkt von α.
   Die Schnittpunkte mit den Schenkeln von α nenne ich A und B.
4. Ich zeichne den Winkel $\alpha = 65°$.

8 Konstruiere die Winkelhalbierende. Überprüfe durch Messen.

a) $\alpha = 56°$ b) $\beta = 64°$ c) $\gamma = 88°$
d) $\delta = 144°$ e) $\varepsilon = 162°$ f) $\rho = 170°$

9 Übertrage das Dreieck ins Heft. Konstruiere jeweils die Winkelhalbierende des rot gekennzeichneten Winkels.

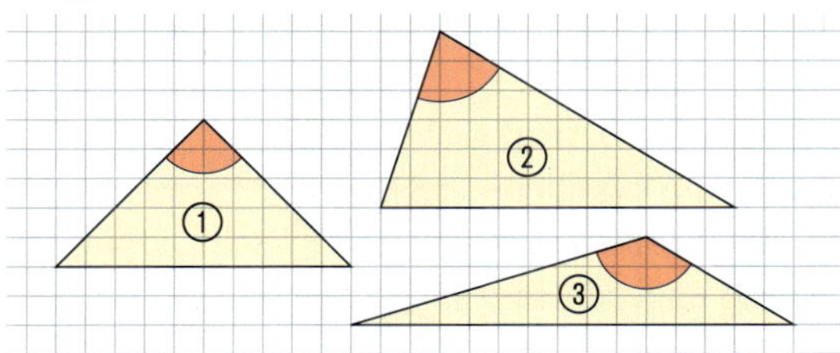

10 Übertrage ins Heft. Konstruiere alle Winkelhalbierenden und zeichne den Inkreis.

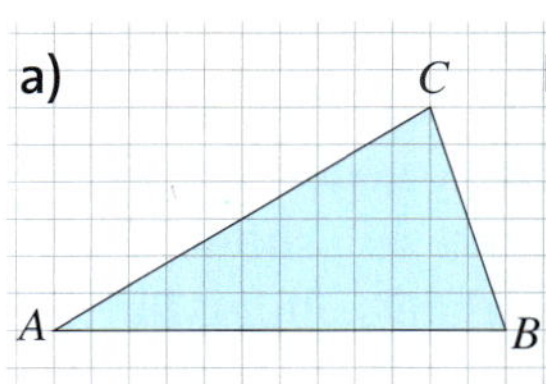

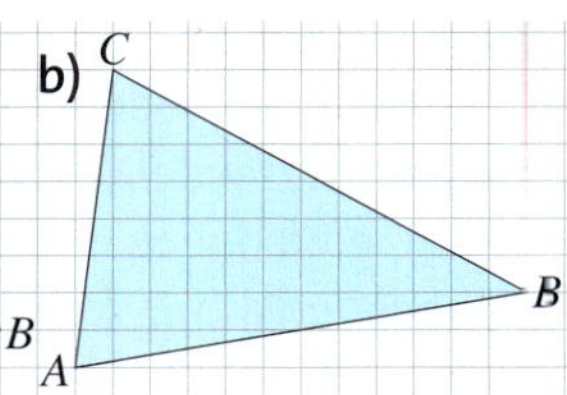

Weiterführende Aufgaben

11 Zeichne das Dreieck in ein Koordinatensystem. Konstruiere den Inkreis.

a) $A(3|2)$; $B(7|2)$; $C(5|9)$
b) $A(0|0)$; $B(6|2)$; $C(2|8)$
c) $A(1|2)$; $B(9|4)$; $C(5|7)$
d) $A(0|6)$; $B(6|0)$; $C(5|5)$

12 Zeichne die Vierecke ab. Konstruiere zu jedem Winkel die Winkelhalbierende.

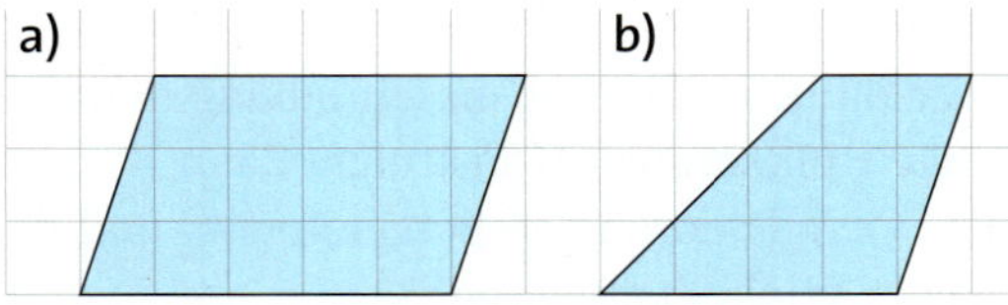

Kann man zu den Vierecken auch Inkreise zeichnen?

13 Hier wurde ein Winkel geviertelt. Beschreibe, wie dabei vorgegangen wurde.

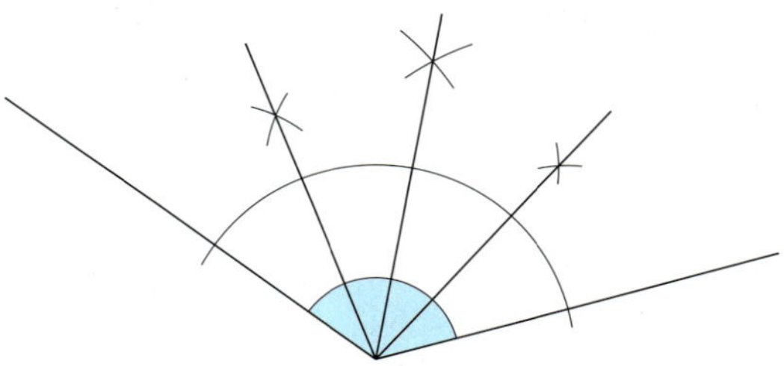

14 Zeichne mit Hilfe eines Glases einen Kreis. Konstruiere mit Zirkel und Lineal den Mittelpunkt dieses Kreises.
Vergleicht eure Lösungswege miteinander.

15 Die Orte Arberg und Bentrop sollen an eine Fernwärmeleitung angeschlossen werden.

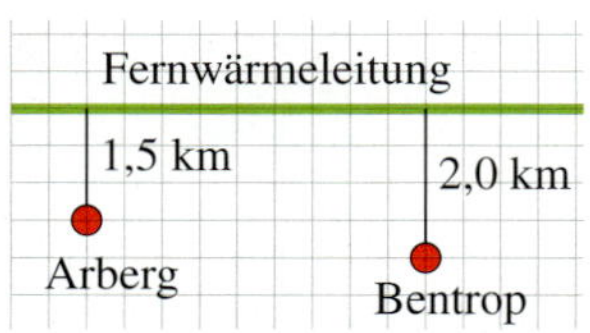

Dazu müssen neue Leitungen verlegt werden. Um die Kosten gering zu halten, ist ein gemeinsamer Anschluss an die bestehende Fernwärmeleitung geplant.

a) An welcher Stelle muss der Anschluss liegen, wenn beide Orte von der Anschlussstelle gleich weit entfernt sein sollen?
b) Wie lang ist die Verbindungsleitung für jeden Ort?

16 Die Vorderseite einer Dachgaube hat die Form eines gleichschenkligen Dreiecks mit einer Höhe von 1,50 m und einer Breite von 2,20 m.
Bestimme den Radius für ein möglichst großes rundes Fenster, das dort eingebaut werden soll. Fertige dazu eine maßstabsgerechte Zeichnung an.

17 Zwischen den Orten Goldberg, Silberstein und Bronzbach soll ein Abenteuerspielplatz gebaut werden.

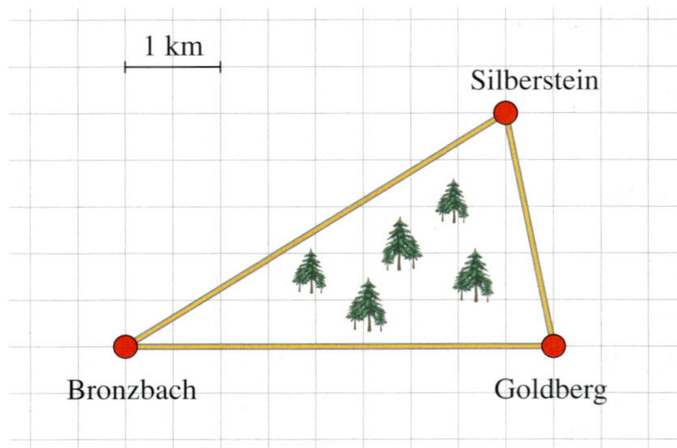

a) Übertrage die Zeichnung auf Karopapier.
b) Bestimme mit Hilfe des angegebenen Maßstabs die Entfernungen der drei Orte zueinander.
c) Der Abenteuerspielplatz soll von allen drei Orten gleich weit entfernt sein. Ermittle durch eine geeignete Konstruktion einen Standort, der diese Bedingung erfüllt.
d) Die Polizei meint, dass der Spielplatz mindestens 750 m von jeder der drei stark befahrenen Verbindungsstraßen entfernt sein muss. Erfüllt dein Standort diese zusätzliche Bedingung?

18 Welche Punkte oder Linien im Dreieck sind gemeint?

a) Dieser Punkt ist gleich weit von den Seiten a, b und c entfernt.
b) Diese Gerade liegt gleich weit von den Punkten B und C entfernt.
c) Jeder Punkt dieser Gerade ist gleich weit von den Seiten a und b entfernt.
d) Dieser Punkt ist gleich weit von A, B und C entfernt.

Magische Fünfecke

1 Dreiecke in Fünfecken
a) Zeichne ein beliebiges Fünfeck *ABCDE*.
b) Miss alle Winkel und berechne die Winkelsumme.
c) Zerlege das Fünfeck in Dreiecke. Begründe, warum die Winkelsumme in allen Fünfecken gleich ist. Wie groß ist die Summe?

2 Ein Fünfeck, bei dem alle Seiten gleich lang und alle Winkel gleich groß sind, bezeichnet man als regelmäßiges Fünfeck oder Pentagon.
a) Wie groß muss jeder Winkel im regelmäßigen Fünfeck sein?
b) Zeichne ein regelmäßiges Fünfeck mit der Seitenlänge 3 cm.

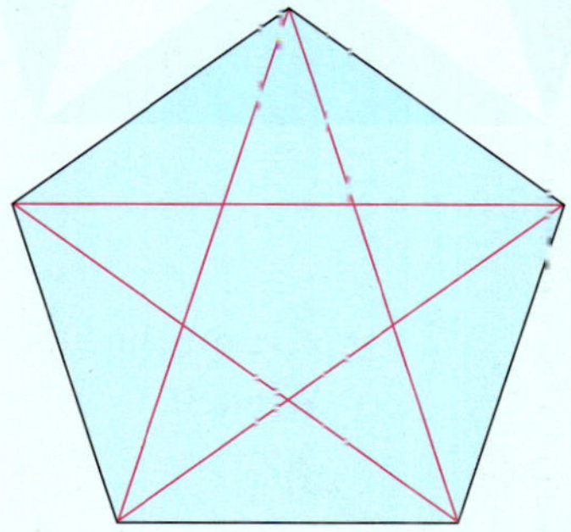

Die besonderen Eigenschaften des regelmäßigen Fünfecks haben schon die griechischen Mathematiker der Antike interessiert. Sie erkannten, dass durch Einzeichnen der Diagonalen ein fünfzackiger Stern entsteht.
Pythagoras und seine Anhänger glaubten, dass von dem fünfzackigen Stern geheimnisvolle Zauberkräfte ausgingen. Sie wählten ihn deshalb zu ihrem Erkennungszeichen.

Im Mittelalter, als man noch an Hexen glaubte, brachten viele Leute den fünfzackigen Stern über der Haustür oder auf der Schwelle des Hauses an. Die Zauberkraft, die angeblich von diesem Zeichen ausging, sollte Hexen abwehren.
Diese Hexen, so glaubte man, bedrohten vor allem Kinder und Haustiere und verursachten bei ihnen Angstträume.
Hexen nannte man damals häufig Druden, und so heißt der fünfzackige Stern auch Drudenfuß.

045-1
Hier findest du Links zu spannenden Internetseiten über Fünfecke

3 Zeichne ein regelmäßiges Fünfeck mit der Seitenlänge 5 cm und zeichne in dieses Fünfeck die fünf Diagonalen ein. In der Mitte entsteht wieder ein Fünfeck.
Miss die Seitenlängen dieses Fünfecks und zeichne die Diagonalen in dieses Fünfeck ein.
Was vermutest du?

BEACHTE
Wenn du im Geometrieprogramm eine Strecke verbergen möchtest, klicke mit der rechten Maustaste. In dem erscheinenden Menü kannst du das Objekt verbergen.

4 Dieses regelmäßige Fünfeck wurde mit einem Geometrieprogramm erzeugt.

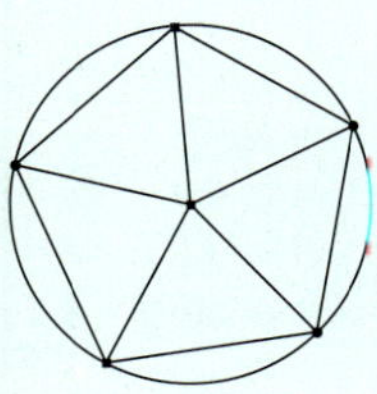

a) Gib die Größe aller Winkel an. Nutze die Innenwinkelsumme.
b) Erkläre, wie das Fünfeck Schritt für Schritt erzeugt wurde.

5 Aus dem Fünfeck (links) wurde der fünfzackige Stern (rechts) erzeugt.

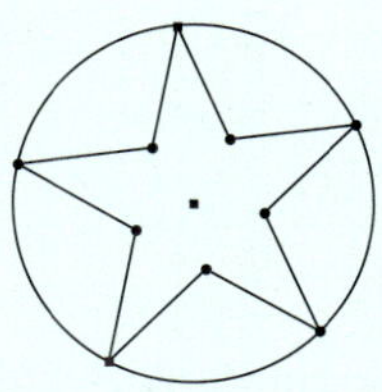

a) Wie groß sind die zehn Innenwinkel im fünfzackigen Stern?
b) Wie groß ist die Winkelsumme der zehn Innenwinkel?
c) Zeichne einen fünfzackigen Stern mit einem Geometrieprogramm.

Vermischte Übungen

1 Berechne die Größe der fehlenden Winkel.

a) $\alpha_1 = 32°$, $\varepsilon_2 = 116°$
b) $\delta_1 = 41°$, $\gamma_2 = 41°$
c) $\beta_2 = 37°$, $\varepsilon_3 = 74°$
d) $\alpha_1 = 50°$, $\delta_2 = 50°$
e) $\alpha_2 = 29°$, $\varepsilon_4 = 58°$
f) $\beta_2 = 45°$
g) $\gamma_1 = 67°$
h) $\varepsilon_3 = 124°$

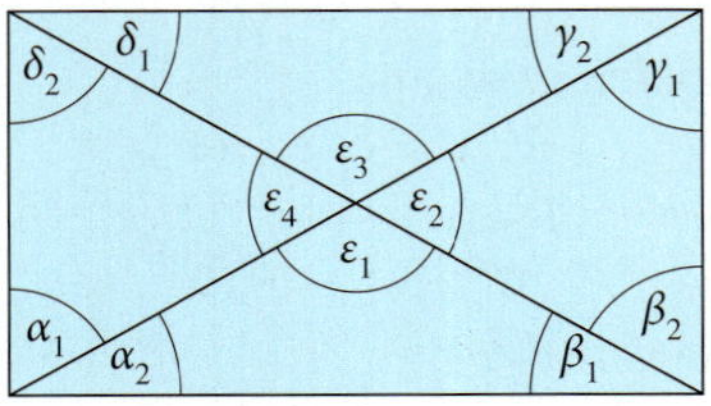

2 Berechne die Größe der fehlenden Winkel.

a)

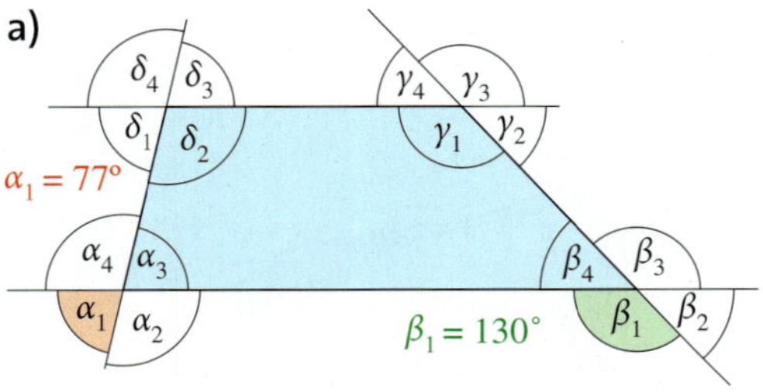

b)

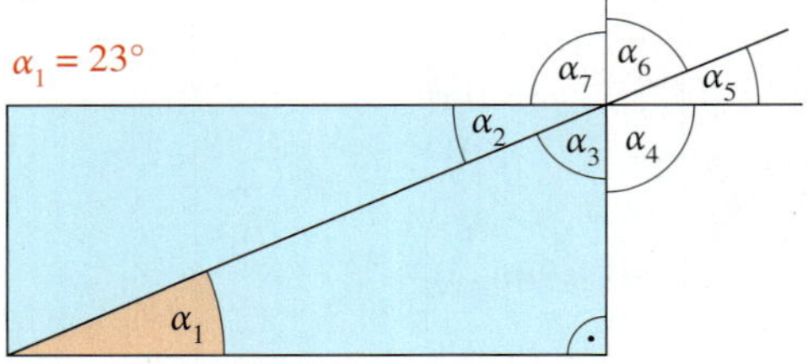

c)

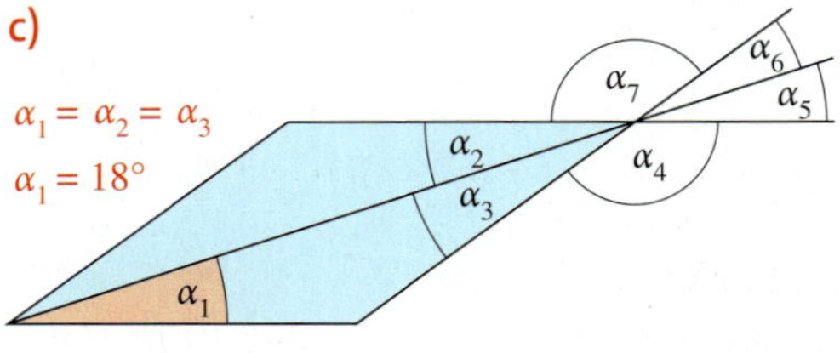

3 Trage die Punkte $A(2|2)$; $B(4|6)$; $C(6|5)$; $D(8|9)$; $E(10|8)$; $F(12|12)$ und $G(14|11)$ in ein Koordinatensystem ein. Verbinde die Punkte in alphabetischer Reihenfolge.
Benenne alle Winkel, die gleich groß sind, mit dem gleichen griechischen Buchstaben.

4 α und β sind Nebenwinkel. α ist um 30° größer als β. Wie groß sind α und β?

5 Übertrage die Dreiecke in dein Heft.

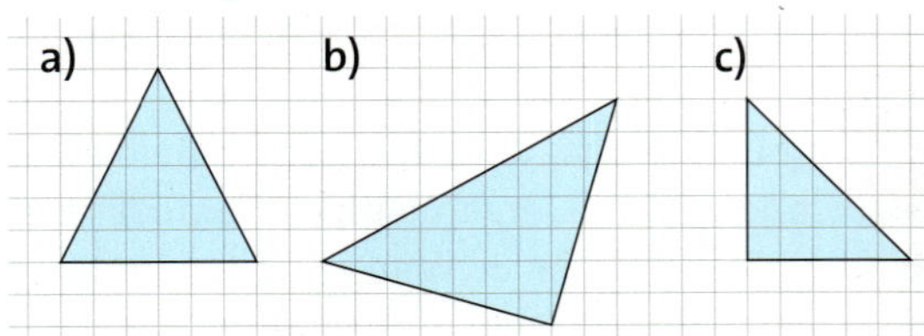

Gib die Dreiecksart nach Seiten und nach Winkeln an.

6 Notiere jeweils die Eckpunkte von …

a) zwei gleichschenkligen und zwei unregelmäßigen Dreiecken.
b) zwei spitzwinkligen, zwei rechtwinkligen und zwei stumpfwinkligen Dreiecken.

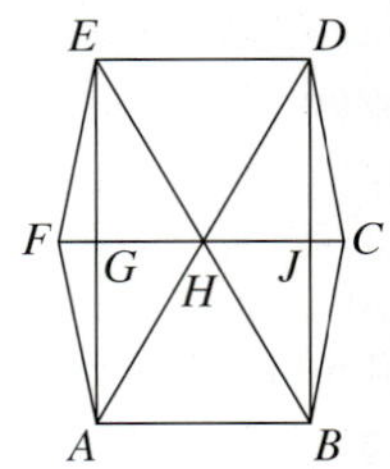

7 Begründe, ob die Aussage richtig oder falsch ist. Es gibt Dreiecke mit …

a) drei spitzen Winkeln.
b) zwei stumpfen und einem spitzen Winkel.
c) einem überstumpfen Winkel.

8 Der Glasgiebel am Eingangsbereich eines Gartencenters ist 8 m breit und 3 m hoch.

a) Zeichne das Gebäude maßstabsgerecht.
b) Trage in der Zeichnung auch die Verstrebungen ein. Hinweis: Die mittleren Glasdreiecke sind gleichschenklig.
c) Miss den Winkel an der Spitze des Glasgiebels. Berechne alle anderen Winkelgrößen.

9 Nadja und Nadine haben jeweils ein gleichschenkliges Dreieck gezeichnet.

a) Bei Nadja ist ein Winkel 96° groß. Wie groß sind die beiden anderen Winkel?

b) Bei Nadine misst ein Winkel 48°. Wie groß sind die anderen Winkel? Gibt es mehrere Lösungen?

10 Beweise, dass α und δ gleich groß sind.

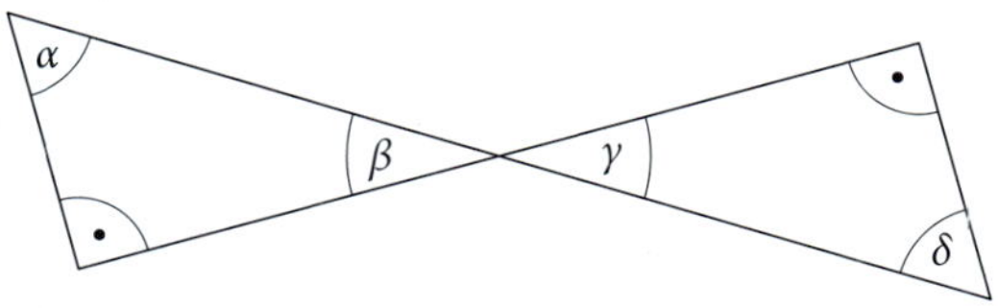

11 Übertrage in dein Heft. Konstruiere alle Winkelhalbierenden und zeichne den Inkreis.

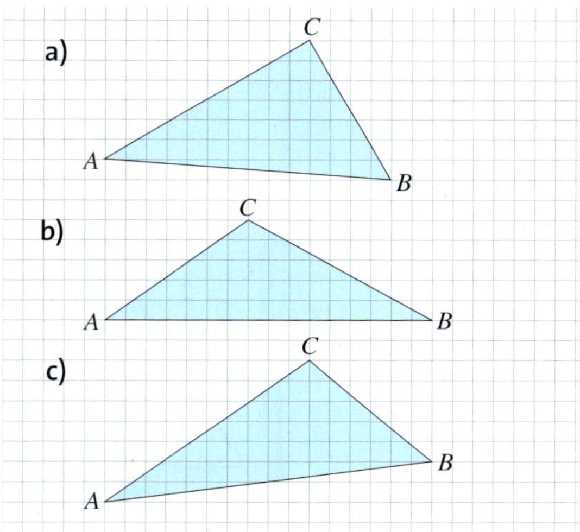

12 Zeichne das Dreieck mit $A(2|3)$, $B(8|1{,}5)$ und $C(4|5)$ in ein Koordinatensystem.

a) Konstruiere die Winkelhalbierenden.

b) Konstruiere den Inkreis.

13 Mara soll aus diesem Stück Pappe einen möglichst großen Kreis ausschneiden. Bestimme den Radius des Kreises.

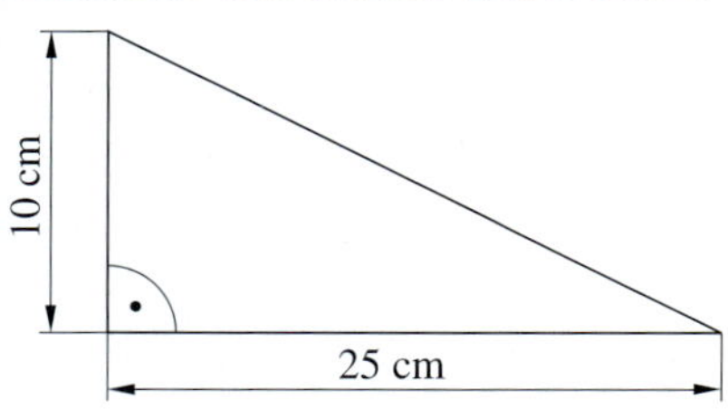

14 Konstruiere die Mittelsenkrechte mit Zirkel und Lineal.

a) $\overline{AB} = 5\,\text{cm}$
b) $\overline{CD} = 3\,\text{cm}$
c) $\overline{EF} = 1{,}9\,\text{cm}$
d) $\overline{GH} = 2{,}3\,\text{cm}$
e) $\overline{IJ} = 4{,}1\,\text{cm}$
f) $\overline{KL} = 2{,}25\,\text{cm}$

15 Zeichne ein Koordinatensystem.

a) Trage die Strecke $\overline{AB}$ mit $A(1|1)$ und $B(7|3)$ und die Strecke $\overline{CD}$ mit $C(1|5)$ und $D(3|3)$ ein. Konstruiere die Mittelsenkrechte von $\overline{AB}$ und gib die Koordinaten des Mittelpunkts der Strecke an.

b) Bestimme den Abstand des Punkts $P(3|5)$ von den Punkten A, B, C und D.

16 Zeichne eine Strecke $\overline{AB}$ mit einer Länge von 6,1 cm.

a) Bestimme die beiden Punkte, die von A und B jeweils 4 cm entfernt sind. Nenne die Punkte C und D.

b) Welche Figur entsteht, wenn man $ABCD$ verbindet?

17 Zeichne mit Hilfe einer Geometrie-Software ein Dreieck ABC. Mit dem Button  kannst du eine Mittelsenkrechte zeichnen.

a) Konstruiere den Umkreismittelpunkt und zeichne den Umkreis.

b) Untersuche mit Hilfe des Zugmodus, wo der Umkreismittelpunkt bei spitzwinkligen, bei stumpfwinkligen und bei rechtwinkligen Dreiecken liegt.

c) Erstelle ein Poster oder eine Folie für die verschiedenen Fälle.

18 Zeichne einen Winkel von 70°. Zeichne nun drei Kreise in das Innere des Winkels. Die Kreise sollen jeden Schenkel in genau einem Punkt berühren.
Tipp: Überlege zuerst, auf welcher Linie die Kreismittelpunkte liegen müssen.

19 Zeichne einen Kreis mit $r = 2{,}4\,\text{cm}$. Dieser Kreis soll Inkreis eines Dreiecks sein. Zeichne das passende Dreieck.

20 Verdopple die Winkel $\alpha = 45°$ und $\beta = 38°$ mit Zirkel und Lineal.

Eine Brückenkonstruktion

Die Müngstener Brücke ist die höchste Eisenbahnbrücke Deutschlands. Die stählerne Bogenbrücke überspannt zwischen den Städten Remscheid und Solingen in 107 m Höhe das Tal der Wupper.

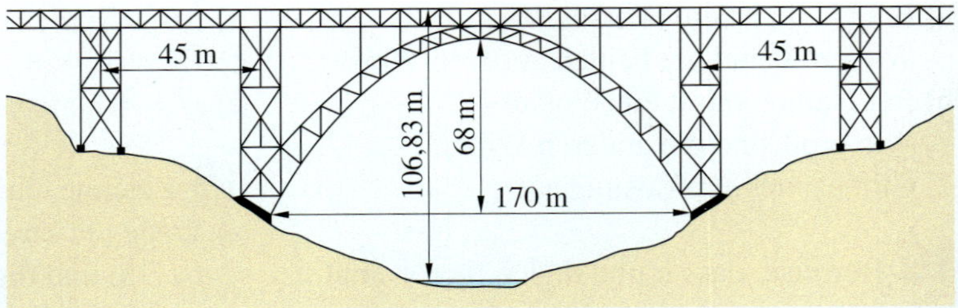

BEACHTE
Verwende eine Folie, um die Winkel und Flächen abzuzeichnen.

a) Finde und benenne verschiedene Dreiecksarten in der Brückenkonstruktion.

b) Gib die Größe der Innenwinkel eines Dreiecks von der Oberseite der Brücke an. Zeichne ein solches Dreieck mit der Grundseite $c = 7{,}5$ cm.

c) Welche verschiedenen Winkelpaare an Geradenkreuzungen findest du? Skizziere und markiere gleiche Winkelpaare in einer Farbe.

---

d) Die Seite b misst etwa 20 m. Erkläre mit Hilfe der Skizze ganz oben, wie man auf diese Länge kommt.

e) Gib die Größe der Innenwinkel der Verstrebungen möglichst genau an, ohne sie zu messen. Zeichne, beschrifte und erkläre deine Vorgehensweise.

---

f) Die Brücke muss regelmäßig mit Metallschutzfarbe gestrichen werden. 1 ℓ kostet 39,40 €, wobei laut Hersteller 1 ℓ für ca. 10 m^2 reicht. Die Anstrichfläche der Brücke beträgt 75 000 m^2. Berechne den Preis für einen Anstrich.

g) Für die Brücke wurden ca. 950 000 Nieten und ca. 5000 t Stahl verbaut. Recherchiere, wie teuer dieses Material heute wäre.

Alles klar?

Entscheide, ob die Aussagen richtig oder falsch sind.
Begründe deine Entscheidung im Heft und korrigiere gegebenenfalls.

BEACHTE
Die Lösungen zu den Aufgaben auf dieser Seite sowie dazu passende Trainingsaufgaben findest du ab Seite 182.

1 Winkel an Geradenkreuzungen

a) Haben zwei Winkel einen Schenkel gemeinsam, so sind sie Nebenwinkel.

b) Haben zwei Winkel einen Schenkel gemeinsam, so sind sie Scheitelwinkel.

c) Werden zwei parallele Geraden von einer dritten Geraden in verschiedenen Punkten geschnitten, so entstehen Stufen- und Wechselwinkel.

d) Sind zwei Stufenwinkel gleich groß, so sind die beiden geschnittenen Geraden zueinander parallel.

e) Der Winkel α in der ersten Zeichnung hat eine Größe von 130°. Der Winkel β in der zweiten Zeichnung hat eine Größe von 40°.

a)
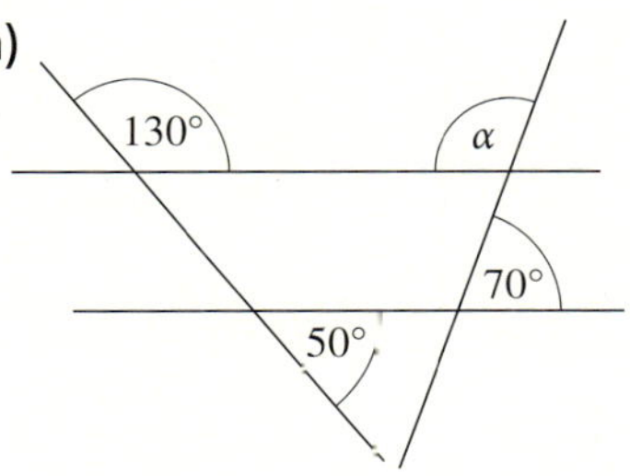

b)
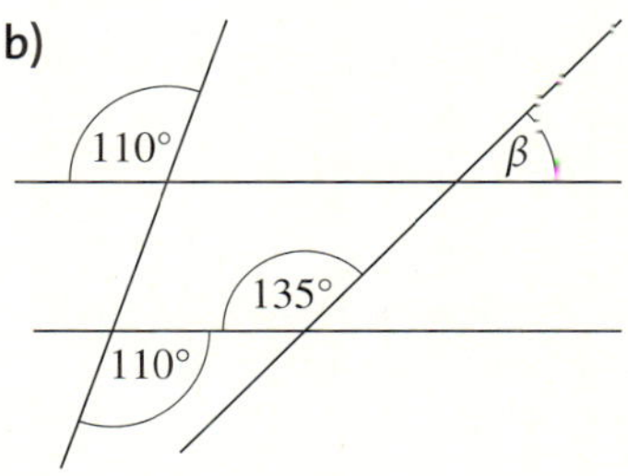

2 Benennung von Dreiecken

a) Ein rechtwinkliges Dreieck hat zwei spitze Winkel.

b) Wenn ein Dreieck unregelmäßig ist, so ist es stumpfwinklig.

c) Wenn ein Dreieck gleichseitig ist, so ist es nicht gleichschenklig.

d) Wenn ein Dreieck gleichschenklig ist, so ist es spitzwinklig.

3 Innenwinkelsumme im Dreieck und im Viereck

a) Es gibt ein Dreieck mit zwei stumpfen Winkeln.

b) Es gibt ein Dreieck, das genau zwei 60°-Winkel hat.

c) Wenn zwei Winkel eines Dreiecks gleich groß sind, so können diese beiden Winkel keine rechten oder stumpfen Winkel sein.

d) Der fehlende Innenwinkel eines Vierecks mit $\alpha = 73°$; $\beta = 86°$; $\gamma = 125°$ beträgt 76°.

4 Mittelsenkrechte und Winkelhalbierende

a) Die Gerade m ist in allen vier Zeichnungen die Mittelsenkrechte der Strecke $\overline{AB}$.

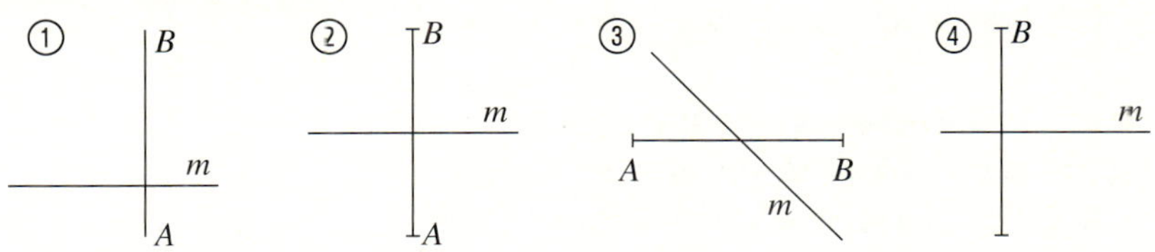

b) Beim Halbieren beider Winkel eines Nebenwinkelpaares bilden die Winkelhalbierenden einen rechten Winkel.

c) Beim Halbieren beider Winkel eines Scheitelwinkelpaares bilden die Winkelhalbierenden einen gestreckten Winkel.

Zusammenfassung

→ Seite 28

Winkel an Geradenkreuzungen

Gegenüberliegende Winkel bezeichnet man als Scheitelwinkel. **Scheitelwinkel** sind immer gleich groß.
Nebenwinkel sind nebeneinanderliegende Winkel, die sich zu 180° ergänzen.
An parallelen geschnittenen Geraden gilt:
Stufenwinkel sind immer gleich groß.
Wechselwinkel sind immer gleich groß.

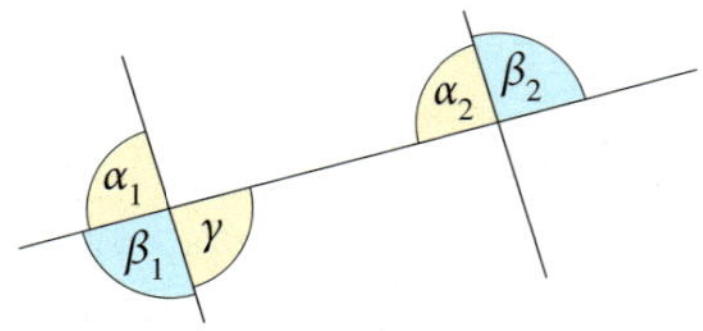

α_1 und γ sind Scheitelwinkel.
α_1 und β_1 sind Nebenwinkel.
α_1 und α_2 sind Stufenwinkel.
β_1 und β_2 sind Wechselwinkel.

→ Seite 32

Benennung von Dreiecken

Ein symmetrisches Dreieck, bei dem zwei Seiten gleich lang sind, bezeichnet man als **gleichschenkliges Dreieck**. Die Basiswinkel sind gleich groß.
Ein Dreieck mit drei gleich langen Seiten nennt man **gleichseitiges Dreieck**.
Die Winkel im gleichseitigen Dreieck sind gleich groß, nämlich 60°.

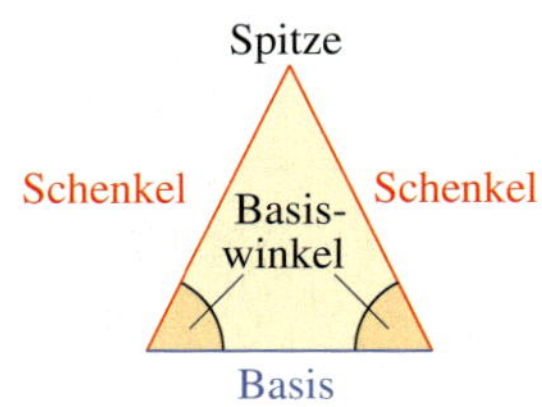

gleichschenklig

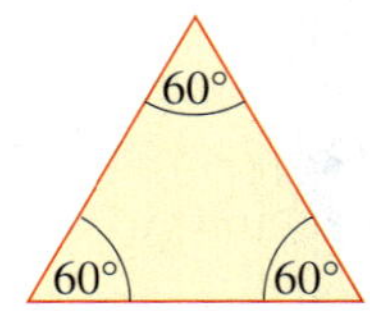

gleichseitig

Rechtwinklige Dreiecke haben einen rechten Winkel.
Spitzwinklige Dreiecke haben drei spitze Winkel.
Stumpfwinklige Dreiecke haben einen stumpfen Winkel.

→ Seite 38

Innenwinkelsumme im Dreieck und im Viereck

Im Dreieck beträgt die Summe der Innenwinkel immer 180°.
Im Viereck beträgt die Summe der Innenwinkel immer 360°.
Die Winkelsumme in beliebigen Vielecken kann man bestimmen, indem man die Vielecke in Vierecke und Dreiecke zerlegt.

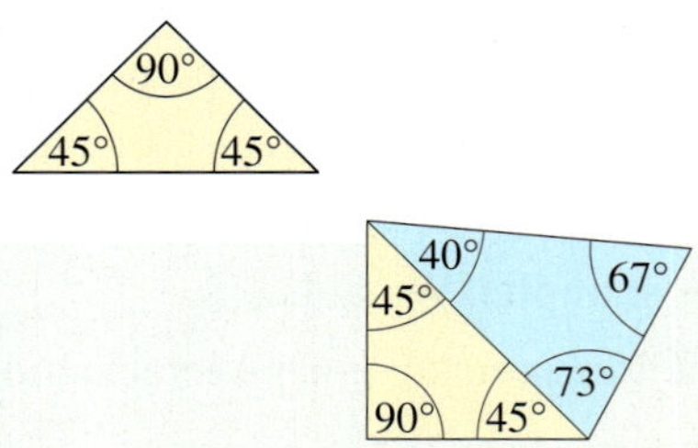

→ Seite 42

Mittelsenkrechte und Winkelhalbierende

Auf der **Mittelsenkrechten** einer Strecke $\overline{AB}$ liegen alle Punkte, die von den Punkten A und B den gleichen Abstand haben.

Auf der **Winkelhalbierenden** eines Winkels liegen alle Punkte, die von den beiden Schenkeln den gleichen Abstand haben.

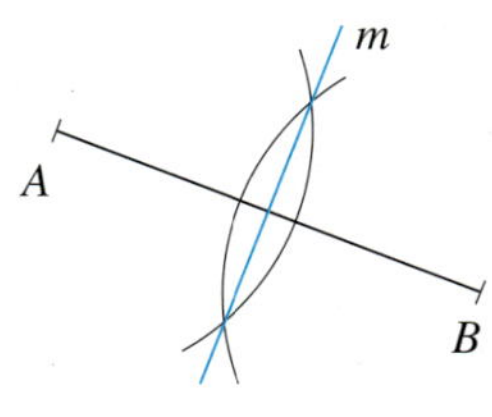

Mittelsenkrechte

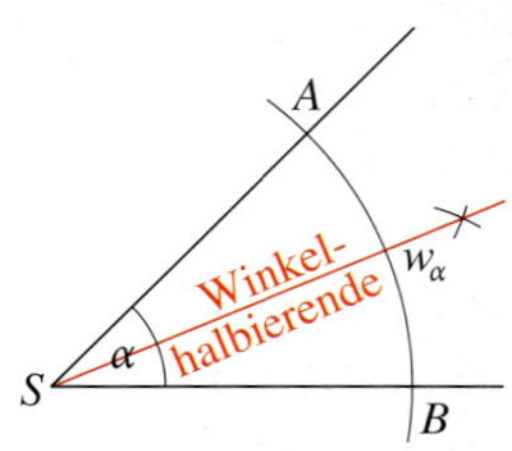

Winkelhalbierende

Zuordnungen

In einer Fabrik werden Getränkeflaschen abgefüllt. Eine Abfüllanlage kann in einer Schicht von acht Stunden 192 000 Flaschen abfüllen.

In diesem Kapitel lernst du, wie man mit Hilfe des Dreisatzes berechnet, wie viele Flaschen die Maschine in zwölf Stunden abfüllen kann. Außerdem erfährst du, was proportionale und antiproportionalen Zuordnungen sind, wie man sie unterscheidet und woran man sie in Tabellen und Diagrammen erkennen kann.

Noch fit?

1 Die drei Vasen Ⓐ, Ⓑ und Ⓒ wurden in fünf Schritten mit jeweils 100 ml Wasser gefüllt.

a) Ordne den Vasen die zugehörigen Wertetabellen und Diagramme zu.

Vasen

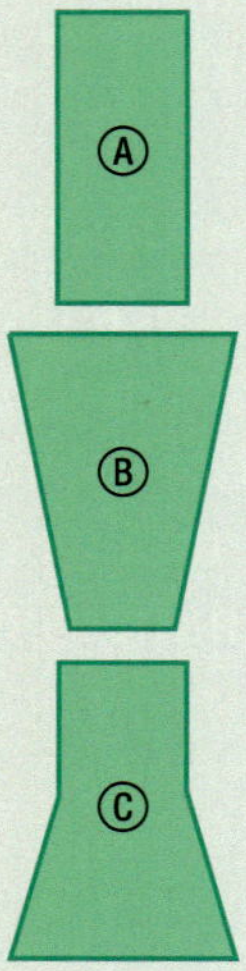

Wertetabellen

①

Füllmenge (in ml)	0	100	200	300	400	500
Füllhöhe (in cm)	0	3	7	12	17	22

②

Füllmenge (in ml)	0	100	200	300	400	500
Füllhöhe (in cm)	0	5	10	15	20	25

③

Füllmenge (in ml)	0	100	200	300	400	500
Füllhöhe (in cm)	0	6	11	15	18	20

Diagramme

I

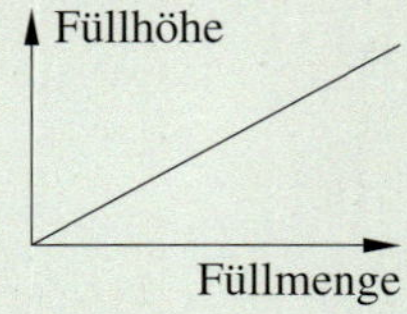

II

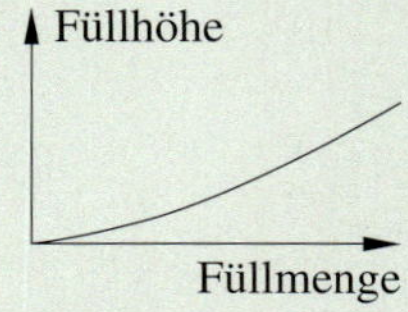

III

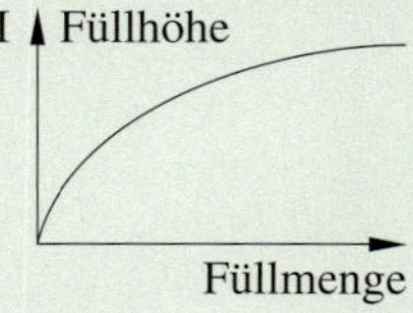

b) Zeichne Diagramme für Füllexperimente mit den Vasen in der Randspalte.

c) Erfinde eigene Vasen und zeichne zugehörige Diagramme.

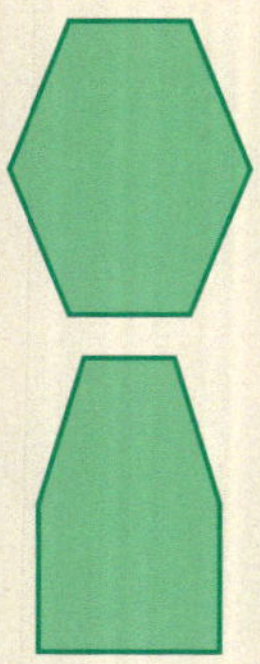

Zwei Vasen

2 Betrachte das Weg-Zeit-Diagramm.

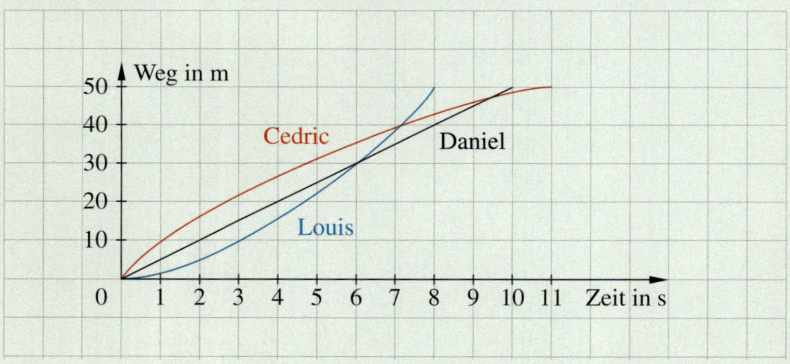

Welche Aussagen sind richtig? Begründe und korrigiere falsche Aussagen.

a) Cedric hat den Lauf gewonnen.

b) Louis lief langsam los und wurde dann schneller.

c) Daniel lief in gleichmäßigem Tempo.

d) Cedric hat Louis nach 40 m überholt.

e) Nach 5 Sekunden führte Cedric.

f) Daniel ist die Strecke in 10 Sekunden gelaufen.

Bunt gemischt

1. Rechne in die nächstkleinere Einheit um: 7 km; 4 dm; 0,6 cm; 4,6 m.
2. Rechne in die nächstgrößere Einheit um: 180 min; 720 s; 120 h.
3. Überschlage zuerst und subtrahiere dann schriftlich: 80 264 – 25 961 – 5981 – 505
4. Berechne den Flächeninhalt eines Rechtecks, das 36 cm lang und 5 cm breit ist.
5. Bestimme den Oberflächeninhalt eines Würfels, der eine Kantenlänge von 3 m hat.

Steigende und fallende Zuordnungen

Erforschen und Entdecken

1 Ordne den Texten (1) bis (6) die passenden Wertetabellen (a) bis (f) und die Diagramme I bis VI zu.
Welche Größen sind einander zugeordnet?

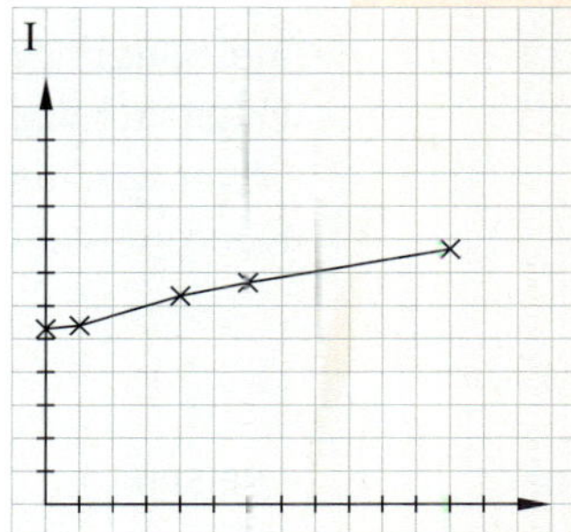

Texte

(1) Frau Bauer erstellt eine Übersicht über die Portokosten bei Briefen.
(2) Eine Pizza Margherita kostet 2 €, für jeden Belag muss 1 € zusätzlich gezahlt werden.
(3) Ein Malermeister überlegt, wie viele Maler er einsetzen soll, um eine Wand zu streichen.
(4) Die Körpergröße eines Kindes wird seit der Geburt in unregelmäßigen Abständen notiert.
(5) Eine leere Badewanne wird mit Wasser gefüllt.
(6) In einer mit Wasser gefüllten Badewanne wird der Wannenstöpsel gezogen.

Wertetabellen

(a)

	0	1	2	3	4
	2	3	4	5	6

(b)

	0	1	4	6	12
	53	54	63	67	77

(c)

	0	1	2	3	4	5
	0	0,58	1,16	1,74	2,32	2,90

(d)

	0	1	2	3	4	5
	0	20	40	60	80	100

(e)

	1	2	3	4	5
	60	30	20	15	12

(f)

	0	1	2	3	4	5
	100	80	60	40	20	0

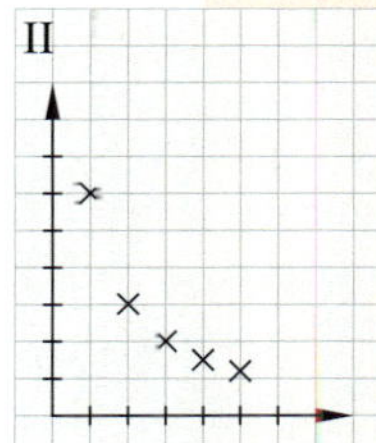

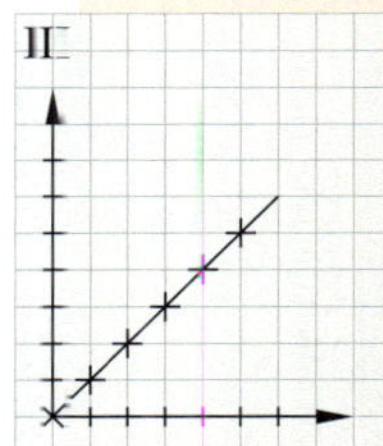

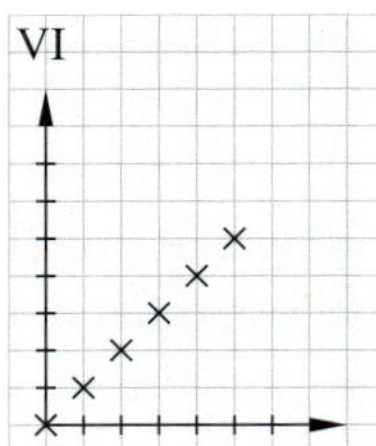

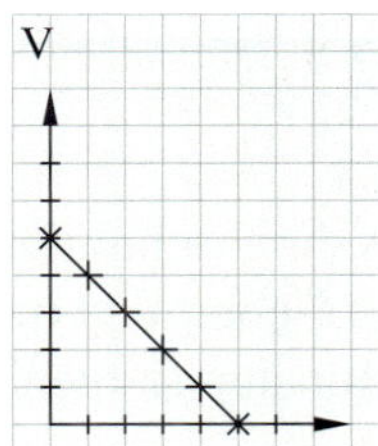

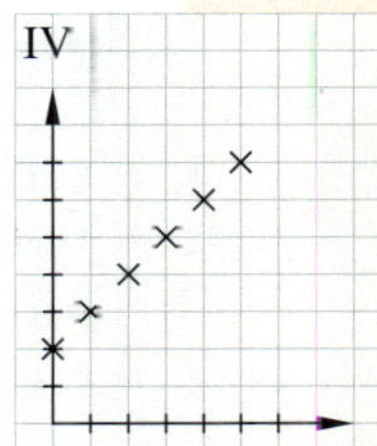

2 Einige Diagramme bestehen nur aus Punkten, andere aus durchgezogenen Linien. Begründe.

3 In der Mathematik unterscheidet man steigende von fallenden Zuordnungen.
a) Welche der abgebildeten Zuordnungen würdest du als steigend, welche als fallend bezeichnen? Übertrage jeweils eine Wertetabelle und ein zugehöriges Diagramm in dein Heft.
b) Ordne steigenden und fallenden Zuordnungen die folgenden Eigenschaften zu: „je mehr, desto mehr“; „je mehr, desto weniger“; „je weniger, desto mehr“; „je weniger, desto weniger“.
c) Definiere die Begriffe „steigende Zuordnung“ und „fallende Zuordnung“ möglichst exakt. Finde weitere Beispiele für steigende und fallende Zuordnungen.

4 Ein Huhn legt pro Woche durchschnittlich 4 Eier.
a) Erstelle eine Wertetabelle für die Anzahl der Eier pro Woche bei 1, 2, 3, 4 und 5 Hühnern. Zeichne ein passendes Diagramm.
b) Handelt es sich um eine steigende oder fallende Zuordnung? Woran erkennt man das?

Lesen und Verstehen

Für Säuglinge und Kleinkinder werden Untersuchungshefte geführt.
Darin wird unter anderem der gemessene Kopfumfang notiert.

BEACHTE
Die Punkte im Diagramm zum Kopfumfang dürfen verbunden werden, weil man Helenes Kopfumfang für jedes Alter ungefähr angeben kann.

BEISPIEL 1
Helenes Kopfumfang wurde nach der Geburt und im Alter von einem, drei und sechs Monaten gemessen.

Alter (in Monaten)	0	1	3	6
Kopfumfang (in cm)	33	37	39	43

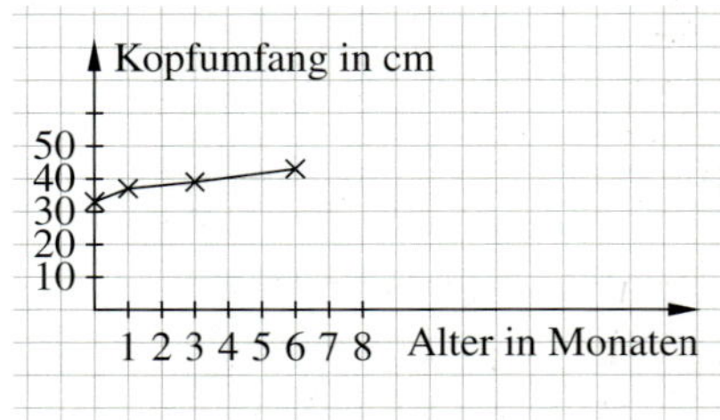

Der x-Wert liegt auf der waagerechten Achse.
Im Beispiel gibt er das Alter in Monaten an.
Der y-Wert liegt auf der senkrechten Achse. Im Beispiel gibt er den Kopfumfang in cm an.

Je älter der Säugling, desto größer ist sein Kopfumfang.

Einen solchen Zusammenhang nennt man auch eine **steigende Zuordnung**.

> Für **steigende Zuordnungen** gilt:
> Eine Vergrößerung des x-Wertes führt zu einer Vergrößerung des y-Wertes.

BEISPIEL 2
Helenes durchschnittliche Schlafzeit pro Tag wurde nach der Geburt und im Alter von einem, drei und sechs Monaten festgehalten.

Alter (in Monaten)	0	1	3	6
Schlafzeit (in h)	18	17	15	12

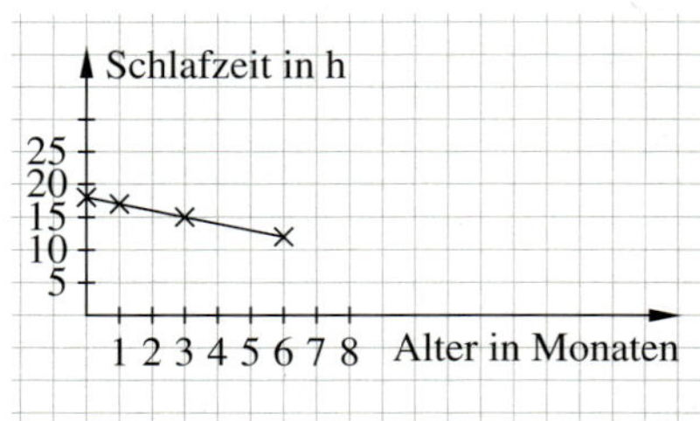

Der x-Wert gibt das Alter in Monaten an und der y-Wert die Schlafzeit in h.

Je älter der Säugling, desto geringer sein Schlafbedarf.

Einen solchen Zusammenhang nennt man auch eine **fallende Zuordnung**.

> Für **fallende Zuordnungen** gilt:
> Eine Vergrößerung des x-Wertes führt zu einer Verkleinerung des y-Wertes.

Gut zu erkennen sind steigende und fallende Zuordnungen bei grafischen Darstellungen.
Ob die Punkte in den grafischen Darstellungen verbunden werden dürfen, hängt vom Sachzusammenhang ab.

Basisaufgaben

1 Entscheide, ob die Wertetabellen zu einer steigenden oder zu einer fallenden Zuordnung gehören.

a)

x	0	1	2	3	4	5
y	37	33	29	25	21	17

b)

x	0	1	2	3	4	5
y	15	21	27	33	39	45

c)

x	0	1	2	3	4	5
y	25	24	29	28	33	32

2 Übertrage die Wertetabelle ins Heft.
Trage die Werte 2; 8; 0 und 5 so ein, dass die Zuordnung steigend ist.

a)

x	1	2	3	4
y				

b)

x				
y	1	2	3	4

c) Fertige zu beiden Wertetabellen grafische Darstellungen an.

3 Übertrage die Wertetabelle ins Heft.
Trage die Werte 3; 7; 1 und 6 so ein, dass die Zuordnung fallend ist.

a)

x	0	1	2	3
y				

b)

x				
y	6	3	2	0

c) Fertige zu beiden Wertetabellen grafische Darstellungen an.

4 Die Wertepaare gehören jeweils zu einer Zuordnung.
Sortiere sie nach der Größe der x-Werte und entscheide, ob es sich um eine steigende oder fallende Zuordnung handelt.

a) (3|13); (5|17); (0|7); (4|15); (2|11); (1|9); (6|19)

b) (4|10); (6|5); (1|40); (3|18); (5|8); (2|25); (7|2)

c) (0|17); (6|39); (3|23); (1|22); (4|28); (5|33); (7|40); (2|25)

5 Ordne den Texten das passende Diagramm zu und entscheide jeweils, ob die Zuordnung *Zeit (in min) → Wassertemperatur (in °C)* steigend oder fallend ist.
(1) Sören erhitzt Wasser in einem Topf.
(2) Sören lässt das Wasser abkühlen.

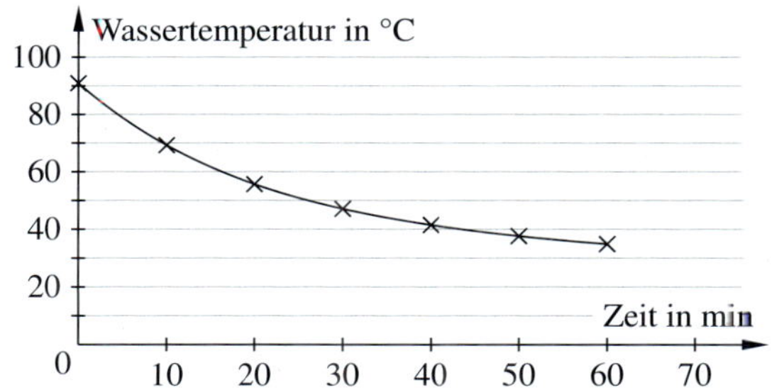

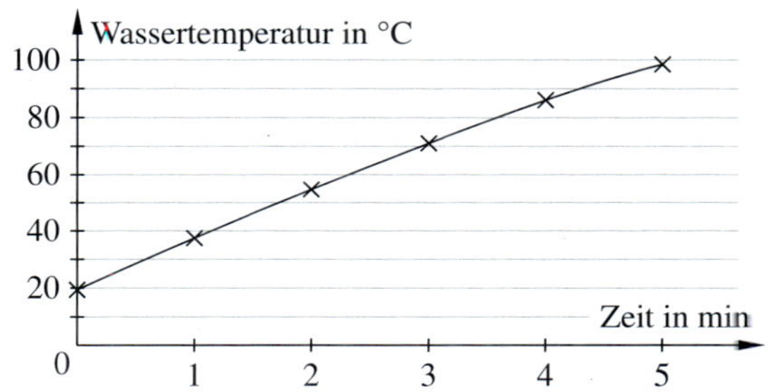

6 Handelt es sich um steigende oder fallende Zuordnungen? Begründe.

a) *Größe der Rasenfläche → Zeit, um den Rasen zu mähen*
b) *verkaufte CDs → Nummer der Platzierung in den Charts*
c) *Geschwindigkeit eines Autos → Länge des Bremswegs*
d) *Gewicht einer Ware → Preis*
e) *Anzahl der Gärtner → Dauer der Pflege eines Gartens*
f) *Zeitdauer → Wassermenge in der Badewanne*

7 Die Zuordnungen beziehen sich auf ein Formel-1-Rennen. Handelt es sich um steigende oder fallende Zuordnungen? Begründe.

a) *Anzahl der Runden → gefahrene Strecke*
b) *Platzierung im Rennen → Punkte*
c) *Geschwindigkeit → Rundenzeit*
d) *Rundenzeit im Qualifying → Platz in der Startaufstellung*

8 Gib für diesen Ausschnitt der Bundesliga-tabelle eine steigende und eine fallende Zuordnung an.

Platz	Mannschaft	Punkte	Tore	Tordifferenz
1	Dortmund	15	15:4	+ 11
2	Bayern	13	9:2	+ 7
3	Leverkusen	12	11:6	+ 5
4	Hannover	9	8:7	+ 1

Gelten diese Zusammenhänge immer? Begründe.

9 Gib mindestens je drei Beispiele für Zuordnungen an, die …

a) steigend sind. b) fallend sind.

c) weder steigend noch fallend sind.

10 Das Diagramm zeigt die monatlichen Durchschnittstemperaturen für Berlin.

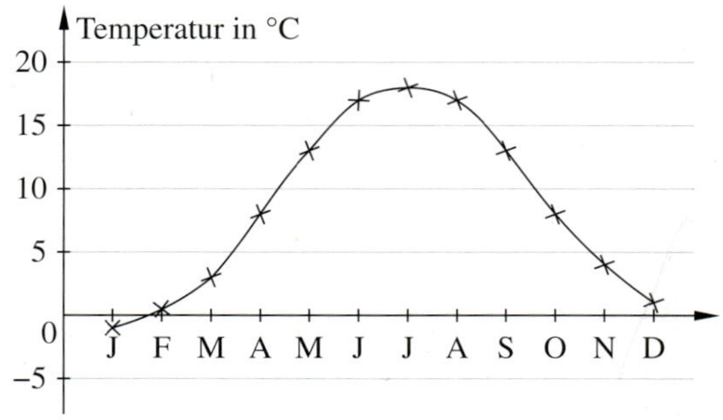

a) Übertrage die Temperaturen in eine Wertetabelle.

b) In welchem Zeitraum ist die Zuordnung *Monat* → *Temperatur* steigend (fallend)?

Weiterführende Aufgaben

11 Eine Lotto-Tippgemeinschaft hat 180 000 € gewonnen.

a) Übertrage die Tabelle in dein Heft und ergänze die fehlenden Werte.

Anzahl der Mitglieder	1	2	3	4	5	6
Gewinn pro Mitglied	180 000 €					

b) Handelt es sich bei der Zuordnung *Anzahl der Mitglieder* → *Gewinn pro Mitglied* um eine steigende oder fallende Zuordnung? Begründe.

c) Zeichne ein passendes Diagramm. Dürfen die Punkte im Diagramm verbunden werden? Begründe.

12 Im Jahr 2012 lebten in Deutschland 80,5 Mio. Einwohner. Im Jahr 2010 waren es 81,7 Mio., 2008 dann 82 Mio. und 2006 waren es 82,3 Mio.

a) Stelle die Entwicklung in einer Tabelle und in einem Diagramm dar. Entscheide, ob die Zuordnung *Jahr* → *Einwohnerzahl* steigend oder fallend ist.

b) Ist es dennoch möglich, dass die Einwohnerentwicklung zwischen 2006 und 2012 weder steigend noch fallend war?

13 Verbrennt eine brennende Kerzenflamme immer gleichmäßig Wachs, so kann man mit Kerzen Zeitspannen messen.

a) Ist die Zuordnung *abgebranntes Kerzenstück* → *Zeit* steigend oder fallend? Begründe.

b) Handelt es sich bei der Zuordnung *Resthöhe der Kerze* → *Zeit* um eine steigende oder eine fallende Zuordnung?

c) Eine 5 cm lange Geburtstagskerze ist nach 10 Minuten abgebrannt. Erstelle je eine Wertetabelle und ein Diagramm für die Zuordnung …

① *abgebranntes Kerzenstück* → *Zeit* bzw.

② *Resthöhe der Kerze* → *Zeit*.

d) Untersuche das „Abbrennverhalten" einer Kerze deiner Wahl. Erstelle eine Wertetabelle und ein Diagramm. Vergleicht eure Lösungen. Was fällt euch auf?

Proportionale Zuordnungen

Erforschen und Entdecken

1 Übertrage die Tabelle in dein Heft.

	Länge (in mm)	Breite (in mm)	Länge : Breite
Mathebuch			
großes Foto			
kleines Foto			

a) Miss Länge und Breite deines Mathematikbuches und trage die Werte in die Tabelle ein.
b) Miss Länge und Breite der beiden Fotos und trage die Werte ebenfalls ein.
c) Berechne den Quotienten aus Länge und Breite. Runde das Ergebnis auf die erste Nachkommastelle. Was fällt dir auf?
d) Was geschieht mit dem Bild, wenn der Quotient aus Länge und Breite nicht mit dem Quotienten des Originals übereinstimmt?

2 Bearbeite die Teilaufgaben zunächst alleine. Vergleicht danach untereinander.

Wertetabellen

①

x	0	1	2	3	4	5	6
y	0	$\frac{1}{2}$	1	$1\frac{1}{2}$	2	$2\frac{1}{2}$	3

②

x	0	1	2	3	4	5	6
y	20	18	16	14	12	10	8

③

x	0	1	2	3	4	5	6
y	0	2	4	6	8	10	12

④

x	0	1	2	3	4	5	6
y	2	$3\frac{1}{2}$	5	$6\frac{1}{2}$	8	$9\frac{1}{2}$	11

Graphen

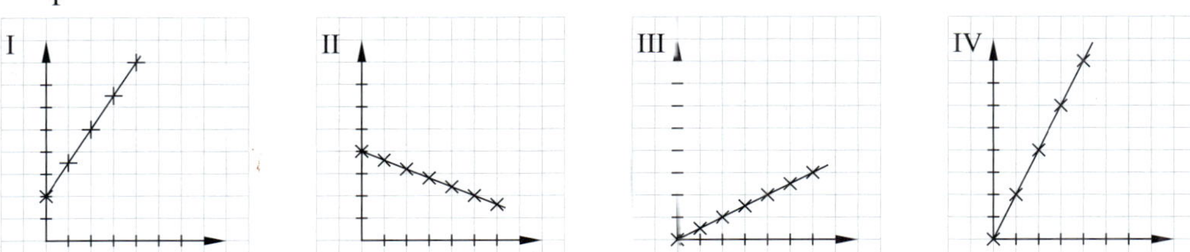

a) Ordne den Graphen die zugehörigen Wertetabellen zu.
b) Nenne Gemeinsamkeiten und Unterschiede der Zuordnungen.
c) Ergänze die Wertetabellen um $x = 0{,}5$ ($x = 2{,}5$; $x = 8$). In welchen Fällen fällt die Berechnung der zugehörigen y-Werte relativ leicht?
d) Berechne für alle Zuordnungen die Ergebnisse der Wertepaare $y : x$ (für alle Wertepaare mit $x \neq 0$). Was fällt dir auf?
e) Überprüfe die folgenden Aussagen und korrigiere falsche Angaben:
Ist der Quotient $y : x$ für alle Wertepaare einer Zuordnung gleich, …
① … so verläuft der Graph durch den Ursprung (0|0) des Koordinatensystems.
② … so führt eine Verdopplung des x-Wertes zu einer Halbierung des y-Wertes.
③ … so steigt der Graph gleichmäßig an.
④ … so ist der Anstieg des Graphen umso steiler, je kleiner dieser Quotient ist.
⑤ … so ist der Quotient $x : y$ für alle Wertepaare ebenfalls gleich.

ERINNERE DICH
Durch 0 zu teilen ist nicht erlaubt!

BEISPIEL
Quotienten der Wertepaare $y : x$ in der Wertetabelle ①
$\frac{1}{2} : 1 = \frac{1}{2}$
$1 : 2 = \frac{1}{2}$
$1\frac{1}{2} : 3 = \ldots$
$2 : 4 = \ldots$

Lesen und Verstehen

In einem Schülercafé kosten alle Getränke 0,80 €. Als Hilfe für die Abrechnung hängt an der Kasse eine Liste mit der Zuordnung
Anzahl der Getränke → Preis.

Diese Zuordnung hat eine besondere Eigenschaft: Die einander zugeordneten Größen ändern sich im gleichen Verhältnis.

Führt eine Verdopplung (Verdreifachung, Vervierfachung, …) der vorgegebenen Größe zur Verdopplung (Verdreifachung, Vervierfachung, …) der zugeordneten Größe, so handelt es sich um eine **proportionale Zuordnung**.

BEISPIEL

Anzahl der Getränke	1	2	3	4	5	6
Preis (in €)	0,80	1,60	2,40	3,20	4	4,80

$\frac{0,8}{1} = \frac{1,6}{2} = \frac{2,4}{3} = \ldots = \frac{4,8}{6} = 0,8$

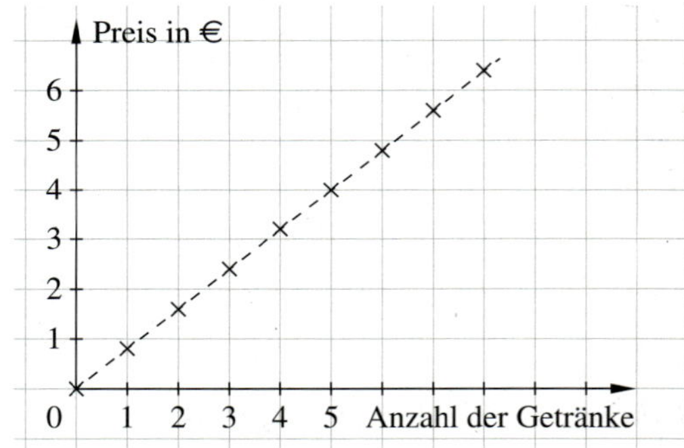

Der Quotient aus zugeordnetem Wert y und vorgegebenem Wert x heißt **Proportionalitätsfaktor**. Er ist, abgesehen vom Wertepaar $(0|0)$, immer gleich. Man nennt die Zahlenpaare deshalb **quotientengleich**.

Bei der grafischen Darstellung einer proportionalen Zuordnung liegen alle Punkte auf einem Strahl, der im Punkt $(0|0)$, dem **Ursprung**, beginnt.

Basisaufgaben

1 Handelt es sich um Diagramme, die zu einer proportionalen Zuordnung gehören? Begründe.

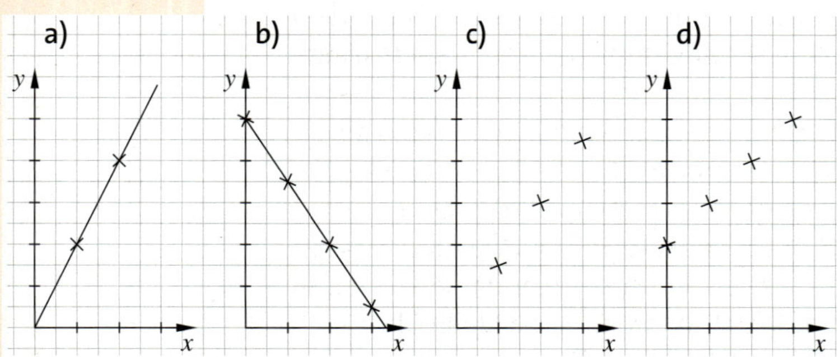

2 Sind die Zuordnungen proportional? Begründe.

a)

x	0	1	2	3
y	0	3	6	9

b)

x	1	2	3	4
y	6	8	12	24

c)

x	1	2	3	4
y	6	12	18	24

d)

x	0	1	2	3
y	4	5	6	7

3 Welche der Zuordnungen sind proportional? Begründe.

a) *Anzahl der Eiskugeln → Preis*
b) *Wassermenge → Gewicht*
c) *Benzinmenge → Preis*
d) *Alter → Körpergröße*
e) *Seitenlänge eines Quadrats → Umfang*
f) *Seitenlänge eines Quadrats → Flächeninhalt*

4 Ergänze die Tabellen so im Heft, dass eine proportionale Zuordnung vorliegt.

a)

x	1	2	3	4	5
y	5	10			

b)

x	1	2	3	4	5
y	12	24			

c)

x	1	2	3	4	5
y	0,6	1,2			

d)

x	1	2	3	4	5
y	$1\frac{1}{2}$	3			

e)

x	1	2	3	4	5
y	$2\frac{1}{4}$				

5 Bestimme den Proportionalitätsfaktor für die proportionalen Zuordnungen.

a)

x	1	2	3	4
y	7	14	21	28

b)

x	0	1	2	3
y	0	1,8	3,6	5,4

c)

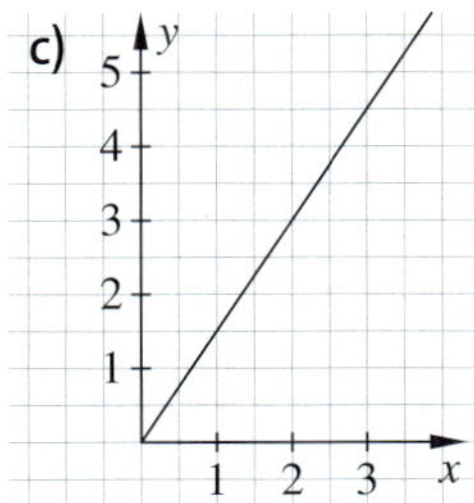

d)

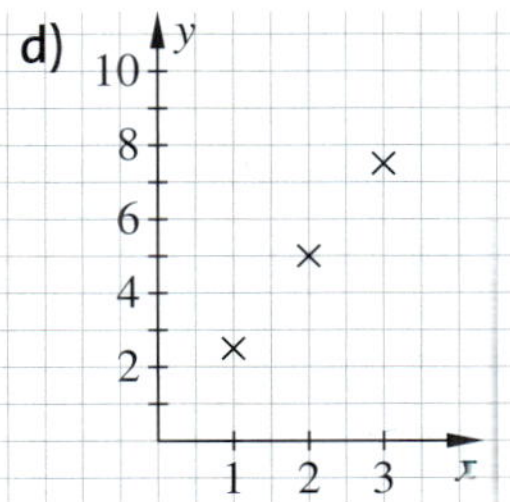

6 Ist die Zuordnung *Anzahl der Brötchen → Preis* proportional? Begründe.

Weiterführende Aufgaben

7 Ein 1-Euro-Stück wiegt 7,5 g.

a) Fülle die Tabelle im Heft aus.

Anzahl Münzen	1	2	3	4	5	6	7	8	9	10
Masse (in g)	7,5									

b) Zeichne ein passendes Diagramm. Warum sollte man die Punkte nicht miteinander verbinden?

8 In Großbritannien bezahlt man mit britischen Pfund (£). 1 £ ist etwa 1,20 € wert. Erstelle eine Tabelle, in der du die Eurobeträge für 1, 2, …, 10, 20 und 30 £ angibst. Berechne mit Hilfe der Tabelle die Beträge in Euro: 15 £; 60 £; 28 £; 100 £; 99 £; 85 £ Erkläre, wie du vorgegangen bist.

9 Unter welchen Bedingungen sind diese Zuordnungen proportional?

a) *Anzahl der Tomaten → Gesamtgewicht*
b) *Sparguthaben → Zinsen in einem Jahr*
c) *Anzahl der Gäste → Menge an Essen*
d) *Anzahl der Bäume → Größe der Waldfläche*

10 Die Klasse 7c möchte ihren Klassenraum streichen. Ein 10-ℓ-Eimer Wandfarbe reicht für eine Wandfläche von 50 m² und kostet im Baumarkt 35 €.

a) Unter welchen Bedingungen sind die Zuordnungen ① *Menge → Preis* und ② *Menge → Wandfläche* proportional?
b) Die Klasse 7c hat eine Wandfläche von 75 m². Wie viele Eimer Farbe müssen sie kaufen? Wie viel Farbe bleibt übrig? Erläutere deinen Rechenweg.

059-1 Unter dem Webcode gibt es eine interaktive Übung zum Erkennen von proportionalen Zuordnungen.

11 Maximilian betrachtet eine proportionale Zuordnung in Tabellenform. Dabei fällt ihm etwas auf.

\+ = + =

x	1	3	4	7	11	18
y	17	51	68	119	187	306

\+ = + =

a) Zeige, dass die Zuordnung proportional ist. Gib den Proportionalitätsfaktor an.
b) Beschreibe Maximilians Beobachtung mit deinen eigenen Worten.
c) Übertrage die Tabellen ① bis ⑤ ins Heft. Ergänze sie mit Maximilians Trick so, dass proportionale Zuordnungen vorliegen.

①

x	1	2	3	5	8	13
y	3	6				39

②

x	2	4	6	9	11	20
y	14	28		63	77	

③

x	3	4	7	10	11	17
y	36	48				

④

x	6	8	14	20	28	48
y	204	272				

⑤

x	3	7	10	17	20	30
y	72	168				

12 Richtig oder falsch? Begründe.
a) Wenn alle Punkte einer Zuordnung auf einer Geraden liegen, ist die Zuordnung proportional.
b) Gehört das Wertepaar $(1|5)$ zu einer proportionalen Zuordnung, so ist der Proportionalitätsfaktor 5.
c) Gehört das Wertepaar $(0|4)$ zu einer Zuordnung, so kann die Zuordnung nicht proportional sein.
d) Gehört das Wertepaar $(2|3)$ zu einer proportionalen Zuordnung, so gehört auch das Wertepaar $(3|2)$ dazu.
e) Füllt man ein leeres, würfelförmiges Aquarium gleichmäßig mit Wasser, so ist die Zuordnung *Wassermenge → Füllhöhe* proportional.

13 Ergänze die Aussagen im Heft.
a) Bei proportionalen Zuordnungen führt eine Verdoppelung des x-Wertes zu …
b) Bei proportionalen Zuordnungen führt eine Halbierung des x-Wertes zu …
c) Um zu überprüfen, ob eine Zuordnung proportional ist, …
d) Jeder Graph einer proportionalen Zuordnung ist …
e) Eine Zuordnung nennt man proportional, wenn …

14 Der Maßstab des Kartenausschnitts beträgt 1 : 4 000 000.

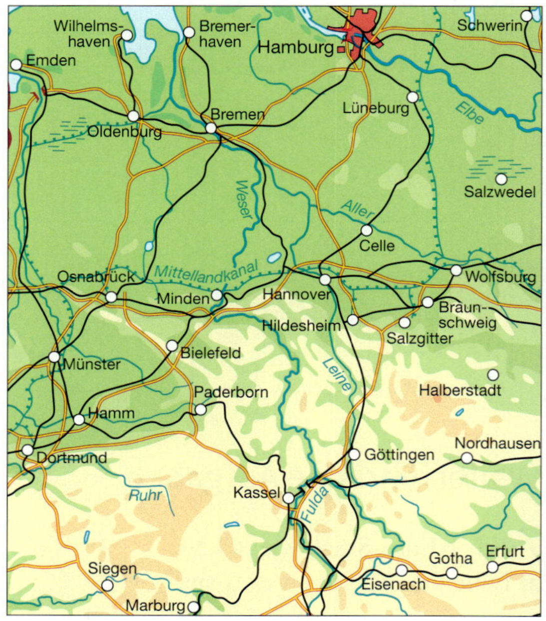

a) Begründe, warum die Zuordnung *Entfernung in der Realität → Entfernung auf der Karte* proportional ist.
b) Begründe oder widerlege:
Der Maßstab eines Kartenausschnittes kann als Proportionalitätsfaktor bezeichnet werden.
c) Miss die Abstände zwischen den folgenden Städten und gib die Entfernung (Luftlinie) in Kilometern an:
1. Dortmund – Hamburg
2. Wilhelmshaven – Marburg
3. Oldenburg – Kassel
d) Zwischen welchen Städten beträgt die Entfernung (Luftlinie) ca. 16 km (200 km)?

Dreisatz bei proportionalen Zuordnungen

Erforschen und Entdecken

1 Für diesen Versuch benötigt ihr eine Haushaltswaage und eine Tüte Gummibärchen.
Wie kann man die Anzahl der Gummibärchen in einer Packung ermitteln, ohne alle Gummibärchen abzuzählen?

a) Entwickelt ein Verfahren, wie man mit Hilfe der Waage die Anzahl der Gummibärchen in einer Tüte möglichst genau ermitteln kann.

b) Berechnet mit Hilfe des entwickelten Verfahrens die Anzahl der Gummibärchen in einer Verpackung und vergleicht eure Ergebnisse mit denen eurer Mitschüler.

2 Der Papierstapel in dem Notizpapierhalter ist 9 cm hoch.

a) Wie viele Notizzettel wurden mit dem Halter ungefähr verkauft? Beschreibe, wie du bei der Lösung des Problems vorgegangen bist. Vergleicht eure Lösungen und Lösungswege.

b) Eine Firma bietet einen Notizpapierhalter mit 400 Blatt Papier an.
Wie hoch ist der Halter etwa?

c) Aus wie vielen Blättern ungefähr besteht ein Papierstapel, der so groß ist wie du?

d) Erstellt in der Klasse eine Tabelle, in der jeder Körpergröße eines Schülers die entsprechende Anzahl Blätter zugeordnet wird.

Notizpapierhalter

3 In einem Kochbuch steht ein Rezept für Erdbeer-Orangen-Grütze.

a) Welche Mengen benötigt man, wenn man für 8 (2; 24) Personen Erdbeer-Orangen-Grütze herstellen möchte?

b) Welche Mengen benötigst du, wenn du die Erdbeer-Orangen-Grütze für dich alleine kochst?

c) Bestimme die notwendigen Mengen, wenn der Nachtisch für 3 (5; 17) Personen gemacht werden soll.
Erkläre dein Vorgehen beim Lösen dieser Aufgabe.

Erdbeer-Orangen-Grütze

Zutaten für 4 Personen

2 Orangen
500 g Erdbeeren
$\frac{3}{4}$ ℓ Orangensaft
75 g Zucker
1 Päckchen Vanillezucker
60 g Speisestärke

Zubereitung

Das Obst waschen und in kleine Stücke schneiden.
Saft, Zucker und Vanillezucker in einen Topf geben und aufkochen lassen.
Obst zufügen und ca. 5 Minuten darin dünsten.
Speisestärke mit wenig kaltem Wasser anrühren und die Grütze damit binden.

Lesen und Verstehen

Zwei Kugeln Eis kosten 1,20 €. Julia hat fünf Kugeln Eis, ihre Freundin Nesrin vier Kugeln. Wie viel hat jede bezahlt?

Aufgaben dieses Typs können mit Hilfe des Dreisatz-Schemas für proportionale Zuordnungen gelöst werden.

Das Dreisatz-Schema für proportionale Zuordnungen

1. Das gegebene Wertepaar aufschreiben
2. Schluss auf die Einheit
3. Schluss auf das Gesuchte

BEISPIEL

	Eiskugeln	Preis (in €)	
	2	1,20	
: 2	1	0,60	: 2
· 5	5	3,00	· 5

auf beiden Seiten die gleiche Rechenoperation

Fünf Kugeln Eis kosten 3 €.

Wenn die gesuchte Größe ein Vielfaches des gegebenen Wertes ist, kann der Schluss auf die Einheit entfallen.

	Eiskugeln	Preis (in €)	
	2	1,20	
· 2	4	2,40	· 2

Vier Kugeln Eis kosten 2,40 €.

Basisaufgaben

1 Übertrage die Tabelle in dein Heft und berechne den fehlenden Wert.

a)

Gewicht (in kg)	Preis (in €)
4	1
20	

b)

Anzahl Orangen	Gewicht (in g)
8	1600
1	

c)

Fläche (in m^2)	Anzahl Steine
5	550
1	

d)

Zeit (in min)	Strecke (in km)
60	90
1	

2 Berechne den Preis für 1 kg jeder Obstsorte.

a) 4 kg Birnen kosten 10 €.
b) 6 kg Pflaumen kosten 12,60 €.
c) 2 kg Äpfel kosten 3,78 €.
d) 3 kg Orangen kosten 5,97 €.
e) 500 g Trauben kosten 2,99 €.
f) 250 g Erdbeeren kosten 1,29 €.

3 Berechne.

a) Ein Heft kostet 0,24 €.
Wie viel kosten 8 Hefte?
b) Eine Packung Bleistifte kostet 1,75 €.
Wie viel kosten 3 Packungen?
c) Ein Radiergummi kostet 0,89 €.
Wie viel kosten 10 Radiergummis?
Wie viel kosten 5 Radiergummis?

4 Berechne im Kopf.

a) Drei Gläser Marmelade kosten 6 €.
Dann kosten zwei Gläser …
b) Zwei Dosen Limo kosten 1,60 €.
Dann kosten drei Dosen …

5 Wie viel kosten je 500 g der Gewürze?

a)	50 g Curry	0,80 €
b)	250 g Pfeffer	12,50 €
c)	125 g Muskat	8,00 €
d)	1 kg Paprika	16,00 €

BEACHTE
Die Lösungen zu Aufgabe 2 ergeben in der richtigen Reihenfolge den Namen einer europäischen Hauptstadt. Zu welchem Land gehört die Stadt?
1,89 (S); 1,99 (K)
2,10 (O); 2,50 (M)
5,16 (U); 5,98 (A)

6 Vervollständige die Tabellen im Heft. Die Zuordnungen sind proportional.

a)

Gewicht (in kg)	Preis (in €)
2	4
1	
5	

b)

Anzahl	Preis (in €)
3	4,50
1	
10	

c)

Länge (in m)	Preis (in €)
3	24
1	
5	

d)

Anzahl	Masse (in g)
7	245
1	
5	

7 Zwei Brötchen kosten 0,52 €. Wie teuer sind fünf Brötchen? Nutze den Dreisatz.

Anzahl Brötchen	Preis (in €)
2	0,52
1	
5	

8 Zum Belegen einer Fläche von 4 m^2 benötigt ein Fliesenleger 20 Platten. Wie viele Platten benötigt er für 25 m^2? Berechne mit dem Dreisatz.

Fläche (in m^2)	Anzahl der Platten
4	
1	
25	

9 Familie Eckardt zahlt für ihre 60-m^2-Wohnung 360 € Miete. Familie Moustafa zahlt für ihre 75-m^2-Wohnung den gleichen Quadratmeterpreis. Wie hoch ist ihre Miete?

Fläche (in m^2)	Miete in €
60	
…	

10 Drei Schalen Erdbeeren kosten 4,50 €. Wie teuer sind zwei Schalen Erdbeeren?

11 Jona hat in den Sommerferien drei Wochen in einer Gärtnerei ausgeholfen und dafür 459 € erhalten.

a) Wie viel Geld bekam er pro Woche?

b) Jonas Bruder Luca hat zwei Wochen in der gleichen Gärtnerei ausgeholfen. Welche Bedingungen müssen gelten, damit man seinen Verdienst ausrechnen kann? Wie viel Geld hat er dann bekommen?

12 Um fünf Eier hart zu kochen, benötigt man zehn Minuten. Wie lange benötigt man für zwei Eier?

13 Übertrage die Tabelle in dein Heft. Vervollständige sie so, dass eine proportionale Zuordnung vorliegt.

a)

x	1	5	6	7	13
y		35			

b)

x	1	2	3	4	7
y			39		

c)

x	1	3	5	8	11
y			7		

d)

x	$\frac{1}{4}$	1	$2\frac{1}{2}$	$3\frac{3}{4}$	$5\frac{1}{8}$
y	2				

e)

x	0,5	1	1,5	2	2,5
y		0,3			

14 Fünf Tafeln Schokolade kosten 2,75 €. Maja kauft drei Tafeln. Wie viel muss sie bezahlen?

15 Julia hat 50 € für ihren Urlaub in England umgetauscht. Sie erhielt 59 £. Julias Freundin Nele hat 80 € getauscht, Melissa möchte 150 £ mitnehmen. Wie viel haben sie jeweils erhalten bzw. gezahlt? Runde sinnvoll.

16 In einer Stunde legt ein Wanderer 4,8 km zurück.

a) Unter welcher Bedingung ist die Zuordnung *Zeit* → *Strecke* proportional?

b) Wie weit läuft der Wanderer in drei Stunden?

c) Wie weit geht er in 25 Minuten?

d) Wie viel Kilometer legt der Wanderer in 3 Stunden und 25 Minuten zurück?

17 Messing besteht aus Kupfer und Zink. Für die Herstellung von 100 kg Messing benötigt man 60 kg Kupfer und 40 kg Zink.

a) Wie viel Kupfer und Zink sind zur Herstellung von 50 kg Messing notwendig?

b) Berechne die Menge an Kupfer und Zink, die zur Herstellung von 250 kg Messing benötigt werden.

18 Milch hat hat durchschnittlich 289 kJ pro 100 ml. Müsli hat durchschnittlich 1450 kJ pro 100 g. Wie viel Kilojoule enthält eine Mahlzeit aus 30 g Müsli und 125 ml Milch?

BEACHTE
KJ (Kilojoule) ist die Einheit der Energie von Nahrung.

19 Formuliere selbst Aufgaben.

20 Wenn sie 10 m Anlauf nimmt, springt Svenja 3,40 m weit.

a) Wie weit springt sie mit 5 m Anlauf?

b) Wie weit springt sie mit 7 m Anlauf?

c) Bricht Svenja den Weltrekord von 7,52 m, wenn sie 25 m Anlauf nimmt?

Weiterführende Aufgaben

21 Übertrage in dein Heft und berechne mit dem Dreisatz.

a)

Arbeitszeit (in h)	Lohn (in €)
8	132
1	
35	

b)

Masse (in kg)	Preis (in €)
2,5	2
1	
3	

c)

Zeit (in min)	Strecke (in km)
30	12
1	
45	

d)

Länge (in m)	Preis (in €)
1,6	4,48
1	
5	

22 Ein Bauplatz von 625 m² kostet 146 875 €. Wie teuer wäre ein Bauplatz der Größe 725 m² bei gleichem Quadratmeterpreis?

23 In einem Haus wohnen vier Familien. Die Miete pro Quadratmeter ist in jeder Wohnung gleich. Ergänze die Tabelle.

Familie	Größe der Wohnung (in m²)	Miete (in €)
Diehl	72	446,40
Heps	117	
Klein	89	
Luther		589

24 Aus 50 kg Äpfel lassen sich 30 Liter Apfelsaft pressen. Familie Hüsch hat eine Obstwiese mit 15 Apfelbäumen. Jeder Baum trägt ungefähr 23 kg Äpfel.
Wie viel Apfelsaft kann Familie Hüsch etwa herstellen?

25 Kannst du die Tabellen zu proportionalen Zuordnungen ergänzen, ohne auf die Einheit zu schließen?

a)

x	2	4	10	14	20
y	3,50				

b)

x	4	5	9	13	14
y	9	11,25			

c)

x	3	7	10	13	14
y		$16\frac{1}{3}$	$23\frac{1}{3}$		

26 Jonathan ist jetzt 24 Monate alt und 86 cm groß. Wie groß wird er an seinem vierten Geburtstag sein?

27 Ganz schön haarig!
Barthaare wachsen in einer Woche ca. 3 mm, das Kopfhaar wächst etwa 12 cm im Jahr.

a) Bestimme das Barthaarwachstum an einem Tag (in einem Monat; in einem Jahr).
b) Berechne das Wachstum des Kopfhaares an einem Tag (in einer Woche; in einem Monat).
c) Hans Langseth aus Norwegen hatte eine Bartlänge von 5,33 m.
Wie lange dauerte es, bis der Bart diese Länge erreicht hatte?
d) Swami Pandarasandhi aus Indien soll Berichten zufolge Kopfhaar mit einer Länge von 7,93 m besessen haben.
Ist das möglich?
e) Suche im Guinness-Buch der Rekorde oder im Internet nach „haarigen Rekorden“. Berechne jeweils, wie lange man benötigt, bis die Haare so lang gewachsen sind.

28 Bei einem Download wird angezeigt, dass das Laden einer 120 MB großen Datei 2 Minuten 24 Sekunden braucht.
Wie lange dauert der Download einer 1000 MB (etwa ein 1 GB) großen Datei?

29 In einer Photovoltaik-Anlage wird mit Hilfe von Solarzellen Sonnenstrahlung in elektrische Energie umgewandelt. Die Anlage von Familie Sommer ist 72 m² groß und erzeugt jährlich 9000 kWh Strom.

a) Unter welchen Bedingungen ist die Zuordnung *Fläche* → *Strommenge* proportional?
b) Die Anlage von Familie Kirchberg ist 11,5 m lang und 7,5 m breit.
Wie viel Strom kann Familie Kirchberg jährlich produzieren?
c) Ein 4-Personen-Haushalt verbraucht etwa 5000 kWh Strom im Jahr.
Wie groß muss die Fläche einer Photovoltaik-Anlage sein, die diesen Strom erzeugen kann?

30 Überprüfe, welches Angebot günstiger ist.
a) Haselnusswaffeln: 200 g für 1,79 €
oder 300 g für 2,99 €
b) Kekse: 100 g für 0,89 €
oder 150 g für 1,19 €
c) Spinat: 750 g für 1,49 €
oder 1 kg für 1,79 €
d) Wasser: 1,5 ℓ für 0,89 €
oder 1,75 ℓ für 0,97 €
e) Pralinen: 125 g für 0,89 €
oder 400 g für 2,99 €

31 Eine 10-tägige Reise kostet für fünf Personen 7500 €.
a) Unter welchen Umständen sind die Zuordnungen *Anzahl der Personen* → *Reisepreis* und *Reisedauer* → *Reisepreis* proportional?
b) Berechne den Preis, den eine achtköpfige Gruppe dann für eine 14-tägige Reise bezahlen muss.

Antiproportionale Zuordnungen

Erforschen und Entdecken

1 „Pflasterarbeiten"

Vorbereitung:

Zeichne in dein Heft ein großes Rechteck mit den Seitenlängen 10 cm × 12 cm.
Schneide aus unterschiedlich farbigem Papier:
je 30 Rechtecke mit den Seitenlängen 2 cm × 2 cm; 2 cm × 2,5 cm; 2 cm × 3 cm
je 15 Rechtecke mit den Seitenlängen 2 cm × 4 cm; 2 cm × 5 cm
je 10 Rechtecke mit den Seitenlängen 3 cm × 4 cm; 3 cm × 5 cm; 4 cm × 5 cm

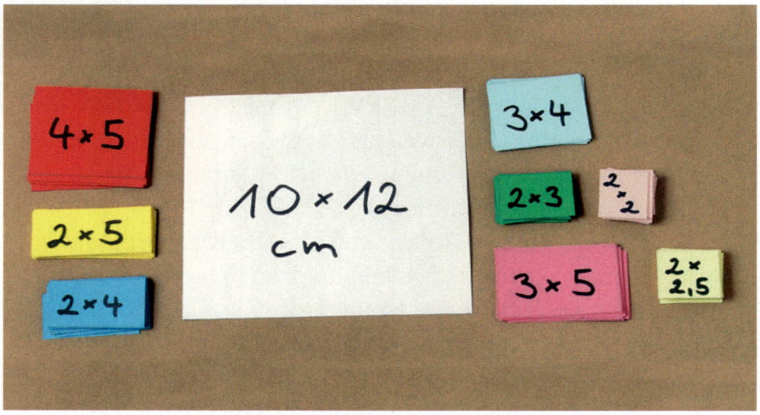

a) *Durchführung:*
Lege das große Rechteck nacheinander vollständig mit Rechtecken einer Größe aus.
Gib jeweils deren Anzahl an und ergänze die Tabellen in deinem Heft.

Rechteck	Fläche eines Rechtecks	Anzahl
2 cm × 2 cm	4 cm²	
2 cm × 2,5 cm		
2 cm × 3 cm		
2 cm × 4 cm		

Rechteck	Fläche eines Rechtecks	Anzahl
2 cm × 5 cm		
3 cm × 4 cm		
3 cm × 5 cm		
4 cm × 5 cm		

b) Stelle die Zuordnung *Fläche eines Rechtecks → Anzahl der Rechtecke* grafisch dar.

c) Wie viele Rechtecke der Größe 5 cm × 6 cm $\left(6\,\text{cm} \times 10\,\text{cm};\ \frac{1}{2}\text{cm} \times \frac{1}{2}\text{cm}\right)$ wären notwendig gewesen, um das Rechteck vollständig zu „pflastern"?

d) Ergänze die folgenden Sätze: Verdoppelt sich der Flächeninhalt der Rechtecke, so …
Halbiert sich der Flächeninhalt der Rechtecke, so …

2 Kreise kann man in gleich große „Tortenstücke" unterteilen, so genannte Kreissegmente.

a) Bestimme die Größe der Winkel am Kreismittelpunkt bei einer Unterteilung in zwei (drei, …, zehn) Kreissegmente.
Ergänze dazu die Tabelle in deinem Heft.

Anzahl	2	3	4	5	6	7	8	9	10
Winkelgröße	180°								

b) Stelle die Zuordnung *Anzahl der Kreissegmente → Winkelgröße* grafisch dar.

c) Multipliziere die einander zugeordneten Werte. Was fällt dir auf?

3 Öffne an einem Computer ein Schreibprogramm, zum Beispiel Word. Wähle als Schriftart „Arial". Im Menü „Seitenlayout" findest du unter unter „Seitenränder" als letztes den Punkt „Benutzerdefinierte Seitenränder…"

Richte die Seite wie folgt ein:
Rand oben: 2,5 cm
Rand unten: 1,8 cm
Hochformat

Stelle im Menü „Start" mit Hilfe des Symbols  den Zeilenabstand auf „Einfach".

Arbeite ohne die „Enter"-Taste am Zeilenende.

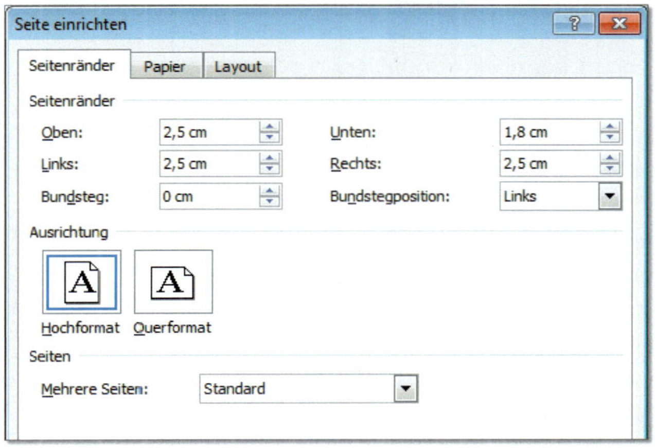

a) Wie viele Zeilen lassen sich auf einer Seite schreiben, wenn man die Schriftgröße 12 (16; 24; 26; 48) wählt?
b) Stelle die Zuordnung *Schriftgröße → Anzahl der Zeilen* grafisch dar.
c) Überlege, wie viele Zeilen bei Schriftgröße 10 (14; 18; 20; 36) auf eine Seite passen.

4 In die 7 a gehen 23 Schülerinnen und Schüler. Ihr Klassenraum soll gestrichen werden. Die Klassenlehrerin meint, dass sie ungefähr 12 Stunden benötigt, wenn sie den Raum alleine streicht.

a) Erstelle für die Zuordnung *Anzahl der Personen → Zeit* eine Wertetabelle.
b) Unter welchen Voraussetzungen hat die in Aufgabenteil a) angefertigte Tabelle nur Gültigkeit?
c) Stelle die Zuordnung grafisch dar. Dürfen die Punkte miteinander verbunden werden? Begründe.
d) Wie stehst du zu dem Vorschlag, dass die ganze Klasse beim Streichen helfen sollte?

Lesen und Verstehen

Bei einem Schulfest wurde ein Gewinn von 600 € erzielt. Der Erlös soll gespendet werden. Die Schülervertretung überlegt nun, wie viel Geld für die einzelnen Projekte zur Verfügung steht, wenn man das Geld mehreren Organisationen spendet.

BEACHTE
Antiproportional bedeutet soviel wie umgekehrt proportional.

Anders als bei proportionalen Zuordnungen ändern sich bei antiproportionalen Zuordnungen die einander zugeordneten Größen im umgekehrten Verhältnis.

> Führt eine Verdopplung (Verdreifachung; Vervierfachung) der vorgegebenen Größe zur Halbierung (Drittelung; Viertelung) der zugeordneten Größe, handelt es sich um eine **antiproportionale Zuordnung**.

BEISPIEL

· 3 (1 → 3), · 2 (1 → 2), · 2 (3 → 6)

Anzahl der Projekte	1	2	3	4	5	6
Geld pro Projekt (in €)	600	300	200	150	120	100

: 2 (600 → 300), : 3 (600 → 200), : 2 (200 → 100)

$1 \cdot 600 = 2 \cdot 300 = \ldots = 6 \cdot 100 = 600$

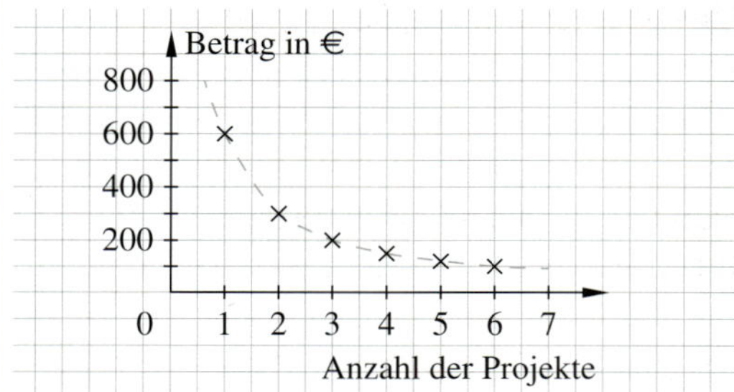

Das Produkt aus zugeordnetem Wert und vorgegebenem Wert ist immer gleich. Man nennt die Zahlenpaare deshalb **produktgleich**.

BEACHTE
Die fallende Kurve wird auch **Hyperbel** genannt.

Bei der grafischen Darstellung einer antiproportionalen Zuordnung liegen alle Punkte auf einer fallenden Kurve.

Basisaufgaben

BEACHTE
Die proportionale Zuordnung kann man mit „je mehr, desto mehr“ oder „je weniger, desto weniger“ beschreiben. Die antiproportionale Zuordnung kann man dagegen mit „je mehr, desto weniger“ oder „je weniger, desto mehr“ beschreiben.

1 Handelt es sich um Diagramme, die zu einer antiproportionalen Zuordnung gehören? Begründe.

a)
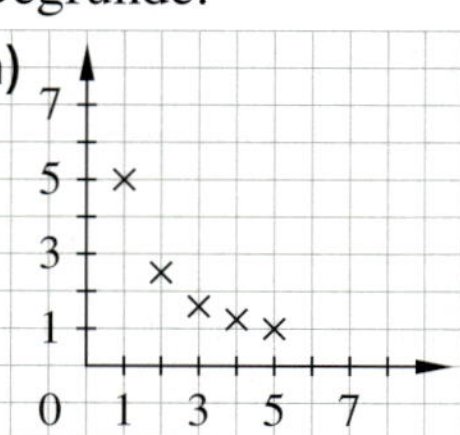

b)
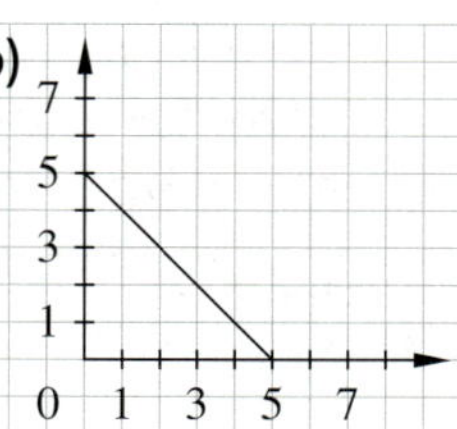

c)
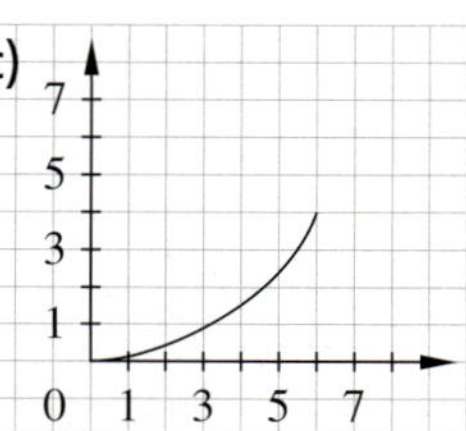

d)
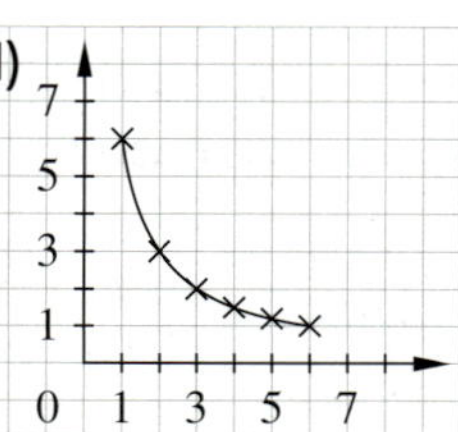

2 Sind die Zuordnungen antiproportional? Begründe.

a)

x	1	2	3	4
y	60	30	20	15

b)

x	1	2	3	4
y	12	6	4	3

c)

x	1	2	3	4
y	80	60	40	20

d)

x	1	2	3	4
y	18	9	6	4,5

e)

x	0	1	2	3
y	10	7	4	1

3 Zeichne die antiproportionalen Zuordnungen als Diagramme.

a)

x	1	2	3	5	6
y	30	15	10	6	5

b)

x	1	2	3	4	6
y	24	12	8	6	4

4 Die Aufführung eines Hobby-Zauberers kostet 240 €. Wie viel muss jeder zahlen, wenn 60 (64; 75; 80; 100) Kinder zuschauen?

5 Um den Schulhof zu fegen, brauchen 3 Schülerinnen und Schüler 30 Minuten. Wie lange brauchen 5 fleißige Helfer?

6 Ergänze die Tabellen so, dass eine antiproportionale Zuordnung vorliegt.

a)

x	1	2	3	4	5
y	60	30			

b)

x	1	2	3	4	5
y	360				

c)

x	1	2	3	4	5
y	1200				

d)

x	1	2	3	4	5
y	1				

e)

x	$\frac{1}{4}$	$\frac{1}{2}$	1	$1\frac{1}{2}$	2
y			18		

069-1 Unter dem Webcode gibt es eine interaktive Übung zum Erkennen von proportionalen und antiproportionalen Zuordnungen.

Weiterführende Aufgaben

7 Welche der Zuordnungen können antiproportional sein? Begründe und gib gegebenenfalls notwendige Bedingungen an.

a) *Anzahl der Lkw → Zeit, um 50 m³ Sand zu liefern*
b) *Alter eines Computers → Preis*
c) *Anzahl der Pumpen → Dauer, bis ein Teich leer gepumpt ist*
d) *Anzahl der Rasenmäher → Zeit, um die Rasenplätze von Schalke 04 zu mähen*
e) *Höhe eines Baumes → Anzahl der Blätter*
f) *Größe der Pflastersteine → Anzahl der Pflastersteine, um einen Weg zu pflastern*
g) *Fliesengröße → Anzahl der Fliesen, um ein Bad zu fliesen*

8 Für dem Download einer 20 MB großen Datei braucht man bei einer Geschwindigkeit von 2 Mbit pro Sekunde 1 min 24 s.

a) Gib an, welche der Zuordnungen antiproportional ist:
Dateigröße → Downloadzeit oder *Downloadgeschwindigkeit → Downloadzeit*

b) Wie lange dauert der Download einer 20 MB großen Datei bei einer Geschwindigkeit von 8 Mbit pro Sekunde?
Wie lange dauert es bei 0,5 Mbit pro Sekunde?

9 Ein Betrag von 2 € soll mit nur einer Art von Münzen bezahlt werden.

a) Vervollständige die Tabelle im Heft.

Münzart	10 ct	20 ct	50 ct	1 €	2 €
Anzahl der Münzen	20				

b) Zeichne ein passendes Diagramm.

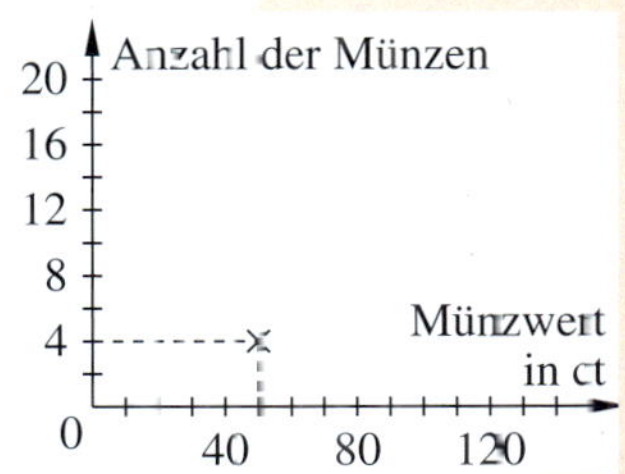

c) Selina behauptet: „Wenn ich die Punkte zu Rechtecken ergänze, haben alle Rechtecke den gleichen Flächeninhalt.“
Zeige und begründe, dass Selinas Aussage richtig ist.

10 Vervollständige im Heft die Tabelle so, dass die Zuordnung antiproportional ist.

a) *Anzahl der Arbeiter → Zeit in h*

Anzahl Arbeiter	4	1	2	5	6	8
Zeit (in h)	6					

b) *Anzahl der Mitfahrer → Kosten pro Person bei festem Buspreis*

Anzahl Mitfahrer	20	10	30	15	40	50
Preis (in €)	30					

11 Ein Flughafen wird ausgebaut und erweitert. Setzt man 6 Walzen an den Flugzeuglandebahnen ein, können die Arbeiten in 30 Tagen abgeschlossen sein.

Wie viele Tage würden 3 (2, 1, 5 oder 4) Walzen benötigen?
Ergänze die Tabelle im Heft.

Anzahl der Walzen	6	3	2	1	5	4
Anzahl der Tage	30					

12 Der Schotter für den Grund eines Teilstücks einer Startbahn wurde mit 4 Lkws in 24 Fahrten gebracht. Wie oft hätte man mit anderen Anzahlen von Lkws fahren müssen? Vervollständige dazu die Tabelle im Heft.

Anzahl der Lkws	4	2	1	3	6	8
Anzahl der Fahrten	24					

13 In der Baugrube für die neue Eingangshalle hat sich Sickerwasser angesammelt. Vier Pumpen mit gleicher Leistung leeren die Baugrube in drei Stunden.
Vervollständige die Tabellen im Heft.

Anzahl der Pumpen	1	2	3	4	6	8
Zeit (in h)				3		

Zeit (in h)	1	2	3	4	6	8
Anzahl der Pumpen			4			

14 Je höher der Benzinverbrauch eines Fahrzeugs ist, desto kürzer ist die Strecke, die mit einer Tankfüllung gefahren werden kann. Ein Auto hat ein Tankvolumen von 50 ℓ.

a) Wie weit kann das Auto fahren, wenn es 5 ℓ pro 100 km verbraucht?
b) Vervollständige die Tabelle im Heft.

Verbrauch (in ℓ auf 100 km)	maximale Fahrtstrecke (in km)
10	500
5	
1	
4	
6	

c) Eine Angabe in der Tabelle ist nicht realistisch. Welche ist es? Warum wurde der Wert dennoch berechnet?
d) Zeichne einen Graphen, der die Zuordnung *Verbrauch* → *maximale Fahrtstrecke* darstellt.

15 Ergänze die Aussagen.

a) Bei antiproportionalen Zuordnungen führt eine Verdopplung des x-Werts zu …
b) Bei antiproportionalen Zuordnungen führt eine Halbierung des x-Werts zu ….
c) Um zu überprüfen, ob eine Zuordnung antiproportional ist, …
d) Jeder Graph einer antiproportionalen Zuordnung ist …

16 Richtig oder falsch? Begründe.

a) Verläuft der Graph durch den Ursprung, kann die Zuordnung nicht antiproportional sein.
b) Gehört das Wertepaar $(5|6)$ zu einer antiproportionalen Zuordnung, dann gehört auch das Wertepaar $(6|5)$ dazu.
c) Antiproportionale Zuordnungen sind quotientengleich.
d) Wenn der x-Wert um 10 ansteigt und der y-Wert um 10 fällt, ist die Zuordnung antiproportional.
e) Lässt man aus einem vollen, würfelförmigen Aquarium gleichmäßig das Wasser ablaufen, so ist die Zuordnung *Wassermenge* → *Füllhöhe* antiproportional.

Dreisatz bei antiproportionalen Zuordnungen

Erforschen und Entdecken

1 Bildet Gruppen zu je vier Personen.
Jede Gruppe benötigt
- vier Strohhalme,
- ein großes Glas,
- genügend Wasser oder Saft, um das Glas drei Mal füllen zu können,
- und eine Stoppuhr.

Füllt das Glas genau bis zu einer markierten Höhe mit dem Getränk.
Drei Personen trinken das Glas gleichzeitig mit Strohhalmen vollständig aus.
Die vierte Person der Gruppe stoppt die Zeit.

a) Wie lange würden zwei (vier) Personen benötigen, um das Glas auszutrinken?
b) Legt eine Wertetabelle an und zeichnet einen Graphen, der den Zusammenhang *Anzahl der Personen* → *Zeit* darstellt.
c) Erläutert, wie ihr bei den Berechnungen vorgegangen seid.
d) Überprüft eure Berechnungen, indem zwei (vier) Personen das Glas mit Strohhalmen trinken. Gibt es Abweichungen? Wie könnte man sie erklären?
e) Präsentiert eure Überlegungen und vergleicht sie mit denen eurer Mitschülerinnen und Mitschüler.

2 Züge erreichen immer höhere Geschwindigkeiten und ermöglichen dadurch immer kürzere Reisezeiten. Für die 80 km lange Strecke von Dortmund nach Düsseldorf benötigt ein Zug, der mit einer durchschnittlichen Geschwindigkeit von 80 $\frac{km}{h}$ fährt, eine Stunde.

a) Die Tabelle zeigt den Zusammenhang zwischen der Geschwindigkeit des Zuges und der benötigten Zeit für die Strecke Dortmund–Düsseldorf. Ergänze sie in deinem Heft.

Geschwindigkeit (in $\frac{km}{h}$)	80	10	120	160	200
Zeit (in min)	60	480			

b) Welches Wertepaar in der Tabelle ist unrealistisch? Warum wurde es dennoch berechnet?
c) Hochgeschwindigkeitszüge fahren mit einer Geschwindigkeit von bis zu 300 $\frac{km}{h}$. Die Magnetschwebebahn „Transrapid" erreicht sogar Geschwindigkeiten bis zu 500 $\frac{km}{h}$. Berechne, wie lange ein Hochgeschwindigkeitszug und ein Transrapid für die Strecke Dortmund–Düsseldorf benötigen würden. Erkläre, wie du vorgegangen bist.

Lesen und Verstehen

Christina betreut drei Pferde.
Der Futtervorrat reicht für die drei Pferde noch 20 Tage. Wie lange reicht der Futtervorrat, wenn sie ein zusätzliches Pferd betreuen muss?

Aufgaben dieses Typs kann man mit Hilfe des Dreisatz-Schemas für antiproportionale Zuordnungen wie folgt lösen.

Das Dreisatz-Schema für antiproportionale Zuordnungen

1. Das gegebene Wertepaar aufschreiben
2. Schluss auf die Einheit
3. Schluss auf das Gesuchte

BEISPIEL

Pferde	Tage
3	20
1	60
4	15

Links: $:3$, $\cdot 4$; rechts: $\cdot 3$, $:4$ — Umkehroperation

Der Futtervorrat reicht für 15 Tage.

Es ist sehr wichtig, vor der Anwendung des Dreisatzes zu überlegen, ob eine proportionale oder antiproportionale Zuordnung vorliegt.

Wenn die gesuchte Größe ein Vielfaches des gegebenen Wertes ist, kann der Schluss auf die Einheit entfallen.

Wie lange reicht der Vorrat für 6 Pferde?

Pferde	Tage
3	20
6	10

Links: $\cdot 2$; rechts: $:2$

Bei 6 Pferden reicht der Vorrat 10 Tage.

Basisaufgaben

BEACHTE
Die Lösungen zu Aufgabe 2 ergeben in der richtigen Reihenfolge den Namen einer europäischen Hauptstadt. Zu welchem Land gehört die Stadt?
6 h (A); 14 h (A); 17 h 30 min (R); 25 h 30 min(A); 10 T. (N); 10 W. (K)

1 Übertrage die Tabellen in dein Heft und berechne den fehlenden Wert mit Hilfe der Zuordnungstabellen.

a)

Anzahl der Lkws	Zeit (in h)
4	3
1	

b)

Anzahl der Arbeiter	Zeit (in h)
3	5
1	

c)

Anzahl Pumpen	Zeit (in h)
5	2
1	

d)

Anzahl der Lkws	Fahrten pro Lkw
10	5
1	

e)

Anzahl Reihen	Karten pro Reihe
6	6
1	

f)

Anzahl Kinder	Preis pro Kind
15	3€

2 Wie lange benötigt ein Arbeiter, wenn er die Arbeit alleine erledigen muss?
a) 3 Arbeiter benötigen 2 Stunden.
b) 5 Arbeiter benötigen 2 Tage.
c) 10 Arbeiter benötigen 1 Woche.
d) 4 Arbeiter benötigen 3,5 Stunden.
e) 2 Arbeiter benötigen 8 h 45 min.
f) 6 Arbeiter benötigen 4 h 15 min.

3 Berechne im Kopf.
a) Für 8 Pferde reicht ein Futtervorrat 5 Tage. Dann reicht er für 4 Pferde …
b) 8 Mitarbeiter benötigen für eine Arbeit 5 Stunden. Dann benötigen 4 Mitarbeiter …
c) 4 Lkws müssen je 12-mal fahren, um eine bestimmte Menge Kies abzutransportieren. Dann müssen 16 Lkws …

4 Übertrage die Tabellen in dein Heft und vervollständige sie. Die Zuordnungen sind antiproportional.

a)

Anzahl der Lkws	Zeit (in h)
6	10
1	
5	

b)

Anzahl der Arbeiter	Zeit (in min)
8	150
1	
12	

c)

Geschwindigkeit (in $\frac{km}{h}$)	Zeit (in h)
20	5
1	
25	

d)

Münzwert (in ct)	Anzahl Münzen
20	15
1	
50	

5 Übertrage die Tabellen in dein Heft und ergänze sie so, dass eine antiproportionale Zuordnung vorliegt.

a)

x	1	2	3	4	5
y	36	18			

b)

x	1	2	3	4	5
y	60				

c)

x	1	2	4	5	8
y				16	

d)

x	1	2	3	6	12
y					1

e)

x	1	2	4	6	8
y				8	

f)

x	1	4	5	8	10
y		$2\frac{1}{2}$			

g)

x	$\frac{1}{4}$	$\frac{1}{2}$	1	$1\frac{3}{4}$	$2\frac{1}{2}$
y	2				

Weiterführende Aufgaben

6 Kannst du die Tabellen zu antiproportionalen Zuordnungen ergänzen, ohne auf die Einheit zu schließen?

a)

x	2	4	6	16	24
y	96				

b)

x	$1\frac{1}{4}$	$2\frac{1}{2}$	5	10	50
y			20		

c)

x	$\frac{1}{4}$	$\frac{3}{4}$	$1\frac{1}{2}$	3	6
y					3

7 Bauunternehmer Reichelt hat für den Ausbau einer Straße die Arbeitszeit berechnet:
18 Arbeiter brauchen 30 Tage. Nun werden zu Beginn der Arbeit 3 Arbeiter für eine andere Baustelle gebraucht.
Wie lange brauchen die restlichen Arbeiter jetzt, um die Straße fertigzustellen?

8 Herr Hansen will eine Wand mit Holz verkleiden. Wenn er Bretter mit 15 cm Breite benutzt, benötigt er 28 Bretter. Im Baumarkt sind 21 cm breite Bretter im Angebot.
Wie viele benötigt er davon?

9 An das Löschfahrzeug der Feuerwehr wird zum Löschen das C-Rohr angeschlossen und die Spritzdüse so eingestellt, dass pro Minute 100 Liter Wasser durch das Rohr strömen.
So kann aus dem Wassertank 24 Minuten lang gelöscht werden.
Wie lange reicht der Wasservorrat, wenn die Spritzdüse auf 120 Liter pro Minute eingestellt ist?

10 Ein Landwirt hat 8 Säcke mit Futter für seine Schweine. Nach Angaben des Herstellers reicht ein Sack Futter für 20 Schweine 15 Tage. Der Landwirt hat 90 Schweine.
Wie lange kommt er mit dem Vorrat aus?

Im Sommerurlaub auf Mallorca

SCHON GEWUSST
Mallorca ist eine Insel, die zu Spanien gehört. In jedem Jahr fahren ungefähr 4 Millionen Deutsche in den Urlaub nach Mallorca.

Herzlich willkommen im Hotel „Playa"

Bis zu 850 Personen können in unserem Hotel ihren Urlaub genießen. Die Zimmer, alle ausgestattet mit Kühlschrank, Klimaanlage und Farbfernsehgerät, werden von unseren zwölf Reinigungskräften an sechs Tagen in der Woche gereinigt. Sechs Waschmaschinen sind täglich zwölf Stunden im Einsatz, damit Ihre Wäsche ebenso strahlt wie Sie.

Um die Außenanlagen kümmern sich unsere beiden Gärtner, die zusammen 48 Stunden in der Woche benötigen, um die großen Außenflächen des Hotels zu pflegen.
Unsere acht Animateure sind außer sonntags täglich für Sie da. Neben Spiel, Spaß und Spannung im Hotelbereich werden für Sie auch Wanderungen und Schiffstouren angeboten.

Noch ein Wort zu unserem kulinarischen Angebot:
Unser Küchenchef verarbeitet in der Hauptsaison pro Woche 4000 kg Obst, 2500 kg Gemüse, 10 000 Eier, 1000 kg Fleisch und 600 kg Fisch, um Sie in unseren Restaurants verwöhnen zu können. In den Hotelbars schenken wir täglich bis zu 900 Liter Getränke aus.

Der Prospekt hat Familie Wencker gut gefallen, deshalb buchten sie eine Reise nach Mallorca.

1 Familie Wencker fliegt von Düsseldorf nach Mallorca.
Die Reisegeschwindigkeit einer Boeing 737-800 beträgt $850\,\frac{\text{km}}{\text{h}}$, die einer Boeing 737-400 liegt bei $900\,\frac{\text{km}}{\text{h}}$. In welcher Zeit kann die Familie das Flugziel Palma de Mallorca von Düsseldorf aus im schnellstmöglichen Fall erreichen (Flugentfernung Düsseldorf – Palma: 1700 km)?

2 Während des Urlaubs von Familie Wencker ist das Hotel „Playa“ voll belegt.
a) Wie viel Obst verbrauchen die Gäste des Hotels in einem Monat (30 Tage), wenn das Hotel ausgebucht ist?
b) In der Nebensaison wird das Hotel lediglich von 500 Gästen besucht. Bestimme die Obst-, Gemüse-, Eier-, Fleisch-, Fisch- und Getränkemenge, die dann pro Woche benötigt wird.

3 Lena Wencker liest jeden Tag am Strand in einem langen Roman. Nach 7 Tagen hat sie schon 210 Seiten gelesen. Wie viele Seiten hat sie nach 10 Tagen gelesen, wenn sie jeden Tag gleich viel liest?

4 Arbeit im Hotel
a) Die Zimmer sollen in Zukunft täglich gereinigt werden. Wie viele Reinigungskräfte müssen zusätzlich eingestellt werden, damit für die bisher angestellten Reinigungskräfte keine Mehrarbeit entsteht?
b) Wie lange müssen die Waschmaschinen täglich laufen, wenn eine Waschmaschine ausfällt?
c) Wie lange benötigen drei Gärtner, um die Außenflächen zu pflegen?

5 Ausflüge und Unterhaltung
a) Die Animateure bieten jeden Freitag einen Marktbesuch an. In der vergangenen Woche wurde das Angebot von 25 Gästen angenommen. Die Wanderung vom Hotel zum Marktplatz dauerte an diesem Tag 50 Minuten. Heute nehmen 30 Gäste am Marktbesuch teil. Wie lange wird die Wanderung dauern?
b) Neben dem Ausflug zum Markt bietet der Reiseanbieter auch Schiffstouren an. Für eine dreiköpfige Familie kostet der halbtägige Ausflug 117 €. Unter welchen Bedingungen ist die Zuordnung *Anzahl der Personen* → *Preis* proportional?
Wie teuer ist in diesem Fall der Ausflug für die vierköpfige Familie Wencker?

Vermischte Übungen

1 Entscheide, ob die Wertetabellen zu einer proportionalen, einer antiproportionalen Zuordnung oder zu keinem von beiden gehören.

a)

x	1	2	3	4	5
y	60	30	20	15	12

b)

x	1	2	3	4	5
y	32	16	8	4	2

c)

x	1	2	3	4	5
y	4	8	12	16	20

d)

x	1	2	3	4	5
y	6	8	10	12	14

e)

x	1	2	6	9	10
y	90	45	15	10	9

2 Ergänze so, dass die Zuordnung …

a) proportional ist.

x	1	2	3	4	5
y	1,40				

b) antiproportional ist.

x	1	2	3	4	5
y	30				

c) proportional ist.

x	1	2	3	5	7
y			$4\frac{1}{2}$		

d) antiproportional ist.

x	1	2	4	6	10
y			12		

3 In den Tabellen sollen proportionale Zuordnungen stehen, aber je ein y-Wert ist falsch. Finde und berichtige ihn.

a)

x	1	2	3	4	5
y	9	18	27	38	45

b)

x	1	2	3	4	5
y	0,7	1,4	2,1	2,8	3,7

c)

x	1	2	4	9	16
y	$\frac{3}{4}$	1,5	3	6	12

4 Stelle fest, ob die Wertetabelle zu einer proportionalen oder antiproportionalen Zuordnung gehört. Ergänze dann die fehlenden Werte im Heft.

a)

x	1	2	3	4	5
y		60		30	

b)

x	1	2	3	4	5
y		30	45		

c)

x	3	4	6	7	8
y		14	21		

5 Entscheide, ob die Diagramme zu einer proportionalen oder antiproportionalen Zuordnung gehören.

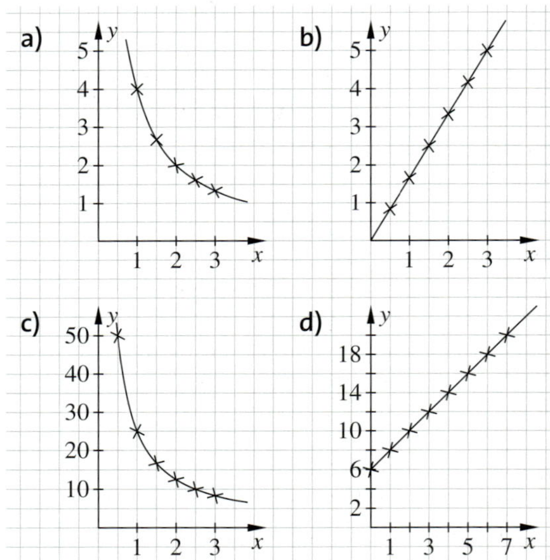

6 Übertrage die Diagramme in dein Heft. Ergänze sie so, dass Diagramm ① zu einer proportionalen und ② zu einer antiproportionalen Zuordnung gehört.

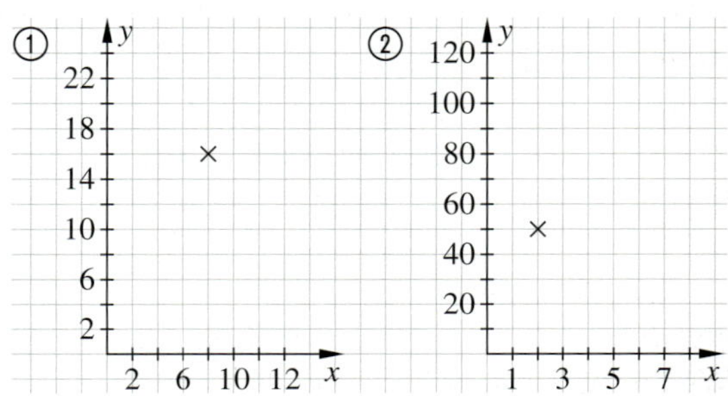

7 Entscheide zuerst, ob Proportionalität oder Antiproportionalität vorliegt, und löse dann die Aufgabe.

a) 5 Flaschen Saft kosten 4,95 €. Wie teuer sind 3 Flaschen?

b) Bei einer Feuerwehrübung wurde ein Teich mit 4 Pumpen in 150 min leer gepumpt. Wie lange hätte dies mit 5 Pumpen gedauert?

c) Finn kauft 9 Briefmarken zu je 1,45 €. Wie viele Briefmarken zu 0,45 € kann er zum gleichen Gesamtpreis erhalten?

d) 15 kg Hundefutter kosten 39 €. Wie teuer sind 50 kg des Hundefutters?

e) 750 g Tomaten kosten 1,35 €. Wie viel kosten 100 g?

f) 1,5 kg Äpfel kosten 2,97 €. Wie viel kostet 1 kg Äpfel?

8 Alina und Dennis haben 450 g Paprika gekauft und dafür 1,71 € bezahlt. Wie viel kostet 1 kg Paprika?

9 3 kg Weintrauben kosten 7,77 €. Wie viel kosten 2 kg (1,4 kg; 1,2 kg; 0,5 kg) Weintrauben derselben Sorte? Runde, wenn nötig.

10 Für 5 Pfannkuchen mit Pilzfüllung benötigt man 4 Eier, $\frac{1}{8}$ ℓ Milch, 100 g Mehl, 500 g Champignons, eine Zwiebel und 150 g Schinken (und außerdem Salz, Pfeffer, Butter und Öl). Berechne die Mengen, wenn 2 (8, 10, 12, 15) Pfannkuchen gebacken werden sollen. Runde sinnvoll.

11 Um Bauschutt von einer Baustelle abzufahren, müssen 8 Lkw fünfmal fahren. Wie oft müssen 5 Lkw fahren?

12 Drei Tulpen kosten 1,65 €. Wie viel kosten 13 Tulpen? Lukas überlegt: Die Anzahl der Tulpen ist um 10 größer, also muss auch der Preis um 10 größer sein. 13 Tulpen kosten also 11,65 €. Was meinst du dazu?

13 Für einen Verlag sollen 15 000 Bücher verschickt werden. Welche Möglichkeiten gibt es, die 15 000 Bücher gleichmäßig auf Transporter zu verteilen? Erstelle eine Wertetabelle für einen bis sechs Transporter.

14 Die Arbeitszeit beträgt in einer Woche 40 Stunden. Wie viel wird jeweils pro Woche hergestellt?

a) In einer Kerzenfabrik stellt eine Gießmaschine in drei Stunden etwa 30 000 Kerzen her.

b) Mit einer Maschine für Eis am Stiel können in drei Stunden 108 000 Stück hergestellt werden.

c) Zuckerwattemaschinen können in drei Stunden etwa 1110 Portionen Zuckerwatte herstellen.

15 Ein Industrieroboter arbeitet durchgehend Tag und Nacht. Er benötigt für die Fertigung von 100 Werkstücken 50 Tage.

a) Wie viele Stunden benötigt ein Industrieroboter, um 100 Werkstücke zu fertigen?

b) Übertrage die Tabelle in dein Heft und berechne die fehlenden Zeitangaben für die Herstellung von 100 Werkstücken.

Anzahl der Roboter	1	2	3	4	5	6
Zeit (in h)						

c) Übertrage die Tabelle ebenfalls in dein Heft und berechne die Anzahl der benötigten Roboter für die angegebene Zeit zur Herstellung von 100 Werkstücken.

Zeit (in h)	1200	150	120	100	80	75
Anzahl der Roboter						

077-1
Entscheide bei dieser interaktiven Übung im Internet, ob es sich um eine proportionale oder eine antiproportionale Zuordnung handelt.

16 Ein Hausbesitzer musste für den Verbrauch von 4967 kWh Strom im Jahr 645,71 € bezahlen. Im nächsten Jahr hatte er einen Verbrauch von 5638 kWh.
Wie viel Geld musste er dafür bezahlen?

17 Ein alter Kühlschrank hat einen jährlichen Energieverbrauch von 370 kWh. Dadurch entstehen Stromkosten von 66,60 € pro Jahr. Neugeräte haben lediglich einen Stromverbrauch von 240 kWh.
a) Berechne die Stromkosten für ein Neugerät.
b) Wie viel Geld lässt sich durch die Neuanschaffung eines Kühlschranks pro Jahr einsparen? Finde verschiedene Rechenwege und präsentiere sie.
c) Ein alter Fernseher hat einen Energieverbrauch von 170 kWh, ein neuer Fernseher benötigt lediglich 100 kWh. Wie groß sind die Einsparmöglichkeiten hier?
d) Recherchiere den Energieverbrauch von Elektrogeräten. Wie hoch sind die jährlichen Energiekosten für die Geräte?

18 Der Fußboden eines Zimmers soll mit Teppichboden belegt werden. Wählt man Teppichboden von 2 m Breite, braucht man 22,5 m. Wie viel Meter braucht man, wenn der Teppichboden nur 1,5 m breit ist und zerschnitten werden darf?

19 Herr Zimmer benötigt für seine Küche zwei verschiedene Arbeitsplatten von je 60 cm Breite aus dem gleichen Material. Für eine Platte von 2,70 m Länge bezahlt er im Baumarkt 79,65 €.
Wie viel kostet eine 1,30 m lange Platte (eine 2 m lange Platte)?

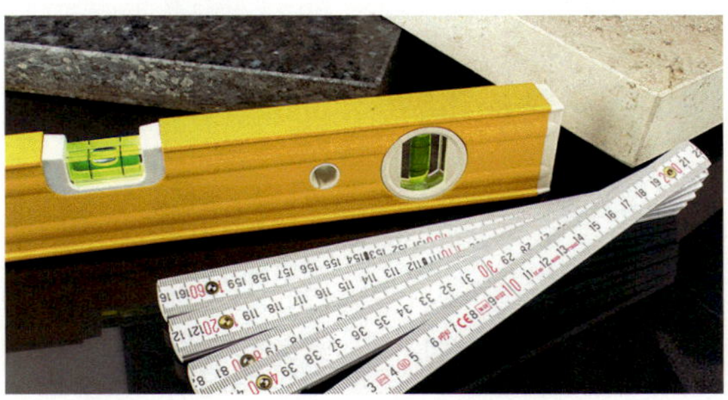

BEACHTE
Die Lösungen zu Aufgabe 25 ergeben in der richtigen Reihenfolge den Namen einer europäischen Hauptstadt. Zu welchem Land gehört die Stadt?
0,32 (I); 0,56 (A); 0,80 (R); 1,04 (P); 1,12 (S)

20 Herr Kaltenhof hat 16 m^2 Wandfläche in seinem Bad gekachelt und dafür insgesamt 720 Kacheln benötigt. In der Küche möchte er auf einer insgesamt 2,4 m^2 großen Wandfläche die gleiche Kachelsorte verwenden.
Finde die Fragestellung und löse sie.

21 Ein Mieter muss für seinen Verbrauch von 20 m^3 Wasser 42,20 € bezahlen.
a) Wie viel zahlt ein anderer Hausbewohner für 22 m^3 Wasser?
b) Wie viel Wasser hat ein Mieter verbraucht, der 63,30 € bezahlen muss?

22 „Ki-Ba" besteht aus Kirsch- und Bananensaft. Für 100 ml Ki-Ba sind 60 ml Kirsch- und 40 ml Bananensaft notwendig.
a) Wie viel Kirsch- und Bananensaft sind zur Herstellung von 150 ml Ki-Ba notwendig?
b) Wie viel benötigt man für 66,5 ml Ki-Ba?

23 An einem Februartag wurde um 6 Uhr eine Temperatur von 3 °C gemessen.
Bis 8 Uhr stieg die Temperatur auf 4 °C.
a) Bestimme die Temperatur um 12 Uhr.
b) Bestimme die Temperatur um 22 Uhr.

24 Auf einer Wanderkarte ist eine Strecke 64 mm lang. In Wirklichkeit ist die Strecke 320 m lang.
a) Eine andere Strecke ist in der Zeichnung 175 mm lang. Wie lang ist sie in Wirklichkeit?
b) Wie lang ist eine Strecke auf der Karte, die in Wirklichkeit 515 m misst?

25 Jana hat auf der Klassenfahrt Fotos gemacht, die ihre Mitschüler jetzt bei ihr bestellen können. Für 36 Abzüge hat sie 2,88 € bezahlt. Wie viel kosten die Bestellungen der Mitschüler?

Name	Anzahl der Bilder	Preis in €
Martin	13	
Tim	7	
Hanna	10	
Nils	4	
Line	14	

26 Max überlegt, wie er sein Taschengeld für eine Radtour so einteilen kann, dass er jeden Tag den gleichen Betrag zur Verfügung hat. Ist er 12 Tage unterwegs, kann er 11 € pro Tag ausgeben.

a) Wie viel Taschengeld hat Max?

b) Vervollständige die Tabelle im Heft.

Anzahl der Tage	12	10	15	6	8	16
Geld pro Tag (in €)	11					

27 Tippgemeinschaften erhalten ihren Lottogewinn gemeinsam ausgezahlt. Ergänze die Tabelle in deinem Heft. Die Gewinnsumme beträgt 18 144 €.

Anzahl der Mitglieder	4	7	9	15
Gewinnsumme pro Mitglied				

28 Auf einer Kirmes steht ein Fahrgeschäft.

a) Du erhältst von deinen Eltern 8 € (10 €, 11 €, 12 €). Wie oft kannst du maximal fahren?

b) Deine Eltern erlauben dir, fünfmal zu fahren. Kannst du sie davon überzeugen, dich öfter fahren zu lassen?

c) Bewerte die Preisgestaltung und entwickle Verbesserungsvorschläge.

29 Gib Beispiele aus dem Alltag an.

a) Je größer …, desto größer …

b) Je größer …, desto kleiner …

c) Verdoppelt sich …, so verdoppelt sich …

d) Wenn sich … halbiert, so verdoppelt sich …

30 Eine Fähre braucht bei einer durchschnittlichen Geschwindigkeit von $20\,\frac{\text{km}}{\text{h}}$ für eine Überfahrt 55 Minuten. Wie lange braucht eine Fähre mit einer Geschwindigkeit von 25 (22) $\frac{\text{km}}{\text{h}}$?

31 Die Sonne ist rund 150 Mio. km von der Erde entfernt. Ein Lichtstrahl benötigt für diese Entfernung 8 min 20 s.

a) Zum Planeten Mars braucht ein Lichtstrahl von der Sonne bereits etwa 12 min 40 s. Wie viele Kilometer ist der Mars ungefähr von der Sonne entfernt?

b) Zum Jupiter benötigt das Sonnenlicht etwa 43 min 13 s. Wie groß ist seine Entfernung zur Sonne?

32 Ordne die folgenden Eigenschaften und Beispiele und erstelle daraus eine Mindmap zum Thema „Proportionale und antiproportionale Zuordnungen". Präsentiere deine Mindmap vor der Klasse.

produktgleich

Dem Doppelten der Ausgangsgröße wird die Hälfte der zugeordneten Größe zugeordnet.

Punkte auf einer Kurve

x	1	2	5
y	2	4	10

quotientengleich

x	1	2	5
y	10	5	2

Dem Doppelten der Ausgangsgröße wird das Doppelte der zugeordneten Größe zugeordnet.

Strahl durch den Ursprung

20 Pflücker benötigen zusammen 8 Stunden, um ein Erdbeerfeld abzuernten.

500 g Erdbeeren kosten 1,95 €.

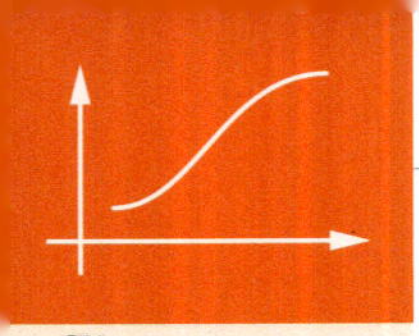

Im Schwimmbad

In einem Schwimmbad zahlen Erwachsene einen Eintrittspreis von 3,90 €.
Für Kinder soll gerade ein neuer Eintrittspreis festgelegt werden. Der Geschäftsführer schlägt folgende Regelung vor:

Anzahl Kinder	1	2	3	4	5
Gruppenpreis (in €)	2,70	5,20	7,50	9,60	11,50

a) Vervollständige die Tabelle im Heft. Zeichne ein Diagramm, das die Zuordnung *Anzahl der Erwachsenen → Eintrittspreis* darstellt.
Begründe anhand der Wertetabelle und anhand des gezeichneten Diagramms, warum die Zuordnung *Anzahl Erwachsene → Eintrittspreis* eine proportionale Zuordnung ist.

Anzahl Erwachsene	1	2	3	4	5
Eintrittspreis (in €)					

b) Nach Schließung des Schwimmbads putzen 6 Reinigungskräfte das Bad. Die Reinigungsarbeiten dauern 4 Stunden.
Vervollständige die Tabelle im Heft.
Zeichne ein Diagramm, das die Zuordnung *Anzahl der Reinigungskräfte → Reinigungszeit* darstellt.
Begründe anhand der Wertetabelle und anhand des gezeichneten Diagramms, warum die Zuordnung *Anzahl der Reinigungskräfte → Reinigungszeit* antiproportional ist.

Anzahl Reinigungskräfte	2	3	6	8	12
Reinigungszeit (in h)			4		

c) In den Ferien arbeitet Clara als Aufsicht im Schwimmbad. Sie erhält 31,50 € für 5 Stunden Aufsicht. In den vergangenen Ferien hat sie 56 Stunden gearbeitet. Wie viel Geld hatte sie dafür erhalten?

d) Clara schwimmt im Verein. Ihre Bestzeit auf 25 m liegt bei 30 Sekunden. Berechne mit diesen Angaben Claras Bestzeit auf 1000 m. Hältst du diese Zeit für realistisch?

e) Bei der Grundreinigung setzte der Betreiber bisher 2 Pumpen ein und benötigte 6 Stunden, um das Becken zu leeren. Nun wurden 3 weitere Pumpen hinzugekauft. Berechne die Zeit, die jetzt für das Leerpumpen des Beckens benötigt wird.

f) Ergänze in der Tabelle des Geschäftsführers die Preise für eine 6er-Gruppe (10er-Gruppe) von Kindern, wenn der Rabatt entsprechend fortgesetzt wird.

g) Der Geschäftsführer bittet dich um deine Meinung zur Preisgestaltung. Hältst du seine Preisgestaltung für sinnvoll? Begründe deine Meinung.

Alles klar?

Entscheide, ob die Aussagen richtig oder falsch sind.
Begründe deine Entscheidung im Heft und korrigiere gegebenenfalls.

1 Steigende und fallende Zuordnungen

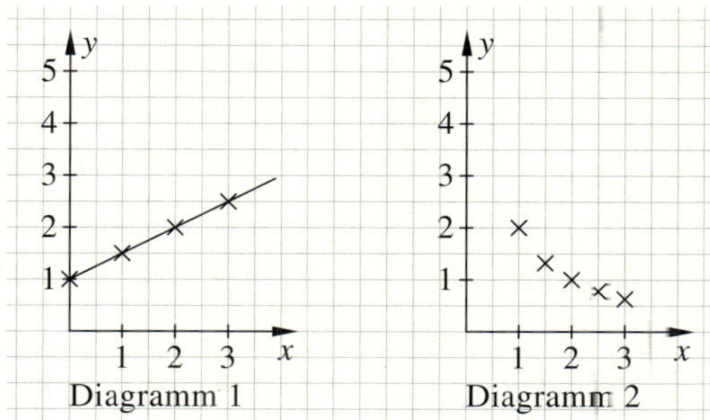

a) Diagramm 1 zeigt eine steigende Zuordnung.

b) Diagramm 2 stellt eine fallende Zuordnung dar.

c) Die Zuordnung *Zeit* → *zurückgelegte Wegstrecke* ist für einen Läufer bei einem Langstreckenlauf fallend, wenn das Tempo immer langsamer wird.

2 Proportionale Zuordnungen

a) Diagramm 1 stellt eine proportionale Zuordnung dar.

b) Die Zuordnung *Zeit* → *zurückgelegte Wegstrecke* ist proportional, wenn die Geschwindigkeit gleichbleibend ist.

c) Die Zuordnung *Briefgewicht* → *Portokosten* ist proportional.

d) Führt eine Halbierung des x-Wertes zu einer Verkleinerung des y-Wertes, so ist die Zuordnung proportional.

3 Dreisatz bei proportionalen Zuordnungen

a) Beim Dreisatz muss immer auf die Einheit geschlossen werden.

b) Legt ein Läufer in drei Minuten 600 m zurück, so legt er in vier Minuten 800 m zurück, wenn er sein Tempo beibehält.

c) Ein dreijähriges Mädchen ist 96 cm groß. Mit 6 Jahren wird es doppelt so groß sein.

4 Antiproportionale Zuordnungen

a) Bei gleicher Treppenhöhe ist die Zuordnung *Anzahl der Stufen* → *Höhe einer Stufe* antiproportional.

b) Diagramm 2 oben stellt eine antiproportionale Zuordnung dar.

c) Die Wertetabelle rechts gehört zu einer antiproportionalen Zuordnung.

d) Antiproportionale Zuordnungen sind quotientengleich.

x	1	2	3
y	6	3	2

5 Dreisatz bei antiproportionalen Zuordnungen

a) Brauchen 4 Arbeiter 5 Stunden, so benötigen 6 Arbeiter 4 Stunden.

b) Wenn 6 Lkws jeweils 10-mal fahren müssen, so müssen 5 Lkws 12-mal fahren.

BEACHTE
Die Lösungen zu den Aufgaben auf dieser Seite sowie dazu passende Trainingsaufgaben findest du ab Seite 184.

Zusammenfassung

→ Seite 58

Proportionale Zuordnungen

Eine Zuordnung ist **proportional**, wenn aus der Verdopplung (Verdreifachung, Vervierfachung, …) einer Größe die Verdopplung (Verdreifachung, Vervierfachung, …) der zugeordneten Größe folgt.

Proportionale Zuordnungen sind **quotientengleich**. Der Quotient heißt **Proportionalitätsfaktor**.

Alle Punkte liegen auf einem Strahl, der im Ursprung beginnt.

x	0	1	2	3	4	5
y	0	2	4	6	8	10

$1 : 2 = 2 : 4 = 3 : 6 = 4 : 8 = 5 : 10 = 0{,}5$

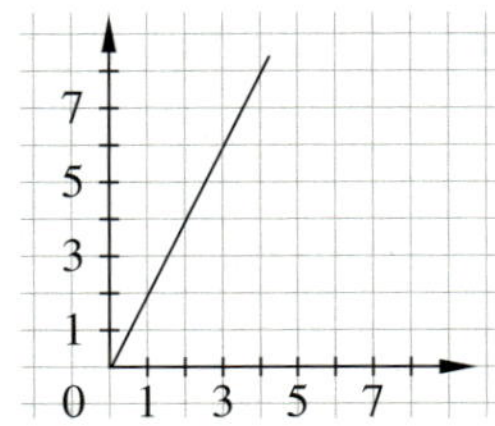

→ Seite 62

Das Dreisatz-Schema für proportionale Zuordnungen

1. Gegebenes Wertepaar aufschreiben
2. Schluss auf die Einheit
3. Schluss auf das Gesuchte

Anzahl der CDs	Preis (in €)
5	64,95
1	12,99
6	77,94

→ Seite 68

Antiproportionale Zuordnungen

Eine Zuordnung ist **antiproportional**, wenn aus der Verdopplung (Verdreifachung, Vervierfachung, …) einer Größe die Halbierung (Drittelung, Viertelung, …) der zugeordneten Größe folgt.

Antiproportionale Zuordnungen sind **produktgleich**.

Alle Punkte liegen auf einer fallenden Kurve.

x	1	2	3	4	5
y	6	3	2	1,5	1,2

$1 \cdot 6 = 2 \cdot 3 = 3 \cdot 2 = 4 \cdot 1{,}5 = 5 \cdot 1{,}2 = 6$

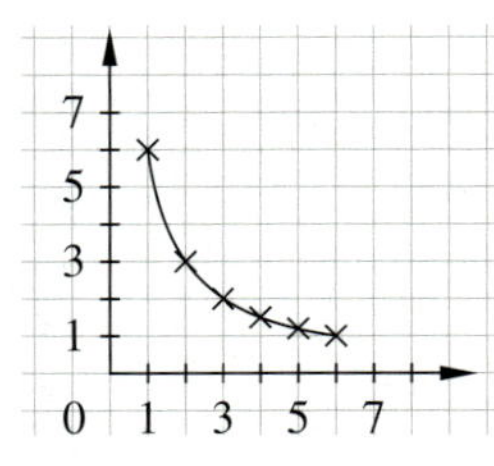

→ Seite 72

Das Dreisatz-Schema für antiproportionale Zuordnungen

1. Gegebenes Wertepaar aufschreiben
2. Schluss auf die Einheit
3. Schluss auf das Gesuchte

Anzahl der Arbeiter	Zeit (in h)
5	64,95
1	12,99
6	77,94

Dreiecke konstruieren

Dreiecke kann man konstruieren, wenn z. B. die Seitenlängen aller drei Seiten bekannt sind. Bei den Dreiecken im Kartenhaus sind alle Seiten annähernd gleich lang, da die Spielkarten gleich groß sind. Das Kartenhaus besteht also aus lauter gleichseitigen Dreiecken.

In diesem Kapitel lernst du, wie du aus vorgegebenen Seitenlängen oder Winkelgrößen Dreiecke konstruierst und wo solche Zeichnungen benutzt werden.

Noch fit?

084-1
Unter dem Webcode befindet sich eine interaktive Übung zum Bestimmen von Winkelarten.

BEACHTE
φ (Phi; gesprochen „Fi") ist ein kleiner Buchstabe des griechischen Alphabets.

1 Übertrage die Abbildung ins Heft.
Bezeichne sie mit den richtigen Begriffen (Scheitel, Schenkel, Winkel, Winkelbogen).

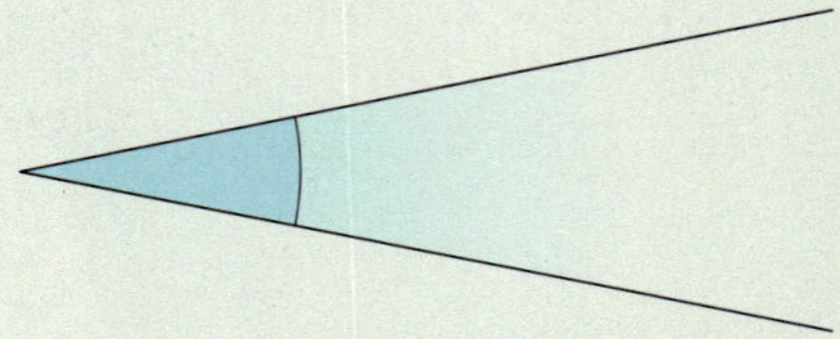

2 Zeichne zu jeder Winkelart einen passenden Winkel.

a) spitzer Winkel
b) Vollwinkel
c) rechter Winkel
d) stumpfer Winkel
e) gestreckter Winkel
f) überstumpfer Winkel

3 Zeichne Winkel mit den angegebenen Maßen und ordne ihnen die passende Winkelart zu.

a) $\alpha = 90°$
b) $\beta = 52°$
c) $\gamma = 127°$
d) $\delta = 35°$
e) $\varepsilon = 166°$
f) $\varphi = 270°$

4 Was ist falsch?

a)
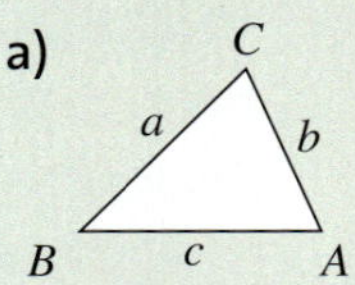

b)
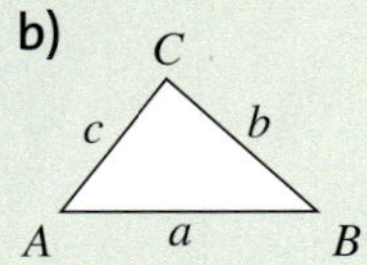

c)
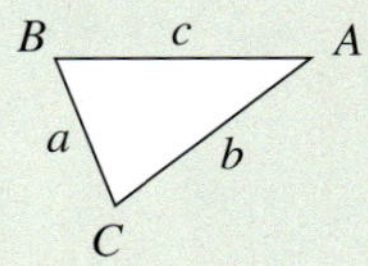

5 Erkläre folgende Zeichnung. Was sagt sie aus?

6 Ergänze den dritten Winkel, damit die Winkelsumme 180° beträgt.
Um welche Dreiecksart handelt es sich jeweils?

a) 24° + 76° + ■ = 180°
b) 45° + 90° + ■ = 180°
c) 2 · 60° + ■ = 180°
d) 57° + 76° + ■ = 180°
e) 33° + 66° + ■ = 180°
f) 2 · 57° + ■ = 180°

7 Zeichne ein Dreieck mit einem rechten Winkel.
Vergleicht eure Dreiecke in der Klasse. Haben sie noch mehr gemeinsam? Untersucht zum Beispiel die Seitenlängen und die Lage der Seiten.

Bunt gemischt

1. Hinter der Aussage 13 + 47 = 47 + 13 steckt das ■ gesetz.
2. Laut Distributivgesetz ist 8 · (40 + 7) = ■.
3. Setze das folgende Zahlenmuster um fünf Zahlen fort: 0; 2; 5; 9; 14; …
4. Runde die Zahlen an der Zehnerstelle: 346; 1208; 9999; 10,02; 73,9
5. Gib als Dezimalbruch an: $\frac{7}{10}$; $\frac{1}{4}$; $\frac{1}{5}$; $\frac{3}{8}$; $\frac{13}{1000}$; $\frac{68}{500}$; $\frac{6891}{100}$
6. Ergänze: Bei einem Quadrat sind …
7. Beschreibe: Wie berechnet man die Spannweite einer Datenreihe?

Konstruktion von Dreiecken – *SWS* und *WSW*

Erforschen und Entdecken

1 Vor dem Konstruieren hat Ben vier Planfiguren gezeichnet.
Ordne die gegebenen Maße zu.
Begründe deine Zuordnungen.

a) $\alpha = 47°$; $\beta = 60°$; $c = 5\,\text{cm}$
b) $\alpha = 70°$; $b = 3\,\text{cm}$; $c = 4{,}8\,\text{cm}$
c) $\alpha = 57°$; $\beta = 67°$; $a = 7\,\text{cm}$; $h = 4{,}5\,\text{cm}$
d) $\beta = 70°$; $b = 3{,}2\,\text{cm}$; $c = 7\,\text{cm}$

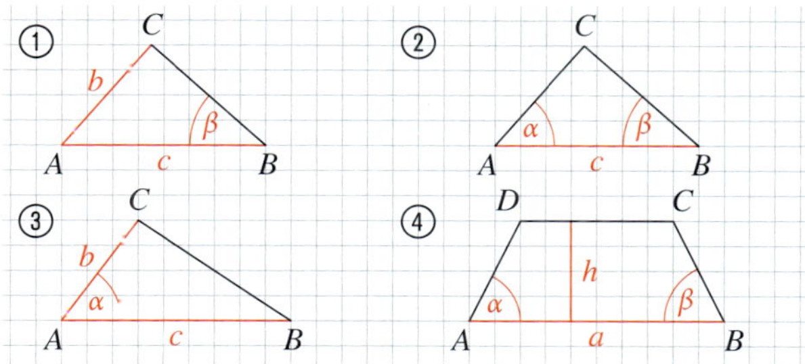

2 Arbeitet in Vierergruppen. Jeweils zwei von euch bearbeiten zunächst einzeln für sich die linke Spalte der Tabelle (*SWS*), die anderen beiden die rechte Spalte (*WSW*).
Vergleicht anschließend die Ergebnisse: zuerst mit demjenigen, der die gleiche Spalte bearbeitet hat, dann überkreuz.
Erklärt, wie ihr vorgegangen seid und welche Beobachtungen ihr gemacht habt.
Wo sind Gemeinsamkeiten, wo gibt es Unterschiede?
Beantwortet abschließend gemeinsam die Frage: Wie viele Angaben braucht man, damit man genau das gleiche Dreieck konstruiert? Begründet.

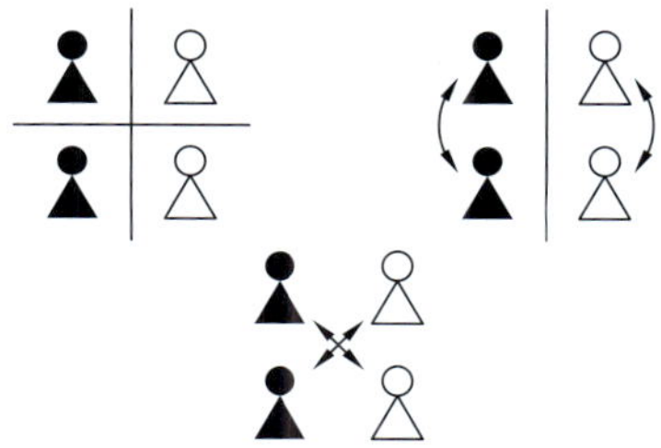

SWS

a) Konstruiere die drei Dreiecke ① bis ③.
Fertige vorher immer eine Planfigur an.
Dreieck ①: $c = 6\,\text{cm}$
Dreieck ②: $c = 5\,\text{cm}$; $\beta = 50°$
Dreieck ③: $c = 7\,\text{cm}$; $\beta = 50°$; $a = 4\,\text{cm}$

b) Bringe die Konstruktionsbeschreibung in die richtige Reihenfolge und konstruiere anschließend das Dreieck wie angegeben.
Nutze eine Planfigur.

- *Zeichne an a in C den Winkel $\gamma = 105°$.*
- *Zeichne $\overline{BC} = a = 3{,}5\,\text{cm}$.*
- *Verbinde A mit B.*
- *Markiere auf dem freien Schenkel von γ den Punkt A, 3 cm von C entfernt.*

Planfigur

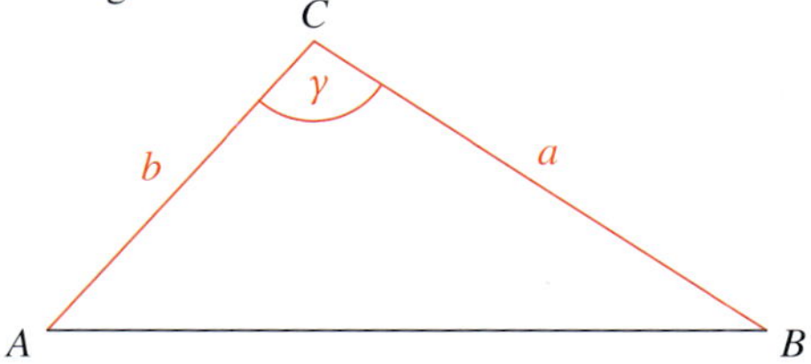

WSW

a) Konstruiere die drei Dreiecke ① bis ③.
Fertige vorher immer eine Planfigur an.
Dreieck ①: $\alpha = 55°$
Dreieck ②: $\alpha = 60°$; $c = 7\,\text{cm}$
Dreieck ③: $\alpha = 40°$; $c = 7\,\text{cm}$; $\beta = 90°$

b) Bringe die Konstruktionsbeschreibung in die richtige Reihenfolge und konstruiere anschließend das Dreieck wie angegeben.
Nutze die Planfigur.

- *Zeichne an $\overline{AC}$ in A den Winkel $\alpha = 50°$.*
- *Die freien Schenkel von Winkel α und Winkel γ schneiden sich in B.*
- *Zeichne an $\overline{AC}$ in C den Winkel $\gamma = 65°$.*
- *Zeichne $\overline{AC} = b = 4{,}8\,\text{cm}$.*

Planfigur

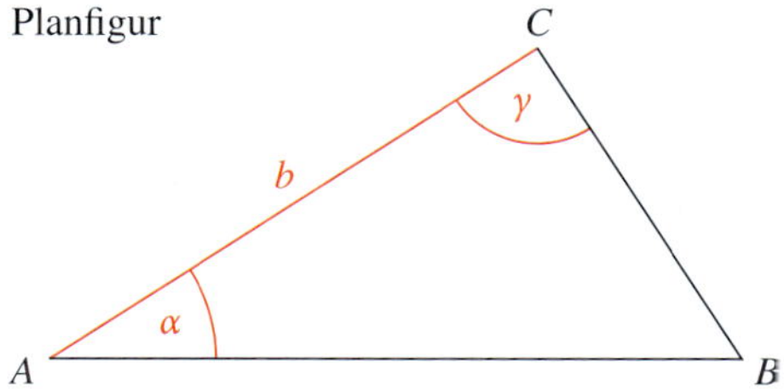

Lesen und Verstehen

Bei der **Konstruktion von Dreiecken** geht man nacheinander in drei Schritten vor:

1. Schritt
Schreibe die gegebenen Seitenlängen und Winkelgrößen auf.

2. Schritt
Zeichne ein beliebiges Dreieck als Planfigur und bezeichne es. Trage die gegebenen Stücke farbig ein.
Überlege an der Planfigur, in welcher Reihenfolge du beim Konstruieren vorgehen willst.

3. Schritt
Konstruiere das Dreieck.

BEACHTE
Die Planfigur ist nur eine Skizze und muss weder in den Maßen noch in der Form mit dem entstehenden Dreieck übereinstimmen.

In einer Konstruktionsbeschreibung werden die einzelnen Schritte genau beschrieben.

Konstruktion eines Dreiecks aus einer Seite und zwei anliegenden Winkeln (*WSW*)

BEISPIEL 1
Konstruiere ein Dreieck ABC mit $a = 4{,}3\,\text{cm}$, $\beta = 47°$ und $\gamma = 70°$.

gegeben: $\overline{BC} = a = 4{,}3\,\text{cm}$
$\beta = 47°$
$\gamma = 70°$

Planfigur

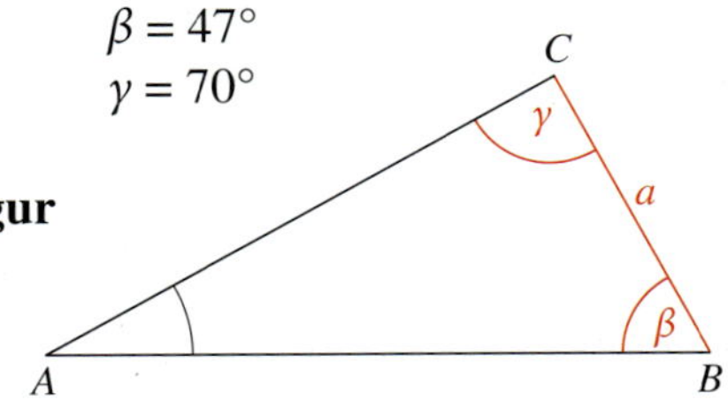

Konstruktion

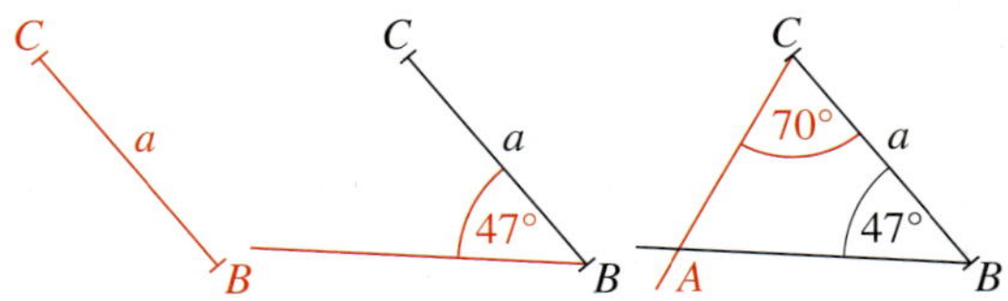

1. Zeichne $\overline{BC} = a = 4{,}3\,\text{cm}$.
2. Zeichne an $\overline{BC}$ in B den Winkel $\beta = 47°$.
3. Zeichne an $\overline{BC}$ in C den Winkel $\gamma = 70°$.
   Die freien Schenkel von Winkel β und Winkel γ schneiden sich in A.

Konstruktion eines Dreiecks aus zwei Seiten und dem eingeschlossenen Winkel (*SWS*)

BEISPIEL 2
Konstruiere das Dreieck ABC mit $a = 3{,}5\,\text{cm}$, $b = 5\,\text{cm}$ und $\gamma = 105°$.

1. Schritt:
gegeben: $a = 3{,}5\,\text{cm}$
$b = 5\,\text{cm}$
$\gamma = 105°$

2. Schritt:
Planfigur

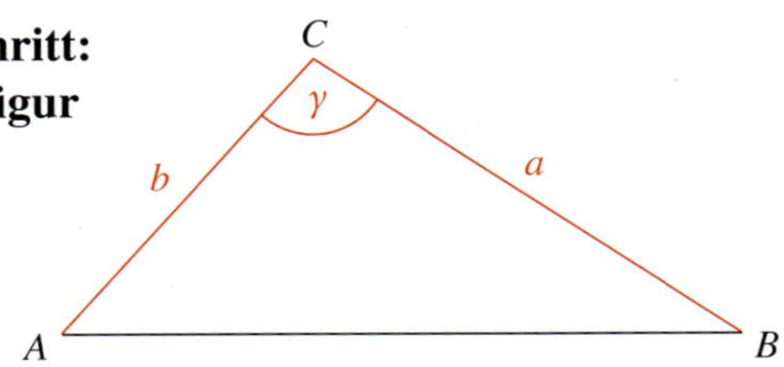

3. Schritt: Konstruktion

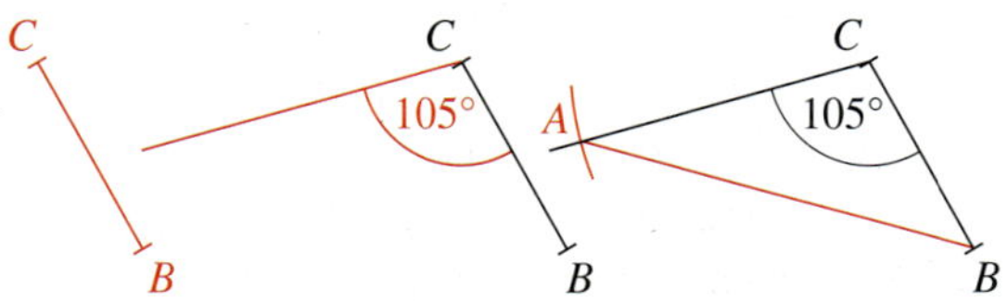

1. Zeichne $a = 3{,}5\,\text{cm}$.
2. Zeichne an a in C den Winkel $\gamma = 105°$.
3. Markiere auf dem freien Schenkel von γ den Punkt A, $5\,\text{cm}$ von C entfernt.
4. Verbinde A mit B.

Basisaufgaben

1 Ordne folgende Angaben den Planfiguren zu.
a) $a = 3{,}6\,\text{cm}$; $\gamma = 90°$; $\beta = 60°$
b) $b = 5\,\text{cm}$; $\beta = 50°$; $\gamma = 45°$
c) $a = b = c = 4{,}3\,\text{cm}$
d) $\alpha = \gamma = 65°$; $c = 7\,\text{cm}$
e) $\alpha = 25°$; $\beta = 56°$; $\gamma = 99°$

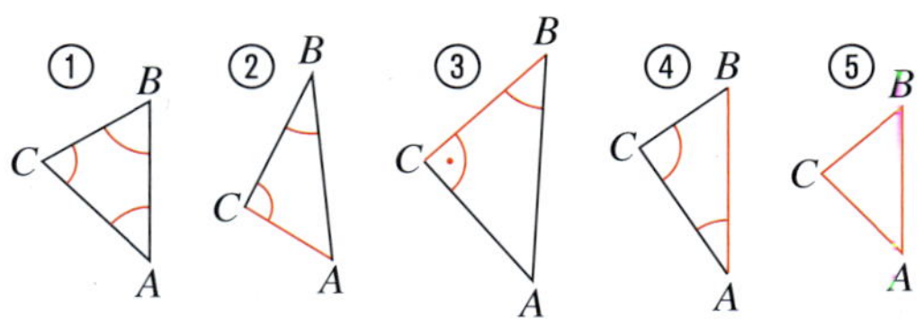

2 Erstelle zu den Angaben Planfiguren.
a) $c = 3{,}9\,\text{cm}$; $\alpha = 52°$; $\beta = 82°$
b) $a = 5\,\text{cm}$; $b = 6\,\text{cm}$; $\alpha = 70°$
c) $a = 3\,\text{cm}$; $b = 4\,\text{cm}$; $c = 5\,\text{cm}$

3 Erstelle Planfiguren. Um welche besonderen Dreiecke handelt es sich?
a) $a = 6\,\text{cm}$; $a = b = c$
b) $b = 5{,}9\,\text{cm}$; $\alpha = 40°$; $\alpha = \gamma$
c) $\gamma = 90°$; $a = 5\,\text{cm}$; $c = 7\,\text{cm}$
d) $b = c = 4{,}5\,\text{cm}$; $\gamma = 55°$

4 Konstruiere das Dreieck *ABC* nach *WSW*. Fertige zunächst eine Planfigur an.
a) $c = 3{,}9\,\text{cm}$; $\alpha = 52°$; $\beta = 82°$
b) $c = 4{,}2\,\text{cm}$; $\alpha = 100°$; $\beta = 45°$
c) $a = 6{,}2\,\text{cm}$; $\beta = 37°$; $\gamma = 74°$
d) $a = 4{,}1\,\text{cm}$; $\beta = 28°$; $\gamma = 105°$
e) $b = 5{,}4\,\text{cm}$; $\alpha = 65°$; $\gamma = 79°$
f) $b = 3{,}9\,\text{cm}$; $\alpha = 118°$; $\gamma = 35°$

5 Beschreibe in deinen Worten, warum das Anfertigen einer Planfigur wichtig ist.

6 Ergänze im Heft: Will man nach *WSW* konstruieren, so benötigt man …

7 Konstruiere das Dreieck *ABC* nach *SWS*. Fertige zunächst eine Planfigur an.
a) $b = 6{,}5\,\text{cm}$; $c = 9{,}3\,\text{cm}$; $\alpha = 83°$
b) $a = 3{,}5\,\text{cm}$; $c = 4{,}2\,\text{cm}$; $\beta = 57°$
c) $b = 2{,}1\,\text{cm}$; $c = 6{,}2\,\text{cm}$; $\alpha = 79°$
d) $a = 3{,}4\,\text{cm}$; $b = 3{,}9\,\text{cm}$; $\gamma = 65°$

8 Konstruiere das Dreieck *ABC* und beschreibe deine Konstruktion.
Entscheide zuerst, ob du nach *SWS* oder *WSW* vorgehst.
a) $b = 6{,}8\,\text{cm}$; $c = 4{,}7\,\text{cm}$; $\alpha = 70°$
b) $a = 3{,}6\,\text{cm}$; $\gamma = 90°$; $\beta = 60°$
c) $b = 5{,}9\,\text{cm}$; $\gamma = 55°$; $\alpha = 55°$
d) $a = 7{,}9\,\text{cm}$; $c = 4{,}3\,\text{cm}$; $\beta = 41°$

9 Welche Angabe fehlt jeweils, damit nach *SWS* konstruiert werden kann?
a) $a = 5\,\text{cm}$; $\gamma = 70°$
b) $b = 7\,\text{cm}$; $c = 6\,\text{cm}$
c) $c = 3{,}8\,\text{cm}$; $\beta = 55°$
d) $a = 6{,}2\,\text{cm}$; $c = 2{,}8\,\text{cm}$
e) Suche jeweils eine passende Angabe aus der Randspalte und konstruiere das Dreieck.

10 Ein ideales Verhältnis bei Treppen ist die Stufenhöhe 17 cm bei einer Trittbreite von 26 cm.

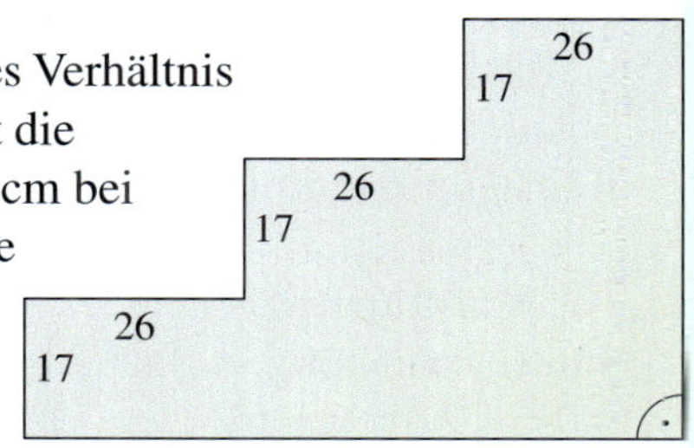

a) Übertrage die Treppe maßstabsgerecht in dein Heft.
b) In welchem Winkel steigt die Treppe an? Verbinde dazu die oberen Kanten der Stufen mit dem Boden und miss den Winkel.
c) Welche Dreiecke mit welchen Seitenlängen würden den Winkel ebenfalls wiedergeben? Finde möglichst viele.

11 Konstruiere das gleichseitige Dreieck. Überlege zuerst, wie groß die Winkel sind.
a) $c = 5\,\text{cm}$
b) $a = 5{,}7\,\text{cm}$
c) $b = 7{,}1\,\text{cm}$
d) $c = 4{,}6\,\text{cm}$

12 Konstruiere das gleichschenklige Dreieck.
a) $c = 4{,}9\,\text{cm}$; $\alpha = 71°$; es gilt $\alpha = \beta$
b) $a = 6{,}3\,\text{cm}$; $\gamma = 48°$; es gilt $\beta = \gamma$
c) $b = 5{,}2\,\text{cm}$; $\alpha = 35°$; es gilt $\alpha = \gamma$
d) $b = 6{,}1\,\text{cm}$; $\alpha = 25°$; es gilt $b = c$
e) $a = 5{,}6\,\text{cm}$; $\gamma = 50°$; es gilt $a = b$
f) $c = 4{,}9\,\text{cm}$; $\alpha = 67°$; es gilt $b = c$

BEACHTE
Die Lösungen zu Aufgabe 1 ergeben in der richtigen Reihenfolge den Namen einer europäischen Hauptstadt. Zu welchem Land gehört die Stadt?
① (K); ② (I); ③ (M)
④ (S); ⑤ (N)

$a = 4{,}6\,\text{cm}$
$b = 4\,\text{cm}$
$c = 7{,}5\,\text{cm}$
$\alpha = 35°$
$\beta = 60°$
$\gamma = 85°$

Weiterführende Aufgaben

13 Konstruiere das gleichschenklige Dreieck. Der angegebene Winkel ist jeweils der Winkel an der Spitze.
Berechne zuerst die Größe der Basiswinkel.

a) $c = 7\,\text{cm};\ \gamma = 90°$
b) $c = 7\,\text{cm};\ \beta = 90°$
c) $a = 5\,\text{cm};\ \alpha = 80°$
d) $b = 11\,\text{cm};\ \beta = 110°$
e) $b = 6\,\text{cm};\ \gamma = 38°$
f) $a = 9\,\text{cm};\ \beta = 40°$

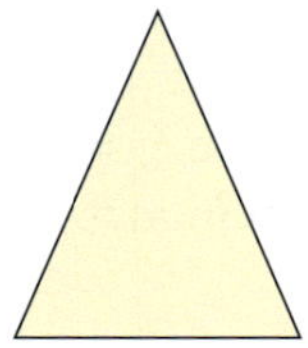

14 Von einem Dreieck sind eine Seite und zwei Winkel gegeben:
$a = 5\,\text{cm};\ \alpha = 60°;\ \beta = 45°$

a) Erstelle eine Planfigur.
b) Was unterscheidet diese Planfigur von den bekannten Planfiguren zu *WSW*? Mit welchen drei Buchstaben würdest du diesen neuen Typ bezeichnen?
c) Welche Idee hast du zur Lösung dieser Aufgabe? Konstruiere das Dreieck.
d) Erstelle eine Konstruktionsbeschreibung.

15 Konstruiere das Dreieck *ABC*.
Nutze, wenn nötig, Aufgabe 14.

a) $c = 4{,}9\,\text{cm};\ \alpha = 61°;\ \gamma = 73°$
b) $b = 5{,}3\,\text{cm};\ \gamma = 52°;\ \beta = 38°$
c) $c = 6{,}1\,\text{cm};\ \alpha = 106°;\ \beta = 34°$
d) $a = 7{,}2\,\text{cm};\ c = 4{,}3\,\text{cm};\ \beta = 132°$
e) $a = 3{,}9\,\text{cm};\ \alpha = 30°;\ \beta = 44°$
f) $b = 5{,}0\,\text{cm};\ c = 4{,}8\,\text{cm};\ \alpha = 49°$

16 Damit eine Stufenleiter sicher steht, darf der Winkel α nicht größer als 70° sein. Im Fachhandel werden Leitern in den Längen 4 m, 5 m und 6 m angeboten:

Fertige maßstabsgerechte Zeichnungen an, mit deren Hilfe du bestimmen kannst, bis in welche Höhe jede Leiter bei dem größtmöglichen Neigungswinkel reicht.

Berechne zuerst die Größe des Winkels γ.

17 Eine Leiter soll den Sicherheitsangaben aus Aufgabe 16 genügen. Wie lang muss die Leiter dann mindestens sein, damit sie an einer Hauswand bis in eine Höhe von 4,5 m reicht? Zeichne im Maßstab 1 : 50.

18 Die Schenkel einer aufklappbaren Leiter sind jeweils 2,20 m lang. Klappt man die Leiter auf und stellt sie hin, beträgt der Öffnungswinkel zwischen den Schenkeln 60°.

a) Fertige eine Planfigur an.
b) Wie hoch reicht die Leiter?
c) Wie weit stehen die Füße auseinander?

19 Zeichne die Figur, die aus einem Quadrat und vier gleichen Dreiecken besteht.
Gegeben sind:
$c = 5{,}3\,\text{cm}$,
$\alpha = 59°$,
$\beta = 31°$.

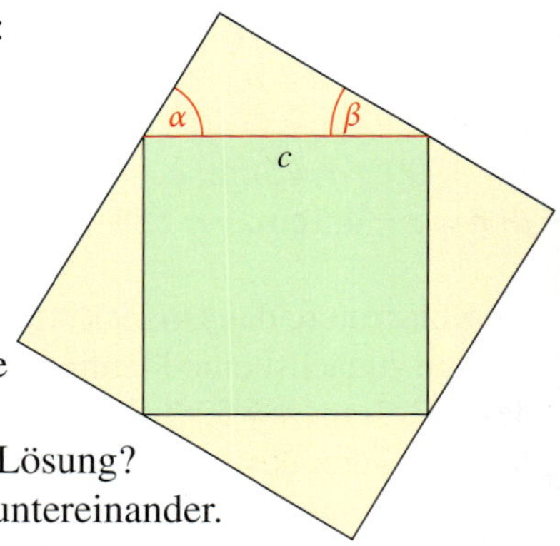

a) Wie bist du vorgegangen?
b) Gibt es eine möglichst geschickte Lösung? Vergleicht untereinander.

20 Steiler als 41° darf eine Treppe nicht steigen. Reicht die Lauflänge der Treppe für die Höhe nicht aus, muss eine Wendeltreppe eingebaut werden.

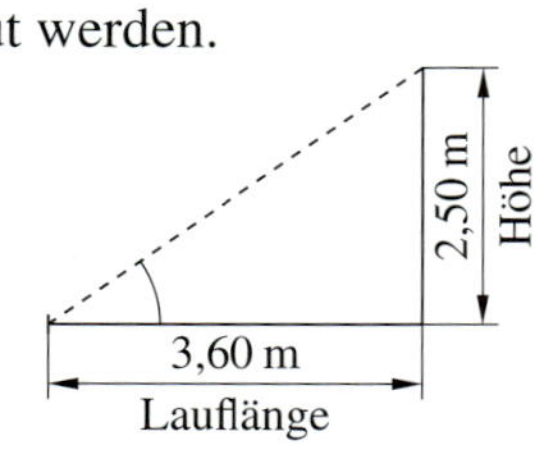

a) Reichen die angegebenen Maße für eine gerade Treppe? Bestimme ihre Steigung.
b) Für den Einstieg auf die Treppe braucht man mindestens 90 cm mehr Platz.
Ist diese Planung dann noch möglich?

21 Für die Lampe über ihrem Küchentisch hat Frau Lux die Wahl zwischen zwei Halogenleuchten. Sie haben die gleiche Leistung, aber sie strahlen das Licht mit verschiedenen Winkeln nach unten ab.
Eine von ihnen strahlt das Licht unter einem Winkel von 38°, die andere unter einem Winkel von 60° ab.

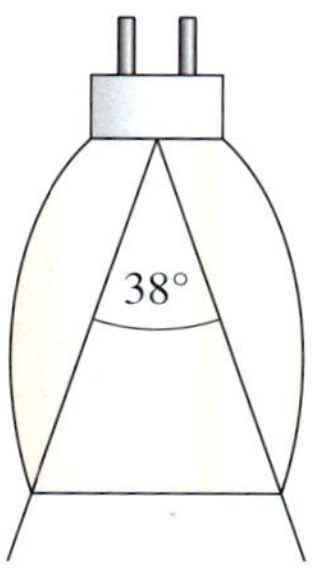

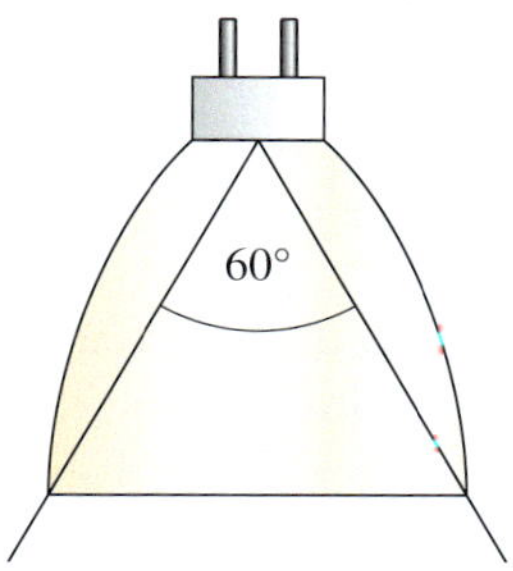

Die Küchenlampe hängt 70 cm über der Tischplatte. Wie groß ist der Durchmesser des Lichtkreises auf der Platte bei einem …
a) Abstrahlwinkel von 38°?
b) Abstrahlwinkel von 60°?
c) Frau Lux hat einen runden Küchentisch mit 1 m Durchmesser. Wie hoch müssten die Halogenleuchten jeweils über der Tischplatte hängen, damit sie die Tischplatte genau ausleuchten?

22 Zeichne diese Figur aus acht rechtwinkligen Dreiecken.
Beginne mit dem kleinsten Dreieck.
Zur Kontrolle: die längste Seite im letzten Dreieck muss 3 cm lang sein.

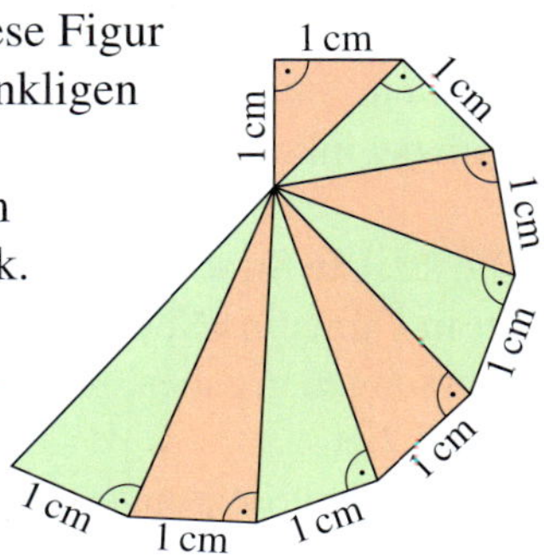

23 Dieses Dreieck wurde mit einer DGS konstruiert.
Die Maße betragen
$c = 5\,\text{cm}$; $\alpha = 45°$;
$\beta = 70°$.

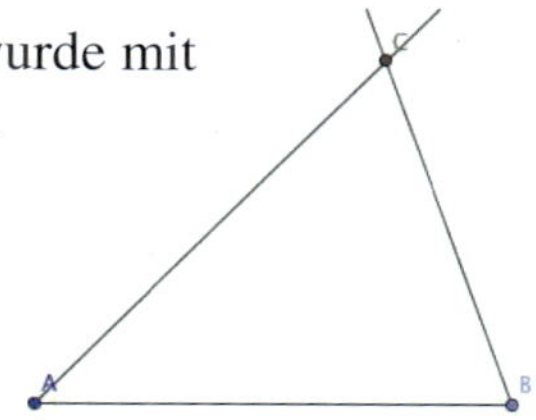

Um ein Dreieck zu konstruieren, muss man „Geometrie“ anwählen.
Außerdem braucht man diese Werkzeuge:
– **Strecke mit fester Länge**
– **Strahl durch zwei Punkte**
– **Winkel mit fester Größe**
– **Schneide zwei Objekte**
– **Objekt anzeigen/ausblenden**
– **Beschriftung anzeigen/ausblenden**

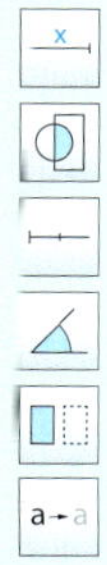

a) Ordne die Icons aus der Randspalte den entsprechenden Werkzeugen zu.
b) Konstruiere das Dreieck oben mit einer DGS. Beginne mit der Strecke c, lege die Winkel fest und zeichne beide Strahlen. Lege nun Punkt C als Schnittpunkt fest und verberge alle überflüssigen Punkte und Angaben.
Sollen Punkte umbenannt oder Seiten benannt werden, so kannst du das mit dem Befehl **Text einfügen**.
c) Konstruiere das Dreieck rechts mit $a = 7\,\text{cm}$, $\beta = 30°$, $\gamma = 85°$.

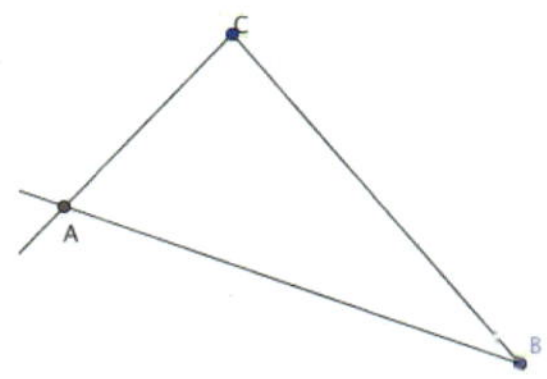

d) Konstruiere das Dreieck ABC mit $b = 4\,\text{cm}$; $\alpha = 50°$; $\gamma = 72°$.

24 Konstruiere mit den Werkzeugen aus Aufgabe 23 die Dreiecke des Typs *SWS*.
Hierzu benötigst du noch den Befehl **Strecke zwischen zwei Punkten**.
a) $a = 6\,\text{cm}$; $c = 4\,\text{cm}$; $\beta = 55°$
b) $b = 4{,}3\,\text{cm}$; $c = 7{,}1\,\text{cm}$; $\alpha = 37°$
c) $a = 5{,}6\,\text{cm}$; $b = 10{,}4\,\text{cm}$; $\gamma = 54°$

25 Konstruiere die Dreiecke mit einer DGS.
a) $a = 6{,}3\,\text{cm}$; $b = 4{,}8\,\text{cm}$; $\gamma = 36°$
b) $a = 7{,}2\,\text{cm}$; $\beta = 43°$; $\gamma = 77°$
c) $b = 5{,}7\,\text{cm}$; $\alpha = 75°$; $\beta = 63°$
d) $c = 7{,}1\,\text{cm}$; $\beta = 20°$; $\gamma = 105°$

Steigung

Die Zugspitzbahn ist eine Zahnradbahn, die vom Eibsee zum Zugspitzplatt 1588 m Höhenunterschied überwindet. Ihr steilster Streckenabschnitt hat 25 % Steigung.
Eine Strecke hat 25 % Steigung, wenn bei 100 m Horizontalunterschied der Höhenunterschied 25 m beträgt.
Der Steigungswinkel α lässt sich mit einer Maßstabszeichnung bestimmen. Dazu verwenden wir den Maßstab 1 : 1000.

Wirklichkeit	Zeichnung
100 m	100 m : 1000 = 10 cm
25 m	2,5 cm

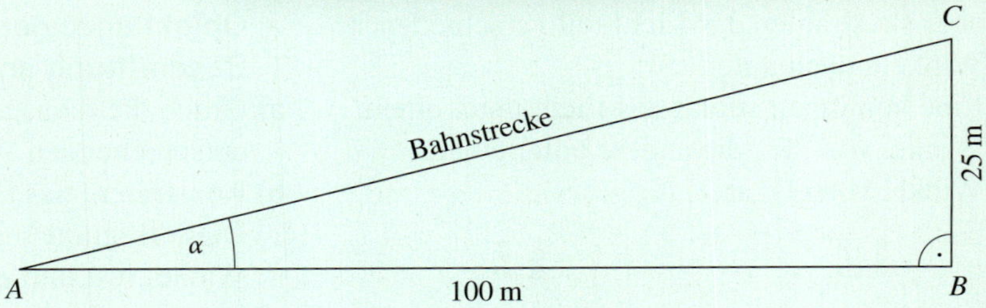

1 Miss in der Zeichnung oben den Steigungswinkel α für die Zugspitzbahn.

2 Die steilste Zahnradbahn der Welt ist die Pilatusbahn bei Luzern in der Schweiz. Sie wurde 1889 eröffnet. Auf ihrem steilsten Abschnitt erreicht sie eine Steigung von 48 %. Zeichne ein Steigungsdreieck im Maßstab 1 : 1000 und miss den Steigungswinkel α.

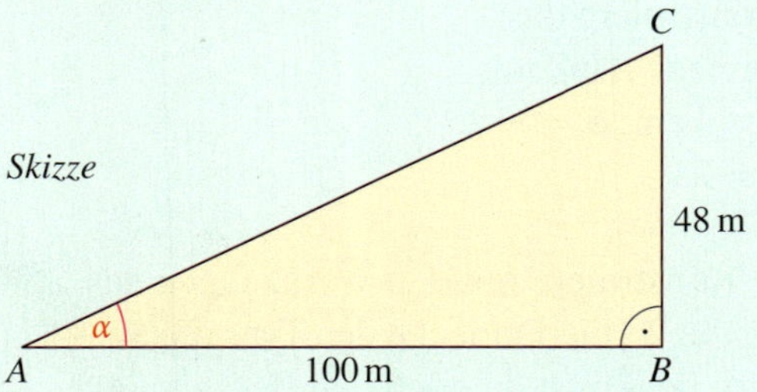

3 Die steilste Seilbahn Europas ist die Ritom-Bahn im Sankt-Gotthard-Gebiet.
Sie wurde 1920 gebaut und überwindet einen Höhenunterschied von 800 m.
Die Bahn fährt auf Schienen und wird von Seilen gezogen.
Auf ihrem steilsten Streckenabschnitt überwindet sie eine Steigung von knapp 88 %.
Zeichne das Steigungsdreieck und miss den Steigungswinkel α.

4 Die steilste Eisenbahnstrecke im Netz der Deutschen Bahn muss bei Boppard am Rhein auf dem Weg in den Hunsrück hinauf überwunden werden. Auf dieser Strecke beträgt die Steigung 6,1 %.
Zeichne ein Steigungsdreieck und miss den Steigungswinkel.

5 Die steilste Straße der Welt ist die Baldwin Street in Dunedin (Neuseeland).
Vermessungen ergaben, dass sie eine Steigung von 35 % hat.
Bestimme den Steigungswinkel.

Konstruktion von Dreiecken – *SSS*

Erforschen und Entdecken

1 Wie konstruiert man ein Dreieck, wenn man nur die drei Seitenlängen kennt?

a) Probiere das Dreieck ABC mit den Seiten $a = 5\,\text{cm}$; $b = 6\,\text{cm}$; $c = 8{,}5\,\text{cm}$ zu konstruieren.

b) Fertige zunächst eine Planfigur an.
Beginne dann mit der Seite c und nutze den Zirkel, um die Seiten a und b einzuzeichnen.

c) Welche Schwierigkeiten könnten auftreten, wenn du den Punkt C kennzeichnest?

d) Beschreibe deine Konstruktion, indem du diese Textstücke im Heft ordnest und ergänzt:

> Zeichne um A einen Kreis mit dem Radius … .

> Zeichne eine Strecke $\overline{AB}$ mit der Länge … .

> Die Kreise schneiden sich in zwei Punkten. Verbinde den richtigen Schnittpunkt mit … und … .

> Zeichne um B einen Kreis mit dem Radius … .

2 Schon im alten Ägypten wussten die Menschen, dass man mit Hilfe eines Dreiecks mit den Seitenlängen $a = 3$ LE, $b = 4$ LE und $c = 5$ LE einen rechten Winkel erzeugen kann. Dazu benutzten die alten Ägypter eine Zwölfknotenschnur, die durch 11 Knoten in zwölf genau gleich lange Teile unterteilt war.

BEACHTE
LE steht für Längeneinheiten.

a) Stellt zu zweit eine solche Schnur her.
Eine Längeneinheit (der Abstand zwischen zwei Knoten) soll 10 cm betragen.
Bildet damit das angegebene Dreieck.

b) Bildet zu zweit weitere Dreiecke.
Welche Seitenlängen sind möglich?

c) Bildet mit der Schnur ein Dreieck, bei dem eine Seitenlänge 6 Längeneinheiten (60 cm) beträgt.

d) Formuliere mit deinen Worten, welche Dreiecke sich mit der Zwölfknotenschnur bilden lassen und welche nicht. Welche Voraussetzungen müssen gegeben sein?

3 Open-Air-Bühnen werden mit einem Traversensystem errichtet. Da die Bühnen nur kurz an einem Ort stehen und immer wieder abgebaut und abtransportiert werden, muss das System möglichst leicht, aber auch stabil sein.

a) Beschreibe den Aufbau der abgebildeten Traverse.

b) Erstelle aus sieben gleich langen Pappstreifen und Briefklammern ein Dreieck und ein Viereck. Wie lassen die Figuren sich verändern? Beschreibe deine Beobachtungen.

c) Suche in deiner Umgebung Beispiele zur Verwendung von Dreiecken zur Stabilisierung.

Lesen und Verstehen

Melina soll ein Dreieck konstruieren, von dem drei Seitenlängen gegeben sind. Es handelt sich um das Dreieck *ABC* mit $a = 3{,}6\,\text{cm}$, $b = 4{,}4\,\text{cm}$ und $c = 5{,}5\,\text{cm}$.

BEISPIEL Konstruktion eines Dreiecks aus drei Seiten (*SSS*)

gegeben:
$a = 3{,}6\,\text{cm}$; $b = 4{,}4\,\text{cm}$; $c = 5{,}5\,\text{cm}$

Konstruktionsbeschreibung
1. Zeichne $c = 5{,}5\,\text{cm}$.
2. Zeichne um *A* einen Kreis mit dem Radius $b = 4{,}4\,\text{cm}$.
3. Zeichne um *B* einen Kreis mit dem Radius $a = 3{,}6\,\text{cm}$. Die beiden Kreise schneiden sich in *C*.
4. Verbinde *A* mit *C* und *B* mit *C*.

Planfigur

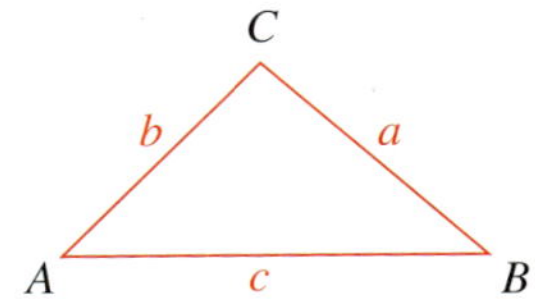

Konstruktion

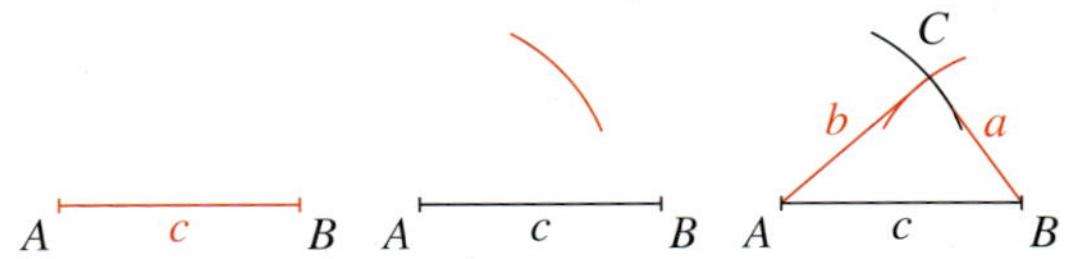

Dreiecksungleichung
In jedem Dreieck ist die Summe der Längen der beiden kürzeren Seiten größer als die Länge der längsten Seite.

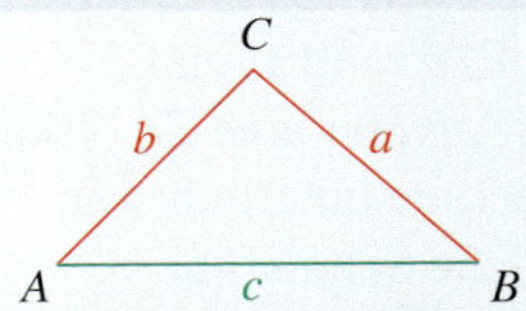

$a + b > c$

Basisaufgaben

1 Konstruiere das Dreieck *ABC*.
a) $a = 5\,\text{cm}$; $b = 4\,\text{cm}$; $c = 6\,\text{cm}$
b) $a = 7\,\text{cm}$; $b = 3{,}5\,\text{cm}$; $c = 4{,}5\,\text{cm}$
c) $a = 5{,}4\,\text{cm}$; $b = 3{,}7\,\text{cm}$; $c = 6{,}5\,\text{cm}$
d) $a = 6{,}1\,\text{cm}$; $b = 6{,}5\,\text{cm}$; $c = 4{,}4\,\text{cm}$

2 Konstruiere das gleichseitige Dreieck *ABC*.
a) $a = 6\,\text{cm}$ b) $a = 7{,}5\,\text{cm}$ c) $a = 3{,}8\,\text{cm}$

3 Konstruiere das Dreieck *ABC*.
Was für ein Dreieck entsteht?
a) $b = 5\,\text{cm}$; $c = 4\,\text{cm}$; $a = c$
b) $a = 3\,\text{cm}$; $c = 4{,}5\,\text{cm}$; $a = b$
c) $c = 4{,}8\,\text{cm}$; $b = 5{,}7\,\text{cm}$; $a = b$
d) $a = 6{,}2\,\text{cm}$; $b = 4{,}4\,\text{cm}$; $b = c$

4 Konstruiere das Dreieck *ABC* mit $a = 3\,\text{cm}$; $b = 4\,\text{cm}$; $c = 5\,\text{cm}$. Verdopple nun alle Seitenlängen und konstruiere das Dreieck erneut. Wie oft passt das kleine Dreieck in das große?

5 ➡ Versuche das Dreieck *ABC* zu konstruieren: $a = 6\,\text{cm}$; $b = 3\,\text{cm}$; $c = 2\,\text{cm}$.
a) Warum kann kein Dreieck entstehen?
b) Was muss erfüllt sein, damit man aus drei Seitenlängen ein Dreieck konstruieren kann?

6 Diese Zeichnung besteht aus gleichseitigen Dreiecken. Konstruiere sie in deinem Heft.

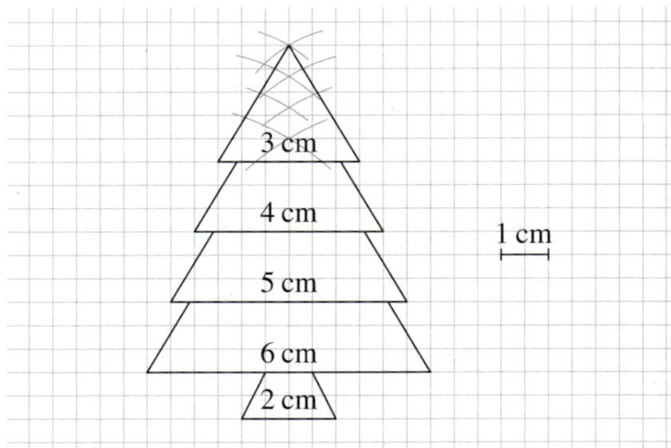

7 Die beiden Windräder bestehen aus gleichen Dreiecken.

a) Zeichne das grüne Windrad aus vier gleichen Dreiecken.

b) Ergänze das Windrad so, dass die zweite Figur entsteht.

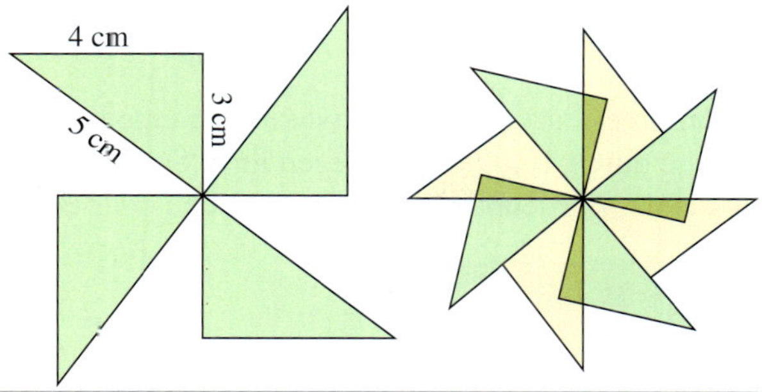

Weiterführende Aufgaben

8 Peter hat bei seinen Konstruktionen Fehler gemacht. Benenne diese und korrigiere die Zeichnungen im Heft.

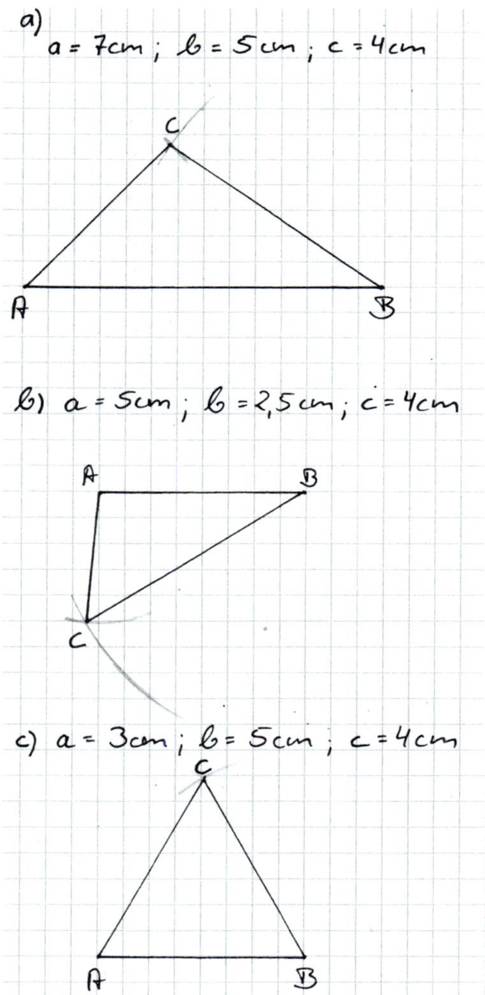

9 In einem Dreieck ABC ist $a = 7\,\text{cm}$ und $b = 2\,\text{cm}$. Wie lang darf c höchstens sein, damit man das Dreieck konstruieren kann?

10 Zeichne diesen Stern. Beginne so: Konstruiere das gleichseitige Dreieck ABC mit $\overline{AB} = 12\,\text{cm}$ und dann das gleichseitige Dreieck DEF mit $d = 4\,\text{cm}$.

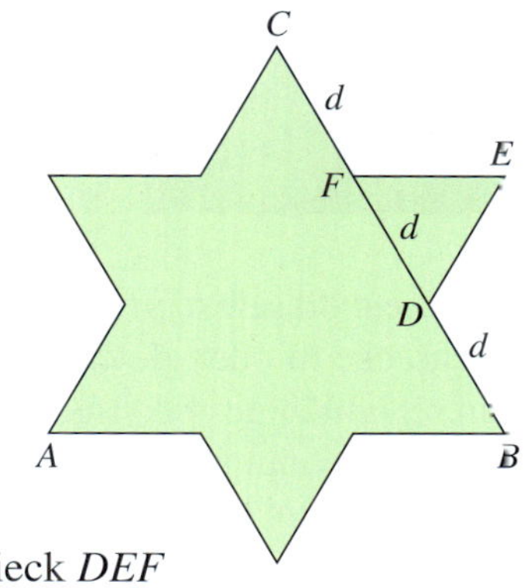

11 Zeichne diesen Stern. Beginne so: Zeichne die Geraden g und h ($g \perp h$). Konstruiere dann das Dreieck ABC mit $\overline{AC} = 5{,}1\,\text{cm}$, $\overline{AB} = 2{,}4\,\text{cm}$ und $\overline{BC} = 3{,}8\,\text{cm}$.

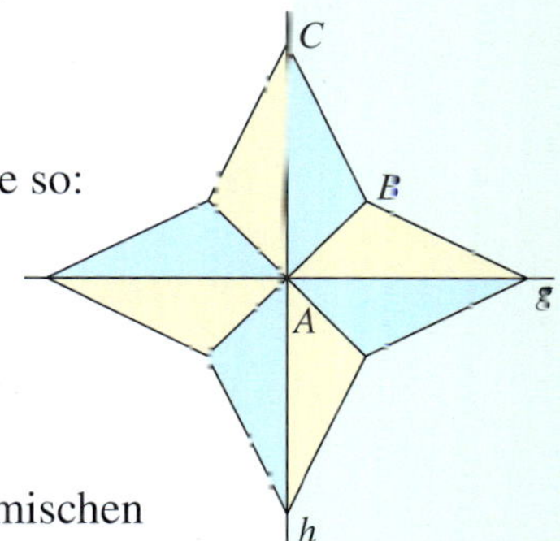

12 Entwirf mit Hilfe einer dynamischen Geometrie-Softwar einen eigenen Stern.

13 Die Vorderfront des Zeltes ist ein gleichseitiges Dreieck. Entnimm die Maße der Zeichnung und übertrage diese in dein Heft.

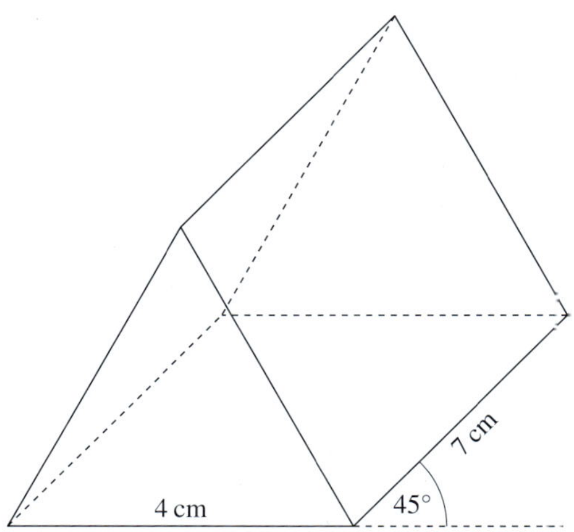

Parkettierungen mit Vielecken

Unter einer Parkettierung versteht man eine lückenlose und überlappungsfreie Auslegung einer Fläche durch Teilflächen. Wegen ihrer Schönheit findet man in Häusern oftmals Parkettböden aus Holz, Fliesenparkette in Flur, Küche oder Bad oder auch Mosaike an Wänden.

Auf dem linken Foto siehst du einen Holzparkettboden aus Rauten. Dieser hat durch die Form der Teilflächen eine besondere Wirkung.

Rechts abgebildet ist der Bürgersteig des Passeig de Gracia, einer Straße in Barcelona. Die Fliesen stammen vom berühmten Architekten Antoni Gaudi.

Möchtest du selbst eine Fläche wie Gaudi parkettieren, brauchst du viele regelmäßige Sechsecke mit der gleichen Seitenlänge.
Ein regelmäßiges Sechseck lässt sich ähnlich wie ein gleichseitiges Dreieck konstruieren. In der Zeichnung kannst du erkennen, worin der Zusammenhang zwischen diesen beiden Figuren besteht.

Konstruktionsbeschreibung für ein regelmäßiges Sechseck:

1. Zeichne einen Kreis mit dem Radius $r = 2\,\text{cm}$.
2. Trage nun den Radius von dort aus so lange auf der Kreislinie ab, bis sechs Markierungen im gleichen Abstand entstanden sind.
3. Verbinde die benachbarten Punkte zu einem Sechseck.

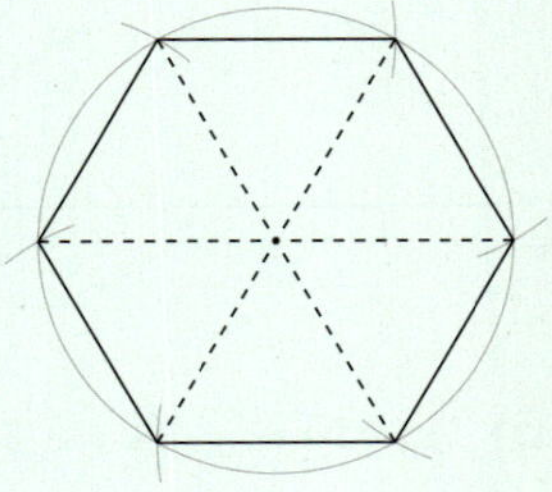

Stelle ein Sechseck und ein Dreieck mit der Seitenlänge 2 cm aus Pappe her und nutze sie als Schablone.

1 Zeichne ein Parkett aus Sechsecken und färbe es ein. Wie viele verschiedene Farben brauchst du mindestens, damit keine gleichfarbigenen Sechsecke nebeneinander liegen?

2 Nimm nun deine Dreiecksschablone dazu und zeichne ein Parkett aus Sechsecken und Dreiecken.

3 Ergänze deine Schablonen um ein Quadrat mit der Seitenlänge 2 cm. Es entstehen neue Möglichkeiten für Parkette. Zeichne eins.

4 Allein aus regelmäßigen Fünfecken lassen sich keine lückenlosen Parkette legen. Wieso ist das so? Begründe.

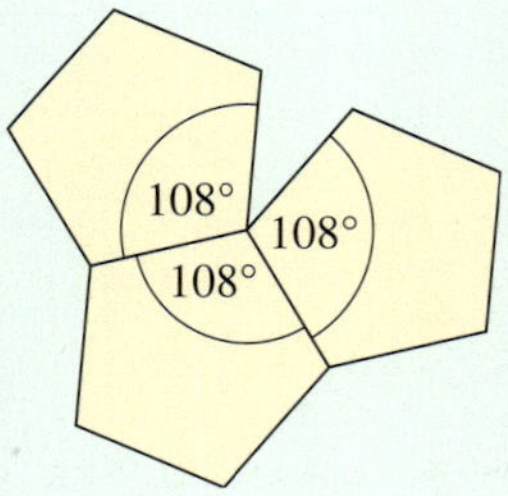

5 Suche nach Parketten in deiner Umgebung und bringe Fotos davon mit.

6 Erstelle nun dein eigenes Parkett mit einer DGS. Du benötigst dazu u. a. die Befehle **Regelmäßiges Vieleck** um ein Vieleck mit gleich langen Seiten zu erstellen, **Starres Vieleck**, damit du dein Vieleck vervielfältigen kannst und zuletzt **Drehe um Punkt** um dein Vieleck zu drehen.

Konstruktion von Dreiecken – *SSW* und *WWW*

Erforschen und Entdecken

1 Was könnte sich hinter der Angabe *SSW* im Unterschied zur bekannten Angabe *SWS* verbergen? Erstelle drei unterschiedliche Planfiguren, die zur Angabe *SSW* passen.

2 Bei der Konstruktion *SSW* werden zwei Fälle unterschieden:

1. Fall

gegeben: $b = 4\,\text{cm}$; $c = 3\,\text{cm}$; $\beta = 50°$

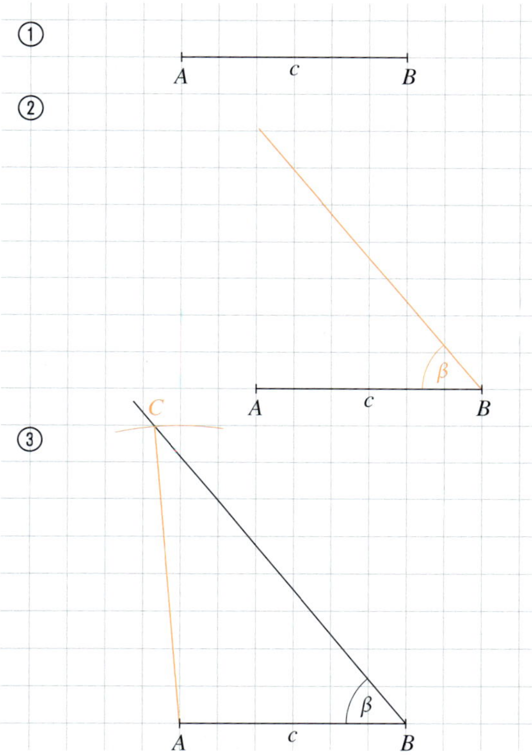

2. Fall

gegeben: $b = 2{,}5\,\text{cm}$; $c = 3\,\text{cm}$; $\beta = 50°$

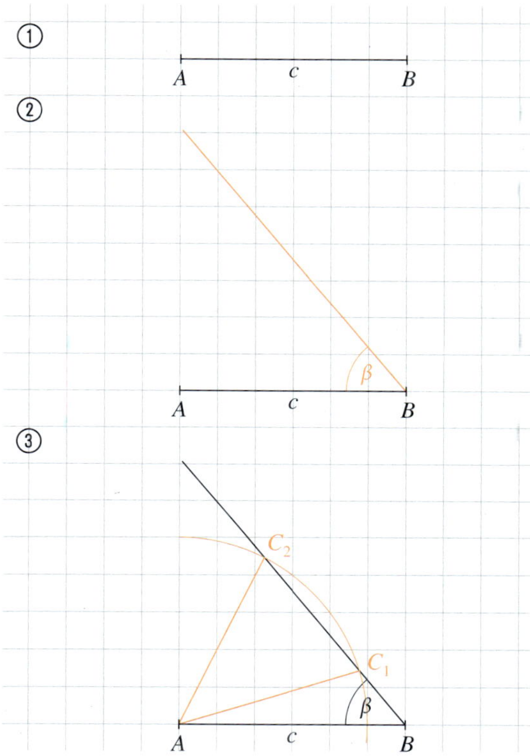

I.
Verbinde A mit C.

II.
Zeichne an c in B den Winkel $\beta = 50°$.

III.
Zeichne $c = 3\,\text{cm}$.

IV.
Zeichne um A einen Kreis mit dem Radius $b = 4\,\text{cm}$.

a) Worin unterscheiden sich die beiden Konstruktionen? Beschreibe.
b) Betrachte den 1. Fall in der linken Spalte. Ordne den einzelnen Zeichnungen die passenden Konstruktionsschritte aus der Randspalte zu.
c) Schreibe eine Konstruktionsbeschreibung für den 2. Fall in der rechten Spalte.

3 Vergleiche die beiden Dreiecke.
a) Beschreibe Gemeinsamkeiten und Unterschiede.
b) Konstruiere ein Dreieck mit $\alpha = 48°$; $\beta = 71°$; $\gamma = 61°$. Vergleicht eure Dreiecke untereinander.
c) Kannst du auch ein Dreieck mit $\alpha = 70°$ und $\beta = 35°$ konstruieren? Begründe.
d) Ergänze: „Sind bei einer Dreieckskonstruktion nur die Winkel angegeben, so entstehen …“

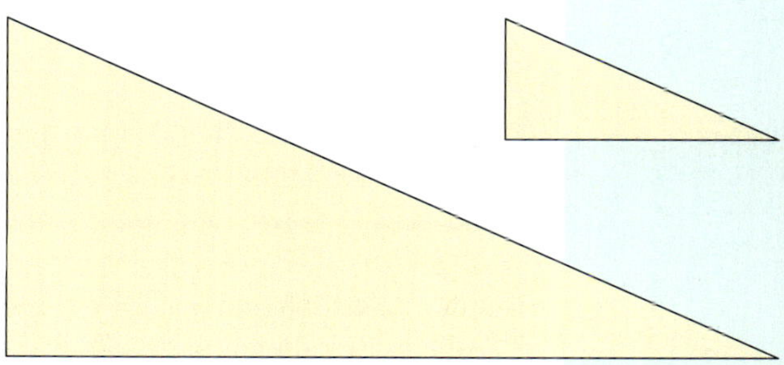

Lesen und Verstehen

Tom möchte Dreiecke mit drei Vorgaben konstruieren. Obwohl er die drei Schritte der Dreieckskonstruktion beachtet, entstehen teilweise verschiedene Dreiecke.

Konstruktion eines Dreiecks aus zwei Seiten und einem Winkel, der nicht von diesen eingeschlossen wird (*SSW*)

BEISPIEL 1 **1. Fall**
gegeben: $b = 3{,}2\,\text{cm}$; $c = 3{,}0\,\text{cm}$; $\beta = 45°$

Planfigur

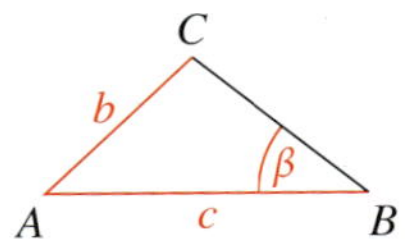

Konstruktionsbeschreibung
1. Zeichne $c = 3{,}0\,\text{cm}$.
2. Zeichne an c in B den Winkel $\beta = 45°$.
3. Zeichne um A den Kreis mit dem Radius $b = 3{,}2\,\text{cm}$.
   Der Kreis schneidet den freien Schenkel von β in C.
4. Verbinde A mit C.

Konstruktion 1. Fall

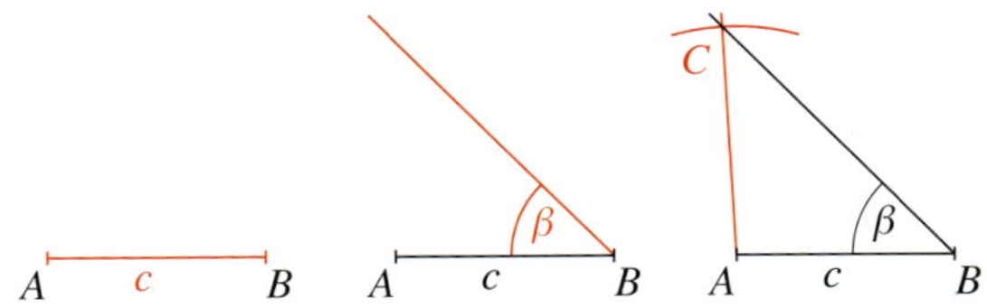

BEACHTE
In Fall 1 liegt der gegebene Winkel der **längeren** der zwei gegebenen Seiten gegenüber. Bei dieser Voraussetzung ergibt sich genau ein Dreieck.

BEISPIEL 2 **2. Fall**
gegeben: $b = 2{,}4\,\text{cm}$; $c = 3{,}0\,\text{cm}$; $\beta = 45°$

Konstruktionsbeschreibung
1. Zeichne $c = 3{,}0\,\text{cm}$.
2. Zeichne an c in B den Winkel $\beta = 45°$.
3. Zeichne um A den Kreis mit dem Radius $b = 2{,}4\,\text{cm}$.
   Der Kreis schneidet den freien Schenkel von β in C_1 und C_2.
4. Verbinde A mit C_1 bzw. C_2.

Konstruktion 2. Fall

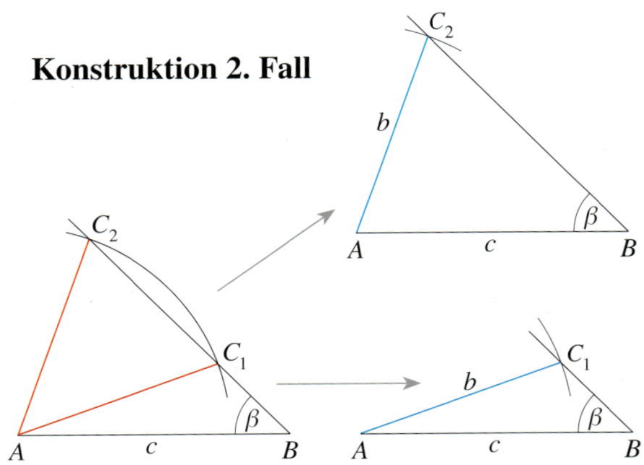

BEACHTE
In Fall 2 liegt der gegebene Winkel der **kürzeren** der zwei gegebenen Seiten gegenüber. Bei dieser Voraussetzung ergeben sich zwei Dreiecke.

BEISPIEL 3 **Konstruktion eines Dreiecks aus drei Winkeln (*WWW*)**

gegeben: $\alpha = 48°$; $\beta = 71°$; $\gamma = 61°$

Bei dieser Konstruktion können verschiedene Dreiecke entstehen, die sich in ihrer Form gleichen, in ihrer Größe aber unterscheiden.

Konstruktion ①

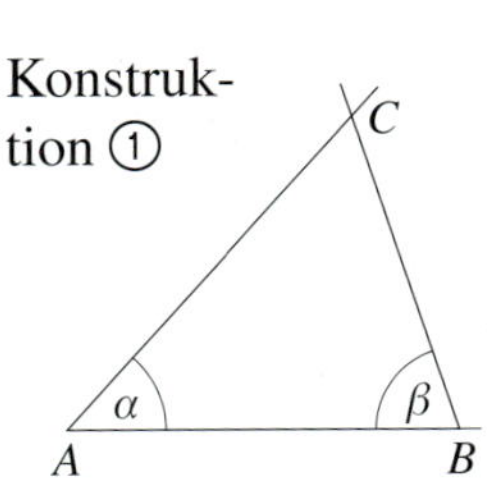

Konstruktion ②

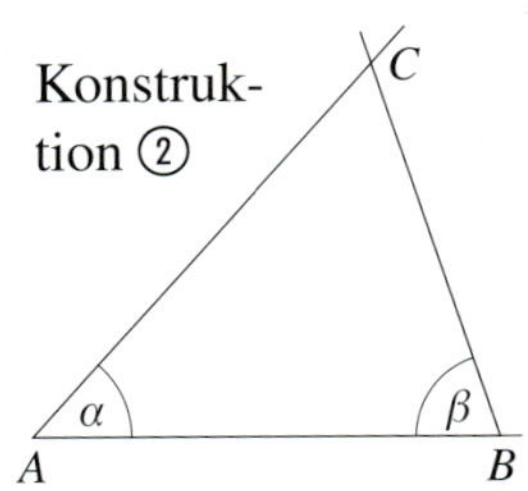

Dreiecke mit der gleichen Form und der gleichen Größe nennt man **kongruente Dreiecke**. Kongruente Dreiecke stimmen in **allen Seitenlängen und Winkelgrößen** überein.

BEACHTE
Kongruenz bedeutet Deckungsgleichheit.

Bei den Konstruktionen *SSW* (2. Fall) und *WWW* entstehen nicht zwingend kongruente Dreiecke. Bei allen anderen Konstruktionen entstehen immer kongruente Dreiecke.

Basisaufgaben

1 Konstruiere das Dreieck ABC.
a) $a = 3{,}8\,\text{cm}$; $c = 5{,}4\,\text{cm}$; $\gamma = 70°$
b) $a = 3{,}9\,\text{cm}$; $b = 6{,}4\,\text{cm}$; $\beta = 54°$
c) $b = 6{,}7\,\text{cm}$; $c = 5{,}5\,\text{cm}$; $\beta = 48°$
d) $a = 3{,}3\,\text{cm}$; $c = 5{,}8\,\text{cm}$; $\gamma = 67°$
e) $b = 3{,}7\,\text{cm}$; $c = 4{,}2\,\text{cm}$; $\gamma = 40°$
f) $a = 5{,}7\,\text{cm}$; $b = 4{,}1\,\text{cm}$; $\alpha = 72°$

2 Folge der Konstruktionsbeschreibung und konstruiere jeweils die beiden Dreiecke.
a) $b = 5\,\text{cm}$; $c = 7\,\text{cm}$; $\beta = 38°$
- Zeichne $c = 7\,\text{cm}$.
- Zeichne an c in B den Winkel $\beta = 38°$.
- Zeichne um A den Kreis mit dem Radius $b = 5\,\text{cm}$. Der Kreis schneidet den freien Schenkel von β in C_1 und C_2.
- Verbinde A mit C_1 bzw. C_2.

b) $a = 5{,}6\,\text{cm}$; $b = 7{,}2\,\text{cm}$; $\alpha = 42°$
- Zeichne $b = 7{,}2\,\text{cm}$.
- Zeichne an b in A den Winkel $\alpha = 42°$.
- Zeichne um C den Kreis mit dem Radius $a = 5{,}6\,\text{cm}$. Der Kreis schneidet den freien Schenkel von c in B_1 und B_2.
- Verbinde C mit B_1 bzw. B_2.

3 Konstruiere die Dreiecke im Heft.

a)
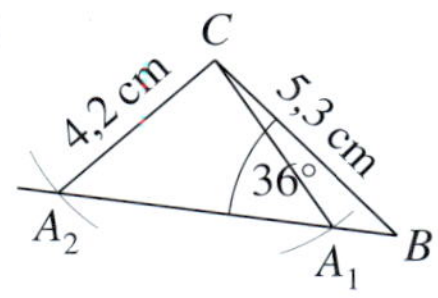

b)
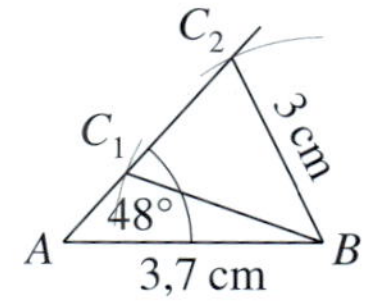

c)
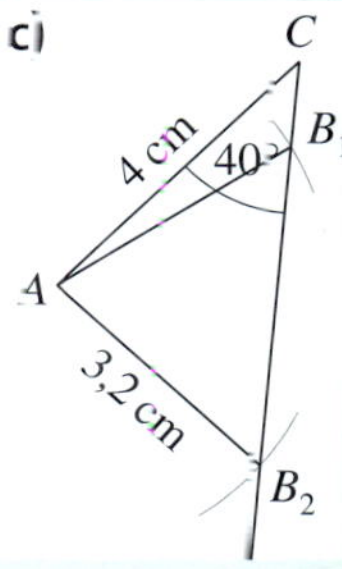

4 Vervollständige:
a) Liegt die längere der beiden gegebenen Seiten dem gegebenen Winkel gegenüber, so …
b) Liegt die längere der beiden gegebenen Seiten *nicht* dem gegebenen Winkel gegenüber, so …

5 Ergänze:
„Sind bei einer Dreieckskonstruktion nur die Winkel angegeben, so entstehen …“

6 Konstruiere jeweils drei verschiedene Dreiecke ABC mit den Winkelgrößen ….
a) $\alpha = 40°$; $\beta = 80°$; $\gamma = 60°$
b) $\alpha = 95°$; $\beta = 50°$; $\gamma = 35°$
c) $\alpha = 70°$; $\beta = 45°$; $\gamma = ?$

Weiterführende Aufgaben

7 Konstruiere das Dreieck ABC.
Gib vorher an, ob bei der Konstruktion ein Dreieck oder zwei Dreiecke entstehen.
a) $a = 3{,}7\,\text{cm}$; $c = 4{,}9\,\text{cm}$; $\gamma = 72°$
b) $c = 4{,}8\,\text{cm}$; $b = 5{,}2\,\text{cm}$; $\gamma = 55°$
c) $b = 4{,}5\,\text{cm}$; $a = 3{,}7\,\text{cm}$; $\beta = 68°$
d) $a = 3{,}5\,\text{cm}$; $c = 5{,}6\,\text{cm}$; $\alpha = 30°$
e) $b = 6{,}3\,\text{cm}$; $c = 3{,}7\,\text{cm}$; $\beta = 95°$
f) $c = 6{,}3\,\text{cm}$; $a = 4{,}7\,\text{cm}$; $\alpha = 27°$

8 Welcher Winkel muss gegeben sein, damit das Dreieck ABC nach SSW eindeutig konstruiert werden kann?
a) $a = 7\,\text{cm}$; $b = 9\,\text{cm}$
b) $b = 3\,\text{cm}$; $c = 10\,\text{cm}$
c) $a = 3\,\text{cm}$; $c = 5\,\text{cm}$
d) $a = 6{,}7\,\text{cm}$; $b = 4{,}2\,\text{cm}$
e) $b = 8{,}1\,\text{cm}$; $c = 7{,}9\,\text{cm}$
f) $a = c = 11{,}7\,\text{cm}$

9 Vom Baudouinturm am Dreiländereck Niederlande – Belgien – Deutschland sieht man die Aachener Universitätsklinik und den Aachener Dom.

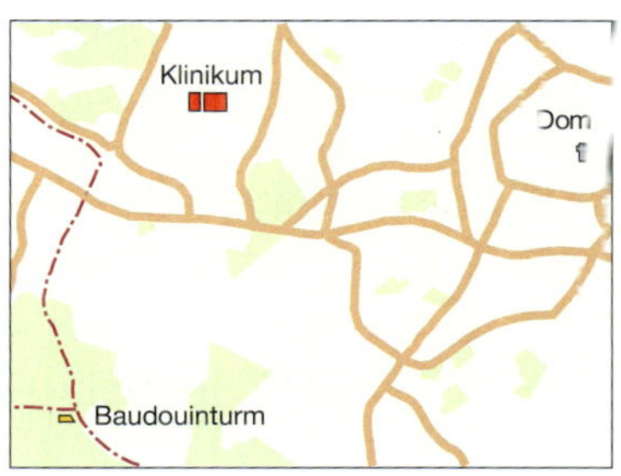

In der Karte bilden die Luftlinien zu diesen beiden Orten einen Winkel von 41°. Die Entfernungen (Luftlinien) zwischen Klinik und Dom betragen 10,5 km und zwischen Aussichtsturm und Klinik 9 km.
Zeichne in einem geeigneten Maßstab und bestimme die Entfernung vom Baudouinturm zum Dom.

Der Theodolit

Bei einem Theodoliten handelt es sich um ein Gerät für die Geländevermessung.
Mit einem einfachen Theodoliten werden Horizontalwinkel (Stehachse) gemessen.
Manche Geräte können zusätzlich noch Höhenwinkel (Kippachse) messen.

Hier siehst du einen Theodoliten, mit dem schon vor über 100 Jahren gemessen wurde.

Bauanleitung für einen einfachen Theodoliten zur Höhenmessung
Benötigt werden ein Stück Isoliermaterial für Rohre (ca. 30 cm lang, aus dem Baumarkt), eine durchsichtige Plastikscheibe (oder Folie) und eine dunkle Pappscheibe in der Größe des Rohrdurchmessers, ein Geodreieck, Stecknadeln, Faden, ein Gewicht (z. B. eine schwere Schraubenmutter) und Material zum Überkleben der Winkelskala beim Geodreieck.

Zunächst wird die Winkelskala des Geodreiecks wie in der Randspalte sichtbar überklebt und neu beschriftet.
Des Weiteren wird eine Kerbe bei der 0-cm-Markierung gemacht, damit der Faden später nicht verrutscht.
Nun wird der Faden um das Rohr gebunden. Das Geodreieck wird so in den Schlitz des Isolationsmaterials geklebt, dass der Faden in der Kerbe liegt.
Der Faden wird mit einem Gewicht beschwert, damit er später straff nach unten hängt.

Nun muss noch die Folie mit einem Fadenkreuz und die Pappe mit einem winzigen Loch in der Mitte an den jeweiligen Enden festgesteckt werden.
Jetzt kann man durch das Loch blicken und mit dem Fadenkreuz einen Zielpunkt anvisieren.
Der Theodolit ist exakt zusammengesetzt, wenn der Faden 0° bei waagerechter Haltung des Rohres anzeigt.

BEACHTE
So soll die neue Skala des Geodreiecks aussehen:

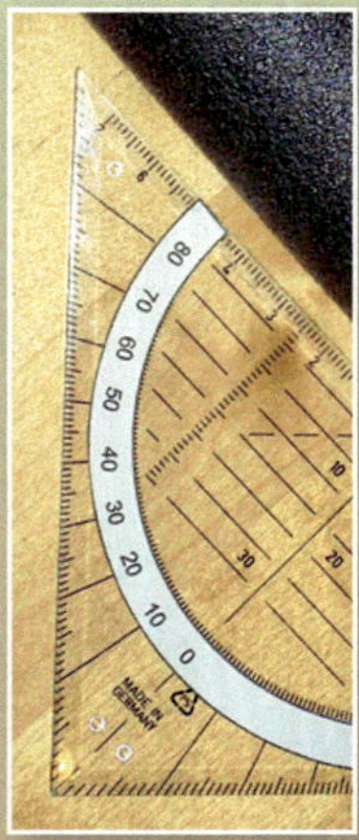

Messen mit einem selbstgebauten Theodoliten

Material (für alle Aufgaben auf dieser Seite): ein selbst gebauter Theodolit, ein langes Maßband oder eine Meterschnur. Das ist eine Schnur, bei der ihr immer wieder in Abständen von genau einem Meter einen Knoten macht oder ein Stück Papier einknotet.

So sieht ein moderner Theodolit aus.

Arbeitet zu zwei oder dritt.

1 Um ein Dreieck konstruieren zu können, braucht man drei Größen.
a) Welche Größen bekommt ihr durch Messen heraus?
b) Ein Winkel ist bei Gebäuden immer ablesbar. Welcher Winkel ist es und wie groß ist er?
c) Zu welchem Typ von Dreieckskonstruktion gehören die Aufgaben, die durch Messung mit einem Theodoliten entstehen? Erstellt eine Planfigur.

2 Geht nach draußen und probiert euren Theodoliten aus. Einer peilt dazu Gebäude, Baumwipfel, Straßenlaternen etc. an und ein anderer liest den jeweiligen Winkel ab. Tauscht dann die Aufgabenverteilung. Vergleicht, ob ihr zum gleichen Ergebnis kommt. Welche Fehlerquellen könnten auftauchen?

3 Die Höhe eines Schulgebäudes wurde mit Hilfe eines selbst gebauten Theodoliten gemessen. Dabei kam es zu unterschiedlichen Ergebnissen. Die geringste Höhe betrug 6,30 m, die größte Höhe 13,50 m. Viele Ergebnisse lagen im Bereich zwischen 9,80 m und 10,50 m. Die exakte Höhe beträgt jedoch 11,96 m.
a) Wie kann es zu so unterschiedlichen Ergebnissen kommen? Begründe.
b) Die Ergebnisse von 9,80 m bis 10,50 m sind sehr gut gemessen. Wie kann man die Differenz zum exakten Ergebnis erklären?

4 Mit einem Theodoliten wurde die Höhe des Nierswalder Kirchturms gemessen. Die Kirche wurde aus einer Entfernung von 48 m angepeilt. Die Kirchturmspitze wurde unter einem Höhenwinkel von 26° gesehen.
Die Augenhöhe betrug 1,70 m.
a) Wie hoch ist die Kirche in Nierswalde?
b) Was meinst du zu dem Ergebnis?

5 Miss die Höhe von Gebäuden in deiner Umgebung. Wähle solche aus, von denen dir die Höhe bekannt oder deren Höhe in Plänen nachzulesen ist und vergleiche.

6 Verfasse eine Vorgangsbeschreibung zum Messen mit dem selbst gebauten Theodoliten. Schreibe sie für jemanden, der noch nicht mit einem Theodoliten gearbeitet hat. Weise auch auf mögliche Fehlerquellen hin und wie man diese vermeiden kann.

7 Informiere dich im Internet oder Lexikon über Berufe, bei denen ein Theodolit zum Einsatz kommt.

Vermischte Übungen

1 Konstruiere das Dreieck ABC.
Nach welchem der drei Fälle SSS, SWS oder WSW musst du vorgehen?
a) $a = 4\,\text{cm};\ b = 6\,\text{cm};\ \gamma = 47°$
b) $a = 3\,\text{cm};\ b = 6\,\text{cm};\ c = 5\,\text{cm}$
c) $c = 5{,}3\,\text{cm};\ \alpha = 43°;\ \beta = 62°$
d) $b = 2{,}9\,\text{cm};\ c = 5{,}3\,\text{cm};\ \alpha = 36°$
e) $a = 4{,}5\,\text{cm};\ b = 6\,\text{cm};\ c = 7{,}5\,\text{cm}$
f) $b = 4{,}8\,\text{cm};\ c = 5{,}6\,\text{cm};\ \alpha = 90°$
g) $c = 5{,}5\,\text{cm};\ \alpha = 55°;\ \beta = 35°$
h) $a = 6{,}3\,\text{cm};\ b = 4{,}2\,\text{cm};\ \gamma = 105°$

2 Konstruiere das Dreieck ABC.
a) $b = 3{,}8\,\text{cm};\ c = 4{,}4\,\text{cm};\ \alpha = 47°$
b) $a = 3\,\text{cm};\ b = 4{,}6\,\text{cm};\ c = 5{,}5\,\text{cm}$
c) $a = 3{,}4\,\text{cm};\ \beta = 38°;\ \gamma = 129°$
d) $a = 2{,}7\,\text{cm};\ c = 5{,}1\,\text{cm};\ \gamma = 101°$
e) $c = 4\,\text{cm};\ \alpha = 15°;\ \beta = 138°$
f) $a = 3{,}6\,\text{cm};\ b = 2\,\text{cm};\ \gamma = 70°$
g) $a = 3{,}5\,\text{cm};\ b = 4{,}9\,\text{cm};\ \beta = 22°$

3 Nach welchem Fall muss das Dreieck konstruiert werden?
Entstehen immer kongruente Dreiecke?
Konstruiere das Dreieck ABC.
a) $c = 3\,\text{cm};\ a = 4{,}2\,\text{cm};\ \alpha = 72°$
b) $b = 5{,}5\,\text{cm};\ c = 3{,}5\,\text{cm};\ \beta = 135°$
c) $a = 7{,}4\,\text{cm};\ b = 3{,}8\,\text{cm};\ c = 5{,}3\,\text{cm}$
d) $a = 3{,}5\,\text{cm};\ b = 4{,}7\,\text{cm};\ \alpha = 43°$
e) $a = 2{,}9\,\text{cm};\ b = 4{,}8\,\text{cm};\ \gamma = 120°$
f) $a = 3{,}9\,\text{cm};\ c = 5{,}3\,\text{cm};\ \gamma = 129°$
g) $\alpha = 43°;\ \beta = 62°;\ \gamma = 75°$

4 Natalie und Benedikt sollen ein Dreieck mit den Winkeln $\alpha = 35°;\ \beta = 64°;\ \gamma = 81°$ konstruieren.
Welche Angaben benötigen sie noch, damit sie genau das gleiche Dreieck erhalten? Begründe.

5 Warum kann mit diesen Angaben kein Dreieck konstruiert werden? Begründe.
a) $c = 5\,\text{cm};\ \alpha = 111°;\ \beta = 79°$
b) $a = 1{,}5\,\text{cm};\ b = 4\,\text{cm};\ c = 6\,\text{cm}$
c) $a = 2{,}7\,\text{cm};\ b = 4{,}2\,\text{cm};\ \alpha = 136°$
d) $b = 5{,}3\,\text{cm};\ \beta = 87°;\ \gamma = 93°$

6 Die Seitenlängen von Dreieck 2 sind doppelt so lang wie bei Dreieck 1.

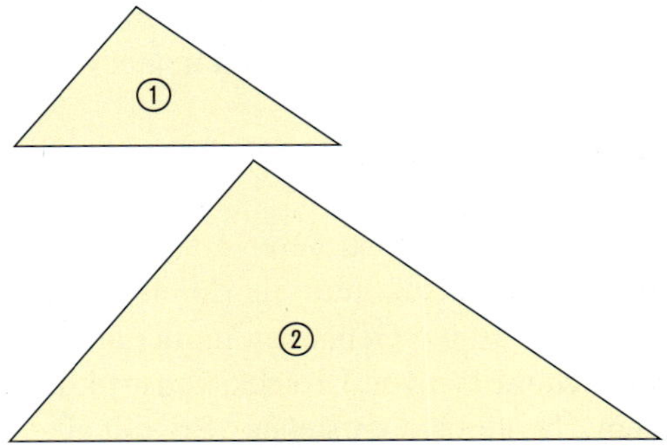

a) Wie viel Mal größer ist Dreieck 2 gegenüber Dreieck 1? Erläutere dein Ergebnis.
b) Wie viele kleine Dreiecke passen in ein Dreieck, dessen Seiten viermal so groß sind wie die ursprünglichen? Versuche deine Vermutung zu begründen und überprüfe dann erst mit einer Zeichnung.

7 Übertrage in dein Heft.
Dreieck ABC ist gleichseitig mit $\overline{AB} = \overline{BC} = \overline{AC} = 10\,\text{cm}$.
Es gilt: $\overline{AD} = \overline{BD} = 6{,}5\,\text{cm}$ und $\overline{AE} = \overline{BE} = 5{,}2\,\text{cm}$.

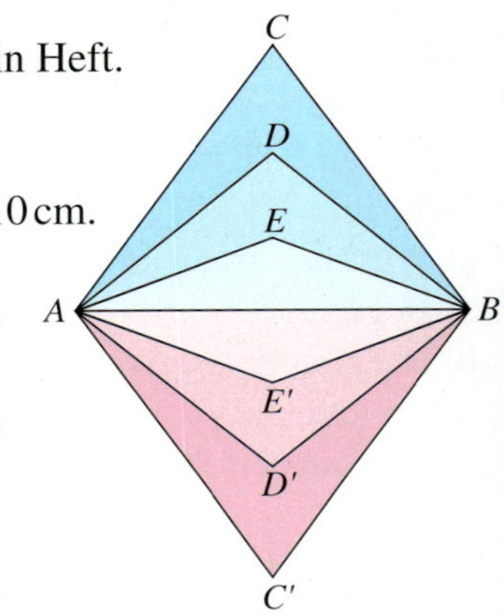

8 Konstruiere das Dreieck ABC mit $c = 11\,\text{cm}$, $\alpha = 53°$ und $\beta = 94°$.
Wähle einen Punkt P im Dreieck und verbinde P mit A, mit B und mit C.
Zeichne in das Dreieck ABC ein Dreieck DEF, dessen Seiten zu den Seiten des Dreiecks ABC parallel sind. Die Ecken des neuen Dreiecks sollen auf den Strecken $\overline{PA}$, $\overline{PB}$ und $\overline{PC}$ liegen.
a) Wodurch unterscheiden sich die Dreiecke ABC und DEF, was haben sie gemeinsam?
b) Lass mit dieser Methode ein Muster entstehen, indem du weitere Dreiecke einfügst und die entstehenden Felder farbig ausfüllst.

100-1
Unter dem Webcode findest du eine interaktive Übung zur Konstruierbarkeit von Dreiecken.

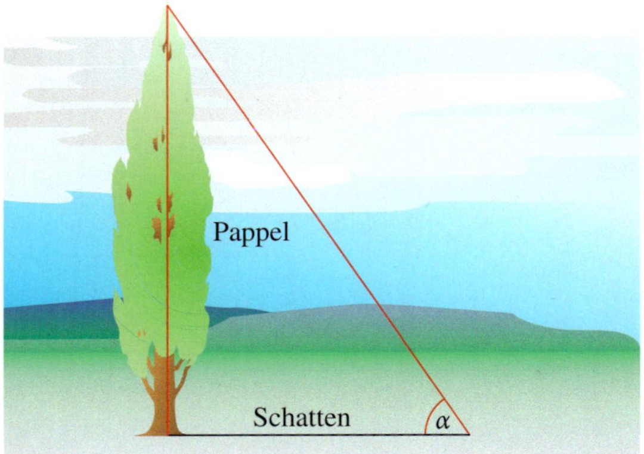

9 Am 4. Juli um 12 Uhr ist der Schatten 16 m lang. Wie hoch ist die Pappel (in der Nähe von Köln)? Beachte den Infokasten. Zeichne im Maßstab 1 : 200.

Info
Eine Sternwarte kann für jeden Tag des Jahres den Sonnenstand bestimmen. Der Sonnenstand wird als Winkel angegeben. Es wird der Winkel α gemessen, den die Sonnenstrahlen mit der Erdoberfläche bilden. Der Sonnenstand ist auch abhängig von der geografischen Breite und von der Tageszeit.
Angaben für den 51. Breitengrad 12 Uhr (auf dem 51. Breitengrad liegen z. B. Köln und Dresden):

1. Januar	$\alpha = 16°$
5. Februar	$\alpha = 23°$
1. März	$\alpha = 32°$
5. April	$\alpha = 45°$
5. Mai	$\alpha = 55°$
4. Juni	$\alpha = 62°$
4. Juli	$\alpha = 62°$
3. August	$\alpha = 56°$
2. September	$\alpha = 47°$
2. Oktober	$\alpha = 35°$
1. November	$\alpha = 24°$
1. Dezember	$\alpha = 17°$

10 Wie lang ist der Schatten eines 30 m hohen Kastanienbaums gegen Mittag? Fülle die Tabelle mit Hilfe des Infokastens im Heft aus. Zeichne die Dreiecke im Maßstab 1 : 500.

Datum	Schattenlänge
4. Juli	
2. Oktober	
1. Januar	
5. April	

11 Hautärzte empfehlen: Wenn die Schattenlänge kürzer als die Körpergröße ist, sollte man sich ungeschützt nur kurz in der Sonne aufhalten.

a) Für welche Monate ist diese Empfehlung überhaupt von Bedeutung?
b) Bianca ist 1,60 m groß. Die Sonne scheint in einem Winkel von 50° auf die Erde. Trifft die Empfehlung auf sie zu?
c) In welchem Winkel scheint die Sonne auf die Erde, wenn die Schattenlänge gleich der Körpergröße ist?

12 Sind die Dreiecke kongruent? Überlege zunächst und überprüfe dann mit einer Zeichnung.
a) $a = 5\,\text{cm};\ b = 4\,\text{cm};\ \alpha = 90°$ und
$a = 5\,\text{cm};\ c = 3\,\text{cm};\ \alpha = 90°$
b) $a = 6\,\text{cm};\ b = 8\,\text{cm};\ c = 4\,\text{cm}$ und
$a = 6\,\text{cm};\ b = 4\,\text{cm};\ c = 8\,\text{cm}$
c) $a = b = 5\,\text{cm};\ \gamma = 45°$ und
$a = b = 7\,\text{cm};\ \gamma = 45°$

BEACHTE
Die Lösungen zu Aufgabe 10 ergeben in der richtigen Reihenfolge den Namen einer europäischen Hauptstadt. Zu welchem Land gehört die Stadt?
16 (W); 30 (N)
43 (I); 105 (E)

13 Symmetrische Figuren werden als besonders schön empfunden und haben einen hohen Wiedererkennungswert. Deshalb wird bei Logos oft ein gleichseitiges Dreieck als Grundform genutzt.

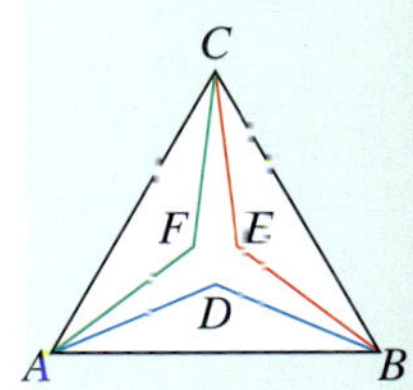

a) Zeichne eines der drei Logos nach. Markiere das gleichseitige Dreieck rot.
b) Finde weitere Logos, die aus gleichseitigen Dreiecken entstanden sind.
c) Entwickle mit Hilfe einer dynamischen Geometrie-Software dein eigenes Logo. Es soll ebenfalls aus der Grundform eines gleichseitigen Dreiecks entstehen.

Vermessungen im Gelände

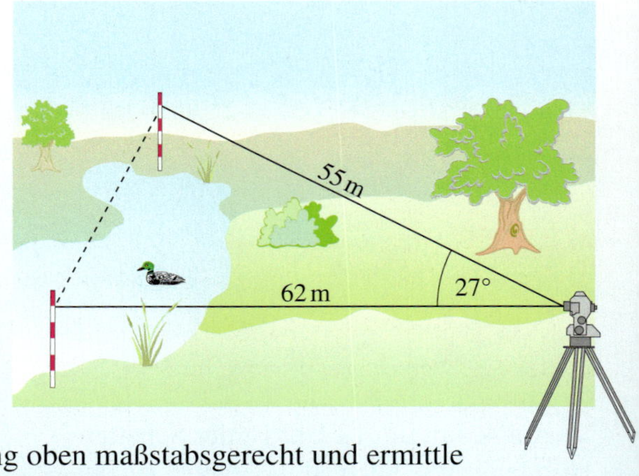

Mit einem Theodoliten werden sowohl Winkelmaße in der Ebene als auch in die Höhe ermittelt. So kann die Länge schwer zugänglicher Strecken in der Ebene (z. B. die Breite eines Sees) oder andere nicht messbarer Höhen (z. B. Berghöhen) über die Winkelgröße und bekannte Streckenlängen berechnet werden.

Maßstab 1 : 1000

Wirklichkeit	Zeichnung
1 m	0,1 cm
25 m	2,5 cm
100 m	10 cm

a) Konstruiere das Dreieck aus der Abbildung oben maßstabsgerecht und ermittle die fehlende Seitenlänge. Nutze den Maßstab links.

b) Mit einem Theodoliten werden zwei Markierungen am Ende einer Kiesgrube unter einem Winkel von 35° angepeilt. Der Theodolit steht 85 m bzw. 78 m von den Markierungen entfernt. Zeichne das Dreieck maßstabsgerecht und ermittle die Länge der Kiesgrube. Nutze den Maßstab links.

c) In einer Entfernung von 25 m wird vom Boden aus ein Wolkenkratzer angepeilt. Der höchste Punkt erscheint unter einem Winkel von 79°. Beachte, dass die Wände in einem rechten Winkel zum Boden stehen. Wie hoch ist der Wolkenkratzer?

d) Die Höhe eines Kirchturms soll bestimmt werden. Dazu hat man zwei geeignete Punkte A und B im Gelände gewählt. Von A aus und von B aus wird die Kirchturmspitze angepeilt. Die Messungen ergeben $\alpha = 27°$ und $\varepsilon = 57°$. Wie hoch ist der Kirchturm?

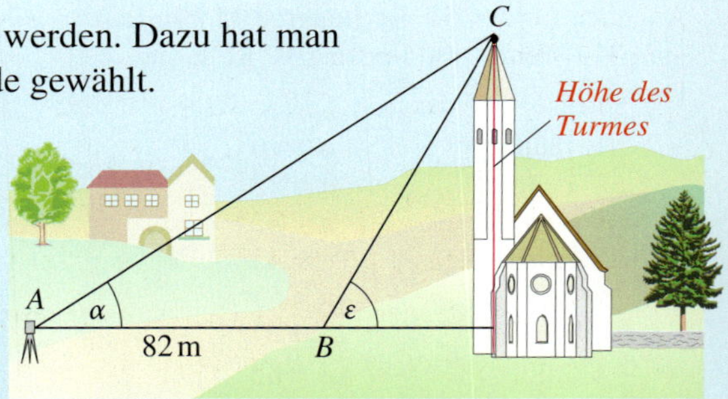

e) Ein abgesteckter Laufkurs hat die Form eines Dreiecks. Vom Start- und Zielpunkt A zum ersten Punkt der Richtungsänderung B sind es 1,8 km. Von dort aus sind es 2,5 km zum Punkt C. Beide Markierungen sieht man von A aus unter einem Winkel von 23°. Wie lang ist die Laufstrecke?

f) Von einem Punkt A aus wird die Spitze des Berliner Fernsehturms unter dem Winkel $\alpha = 40°$ angepeilt. Nähert man sich dem Turm um 330 m, so erscheint die Turmspitze unter dem Winkel $\varepsilon = 74°$. Die Augenhöhe kann man jeweils vernachlässigen. Konstruiere das Dreieck ABC im Maßstab 1 : 3000 und ermittle die Turmhöhe.

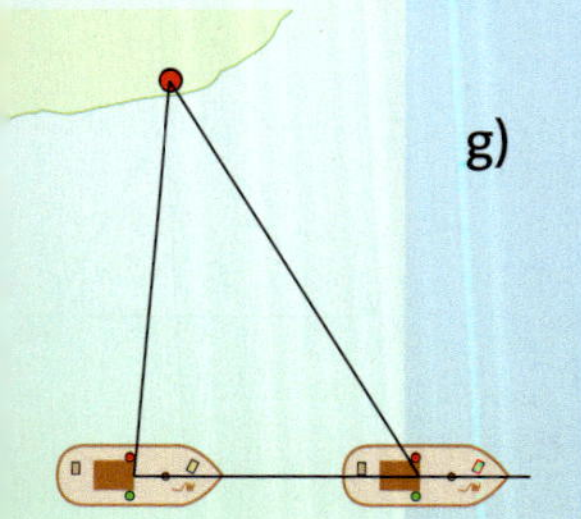

g) Ein Schiff fährt in 9 km Entfernung an einem Leuchtturm vorbei. Der Peilwinkel zwischen der Fahrtrichtung und dem Leuchtturm beträgt 85°. Nach einer halben Stunde wird wieder der Winkel zwischen Fahrtrichtung und Leuchtturm gemessen und 122° ermittelt. Zeichne ein entsprechendes Dreieck in einem geeigneten Maßstab und bestimme, wie weit das Schiff in der halben Stunde gefahren ist. Mit welcher Durchschnittsgeschwindigkeit in $\frac{km}{h}$ ist das Schiff gefahren?

Alles klar?

Entscheide, ob die Aussagen richtig oder falsch sind.
Begründe deine Entscheidung im Heft und korrigiere gegebenenfalls.

1 Konstruktion von Dreiecken – *SWS* und *WSW*

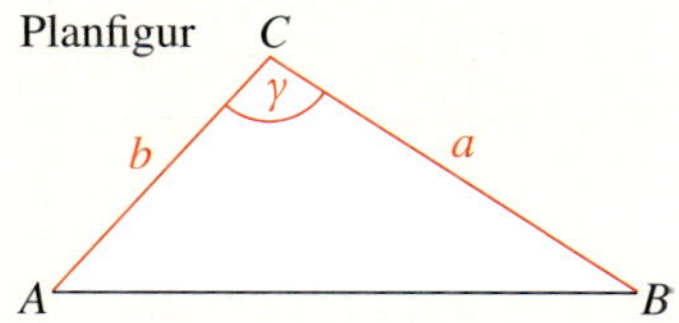

a) Eine Planfigur muss sowohl in den Maßen als auch in der Form mit dem entstehenden Dreieck übereinstimmen.

b) Die abgebildete Planfigur entspricht der Konstruktion *SWS*.

c) Bei den Angaben $a = 5\,\text{cm}$, $b = 4\,\text{cm}$ und $\alpha = 38°$ kann das Dreieck *ABC* nach dem Typ *SWS* konstruiert werden.

d) Bei der Konstruktion *WSW* schneiden sich die beiden freien Schenkel in einem Punkt, das ist der dritte Eckpunkt.

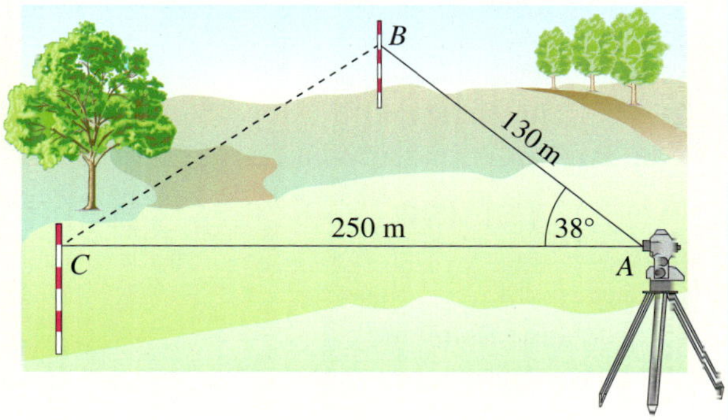

e) Betrachte die Zeichnung rechts: Die unbekannte Strecke lässt sich mit Hilfe einer maßstabsgerechten Zeichnung des Typs *SWS* ermitteln.

f) Aus den Angaben $c = 4{,}3\,\text{cm}$; $\alpha = 60°$ und $\beta = 125°$ lässt sich ein Dreieck des Typs *WSW* konstruieren.

BEACHTE
Die Lösungen zu den Aufgaben auf dieser Seite sowie dazu passende Trainingsaufgaben findest du ab Seite 186.

2 Konstruktion von Dreiecken – *SSS*

a) Bei der Konstruktion *SSS* wird immer ein Zirkel benötigt.

b) Aus den Angaben $a = 6\,\text{cm}$; $b = 2{,}8\,\text{cm}$ und $c = 1{,}5\,\text{cm}$ lässt sich ein Dreieck konstruieren.

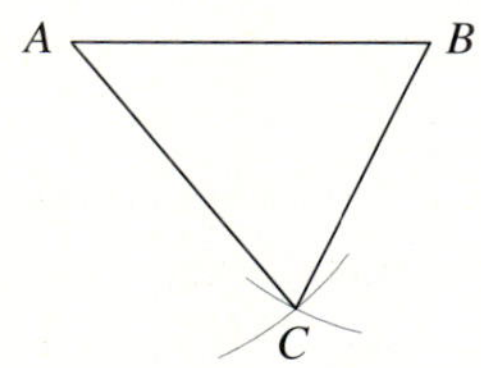

c) Das abgebildete Dreieck *ABC* wurde richtig konstruiert.

d) Sind die Seitenlängen eines Dreiecks $a = 6\,\text{cm}$; $b = 8\,\text{cm}$ und $c = 10\,\text{cm}$, so entsteht ein rechtwinkliges Dreieck.

3 Konstruktion von Dreiecken – *SSW* und *WWW*

a) Bei den beiden Konstruktionen *SSW* und *WWW* entstehen immer kongruente Dreiecke.

b) Mit Hilfe der Planfigur rechts lässt sich folgende Aufgabe lösen. Eine Vermessung hatte folgende Ergebnisse: Der Standort *A* ist 500 m vom Standort *C* entfernt und 350 m vom Standort *B*. Von *C* aus erscheint die Strecke $\overline{AB}$ unter dem Winkel $\gamma = 46°$. Wie lang ist die Strecke $\overline{BC}$?

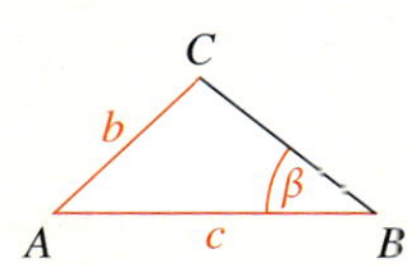

c) Bei einer Konstruktion zu den Angaben $a = 4{,}5\,\text{cm}$; $b = 3{,}8\,\text{cm}$ und $\beta = 44°$ entstehen zwei Dreiecke.

d) Liegt bei einer Konstruktion nach *SSW* die längere Seite dem gegebenen Winkel nicht gegenüber, so entsteht ein einziges Dreieck.

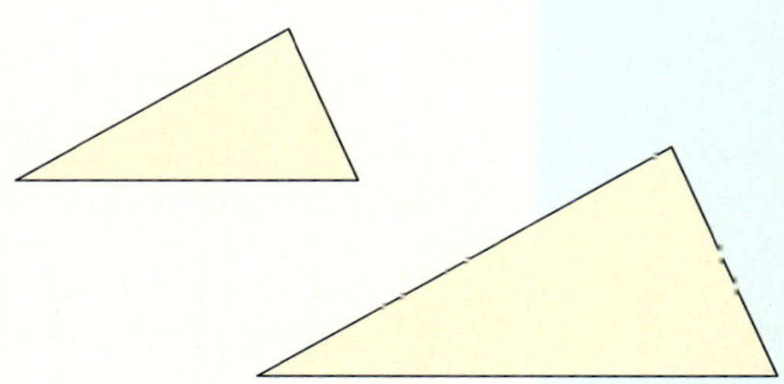

e) Die beiden Dreiecke rechts wurden nach den gleichen Angaben gezeichnet, deshalb muss eines falsch gezeichnet worden sein.

Zusammenfassung

<table>
<tr><th></th><th>gegeben</th><th>mögliche Planfigur</th><th>mögliche Dreiecke</th></tr>
<tr><td>→ Seite 92</td><td>drei Seiten

Fall SSS</td><td>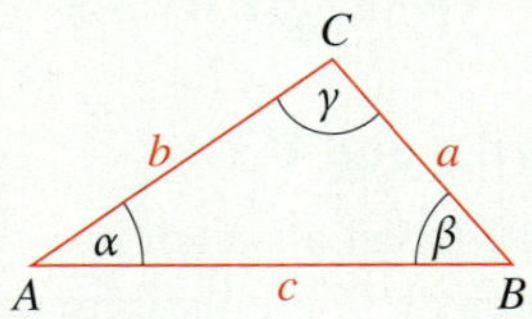</td><td>ein Dreieck

jede Konstruktion führt zum gleichen Dreieck</td></tr>
<tr><td>→ Seite 86</td><td>zwei Seiten und der eingeschlossene Winkel

Fall SWS</td><td>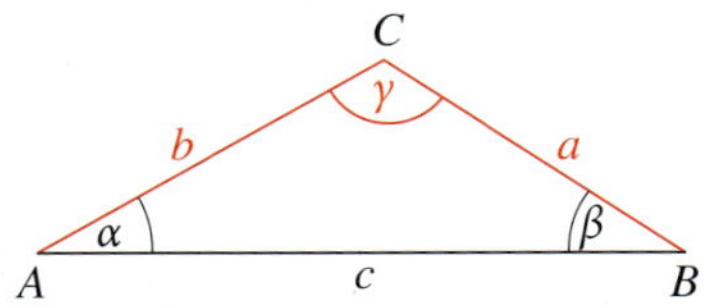</td><td>ein Dreieck

jede Konstruktion führt zum gleichen Dreieck</td></tr>
<tr><td>→ Seite 86</td><td>eine Seite und die zwei anliegenden Winkel

Fall WSW</td><td>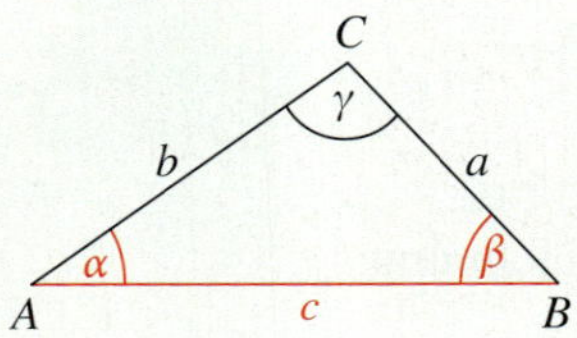</td><td>ein Dreieck

jede Konstruktion führt zum gleichen Dreieck</td></tr>
<tr><td>→ Seiten 88, 89</td><td>eine Seite und zwei Winkel, wovon ein Winkel nicht anliegt

Fall SWW</td><td>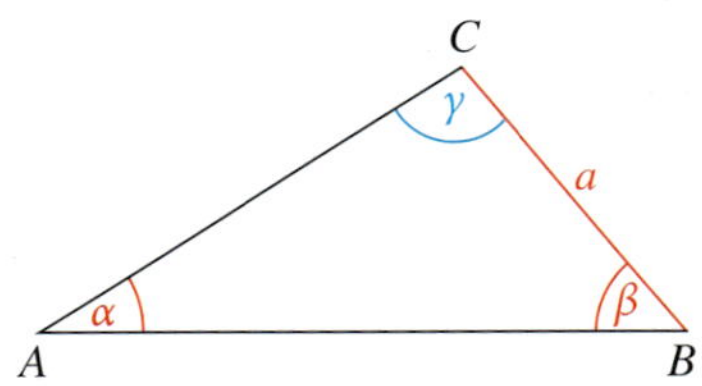</td><td>ein Dreieck

jede Konstruktion führt zum gleichen Dreieck</td></tr>
<tr><td>→ Seite 96</td><td>zwei Seiten und ein nicht eingeschlossener Winkel

Fall SSW</td><td>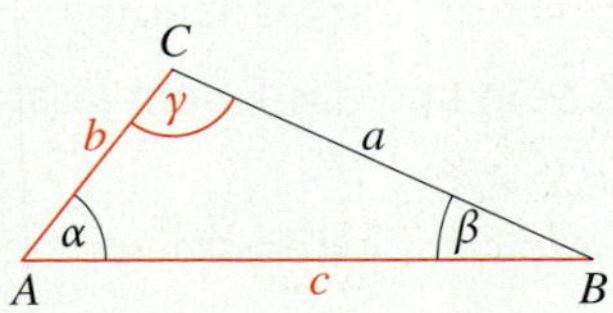
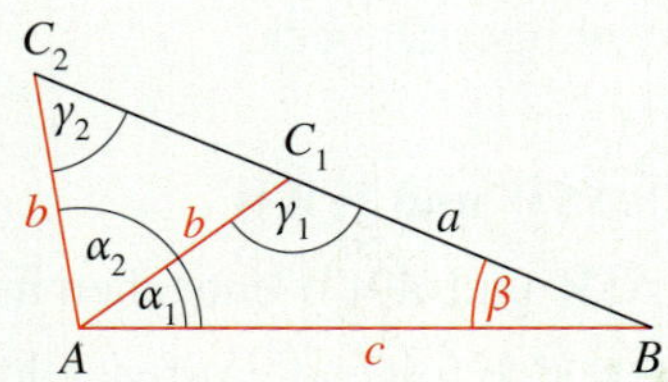</td><td>1. Fall: der Winkel liegt der längeren der zwei Seiten gegenüber (Ssw)

ein Dreieck

2. Fall: der Winkel liegt der kürzeren der zwei Seiten gegenüber (sSw)

zwei verschiedene Dreiecke</td></tr>
<tr><td>→ Seite 96</td><td>drei Winkel

Fall WWW</td><td>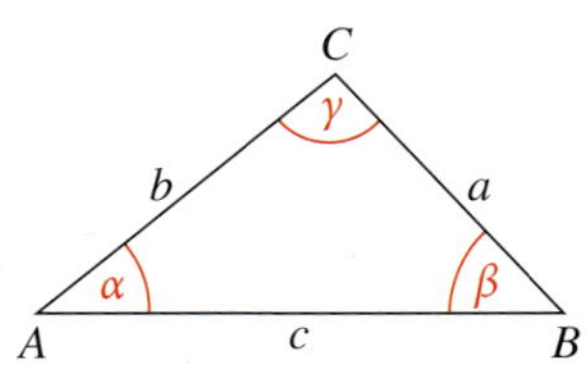</td><td>beliebig viele Dreiecke

sie haben die gleiche Form, aber verschiedene Größe</td></tr>
</table>

→ Seite 96

Wenn Dreiecke die gleiche Form und die gleiche Größe haben, nennt man sie **kongruente (deckungsgleiche) Dreiecke**. Kongruente Dreiecke stimmen in allen Seitenlängen und Winkelgrößen überein. Dreiecke sind dann **kongruent**, wenn sie nach dem Fall *SSS*, *SWS*, *WSW*, *SWW* und *SSW* übereinstimmen.

Prozentrechnung

Beim Einkaufen wird häufig mit Prozentangaben geworben. Das Wort „Prozent“ kommt vom italienischen „pro cento“ (von Hundert) und wurde später abgekürzt mit cto. Daraus entstand mit der Zeit die Schreibweise %.

In diesem Kapitel lernst du zu berechnen, wie viel Geld du bei reduzierter Ware weniger zahlen musst. Du lernst die Begriffe Grundwert, Prozentwert und Prozentsatz zu unterscheiden. Außerdem erfährst du, wie du von jeder beliebigen Größe Anteile in Prozent bestimmen kannst.

Noch fit?

1 Schreibe in Prozentschreibweise.

a) $\frac{3}{100}$ b) $\frac{35}{100}$ c) $\frac{433}{1000}$ d) 0,74 e) 0,6

f) $\frac{1}{2}$ g) $\frac{3}{4}$ h) $\frac{1}{8}$ i) $\frac{4}{5}$ j) $\frac{2}{5}$

2 Gib den Anteil der rot gefärbten und der blau gefärbten Fläche in Prozent an.

a) b) c) d) e) f)

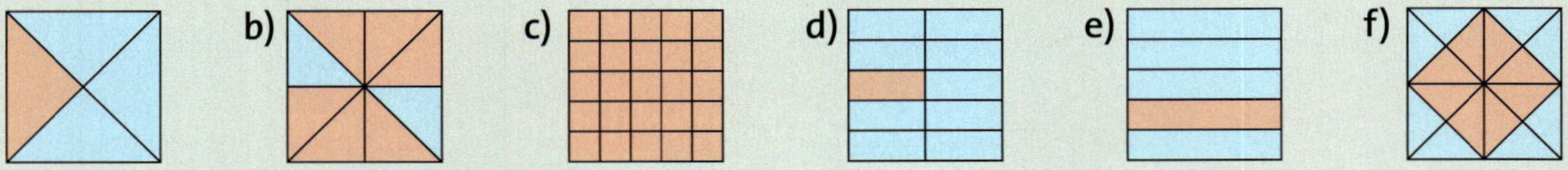

3 Zeichne drei Rechtecke mit den Seitenlängen 3 cm und 5 cm.
Färbe im ersten Rechteck 50 %, im zweiten 75 % und im dritten 10 % der Fläche ein.

4 Unterteile einen Kreis mit dem Radius 5 cm in 8 gleich große Teile und färbe 37,5 % ein.

106-1
Unter dem Webcode gibt es eine interaktive Übung zum Zuordnen von Prozentwerten zu Brüchen und Dezimalbrüchen.

5 Schreibe die Prozentzahlen als Brüche. Kürze so weit wie möglich.

a) 10 % b) 25 % c) 50 % d) 55 % e) 37,5 %

f) 45,2 % g) 13,6 % h) 25,45 % i) 0,01 % j) 110 %

6 Schreibe die Prozentangaben in Dezimalbrüche um.

a) 12 %; 22 %; 47 %; 125 % b) 5 %; 0,2 %; 0,7 %; 0,88 %; 1,2 %

7 Welche Zahlen sind gleich?

a) $\frac{1}{20}$; 0,2; 0,5; 1,0; 20 % b) 0,1; 10; 20; 0,3; 15; 10 % c) 22; 0,2; $\frac{44}{2}$; 0,4; 40 %

8 Ordne die Zahlen ihrem Wert nach von klein nach groß.

a) 1,2; 0,1; $\frac{1}{2}$; 20 %; $2\frac{3}{4}$; 15 b) $\frac{7}{10}$; $\frac{2}{10}$; $\frac{22}{2}$; $\frac{21}{3}$; $\frac{48}{4}$; 73 %

9 Berechne.

a) $\frac{3}{4}$ von 120 b) $\frac{5}{8}$ von 200 c) $\frac{11}{12}$ von 240 d) $\frac{3}{8}$ von 32

10 Zwei Basketball-Spieler unterhalten sich über ihre Leistungen.
Spieler A: „Ich habe 25 von 75 Würfen verwandelt."
Spieler B: „Bei mir waren es sogar 30 von 90 Würfen."
Welcher Spieler war im Verhältnis erfolgreicher?

11 Drei Liter Milch wiegen 4,2 kg. Wie viel wiegen fünf Liter Milch? Lege eine Tabelle an.

Bunt gemischt

1. Ein Kreis mit dem Radius 4 cm hat einen Durchmesser von …
2. Nenne möglichst viele Eigenschaften von Rechtecken.
3. Ergänze die Lücken:
   a) 4 · 7 = ▢ · 14 b) 100 : 20 = 200 : ▢ c) 78 − 3 = ▢ − 13 d) 25 + 17 = 33 + ▢
4. Die Differenz zweier benachbarter Quadratzahlen ist 9. Wie heißen die Quadratzahlen?
5. Wann ist eine Zahl durch 3 teilbar?

Prozentsatz und Prozentwert

Erforschen und Entdecken

1 Zeichne im Heft fünf Quadrate mit jeweils 10 × 10 Kästchen Länge.
Berechne den Flächeninhalt eines Quadrats in Quadratzentimeter.

a) Färbe in je einem Quadrat den angegebenen Anteil:
① 50 % ② 25 % ③ 10 % ④ 30 % ⑤ 22,5 %

b) Übertrage die Tabelle rechts ins Heft und fülle sie aus.
Ermittle dazu den Flächeninhalt jedes gefärbten Anteils.

c) Ergänze die Tabelle um die Angaben 1 %; 15 % und 67,4 % und ergänze ebenfalls den Flächeninhalt. Wie bist du vorgegangen?

Anteil (Prozentsatz)	Flächeninhalt in cm^2
10 %	
22,5 %	
25 %	
30 %	
50 %	

2 Stelle dir ein Hunderterfeld mit Schälchen vor.
In den Schälchen liegen gleichmäßig verteilt 360 €.

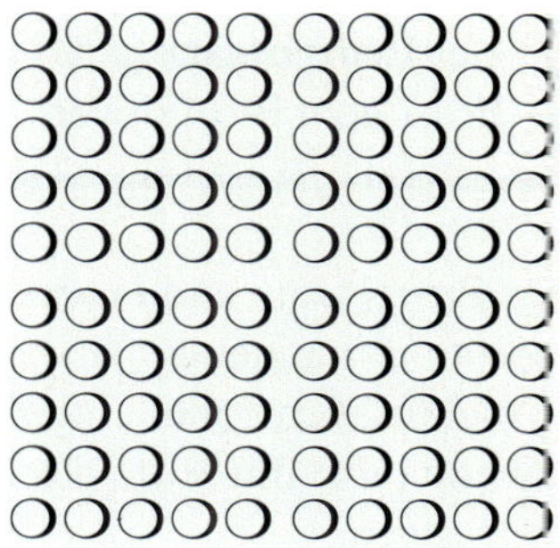

a) Wie viel Geld liegt in einem Schälchen?
Wie viel Prozent des gesamten Betrags sind das?

b) Wie viel Geld enthalten 12 Schälchen?
Wie viel Prozent von den 360 € sind das?

c) Wie viel Geld sind 40 % des Gesamtbetrags?
Erkläre, wie du beim Berechnen vorgegangen bist.

d) Wie viel Geld sind 23,7 % des Gesamtbetrags?

3 Mit dieser Zuordnungstabelle kann man Prozentwerte berechnen.

a) Von 1200 Schülerinnen und Schülern lernen 45 % eine zweite Fremdsprache.
Das sind 540 Schülerinnen und Schüler.
Ordne die einzelnen Angaben den Werten in der Tabelle zu. Erkläre dann, wie mit der Tabelle gerechnet wurde.

	Anteil	Anzahl der Schüler	
	100 %	1200	
: 100	1 %	$\frac{1200}{100} = 12$	: 100
· 45	45 %	540	· 45

b) Löse ebenso:
① In einer Schule sind 900 Schülerinnen und Schüler. 35 % von ihnen lernen zwei Fremdsprachen. Wie viele sind das?
② 80 % der 12 € Taschengeld wurden für Süßigkeiten ausgegeben. Wie viel Geld ist das?

4 Mit einer Zuordnungstabelle ist es auch möglich, den Prozentsatz zu berechnen.

a) Von 1200 Schülerinnen und Schülern wohnen 750 direkt am Schulort.
Das entspricht einem Anteil von 62,5 %.
Ordne die Angaben aus dem Text den Werten in der Tabelle zu. Erkläre dann, wie mit der Tabelle gerechnet wurde.

	Anzahl der Schüler	Anteil	
	1200	100 %	
: 1200	1	$\frac{100}{1200}$ %	: 1200
· 750	750	62,5 %	· 750

b) Beschreibe Gemeinsamkeiten und Unterschiede zu der Tabelle aus Aufgabe 3.

c) Bestimme den Prozentsatz:
① Von den 200 € für ihr neues Saxophon zahlte Lara 36 € selbst.
② In der letzten Mathematikarbeit erhielt Björn 45 von 55 Punkten.

Lesen und Verstehen

In der Klasse 7 b sind 25 Schülerinnen und Schüler. 12 von ihnen tragen Jeans. Blonde Haare haben 32 % der Jugendlichen.

12 von den 25 Mädchen und Jungen tragen Jeans. Das sind 48 %.

Prozentwert W — Grundwert G — Prozentsatz $p\%$

Der **Grundwert (G)** ist die Bezugsgröße, das Ganze. Er entspricht 100 %.
Der Prozentwert (W) ist ein Teil der Gesamtmenge, also ein Teil des Grundwertes.
Der **Prozentsatz (p %)** gibt den Anteil am Grundwert in Prozentschreibweise an.
Er ist dem Prozentwert zugeordnet.

Da Prozentsatz und Prozentwert proportional zueinander sind, lassen sich fehlende Werte über eine Zuordnungstabelle (also mit Hilfe des Dreisatzes) berechnen.

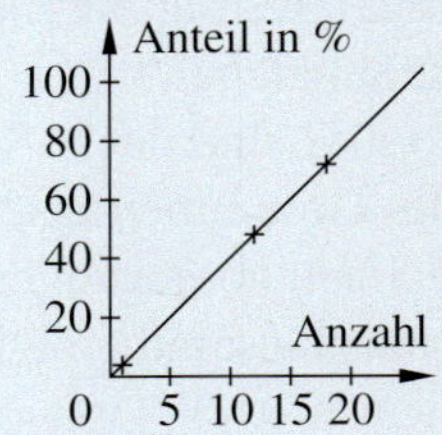

Berechnung des Prozentsatzes

Sind Grundwert und Prozentwert bekannt, kann der Prozentsatz mit dem Dreisatz berechnet werden.

BEISPIEL 1

	Anzahl	Anteil	
: 25	25	100 %	: 25
	1	4 %	
· 12	12	48 %	· 12

48 % der Jugendlichen tragen Jeans.

Man kann den Prozentsatz auch wie einen Anteil berechnen.
Das Ergebnis muss man dann in Prozentschreibweise umwandeln.

BEISPIEL 2

$p\% = \frac{12}{25} = \frac{48}{100} = 48\,\%$ oder

$p\% = \frac{12}{25} = 12 : 25 = 48\,\%$

32 % der 25 Mädchen und Jungen haben blonde Haare. Wie viele sind das?

Prozentsatz p % — Grundwert G

Berechnung des Prozentwertes

Sind Grundwert und Prozentsatz bekannt, kann der Prozentwert mit dem Dreisatz berechnet werden.

BEISPIEL 3

	Anteil	Anzahl	
: 100	100 %	25	: 100
	1 %	0,25	
· 32	32 %	8	· 32

8 Jugendliche haben blonde Haare.

Basisaufgaben

1 Ordne die Begriffe Prozentsatz, Prozentwert und Grundwert zu.
a) 315 der 500 Angestellten sind unter 40 Jahre alt. Das sind 63 %.
b) Von 260 Liegestühlen sind 35 %, also 91, nach der Saison defekt.
c) 2 % von 600 Autos sind lila gespritzt.
d) Von fünfmal Würfeln habe ich zweimal eine Sechs gewürfelt.
e) Bei einem Krankenstand von 4 % in der Firma sind 5 Mitarbeiter krank.

2 Gib die jeweiligen Prozentsätze an.
a) 37 von 100 b) 18 von 200
c) 27 von 50 d) 7 von 10
e) 39 von 300 f) 15 von 25

3 Übersetze in Prozentangaben.
BEISPIEL ein Zwanzigstel ist $\frac{1}{20} = 5\,\%$
a) die Hälfte b) ein Viertel
c) drei Viertel d) das Doppelte
e) der fünfte Teil f) der zehnte Teil

4 Ergänze die Zuordnungstabellen.

a)

Betrag (in €)	Anteil
20	100 %
1	5 %
16	

b)

Betrag (in €)	Anteil
25	100 %
1	
22	

c)

Masse (in kg)	Anteil
40	100 %
1	
18	

d)

Masse (in kg)	Anteil
75	100 %
1	
9	

5 Ordne Prozentwert und Grundwert zu. Berechne.
a) Wie viel Prozent von 560 t sind 28 t?
b) Wie viel Prozent sind 27 kg von 450 kg?
c) Wie viel Prozent sind 6 € von 200 €?

6 Berechne den Prozentsatz.
Der Grundwert beträgt 40 €.

	a)	b)	c)	d)	e)
Prozentwert	4 €	10 €	25 €	50 €	80 €

7 Betrachte die unterschiedlichen Möglichkeiten 24 von 40 als Prozentsatz zu berechnen.
① **Tabelle**

	Prozentwert	Prozentsatz	
:40	40	100 %	:40
	1	2,5 %	
·24	24	60 %	·24

② **Bruch** $\frac{24}{40} = \frac{6}{10} = \frac{60}{100} = 60\,\%$

③ **Division** $24 : 40 = 0{,}6 = 60\,\%$

a) Beschreibe die drei Vorgehensweisen.
b) Berechne jeweils auf alle drei Arten:
11 von 25 56 von 70 18 von 48

8 Wie viel Prozent sind …
a) 498 t von 8300 t, b) 17,5 g von 437,5 g,
c) 99,9 ℓ von 555 ℓ, d) 28 m von 112 m,
e) 638 € von 1305 €, f) 24 cm von 3 dm?

9 Berechne den Prozentsatz.

a)

5 € von				
10 €	20 €	50 €	100 €	200 €

b)

6 min von				
1 h	2 h	4 h	5 h	10 h

c)

5 cm von				
5 cm	8 cm	50 cm	80 cm	100 cm

10 Bestimme den prozentualen Anteil der Miete am Einkommen der Familien.

Familie	Müller	Reimer	Kowalski	Albrecht
Einkommen	2000 €	2500 €	3000 €	3500 €
Miete	400 €	500 €	750 €	770 €

11 Um in die Lise-Meitner-Schule zu kommen, gehen von den insgesamt 720 Schülerinnen und Schülern 144 zu Fuß, 180 nutzen den Bus, 324 das Fahrrad und die restlichen die Straßenbahn.
a) Wie viele Schülerinnen und Schüler fahren mit der Straßenbahn zur Schule?
b) Wie viel Prozent fahren jeweils mit Bus, Fahrrad oder Straßenbahn zur Schule?

BEACHTE
Die Lösungen zu Aufgabe 2 ergeben in der richtigen Reihenfolge den Namen einer europäischen Hauptstadt. Zu welchem Land gehört die Stadt?
9 (O); 13 (C); 37 (M); 54 (N); 60 (O); 70 (A)

12 Berechne 1 % (25 %, 12,5 %) von …
a) 50 €, 80 €, 150 €, 200 €, 500 €
b) 75 m, 98 m, 112 m, 156 m, 210 m
c) 12 kg, 54 kg, 612 kg, 305 kg, 440 kg
d) 16 ℓ, 68 ℓ, 108 ℓ, 255 ℓ, 375 ℓ

13 Übertrage die Zuordnungstabellen in dein Heft und vervollständige sie.

a)

Anteil	Betrag (in €)
100 %	45
1 %	0,45
20 %	

b)

Anteil	Betrag (in €)
100 %	60
1 %	
70 %	

c)

Anteil	Masse (in kg)
100 %	72
1 %	
15 %	

d)

Anteil	Masse (in kg)
100 %	128
1 %	
65 %	

14 Berechne den Prozentwert.
a) 6 % von 50 kg
b) 9 % von 100 kg
c) 5 % von 80 ℓ
d) 4 % von 75 ℓ
e) 25 % von 98 m
f) 60 % von 90 cm
g) 75 % von 12 cm
h) 12 % von 3 km
i) 45 % von 85 m
j) 89 % von 720 km

15 Berechne den Prozentwert aus einem Prozentsatz des linken Kastens und einem Grundwert aus dem rechten Kasten.

20 %, 50 %, 40 %, 25 %, 30 %, 80 %

64 €, 90 €, 75 €, 50 €, 250 €, 120 €

16 Erkläre, wie hier der Wert für 17 % ermittelt wurde:

Prozentsatz	Prozentwert
7 %	14 Euro
10 %	20 Euro
17 %	34 Euro

Übertrage die untere Tabelle in dein Heft. Nutze dann die ausgefüllten Felder der Tabelle, um die Lücken zu füllen.

1 %	2 %	5 %	10 %	12 %	20 %	50 %	62 %	67 %
4 €		20 €				200 €		

17 Berechne den Prozentwert.

a)

10 %	20 %	25 %	50 %	40 %	75 %
von 400 m					

b)

1 %	2 %	5 %	9 %	15 %	45 %
von 60 €					

c)

1 %	11 %	23 %	56 %	81 %	99 %
von 800 kg					

18 Zeichne vier identische Quadrate mit der Seitenlänge 4 cm, also mit $A = 16\,\text{cm}^2$. Schraffiere folgende Flächen: 25 %, 50 %, 75 % und 100 %.
Berechne, wie viel Quadratzentimeter die schraffierte Fläche einnimmt.

19 Für ihre 150 Euro auf dem Sparbuch bekommt Lena 2 % Zinsen im Jahr.
a) Wie hoch sind die Zinsen in Euro?
b) Wie viel Geld hat Lena dann nach einem Jahr auf dem Konto?

20 Ein Paar Turnschuhe kostet 69 €. Vereinsmitglieder erhalten 15 % Preisnachlass.

a) Wie viel Euro beträgt der Preisnachlass?
b) Wie viel Euro müsste ein Vereinsmitglied für dieses Paar Turnschuhe zahlen?

21 Ein Pulli kostet 25 €. Sein Preis wird um 30 % auf 70 % reduziert.
Wie viel kostet er jetzt?

22 Ein Sportverein zählt 640 Mitglieder.
20 % aller Mitglieder gehören der Fußballabteilung an,
30 % gehören der Basketballabteilung an,
40 % sind Leichtathleten und
10 % sind Schwimmer.
a) Berechne die Anzahl der Mitglieder in jeder Abteilung.
b) Zeichne ein Kreisdiagramm.

Weiterführende Aufgaben

23 Ordne jeweils passend zu.

Grundwert		
56 €	5000 €	180 €
710 €	33 €	850 €

Prozentwert		
8,50 €	5,60 €	142 €
90 €	100 €	9,90 €

Prozentsatz					
2 %	20 %	50 %	30 %	10 %	1 %

24 Leon und Tine vergleichen ihre Zuordnungstabellen.

Leon:

	Betrag (in €)	Anteil	
:100	250	100 %	:100
·20	2,50	1 %	·20
	50	20 %	

Tine:

	Betrag (in €)	Anteil	
:5	250	100 %	:5
	50	20 %	

a) Erkläre die Unterschiede. Wann ist es sinnvoll, wie Tine zu rechnen?
b) Wie viel Prozent sind 9 € von 36 €?
c) Wie viel Prozent sind 12 ℓ von 96 ℓ?

25 Schau dir die verschiedenen Methoden von Jana und Max an. Beide berechnen verschiedene Prozentwerte vom gleichen Grundwert.

Jana:

Masse in kg	Anteil	Masse in kg	Anteil
200	100 %	200	100 %
2	1 %	2	1 %
30	15 %	40	20 %

Max:

	Masse in kg	Anteil	
:100	200	100 %	:100
·15	2	1 %	·15
·20	30	15 %	·20
	40	20 %	
	60	30 %	

a) Beschreibe die Unterschiede.
b) Berechne 15 %, 20 % und 30 % von 200 kg.
c) Berechne 17 %, 26 % und 57 % von 450 kg.

26 Kartoffeln bestehen zu 76 % aus Wasser, zu 21 % aus Kohlenhydraten und zu 3 % aus anderen Bestandteilen.
Tom isst zum Mittag 250 g Kartoffeln.
Wie viel Gramm der einzelnen Bestandteile sind darin enthalten?

27 Zum Frühstück isst Marissa anderthalb Brötchen mit Schinken.
a) Ein Brötchen wiegt 45 g und enthält 7,8 % Eiweiß, 1,4 % Fett und 50,7 % Kohlenhydrate.
Wie viel Gramm nimmt Marissa allein mit dem Brötchen von jedem Nährstoff zu sich?
b) Marissa isst insgesamt 60 g Schinken.
Darin sind 2,9 g Eiweiß, 2,3 g Fett und 0,5 g Kohlenhydrate enthalten.
Welchen Prozentsätzen entsprechen die Angaben?
c) Wie viel Gramm sind von jedem Nährstoff in den anderthalb Brötchen mit Schinken enthalten?
Wie viel Prozent entsprechen die Grammangaben?

28 Ein ausgewachsener Elefant wiegt ungefähr 6 t. Ein gerade geborenes Elefantenbaby wiegt ca. 100 kg.

a) Wie viel Prozent nimmt das Gewicht eines Elefantenbabys im Verhältnis zum Gewicht der Elefantenmutter ein?
b) Bearbeitet zu zweit: In welchem Verhältnis steht bei Menschen das Gewicht eines Babys zur Mutter?

29 Ein Aquarium ist 60 cm lang, 20 cm breit und 30 cm hoch.
a) Es wurden 27 ℓ Wasser eingefüllt. Welcher Prozentsatz des Gesamtvolumens ist das?
b) Ein Aquarium soll immer zu 80 % des Gesamtvolumens mit Wasser gefüllt werden. Wie viel ℓ Wasser fehlen also noch?

30 Die Klassenarbeit in Mathematik ist in der 7 a und 7 b wie folgt ausgefallen:

7 a	**1**	**2**	**3**	**4**	**5**	**6**
	1	4	8	6	5	3

7 b	**1**	**2**	**3**	**4**	**5**	**6**
	5	8	12	3	2	2

a) Berechne die Prozentsätze der Noten 1 bis 6 für beide Klassen und runde dabei sinnvoll. Vergleiche dann die Klassen miteinander.
b) In welcher Klasse war der Prozentsatz für die Note 3 größer?
c) Wie viel Prozent haben jeweils eine Note schlechter als 4 bekommen?

31 Ausverkauf!

SALE!
Alle Waren um 30 % reduziert.

Überlege, welchem Prozentsatz die neuen Preise entsprechen müssen.
Wurden die Angebote richtig reduziert?
a) Herrenanzug von 499,00 € auf 349,30 €
b) T-Shirt: bisher 39,00 €, jetzt 29,99 €
c) Freizeitjacke von 199,00 € auf 139,30 €
d) Turnschuhe: bisher 159,00 €, jetzt 90 €

32 Die Einwohnerzahl eines Ortes stieg in den letzten 5 Jahren von 8250 auf 8415 Einwohner.
Wie viel Prozent Zuwachs hatte der Ort zu verzeichnen?

33 Im Juli 2013 lebten auf der Erde insgesamt 7,16 Mrd. Menschen. In China lebten zu dieser Zeit 1,36 Mrd. Menschen.
a) Wie groß ist der Anteil der Chinesen an der Weltbevölkerung?
b) Wie viele Menschen lebten zu der Zeit in Deutschland, wenn ihr Anteil an der Weltbevölkerung 1,1257 % betrug?
c) Recherchiere die aktuellen Zahlen und beantworte damit die Fragen erneut.

34 Eine Fabrik zum Färben von Ostereiern besprüht täglich 650 000 Eier. Zum Einsatz kommen vier Farben, die sich dann auf den Eiern vermischen.
10 % der Eier sind dreifarbig,
35 % sind zweifarbig,
292 500 Eier haben nur eine Farbe.
Wie viele Eier sind vier- und mehrfarbig?

35 In einer Umfrage wurden 400 Mädchen und 400 Jungen befragt:
a) 520 gaben an, täglich im Haushalt zu helfen. Davon waren 360 Mädchen und 160 Jungen. Wie groß ist der prozentuale Anteil der Mädchen, der Jungen und der Jugendlichen insgesamt, die im Haushalt helfen?
b) 77,5 % sagten, sie hätten schon mindestens einmal in ihrem Leben Alkohol probiert. Wie viele Jugendliche haben laut eigener Aussage noch nie Alkohol probiert?
c) Bei der Nachfrage nach ihrem Computerkonsum (in Stunden pro Woche) gab es folgende Angaben:
- bis 5 Stunden: 114
- von 6 bis 10 Stunden: 234
- von 11 bis 15 Stunden: 312
- über 15 Stunden: 140

Berechne jeweils den prozentualen Anteil und zeichne dazu ein Kreisdiagramm.

36 Jule sagt: „Wenn eine Jacke zwei mal um 50 % reduziert wird, kostet sie danach nichts mehr. Das ist ja cool."
Nimm Stellung zu Jules Aussage.

37 Nico meint: „Das ist ja sinnlos, wenn man einen Preis um 100 % erhöht und dann wieder um 100 % reduziert. Das ist doch dann wieder der alte Preis." Was meinst du?

38 Im Mai 2014 lag die Jugendarbeitslosigkeit in Spanien bei 54 %, in Polen dagegen bei 24 %. „Ist doch klar", meint Irina, „in Polen wohnen auch weniger Jugendliche."
Nimm Stellung zu ihrer Aussage.

Grundwert

Erforschen und Entdecken

1 Übertrage die Vielecke in dein Heft und ergänze sie, bis 100 % erreicht sind. Vergleicht eure Zeichnungen untereinander.

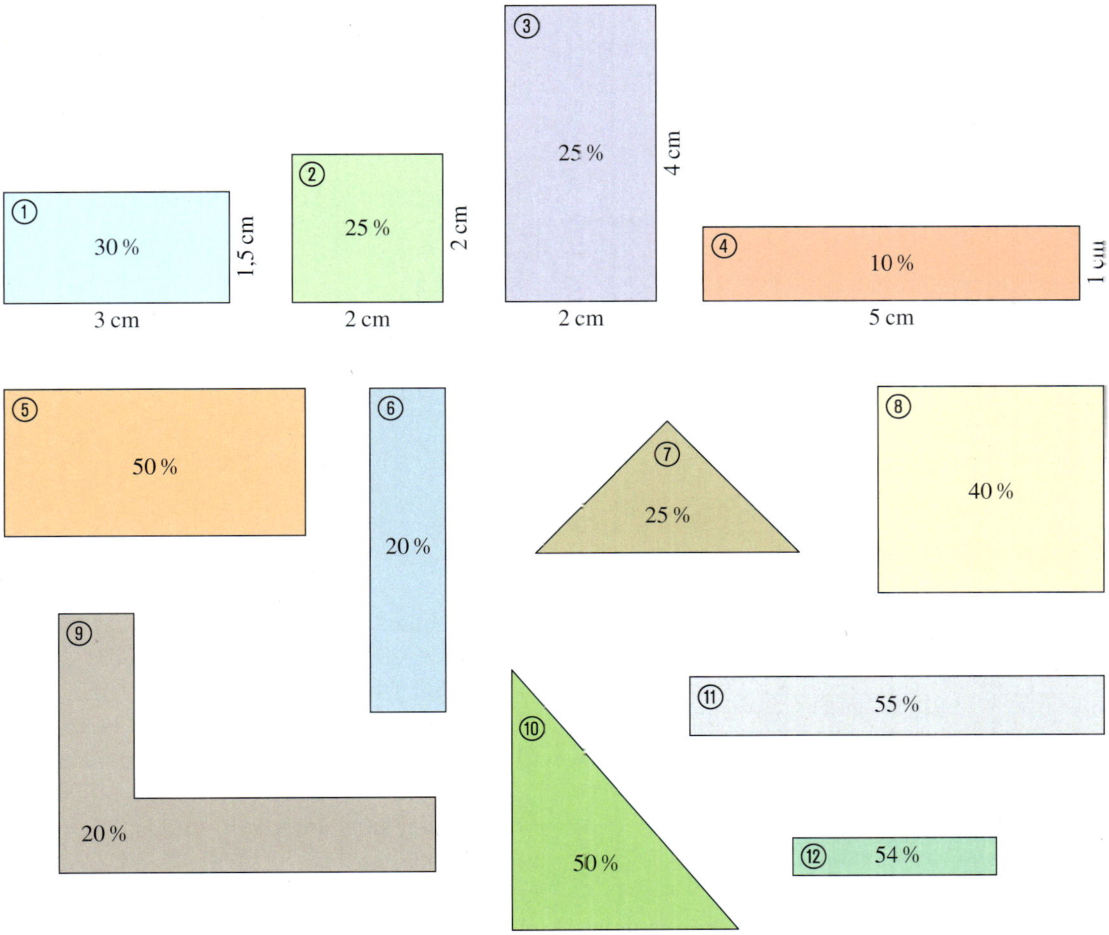

2 Bei der folgenden Aufgabe ist der Grundwert nicht bekannt.
30 der befragten Schülerinnen und Schüler gaben an, für die Hausaufgaben weniger als 60 Minuten zu benötigen. Das entspricht einem Prozentsatz von 15 %.

a) Warum muss dem Grundwert der Prozentsatz 100 % zugeordnet werden?

b) Die Zuordnungstabelle rechts passt zur Aufgabe. Ordne sie so um, dass damit der Grundwert berechnet werden kann. Wie bist du vorgegangen?

	Anteil	Anzahl der Schüler	
	100 %	200	
: 100			: 100
	1 %	2	
· 15			· 15
	15 %	30	

c) Überprüfe deine Anordnung aus b), indem du folgende Aufgabe rechnest:
70 der befragten Schülerinnen und Schüler gaben an, für die Hausaufgaben durchschnittlich 60 Minuten zu benötigen. Das entspricht einem Prozentsatz von 35 %.

Lesen und Verstehen

Am Montagmorgen fängt der Schulleiter vor der Schule die Schülerinnen und Schüler ab, die zu spät zum Unterricht kommen. 21 hat er erwischt. In seine Notizen schreibt er, dass 5 % zu spät kamen. Wie viele Schülerinnen und Schüler gehen auf die Schule?

Berechnung des Grundwertes
Sind Prozentsatz und Prozentwert bekannt, kann der Grundwert über den Dreisatz berechnet werden.
Der Grundwert wird dem Prozentsatz 100 % zugeordnet.

BEISPIEL 1

	Anteil	Anzahl	
:5	5 %	21	:5
·100	1 %	$\frac{21}{5} = 4{,}2$	·100
	100 %	420	

Es besuchen 420 Schüler die Schule.

Du musst nicht immer auf 1 % herunterrechnen.
Sind die Zahlen günstig, kann man auch in einem Schritt rechnen.

BEISPIEL 2

	Anteil	Anzahl	
·20	5 %	21	·20
	100 %	420	

Basisaufgaben

1 Zeichne den passenden 100%-Streifen in dein Heft.

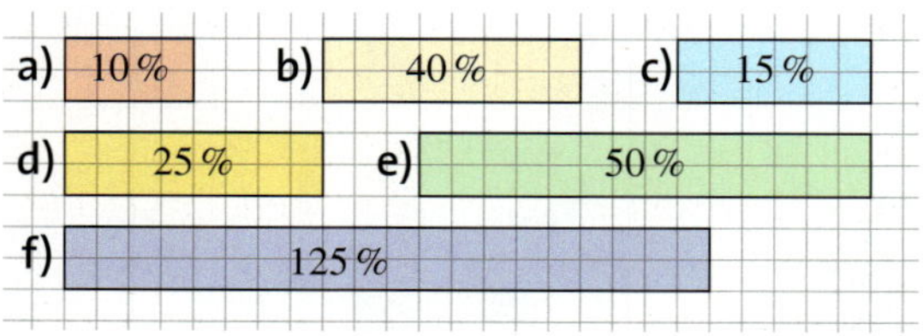

2 Übertrage die Zuordnungstabellen in dein Heft und fülle sie aus.

a)

	Anteil	Masse in g	
:15	15 %	75	:15
·100	1 %		·100
	100 %		

b)

	Anteil	Anzahl
:7	7 %	14
	1 %	
	100 %	

c)

Anteil	Betrag in €
5 %	70
1 %	
100 %	

d)

Anteil	Länge in km
6 %	30
1 %	
100 %	

e)

Anteil	Fläche in m²
20 %	120
1 %	
100 %	

f)

Anteil	Anzahl
36 %	90
1 %	
100 %	

3 Berechne den Grundwert.
a) 1 % sind 20 € b) 3 % sind 12 t
c) 5 % sind 15 kg d) 2 % sind 6 m
e) 4 % sind 68 g f) 6 % sind 24 €
g) 9 % sind 9 ℓ h) 12 % sind 42 km

4 Berechne den Grundwert im Kopf.
a) 1 % sind 40 g b) 50 % sind 120 ha
c) 25 % sind 16 s d) 10 % sind 60 m
e) 2 % sind 12 km f) 5 % sind 25 Tage
g) 12,5 % sind 50 € h) 30 % sind 90 h
i) 75 % sind 150 g j) 99 % sind 2,97 cm

5 Berechne den Grundwert.

a)

Prozentsatz	5 %	10 %	20 %	50 %
Prozentwert (in €)	30	86	35	230

b)

Prozentsatz	15 %	32 %	55 %	90 %
Prozentwert (in €)	123	45	67	62

6 Lisa ist schon 3 km gegangen und hat damit 75 % ihres Weges zurückgelegt. Wie weit ist ihr Weg insgesamt?

7 Von Jennys Praktikum sind 8 Tage vorbei. Das entspricht einem Anteil von 40 %. Wie viele Tage dauert die gesamte Praktikumszeit?

8 Tina fährt seit 3 Stunden im Zug. Sie ist froh, dass sie schon 60 % ihres Weges zurückgelegt hat.
Wie viele Stunden muss sie insgesamt fahren?

9 Lillis Eltern haben eine Mieterhöhung um 4 % erhalten. Sie zahlen jetzt 34 € mehr.
a) Wie hoch war die alte Miete?
b) Wie viel müssen sie jetzt bezahlen?

10 Timos großer Bruder hat sich eine Stereoanlage gekauft, die er über einen Kredit – also geliehenes Geld – bezahlt. Dafür muss er 8 % mehr als den ursprünglichen Kaufpreis bezahlen. Das kostet ihn 46,40 Euro mehr. Wie hoch war der ursprüngliche Preis für die Anlage?

11 An einer Gesamtschule überprüfte die Polizei die Verkehrssicherheit der Fahrräder. Nicht verkehrssicher waren 74 Fahrräder, das sind 20 % der untersuchten Räder.
Wie viele Fahrräder wurden durch die Polizei überprüft?

12 Bei der Wahl zum 18. Deutschen Bundestag 2013 bekamen CDU/CSU die meisten Stimmen. 18 165 446 Wähler gaben ihnen ihre Stimme. Das entspricht etwa 41,5 % der Wähler insgesamt. Wie viele Millionen Menschen haben ungefähr gewählt?

13 Hier sind die Werte aus zwei Zuordnungstabellen durcheinandergeraten.
Sortiere die Werte und erstelle daraus die beiden Zuordnungstabellen.
Berechne dann den fehlenden Grundwert.

1 %; 50 %; 32,5 €; 1 %; 27 m²; 100 %; 30 %; 0,65 €; 100 %; 0,9 m²

14 An einer Losbude stehen zwei große Schilder:

a) Wie viele Lose gibt es insgesamt?
b) Wie viele Nieten sind vorhanden?

15 Melissas Klasse führt eine Befragung zum Fernsehverhalten und zur Computernutzung in ihrer Klasse durch.
Von den Befragten gaben 7 (das sind 28 %) an, dass sie nicht täglich fernsehen. 19 gaben an, dass sie täglich den Computer nutzen.
a) Wie viele Schülerinnen und Schüler sind in Melissas Klasse?
b) Bestimme den Anteil derjenigen, die täglich den Computer nutzen.

16 Welcher Grundwert liegt den jeweiligen Kreisdiagrammen zu Grunde?

a)
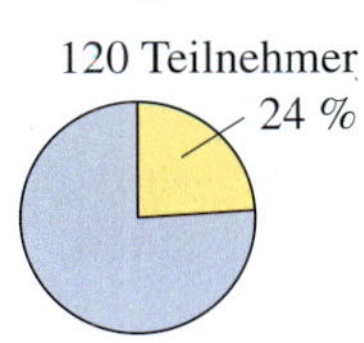

b)
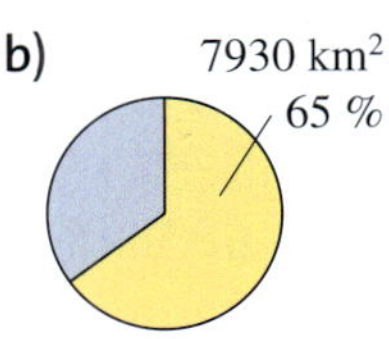

c)
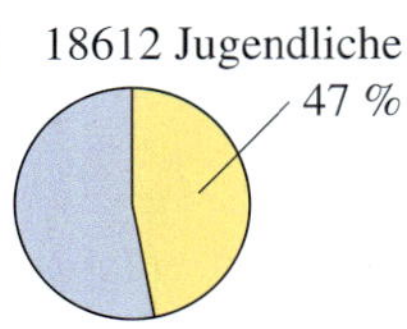

Weiterführende Aufgaben

17 Beschreibe mit deinen Worten, was der Grundwert ist. Erkläre mit Hilfe eines Beispiels, wie man ihn aus gegebenen Größen berechnet.

18 In einem Einkaufszentrum befinden sich ganz verschiedene Geschäfte:
56 % von ihnen verkaufen Mode (das sind 28 Geschäfte), 8 % verkaufen Schuhe und Lederwaren, 14 % Haushaltswaren und 22 % Elektroartikel.

a) Berechne die Zahl der Geschäfte jeder Art sowie die Gesamtzahl aller Geschäfte im Einkaufszentrum.
b) Stelle die Aufteilung der Geschäfte im Einkaufszentrum als Kreisdiagramm dar.

19 Lies folgende Angaben:
① 345 Schüler sind 30 %.
② 42,5 g sind 17 %.
③ 155 km sind 25 %.
④ 78 Frauen sind 52 %.

a) Berechne jeweils den Grundwert und erfinde einen Sachzusammenhang.
b) Zu welcher der vier Angaben gehört dieses Diagramm? Erkläre dann den blauen Anteil.

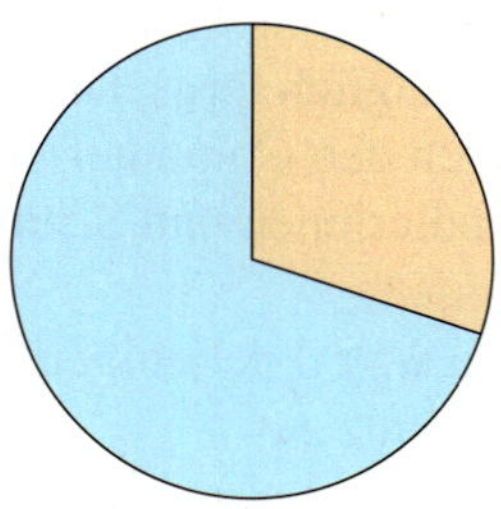

c) Stelle zwei weitere Zusammenhänge in jeweils einem Kreisdiagramm dar.

ERINNERE DICH
Ein Vollkreis besteht aus 360°, er entspricht 100 %. Also entspricht 1 % einem Winkel von 3,6°.
35 % Prozent entsprechen 126°, da 35 · 3,6° = 126°.

20 In der Zeitung steht, dass bei einem Zugunglück 57 Menschen verletzt wurden. Mehr als die Hälfte der Reisenden hatten keine Verletzungen.
Wie viele Menschen befanden sich mindestens im Zug?

21 Salami enthält 20,4 g Eiweiß, das sind 17 %. Wie viel Prozent entspricht 48 g Fett, das in einer Salami enthalten ist?

22 Familie Franken hat sich für ein neues Auto entschieden. Zwei Händler bieten das gleiche Modell an.
Händler A reduziert den Preis um 1500 € auf 95 % des Listenpreises.
Händler B bietet einen Preisabschlag von 2400 € an und verlangt 92,5 % des Listenpreises.

a) Wie teuer wären die beiden Autos ohne Preisnachlass?
b) Für welchen Händler sollten sie sich entscheiden?

23 Frau Heinrichs möchte einen Werbeprospekt mit einem Foto ihres Hotels erstellen. Dafür hat sie die Seitenlängen eines Fotos auf 70 % verkleinert, damit es nur noch 10,5 cm breit und 7 cm hoch ist.

a) Wie groß ist das Ursprungsfoto?
b) Ein anderes Foto (20 cm hoch, 30 cm breit) soll auf dieselbe Größe verkleinert werden. Ist das möglich? Wenn ja: auf wie viel Prozent wird es verkleinert? Wenn nein: warum geht das nicht?

24 Von allen Schülerinnen und Schülern eines Jahrgangs besitzen 112 ein Smartphone und 56 ein anderes Handy.
16 davon haben sowohl ein Smartphone als auch ein Handy.
Neben den Handys besitzen 64 der Schülerinnen und Schüler noch eine extra Kamera. Dieser Anteil entspricht 40 %.
Wie viele Schülerinnen und Schüler haben weder ein Handy noch ein Smartphone?

25 Sortiere in der richtigen Reihenfolge nebeneinander. Fülle die beiden Lücken.
BEISPIEL 5 % von 980 sind 49.

Prozentwert	Prozentsatz	Grundwert
98,6	5 %	900
198	17 %	
287	33 %	980
882	45 %	
49	70 %	600
90	98 %	580

Grundwert vermehren und vermindern

Erforschen und Entdecken

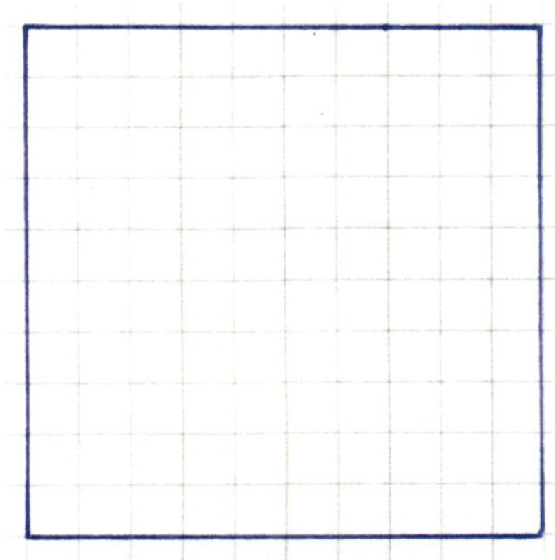

1 Zeichne untereinander fünf Quadrate mit jeweils 10×10 Kästchen Länge. Erweitere das erste Quadrat um 20 Kästchen, das zweite um 30 Kästchen, das dritte um 78 Kästchen, das vierte um 130 Kästchen und das fünfte um $22\frac{1}{2}$ Kästchen.

a) Übertrage die Tabelle in dein Heft und fülle sie dort aus.

Anzahl der Kästchen	Flächeninhalt (in cm²)	in %
100	25	100 %
120		
…		

b) Tina hat ihr Ursprungsquadrat so ergänzt, dass das neu entstandene Rechteck nun einen Flächeninhalt von 35 cm² besitzt. Wie viel Prozent sind das? Wie hast du das berechnet?

c) Tom meint, die Größe seines neu entstandenen Rechtecks beträgt 32 cm² und somit 160 %. Kann das stimmen?

2 Um Kunden zu werben, locken Geschäfte oft mit Preisnachlässen. Eine Hörbuchausgabe von Tintenherz wird z. B. bei einer Internetbuchhandlung folgendermaßen angeboten:

Tintenherz (Limitierte Sonderausgabe)
von Rainer Strecker und Cornelia Funke (2005) – Box-Set

Unverb. Preisempfehlung ~~34,40 Euro~~
Preis 24,08 Euro
Sie sparen 10,32 Euro (30 %)

a) Klärt untereinander die Angaben, die ihr nicht versteht.

b) Helena und Alina wollen überprüfen, ob beim neuen Preis wirklich um 30 % reduziert wurde.
Mache verschiedene Vorschläge, wie sie vorgehen könnten.

c) Helena hat mit einer Zuordnungstabelle gearbeitet, um den Preis zu überprüfen. Alina sagt, dass Helena nicht den neuen Preis gleich 100 % setzen kann. Warum nicht?

Betrag (in €)	Anteil
24,08	100 %
0,2408	1 %
7,22	30 %

24,08 + 7,22 = 31,30

3 Ein Fahrrad kostet im Laden 500 €. Stefan und Sabina bekommen 15 % Rabatt. Sie berechnen auf unterschiedliche Weise den neuen Preis.

a) Erkläre bei beiden, wie sie vorgegangen sind. Wo sind die Unterschiede?

b) Wie würdest du vorgehen? Begründe.

Stefan:

	Anteil	Betrag (in €)	
	100 %	500	
: 100	1 %	5	: 100
· 15	15 %	75	· 15

500 € – 75 € = 425 €

Sabina:

	Anteil	Betrag (in €)	
	100 %	500	
: 100	1 %	5	: 100
· 85	85 %	425	· 85

Lesen und Verstehen

Mehrwertsteuer wird auf Waren erhoben. Für die meisten Waren liegt sie bei 19 %. Mit den Einnahmen daraus werden allgemeine Ausgaben in Deutschland finanziert, zum Beispiel der Straßenbau, Schwimmbäder, Spielplätze und Turnhallen. Arne möchte berechnen, wie viel sein CD-Spieler ohne Mehrwertsteuer kostet.

Bei der **Vermehrung des Grundwerts** wird eine Größe um p % erhöht und entspricht dann einer Größe von mehr als 100 %.
Die Größe wird **vermehrt** auf $(100 + p)$ %.

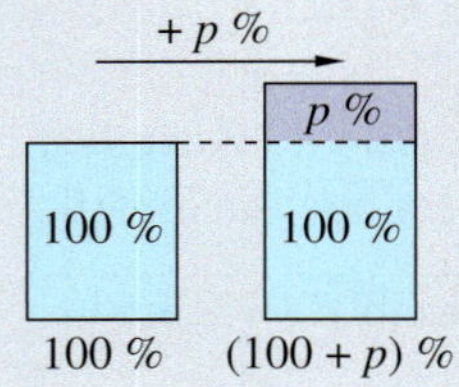

BEACHTE
Der Nettopreis ist ein Preis ohne Mehrwertsteuer. Der Bruttopreis ist ein Preis, der die Mehrwertsteuer enthält.

BEISPIEL 1
Arnes CD-Spieler kostet inklusive 19 % Mehrwertsteuer 33,50 €. Der Nettopreis wurde um 19 % erhöht auf (100 + 19) % = 119 %. Die 33,50 € entsprechen dem vermehrten Grundwert von 119 %.
Der Nettopreis beträgt 28,15 €.

Anteil	Preis (in €)
119 %	33,50
1 %	0,2815
100 %	28,15

BEISPIEL 2
Umgekehrt kann man auch in einem Schritt berechnen, wie hoch der Preis des CD-Spielers inklusive Mehrwertsteuer ist, wenn man den Nettopreis kennt.

Anteil	Preis (in €)
100 %	28,15
1 %	0,2815
119 %	33,50

Bei der **Verminderung des Grundwerts** wird eine Größe um p % reduziert und entspricht dann einer Größe von weniger als 100 %.
Die Größe wird **vermindert** auf $(100 - p)$ %.

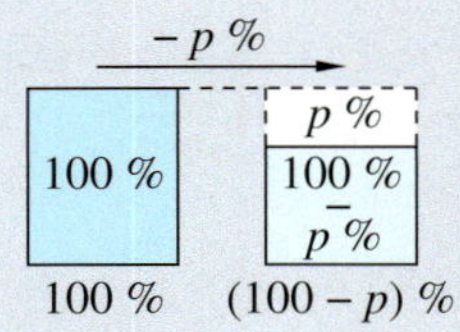

BEISPIEL 3
Arne hat sich auch in anderen Geschäften nach CD-Playern umgesehen. In einem Geschäft war der gleiche CD-Player um 30 % reduziert und kostete nun noch 28 €.
Der CD-Player wurde um 30 % reduziert auf 28 €.
Der Grundwert wurde vermindert: (100 – 30) % = 70 %
28 € entsprechen nur noch 70 % des Grundpreises.
Vorher kostete der CD-Player also 40 €.

Anteil	Preis (in €)
70 %	28
1 %	0,4
100 %	40

BEISPIEL 4
Auch hier lässt sich in einem Schritt der reduzierte Preis des CD-Players in einem Schritt berechnen, wenn man den alten Preis kennt.

Anteil	Preis (in €)
100 %	40
1 %	0,4
70 %	28

Basisaufgaben

1 Berechne den Grundwert.

a)
120 % entsprechen 60 €.
100 % entsprechen ■ €.

b)
130 % entsprechen 910 km.
100 % entsprechen ■ km.

c)
60 % entsprechen 90 m.
100 % entsprechen ■ m.

d)
85 % entsprechen 170 €.
100 % entsprechen ■ €.

2 Übertrage die Tabellen in dein Heft und fülle sie dort aus.

a)
Anteil	Preis (in €)
119 %	357
1 %	
100 %	

b)
Anteil	Preis (in €)
119 %	416,50
1 %	
100 %	

3 Es wurde um 20 % reduziert. Wie hoch war der ursprüngliche Preis?

a)
Anteil	Preis (in €)
	18
100 %	

b)
Anteil	Preis (in €)
	206,40
100 %	

4 Ermittle den alten Preis. Runde sinnvoll.

	a)	b)	c)	d)
neuer Preis	675 €	460 €	1200 €	81,25 €
Erhöhung	20 %	15 %	28 %	25 %

5 Ermittle den neuen Preis.

	a)	b)	c)	d)
neuer Preis	675 €	460 €	1200 €	81,25 €
Rabatt	30 %	15 %	12,5 %	32 %

6 Die Mitgliederzahl im Basketballverein ist in diesem Jahr um 12 % gestiegen.
Es gibt nun 1232 Mitglieder.
Wie viele waren letztes Jahr im Verein?

7 Die Mitgliederzahl des Fußballvereins ist um 10 % auf 288 gesunken.
Wie viele Mitglieder waren es vorher?

8 Der Preis für einen DVD-Player ist um 10 % gestiegen und kostet im Kaufhaus jetzt 242 €. Wie hoch war der alte Preis?

9 In dieser Saison wurde eine Tageskarte im Skigebiet um 4 % teurer und kostet nun 44,20 €. Wie viel zahlte man letzte Saison?

10 Eine Rose kostet nur noch 1,70 €.
Sie wurde um 15 % reduziert.
a) Wie viel kostete sie vorher?
b) Um wie viel Prozent reduzierte sich der Gesamtpreis, wenn man 4 Rosen kauft?

11 Kurz vor den Sommerferien wurden 35 € teure Badeshorts im Preis reduziert.
a) Wie viel kosten die Shorts, wenn sie um 40 % reduziert wurden?
b) Um wie viel Prozent wurden die Shorts reduziert, wenn sie nur noch 26,25 € kosten?

12 Eine Schulbibliothek plant ihr Sortiment für das nächste Jahr.
a) Der Bestand von 720 Büchern soll um 1,5 % wachsen.
Wie viele Bücher gibt es dann?
b) Durch Zukäufe sollen statt bisher 75 dann 96 Spiele vorhanden sein.
Auf wie viel Prozent der ursprünglichen Anzahl wird der Bestand steigen?
c) Um wie viel Prozent stieg der Bestand an Büchern und Spielen insgesamt?

13 Lina meint, „um 35 % reduziert" heißt genau das gleiche wie „auf 65 % reduziert".
Erkläre genauer mit deinen Worten, was Lina meint. Begründe.

Weiterführende Aufgaben

14 Die Zeichnungen unten stehen jeweils für eine Aufgabe.

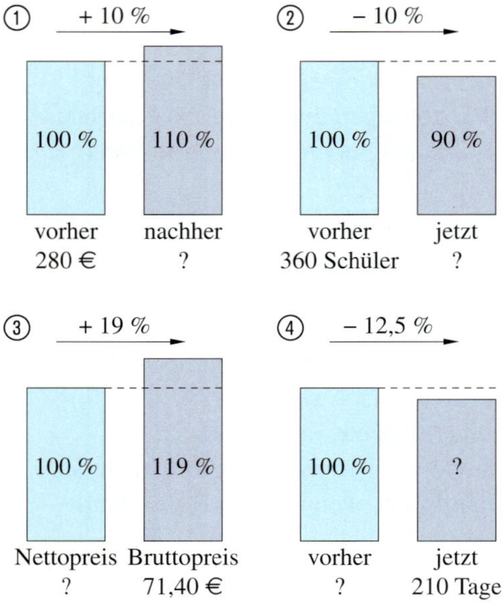

a) Finde je eine passende Fragestellung und löse dann deine Aufgabe.
b) Vergleicht eure Aufgaben untereinander.

15 Erläutere die Unterschiede zwischen den beiden Aufgaben. Handelt es sich am Ende der beiden Rechnungen um den gleichen Preis? Begründe.
① Die Hose kostete 45 € und wird um 25 % reduziert.
Wie viel kostet sie jetzt?
② Die Hose wird um 25 % teurer und kostet dann 45 €.
Wie viel kostete sie vorher?

16 Zu Beginn des Jahres 2007 wurde die Mehrwertsteuer von 16 % auf 19 % erhöht. Sind damit die Preise um 3 % gestiegen? Diskutiert und argumentiert in der Klasse.

17 Till soll von einem Preis von 83,30 € den Nettopreis bestimmen, also 19 % Mehrwertsteuer abrechnen.
Er meint: „Der gegebene Preis entspricht dem Bruttopreis von 119 %. Also muss ich von 83,30 € 19 % abziehen.“
Hat Till Recht? Begründe.

18 Merle hat von ihrer Oma 2000 € geerbt. Für ein Festgeldkonto erhält sie 1,4 % Zinsen pro Jahr, wenn sie ihr Geld dort für ein Jahr liegen lässt.
a) Wie viel Geld hat sie nach einem Jahr, wenn sie sich für so ein Konto entscheidet?
b) Merle lässt ihr Geld insgesamt 5 Jahre auf diesem Konto und hebt auch die Zinsen nicht ab. Wie viel Geld hat sie dann nach 5 Jahren?

19 Wegen einer Geschäftsaufgabe sind alle Artikel um 30 % reduziert worden.
In den letzten Tagen werden alle Waren noch einmal um 40 % reduziert.
a) Berechne den Preisnachlass für einen Teppich von ursprünglich 1250 €.
b) Nimm Stellung zu Gülays Erklärung: „Wenn etwas um 30 % und dann noch einmal um 40 % reduziert wurde, dann wurde es insgesamt um 70 % reduziert.“

20 Stimmen die Rechnungen? Wie kommt man auf die Zahlen 1,19; 0,65 und 0,85?
a) Nettopreis 42 €
Bruttopreis?
$42 \cdot 1{,}19 = 49{,}98$
b) Bruttopreis 5,95 €
Nettopreis?
$5{,}95 : 1{,}19 = 5$
c) Preis 40 €
reduziert auf 65 %
$40 \cdot 0{,}65 = 26$
d) Preis 32 €
Rabatt von 15 %
$32 \cdot 0{,}85 = 27{,}20$

21 Berechne die fehlenden Werte in einem Schritt wie in der vorherigen Aufgabe.
a) Der Preis 75 € wird reduziert auf 55 %.
b) Die Anzahl 2400 wird reduziert um 12 %.
c) Die Strecke 8 km wird verlängert auf 115 %.
d) Das Kapital 2350 € wird erhöht um 3,5 %.
e) 90 min werden verlängert um 30 %.

22 Aus einer offenen 0,7-ℓ-Flasche Wasser verdunsten jeden Tag 10 % des vorhandenen Wassers.
a) Berechne, nach wie vielen Tagen die Flasche leer ist.
b) Stelle den Vorgang in einem Diagramm dar. Was fällt dir auf? Wie erklärst du das?

Methode: Von der Zuordnungstabelle zur Formel

Um den Prozentwert, den Prozentsatz oder den Grundwert zu berechnen, kann man auch auf Formeln zurückgreifen.

Dazu werden die Begriffe durch folgende Variablen ersetzt:

Prozentwert	→	W
Grundwert	→	G
Prozentsatz	→	$p\,\%$

1 In anderen Büchern werden möglicherweise andere Variablen für die Begriffe Prozentwert, Prozentsatz und Grundwert benutzt. Informiere dich darüber, welche Variablen für die einzelnen Begriffe beispielsweise in deiner Formelsammlung benutzt werden.

Rechts siehst du eine Zuordnungstabelle zu folgendem Sachverhalt:
Die Jahrgangsstufe 7 umfasst 150 Schülerinnen und Schüler. 70 % der Schülerinnen und Schüler finden das Nachmittagsangebot ihrer Schule attraktiv. Wie viele sind das?
Hier wurde der Prozentwert berechnet.

	Anteil	Anzahl	
	100 %	150	
: 100			: 100
	1 %	1,5	
· 70			· 70
	70 %	105	

Ersetzt man nun die einzelnen Zahlenwerte der oberen Zuordnungstabelle durch Variablen, so kann man in der linken Zuordnungstabelle erkennen, wie der Prozentwert mit Hilfe einer Formel berechnet werden kann.
70 % wird ersetzt durch $\boldsymbol{p}\,\%$,
150 Schülerinnen und Schüler sind $\boldsymbol{G}$,
$\boldsymbol{W}$ wird gesucht.

	Anteil	Anzahl	
	100 %	G	
: 100			: 100
	1 %	$\frac{G}{100}$	
$\cdot p$			$\cdot p$
	70 %	$W = p \cdot \frac{G}{100} = \frac{p \cdot G}{100}$	

Formel: $W = \frac{p \cdot G}{100}$

2 Erläutere die einzelnen Schritte in der zweiten Zuordnungstabelle.

3 Bei einer Befragung in einem Jugendclub gaben 68 von 80 Schülerinnen und Schülern an, noch nie geraucht zu haben.

a) Berechne den Prozentsatz zunächst mit einer Zuordnungstabelle.
Leite dann mit Hilfe dieser Tabelle her, wie sich p mit Hilfe einer Formel berechnen lässt.

b) Leite ebenfalls her, wie sich G mit Hilfe einer Formel berechnen lässt.

c) Vergleiche alle drei Formeln. Erkläre Gemeinsamkeiten und Unterschiede.

4 Suche Aufgaben aus den vorhergehenden Seiten, bei denen du dir sicher bist, dass das Ergebnis stimmt.

a) Berechne sie nun mit Hilfe der Formel und vergleiche die Ergebnisse.

b) Rechnest du lieber mit der Formel oder mit Hilfe einer Zuordnungstabelle? Begründe.

Weltbevölkerung

Mitte 2013 lebten 7,137 Milliarden Menschen auf der Erde.
Jedes Jahr kommen 1,2 % dazu.
Das heißt, dass bis Mitte 2014 die Weltbevölkerung um fast 163 Menschen pro Minute zunahm.

	Zunahme der Weltbevölkerung von Mitte 2013 bis Mitte 2014
im Jahr	85 644 000
am Tag	234 641
in der Minute	163
in der Sekunde	2,72

Rasantes Bevölkerungswachstum zusammen mit einer schlechten Gesundheitsversorgung ist ein Hauptgrund für Armut.
In den meisten Entwicklungsländern fehlt nicht nur der Zugang zu Verhütungsmitteln und Gesundheitsdiensten, sondern auch die nötige Aufklärung der Jugendlichen.
Dabei sind es gerade Jugendliche, die ungewollt schwanger werden oder sich mit sexuell übertragbaren Krankheiten wie HIV/Aids anstecken.

Deshalb kümmert sich zum Beispiel die Stiftung Weltbevölkerung in den Ländern Kenia, Tansania, Uganda und Äthiopien um Jugendliche: Zum Teil freiwillige Helfer fahren in die Dörfer und gehen in die Schulen, um aufzuklären, Verhütungsmittel zu verteilen und um Eltern, Lehrer und Politiker zu überzeugen, dass Aufklärung und Verhütung Leben rettet.

Jugendberater der Stiftung Weltbevölkerung veranstalten mit Jugendlichen in Jugendklubs eigenständige Aufklärungskampagnen, indem sie sich gemeinsam Musikstücke, Tänze oder auch Theaterstücke ausdenken und diese dann öffentlich aufführen. Diese Jugendklubmitglieder sind wichtige Vorbilder. Sie setzen sich auch für andere Dinge in den Gemeinden ein. So organisieren sie z. B. Baumpflanz- oder Müllsammelaktionen.

1 Die Tabelle stellt Bevölkerungsdaten aus Deutschland und Uganda gegenüber.

	Deutschland (Mitte 2013)	Uganda (Mitte 2013)
Anzahl der Einwohner	80 600 000	36 000 000
Wachstumsrate pro Jahr	–0,2 %	3,5 %
Bevölkerung unter 15 Jahre	13 %	49 %
Bevölkerung über 64 Jahre	21 %	2 %
Bevölkerung pro km²	226	153

a) Wie viele Menschen ungefähr lebten 2014 in Deutschland weniger als 2013?
b) Wie viele Menschen lebten dann ungefähr insgesamt in Deutschland?
c) Wie viele Menschen lebten ungefähr in Uganda Mitte 2014?
d) In welchem der beiden Länder gab es mehr Jugendliche unter 15 Jahre?

2 Das Kreisdiagramm zeigt, wie die Menschen in Deutschland über die Unterstützung von Entwicklungsländern denken. Dafür wurden 1006 Menschen über 18 Jahre befragt, die den Durchschnitt der Bevölkerung wiedergeben. Da diese 1006 Menschen stellvertretend für die 62 Millionen über 18 Jahre ihre Antwort geben können, nennt man dies eine repräsentative Umfrage.

a) Wie viele der 1006 Menschen haben „sehr wichtig“ angegeben?

b) Wie vielen Einwohnern in Deutschland über 18 Jahren entspricht die Antwort „eher wichtig“?

Wie wichtig ist es Ihrer Meinung nach, dass sich Deutschland für die Bekämpfung von Armut in Entwicklungsländern engagiert?

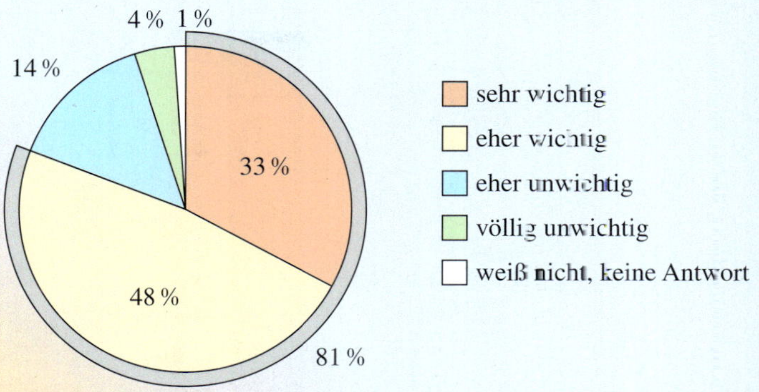

Quelle: repräsentative Umfrage von TNS Emnid im Auftrag der Stiftung Weltbevölkerung 07/2013.

3 Die Zunahme der Weltbevölkerung steigt rasant.

a) Informiere dich über die aktuelle jährliche Zunahme der Weltbevölkerung.

b) Wie viele Menschen ungefähr lebten insgesamt Mitte 2014 auf der Erde?

c) Wie viele Menschen waren es Mitte 2012?

d) Die angegebenen absoluten Zahlen in der Tabelle links oben sind nur in dem angegebenen Zeitraum gültig. Wieso nicht auch bis Mitte 2015?

4 Mit der wachsenden Weltbevölkerung nimmt auch das pro Kopf verfügbare Wasser immer weiter ab und führt in einigen Regionen zu Wasserknappheit. Beim weltweiten Wasserverbrauch besteht ein großer Unterschied zwischen reichen und armen Ländern. In der Tabelle unten siehst du, wie viel Wasser täglich pro Person in Deutschland, USA und Uganda verbraucht wird.
Aufgeführt ist der gesamte Wasserverbrauch, also sowohl der Verbrauch für Kochen, Waschen, Baden … als auch die Wassermengen für Industrie und Landwirtschaft.

USA	Deutschland	Uganda
4500 Liter	1300 Liter	35 Liter

a) Wie viel Prozent der Wassermenge eines US-Amerikaners wird für einen Ugander verbraucht?

b) Ein Haushalt verbraucht pro Person in Deutschland 127 Liter Wasser. Berechne mit Hilfe der Zahlen aus der Tabelle den Anteil, den die Industrie und die Landwirtschaft benötigen.

c) 35 % der verbrauchten 127 Liter im Haushalt werden zum Baden und Duschen benötigt, weitere 31 % werden für die Toilettenspülung verwendet. Wie viel Liter Wasser sind das täglich pro Person?

Vermischte Übungen

1 Welche Zahlen sind gleich?

64 % | $\frac{16}{25}$ | $\frac{7}{50}$ | 0,5 | $\frac{6}{5}$ | 0,85 | 14 % | 0,7 | 25 % | 50 % | 0,25 | $\frac{1}{2}$ | 0,64 | $\frac{175}{250}$ | $\frac{17}{20}$ | 120 % | 70 % | $\frac{12}{48}$ | 0,14 | 1,2 | 85 %

2 Fülle die Lücken.
a) 25 % von 400 € sind ■.
b) 6 % von 500 € sind ■.
c) 20 % von ■ sind 40 €.
d) 50 % von ■ sind 260 €.
e) Von 25 Schülerinnen und Schülern kommen 3 zu Fuß. Das sind ■ %.
f) 36 von 200 Autos sind rot. Das sind ■ %.

3 Fülle die Tabelle im Heft aus.

	Grundwert	Prozentsatz	Prozentwert
a)	1100	35 %	
b)		72 %	153
c)	820		451
d)	3	66 %	
e)		12 %	45
f)	8		0,08

4 Was ist größer? Schätze zuerst und überprüfe dann.
a) 13 % von 200 oder 13 % von 300
b) 10 % von 1020 oder 20 % von 750
c) 65 % von 112 oder 112 % von 65
d) 3,5 % von 560 oder 35 % von 55
e) 110 % von 700 oder 90 % von 800

5 Wie viel Prozent sind …
a) 28 t von 560 t?
b) 6 Stunden von 24 Stunden?
c) 27 Minuten von einer Stunde?
d) 120 kg von 1,5 t?
e) 31,50 € von 84 €?
f) 60 cm von 5 m?

BEACHTE
Die Lösungen zu Aufgabe 5 ergeben in der richtigen Reihenfolge den Namen einer europäischen Hauptstadt. Zu welchem Land gehört die Stadt?
5 (M); 8 (R); 12 (D); 25 (A); 37,5 (I); 45 (D)

6 Zeichne ein Koordinatensystem und ordne dort dem Prozentwert den Prozentsatz zu. 10 € sollen 40 % entsprechen. Wähle folgende Einteilung: 1 cm auf der x-Achse soll 2 € entsprechen und 1 cm auf der y-Achse soll 10 % entsprechen.
Lies dann folgende Werte im Koordinatensystem ab:
a) Wie viel Prozent entsprechen 25 €?
b) Wie viel Euro entsprechen 60 %?
c) Was entspricht 16 %?
d) Wie viel Prozent sind 17,50 €?

7 Beim Einkauf in einem Elektrogroßhandel sind zusätzlich zum angegebenen Preis 19 % Mehrwertsteuer zu zahlen. Berechne die Mehrwertsteuer bei folgenden Artikeln:
a) Staubsauger 140 €
b) Radio 101 €
c) DVD-Player 199 €
d) CD-Player 152 €

8 Fülle die Lücken.
a) Kostet eine Jacke inklusive 19 % Mehrwertsteuer 238 €, so kostet sie ohne Mehrwertsteuer ■ €.
b) Wird ein 30 € teures Hemd um 20 % reduziert, so kostet es noch ■ €.
c) Wird der Preis für eine 100 € teure Hose zunächst um 10 % erhöht und dann um 20 % gesenkt, so kostet sie ■ €.

9 Frau Seiler kauft eine Waschmaschine mit Lackschäden. Sie erhält 20 % Rabatt und zahlt 572 €.
Wie hoch war der Preis vorher?

10 Die Stadt A hat 25 000 Einwohner, die Stadt B 45 000 Einwohner.
In Stadt A fahren täglich 7000 Menschen mit dem Auto zur Arbeitsstätte, in Stadt B 12 000.
a) In welcher Stadt fährt ein höherer Prozentsatz mit dem Auto zur Arbeit?
b) Wie viele Einwohner leben in 5 Jahren in A und B, wenn die Einwohnerzahl in A um 3 % und die von B um 7 % pro Jahr zunimmt?

11 Eine Stereoanlage kostete 299,00 €. Sie wurde um 20 % reduziert und später nochmals um 35 %.
Wird die Ware bar bezahlt, kann der Kunde 2 % Skonto abziehen.
a) Wie viel müsste Paul für die Anlage jetzt bezahlen, wenn er bar zahlen würde?
b) Um wie viel Prozent hat Paul sie insgesamt günstiger bekommen?

12 Gib jeweils die gegebenen und die gesuchten Größen an. Berechne die fehlende Größe.
a) Die Fußballmannschaft verlor in der vergangenen Saison von 34 Spielen 12 Spiele. Berechne den Anteil in Prozent.
b) Ein Motorroller wurde für 1902 € weiterverkauft. Das waren 60 % seines Neuwerts. Wie viel kostete der Motorroller neu?
c) Herr Wirt legte letzte Woche mit seinem Auto 183,8 km zurück. 41,5 % davon waren Dienstweg. Wie viele Kilometer waren das?
d) Die Kalkschale eines Hühnereis wiegt 7,15 g, das sind 11 % seines Gesamtgewichts. Wie schwer ist das Ei?

13 Im neuen Schuljahr kommen 198 Schülerinnen und Schüler an eine Schule im Aufbau neu hinzu. Das sind 22,5 %.
Wie viele Schülerinnen und Schüler gehen nun auf die Schule?

14 Wie viel Prozent beträgt die Leistungssteigerung gegenüber dem Vorjahr?
a) Tim wirft bei den Bundesjugendspielen den Schlagball 44,1 m weit. Er verbesserte damit seine Leistung des Vorjahres um 5,51 m.
b) Lena läuft die 100-m-Strecke in 13,2 s. Damit verbesserte sie ihre Zeit aus dem Vorjahr um 0,4 s.

c) Saskia springt 4,76 m.
Im Vorjahr waren es noch 4,23 m.

15 Vervollständige die Rechnung im Heft. Berechne auch den Preis bei Barzahlung.

Haushaltgeräte		
1 Spüle	€	363,70
1 Leiste	€	29,60
1 Dichtung	€	9,95
3 Montagestunden	€	75,00
	€	
Mehrwertsteuer 19 %	€	
Rechnungsbetrag	€	
Bei Barzahlung 2 % Skonto		

16 Ein Hartkäse enthält 33,6 % Fett absolut.
a) Frau Meyer isst davon ein 55 g schweres Stück. Wie viel Gramm Fett hat sie zu sich genommen?
b) In der Empfehlung der Deutsche Gesellschaft für Ernährung heißt es, dass täglich nur etwa 1 g Fett pro Kilogramm Körpergewicht aufgenommen werden sollen. Frau Meyer wiegt 60 kg. Welchen prozentualen Anteil der empfohlenen Menge hat sie mit dem Stück Käse zu sich genommen?
c) Mit einem Big Tasty Bacon hat Frau Meyer schon 90 % ihres Tagesbedarfs an Fett verzehrt. Wie viel Fett enthält einer?

17 Der deutsche Käseexport betrug 2012 knapp 1 120 000 t, das sind 6 % mehr als 2011. Wie viele Tonnen wurden demnach 2011 exportiert?

18 Familie Werner bewohnt eine der insgesamt 11 856 000 Wohnungen in Deutschland, die mit Öl beheizt werden.

Verteilung der Energieversorgung in Deutschland

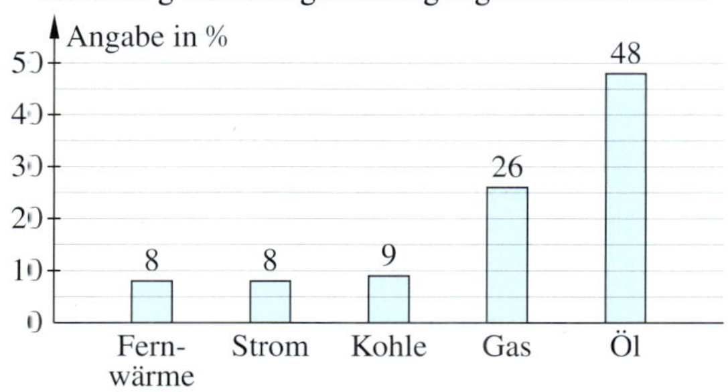

a) Berechne die Anzahl aller in Deutschland vorhandenen Wohnungen.
b) Wie viele Wohnungen werden mit Kohle beheizt?

BEACHTE
Skonto ist ein Preisnachlass auf den Rechnungsbetrag oder bei Barzahlung. Die Höhe beträgt üblicherweise 2–3 %. Skonto wird gewährt, wenn der Kunde in einer bestimmten Frist bezahlt.

Die Reimers ziehen um

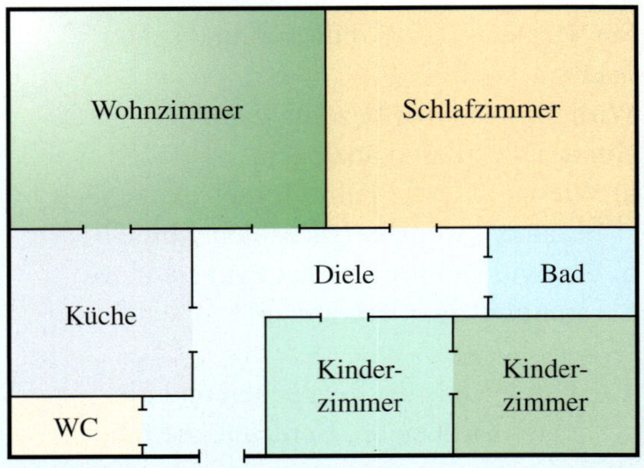

Familie Reimer zieht mit ihren beiden Kindern in eine neue Wohnung. In ihrem neuen Haus wohnen noch drei weitere Familien: Familie Brandt, Familie Kerstens und Familie Kraus.

a) Das Wohnzimmer von Familie Reimer hat eine Größe von 32 m². Das sind 25 % der gesamten Wohnfläche. Wie groß ist die Wohnfläche?

b) Familie Brandt wohnt direkt nebenan und hat eine 112 m² große Wohnung. Das Bad bei ihnen ist 5,5 m² groß. Welchen Anteil der Gesamtfläche nimmt es ein?

c) Bei den Kerstens sind 11 % der gesamten Wohnfläche Diele. Wie groß ist diese, wenn die Wohnung insgesamt 126 m² groß ist?

d) Für neue Schlafzimmermöbel nehmen die Reimers folgenden Kredit in Anspruch: Sie müssen erst in einem halben Jahr zahlen, allerdings berechnet ihnen das Möbelhaus dann 8 % zusätzlich. Ursprünglich kosteten die Möbel 859 €.
Wie viel muss Familie Reimer nun für die Möbel zahlen?

e) Bei Familie Kraus ist die Fläche des einen Kinderzimmers 10 % größer als die des anderen Kinderzimmers. Das größere Kinderzimmer hat eine Größe von 23 m².
Wie groß ist das kleinere Zimmer?

f) Die Brandts zahlen für ihre 112 m² große Wohnung 828,80 € Miete.
Wie viel Miete zahlen dann die Kerstens für ihre 126 m², wenn der gleiche Quadratmeterpreis zu Grunde liegt?
Und welchem Anteil der Miete der Brandts entspricht das?

g) Für ihre 128 m² muss Familie Reimer 870,40 € zahlen. Welchen Anteil der Miete zahlt Familie Kraus, die 686,80 € bezahlt? Auf wie vielen Quadratmetern wohnt Familie Kraus, wenn sie den gleichen Quadratmeterpreis zahlen?

h) Familie Reimer hat sich eine neue Küche gekauft, die ohne Kredit 2760 € kosten soll. Sie hat die Küche über einen Kredit finanziert und muss deswegen monatlich 246,10 € bezahlen.
In einem Jahr hat Familie Reimer dann die Küche bezahlt. Welcher Zinssatz wurde dafür berechnet?

i) Nico Reimer möchte sein Zimmer (3,20 m × 4,80 m × 2,40 m) tapezieren. Die Zimmertür ist 1 m breit und 2 m hoch. Die beiden Fenster sind je 0,80 m breit und 1,20 m hoch.
Er findet noch eine alte Tapetenrolle, die 60 cm breit und 10 m lang ist.
Welchen Anteil seiner Zimmerwände (ohne Decke) kann er damit bekleben?
Den Verschnitt kannst du vernachlässigen.

Alles klar?

Entscheide, ob die Aussagen richtig oder falsch sind.
Begründe deine Entscheidung im Heft und korrigiere gegebenenfalls.

1 Prozentsatz und Prozentwert

a) In dem Text rechts entsprechen die 2136 Schülerinnen und Schüler 100 %.

> In einer Schule sind 2136 Schülerinnen und Schüler. Davon sind 1066 Mädchen. Das entspricht 49,9 %.

b) Die 1066 Mädchen aus dem Text sind der Prozentsatz.

c) Prozentsatz und Prozentwert sind proportional zueinander.

d) 520 € entsprechen 100 %, dann gilt: 130 € sind 30 %.

e) 60 % von 25 Personen haben braune Haare. Das sind 18 Personen.

f) Die drei Werte passen als Grundwert, Prozentwert und Prozentsatz zusammen: 120 cm; 78 cm; 65 %.

g) Die Zuordnungstabelle rechts wurde richtig ausgefüllt.

Anteil	Betrag (in €)
100 %	812,00
1 %	8,12
40 %	324,80

BEACHTE
Die Lösungen zu den Aufgaben auf dieser Seite sowie dazu passende Trainingsaufgaben findest du ab Seite 188.

2 Grundwert

a) Die Zuordnungstabelle rechts muss nur von unten nach oben gelesen werden, dann kann man den Grundwert berechnen.

b) Wenn 30 % von 500 Schülerinnen und Schülern gesucht werden, dann wird nach dem Grundwert gefragt.

c) Sind 25 % von etwas angegeben, so muss man den zugehörigen Prozentwert nur mal 4 rechnen, dann hat man den Grundwert.

d) Wenn bekannt ist, dass 40 % 80 Sportlern entsprechen, dann kann man auch berechnen, wie viele Sportler 100 % sind.

e) 60 % entsprechen 66 kg. Der Grundwert ist 120 kg.

f) Wenn Miriam schon 40 % ihres Weges geschafft hat und das 10 km sind, dann ist ihr Weg insgesamt 28 km lang.

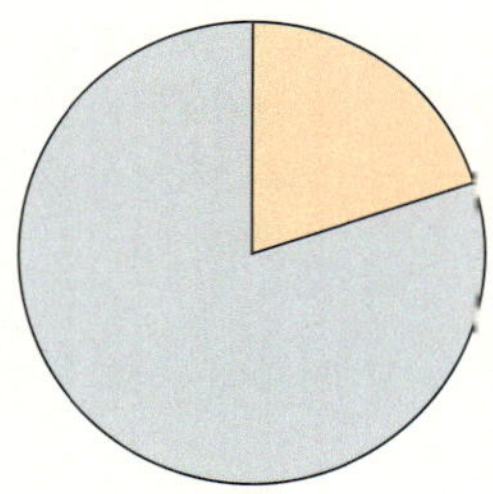

g) Der orangefarbene Teil des Diagramms zeigt den Anteil an Teilnehmern an einer Schulolympiade. Es sind 125 Schülerinnen und Schüler. Dieser Wert entspricht 20 %. Der ganze Kreis entspricht also einem Wert von 500 Schülerinnen und Schülern.

3 Grundwert vermehren und vermindern

a) Wird ein Kleidungsstück um 30 % reduziert, dann entspricht der neue Preis 70 % des alten.

b) Soll der Nettopreis ohne 19 % Mehrwertsteuer berechnet werden, so entspricht dieser 81 % des angegebenen Preises.

c) In der Tabelle wird berechnet, wie viel eine Jacke vor einer Reduzierung um 20 % gekostet hat.

Betrag (in €)	Anteil
45,60	80 %
0,57	1 %
57,00	100 %

d) Bei einer Umfrage in einem Jugendzentrum unter Jugendlichen gaben 165 an, schon einmal Alkohol getrunken zu haben. Das sind 10 % mehr als im Vorjahr. Da waren es also 150.

Zusammenfassung

→ Seite 108

Begriffe der Prozentrechnung

Der **Grundwert (*G*)** ist die Bezugsgröße, das Ganze. Er entspricht 100 %.
Der **Prozentwert (*W*)** ist ein Teil der Gesamtmenge, also ein Teil des Grundwertes.
Der **Prozentsatz (*p* %)** gibt den Anteil am Grundwert in Prozentschreibweise an.
Er ist dem Prozentwert zugeordnet.

12 von den 25 Mädchen und Jungen der Klasse tragen Jeans.
Das sind 48 %.

12: Prozentwert *W*
25: Grundwert *G*
48 %: Prozentsatz *p* %

→ Seiten 108, 114

Berechnung von Prozentsatz, Prozentwert und Grundwert

Berechnung des Prozentsatzes
Sind Grundwert und Prozentwert bekannt, kann der Prozentsatz mit dem Dreisatz berechnet werden.

12 von 25 Schülern der Klasse tragen Jeans. Wie viel Prozent sind das?

	Anzahl	Anteil	
:25	25	100 %	:25
·12	1	4 %	·12
	12	48 %	

Es sind 48 %.

Berechnung des Prozentwerts
Sind Grundwert und Prozentsatz bekannt, kann der Prozentwert über eine Zuordnungstabelle berechnet werden.

32 % der 25 Schüler haben blonde Haare. Wie viele sind das?

	Anteil	Anzahl	
:100	100 %	25	:100
·32	1 %	0,25	·32
	32 %	8	

Es sind 8 Schüler.

Berechnung des Grundwerts
Sind Prozentsatz und Prozentwert bekannt, kann der Grundwert über den Dreisatz berechnet werden.
Der Grundwert entspricht dem Prozentwert, der dem Prozentsatz 100 % zugeordnet ist.

21 Schüler, also 5 %, kamen zu spät zur Schule. Wie viele Schüler sind es insgesamt?

	Anteil	Anzahl	
:5	5 %	21	:5
·100	1 %	$\frac{21}{5} = 4{,}2$	·100
	100 %	420	

420 Schüler kamen zu spät.

→ Seite 118

Grundwert vermehren und vermindern

Bei der **Vermehrung des Grundwerts** wird eine Größe um *p* % erhöht und entspricht dann einer Größe von mehr als 100 %. Die Größe wird vermehrt auf $(100 + p)$ %.

53,55 € enthalten 19 % Mehrwertsteuer. Wie hoch ist der Nettopreis?

	Anteil	Preis (in €)	
:119	119 %	53,55	:119
·100	1 %	0,45	·100
	100 %	45,00	

Der Nettopreis beträgt 45 €.

Bei der **Verminderung des Grundwerts** wird eine Größe um *p* % reduziert und entspricht dann einer Größe von weniger als 100 %. Die Größe wird vermindert auf $(100 - p)$ %.

Schuhe wurden um 30 % reduziert auf 53,55 €. Wie viel kosteten sie vorher?

	Anteil	Preis (in €)	
:7	70 %	53,55	:7
·10	10 %	7,65	·10
	100 %	76,50	

Sie kosteten 76,50 €.

Rationale Zahlen

Im zweiten Kellergeschoss ist jemand in den Fahrstuhl eingestiegen. Er fährt bis in den vierten Stock. An wie vielen Stockwerken ist er vorbei gefahren?

In diesem Kapitel erfährst du, wie man positive und negative Zahlen addiert, subtrahiert, multipliziert und dividiert. Außerdem wirst du sehen, dass die Rechengesetze, die du schon kennst, auch beim Rechnen mit negativen Zahlen gültig bleiben.

Noch fit?

1 Lies die Temperaturen ab. Beschreibe, wie sich die Temperatur von einem zum anderen Thermometer verändert.
Formuliere Sätze wie „Die Temperatur fällt (steigt) um …“

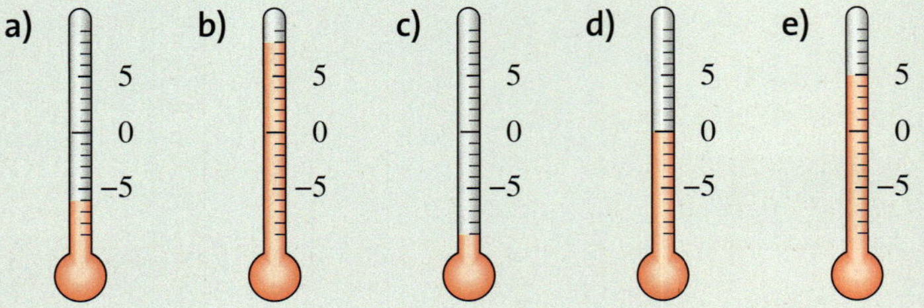

130-1 Unter dem Webcode befindet sich eine interaktive Übung zum Ordnen von rationalen Zahlen.

2 Trage die Zeichen >, < und = richtig ein.

a) 9 ■ 7	b) –2 ■ 5	c) 5 ■ –3	d) –5 ■ 5
e) –7 ■ 0	f) 2 ■ – 8	g) –13 ■ 8	h) –7 ■ –7
i) –8 ■ –7	j) –9 ■ –8	k) –17 ■ –20	l) –39 ■ –41

3 Welche Zahlen sind auf den Zahlengeraden rot markiert?

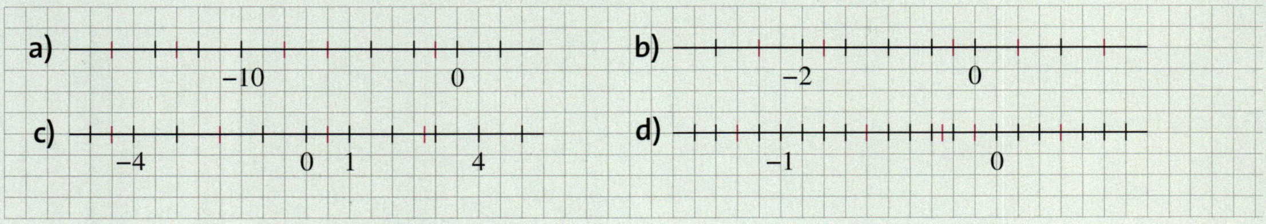

4 Markiere in deinem Heft die folgenden Zahlen auf einer Zahlengeraden …
a) mit der Längeneinheit 1 cm: –6; 4; 2; 0; –2; –4; 3; –4,5
b) mit der Längeneinheit 2 cm: –4; 1,5; –3; $-\frac{1}{2}$; 3; 0; $-1\frac{1}{2}$; –2,75; $-2\frac{1}{4}$
c) Khalid behauptet: „Weil 4 größer ist als 2, ist auch –4 größer als –2“. Hat er Recht?

5 Welche ganzen Zahlen liegen zwischen …

a) 3 und 8?	b) 0 und 5?	c) –2 und 2?	d) –5 und 5?
e) –7 und –4?	f) –10 und –5?	g) –13 und –9?	h) –47 und –40?
i) –27 und –25?	j) –33 und –19?		

6 Trage folgende Punkte in ein Koordinatensystem mit der Längeneinheit 1 cm ein. Überlege zuerst, wie lang die Koordinatenachsen sein müssen. Was musst du dabei bedenken?
$A(3|2)$, $B(-1|4)$, $C(5|-3)$, $D(0|6)$, $E(-6|-2)$, $F(2{,}5|-3{,}5)$

7 Berechne schriftlich. Rechne vorteilhaft, wenn möglich.

a) 3758 + 12 948	b) 3547 – 1588	c) 2497 + 654 + 503	d) 235 · 347
e) 32 301 : 9	f) 36 768 : 12	g) 15 · (36 + 164)	h) (606 + 120) : 6

Bunt gemischt

1. Für welche Rechenarten gilt das Kommutativgesetz; für welche gilt es nicht?
2. Was ist ein Subtrahend, was ein Minuend?
3. Was ist kälter –5 °C oder –8 °C?

Rationale Zahlen addieren und subtrahieren

Erforschen und Entdecken

1 „Im Fahrstuhl“

Beklebe einen Würfel, sodass die Seiten mit gerader Augenzahl ein „+“ zeigen und die Seiten mit ungerader Augenzahl ein „–“.
Ein weiterer Würfel wird so beklebt, dass die Seiten 1 und 6 eine „1“ zeigen, die Seiten 2 und 5 eine „2“ und die Seiten 3 und 4 eine „3“.

Zu Beginn des Spiels stehen alle Spielfiguren im Erdgeschoss auf der 0 (siehe Randspalte).
Es wird mit beiden Würfeln gewürfelt. Wirft man „+“ und „2“, fährt der Fahrstuhl zwei Stockwerke nach oben. Würfelt man „–“, fährt der Fahrstuhl nach unten.

Gewonnen hat, wer nach drei Spielrunden dem Erdgeschoss am nächsten steht.
Schreibe jeden Zug als Rechnung in dein Heft.

BEISPIEL

altes Stockwerk	Aktion	neues Stockwerk	Rechnung
0	−2	−2	0 − 2 = −2
−2	+3	1	−2 + 3 = 1
1	−2	…	

9
8
7
6
5
4
3
2
1
Erdgeschoss 0
−1
−2
−3
−4
−5
−6
−7
−8
−9

2 „Schulden und Guthaben“

Fertige je fünf Karteikarten mit den Begriffen „Gib (–)“ und „Nimm (+)“ an. Fertige je eine Karteikarte mit den rot geschriebenen Zahlen −10, −9, −8, …, −1 und je eine Karteikarte mit den schwarz geschriebenen Zahlen +1, +2, …, +10 an. Insgesamt entstehen zehn Begriffs- und zwanzig Zahlenkarten.
Die negativen Zahlen zeigen Schulden an, die der Mitspieler hat, die positiven Zahlen Guthaben.
Lege die zwei Kartenstapel gut gemischt auf den Tisch.

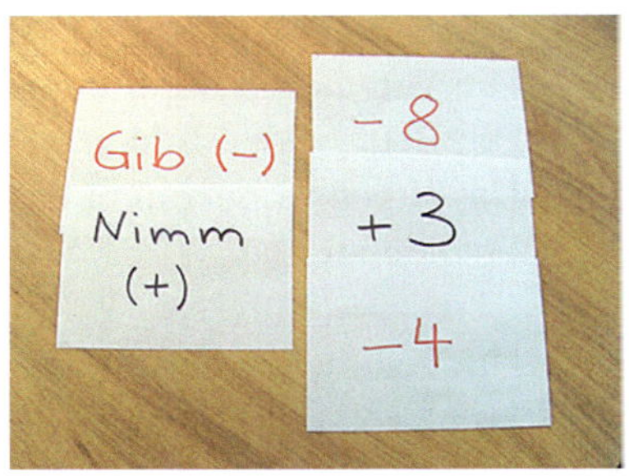

131-1
Unter diesem Webcode findest du die Karten des Spiels zum Ausschneiden.

Zu Beginn des Spiels zieht jeder Mitspieler drei Karten mit Zahlen und legt diese offen vor sich auf den Tisch. Der jüngste Spieler zieht nun eine Begriffskarte. Zieht er eine „Gib“-Karte, muss er eine Karte seiner Wahl einem Mitspieler geben. Zieht er eine „Nimm“-Karte, muss er vom Stapel mit den Zahlenkarten eine Karte ziehen.

NACHGEDACHT
In welchem Fall ist es vorteilhaft, eine „Gib“-Karte zu ziehen? Wann nicht?

Jeder Mitspieler dokumentiert bei jeder Veränderung seinen neuen Kontostand.
Die Mitspieler kontrollieren die Rechnungen.

BEISPIEL

Aktion	Rechnung	(neuer) Kontostand	Karten auf der Hand
Startkarten (−3), (−4), (+5)	(−3) + (−4) + (+5) = −2	−2	(−3), (−4), (+5)
Gib (−4)	(−2) − (−4) = 2	+2	(−3); (+5)
Nimm (+3)	(+2) + (+3) = 5	+5	(−3); (+5); (+3)
Nimm (−8)	(+5) + (−8) = −3	−3	(−3); (+5); (+3); (−8)

Wer nach drei Spielrunden den höchsten Kontostand aufweist, gewinnt das Spiel.

Lesen und Verstehen

Maike und Selim spielen ein Spiel mit zwei verschiedenen Würfeln.
Der Vorzeichenwürfel zeigt nur „+" oder „–" an. Bei „+" muss man sich so drehen, dass man in die positive Richtung schaut, bei „–" in die negative Richtung.
Der andere Würfel zeigt die Zahlen +1, –2, –3, +4, –5 und +6. Bei einer positiven Zahl muss man vorwärts (also in Blickrichtung) gehen, bei einer negativen Zahl rückwärts.

ZIEL	–13	–12	–11	–10	–9	–8	–7	–6	–5	–4	–3	–2	–1	0	+1	+2	+3	+4	+5	+6	+7	+8	+9	+10	+11	+12	+13	ZIEL

START

Maike steht auf der –3. Sie würfelt + –2. Auf welches Feld muss sie gehen?
Selim steht bei –4 und würfelt + +6.

Negative und positive Zahlen bilden zusammen mit der Null die **rationalen Zahlen ℚ**.
Der **Betrag** einer Zahl ist der Abstand dieser Zahl zur Null. Zahlen mit dem gleichen Betrag, aber unterschiedlichen Vorzeichen nennt man **Gegenzahlen**.

BEISPIEL 1
Der Betrag von 8 ist 8.
Der Betrag von –4 ist 4.
Die Gegenzahl von –3 ist 3.
Die Gegenzahl von 10 ist –10.

BEACHTE
Das „+" als Vorzeichen einer positiven Zahl wird meistens weggelassen. Dann entfallen auch die Klammern.
$(+5) = 5$
Die Klammern um Zahlen, die an erster Stelle einer Aufgabe stehen, werden ebenfalls meistens weggelassen.
$(-7) + (+5) = (-2)$
$-7 + 5 = -2$

Bei der **Addition rationaler Zahlen** unterscheidet man zwei Fälle:

1. Die Vorzeichen der Summanden sind gleich.
   Die Beträge der Zahlen werden addiert.
   Das Ergebnis bekommt das gemeinsame Vorzeichen.

2. Die Vorzeichen der Summanden sind verschieden.
   Vom größeren Betrag wird der kleinere Betrag abgezogen.
   Das Ergebnis bekommt das Vorzeichen des Summanden mit dem größeren Betrag.

BEISPIEL 2

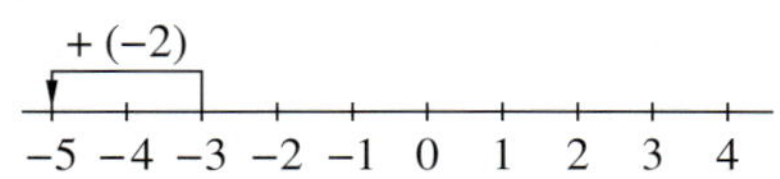

$(-3) + (-2) = -5$,
denn $3 + 2 = 5$, das gemeinsame Vorzeichen ist –.

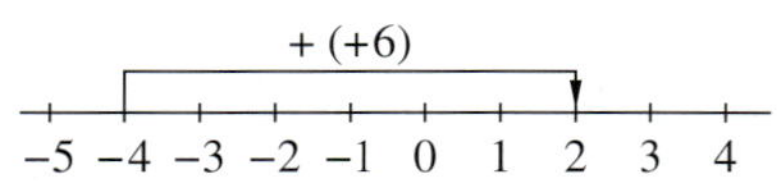

$(-4) + (+6) = 2$,
denn $6 - 4 = 2$, +6 ist der Summand mit dem größeren Betrag.

Maike steht also nach ihrem Spielzug auf dem Feld mit der –5, Selim steht auf der +2.

Auch die Subtraktion lässt sich mit Hilfe des Spiels von Maike und Selim nachvollziehen.
Wo stände Maike jetzt, wenn sie – +2 gewürfelt hätte?
Auf welchem Feld wäre Selim mit – –5 gelandet?

Bei der **Subtraktion rationaler Zahlen** ist zu beachten:
Jede Subtraktionsaufgabe lässt sich als Additionsaufgabe umschreiben. Dazu addiert man die Gegenzahl des Subtrahenden.

BEISPIEL 3
$(-3) - (+2) = (-3) + (-2)$
$= -3 - 2 = -5$
$(-4) - (-5) = (-4) + (+5)$
$= -4 + 5 = 1$

$\frac{x+y}{2}$

Basisaufgaben

1 Ein positives Vorzeichen wird nicht immer mitgenannt. Entscheide, wo es weggelassen werden kann. Begründe.
a) Angabe der Körpergröße
b) Kontostand
c) Masse einer Ware
d) Kursveränderung an der Börse
e) Temperaturänderung

2 Übertrage in dein Heft und ergänze.

Zahl	3	−7			0
Gegenzahl			−2,5	$\frac{1}{2}$	
Betrag					

3 Reise auf der Zahlengerade.
a) Du stehst auf der Zahlengerade bei +2 und schaust in die positive Richtung. Wo landest du, wenn du fünf Schritte rückwärts gehst?
b) Starte bei (−3), schaue in die positive Richtung und gehe sieben Schritte vorwärts.
c) Stellt euch gegenseitig ähnliche Aufgaben.

4 Cem und Lisa spielen „Schulden und Guthaben" (siehe Seite 131).
Startkarten:
Cem (−2), (−4), (+3); Lisa (−8), (+1), (+5)
a) Wer von beiden hat zu Beginn den höheren Kontostand?
b) Lisa beginnt. Sie zieht eine „Nimm"-Karte und dann eine (−3). Wie hoch ist jetzt ihr Kontostand?
c) Cem zieht eine „Gib"-Karte. Was sollte er tun? Berechne die neuen Kontostände.

5 Bei einem Spiel werden für jede Runde Plus- und Minuspunkte notiert. Wer hat am Ende gewonnen?

Runde	Freya	Tim	Susan
1	+12	−8	−20
2	0	+17	−5
3	−16	−6	+28
4	+5	−2	−11

6 Welches Ergebnis hat der Tausendfüßer ganz vorne? Subtrahiere auf jedem Feld 3.

7 Schreibe kürzer und berechne.
a) (−3) + (−7)
b) (+5) − (−2)
c) (−4) + (+3)
d) (+11) − (+9)
e) (+2) − (+9)
f) (−4) − (−6)

8 Übertrage ins Heft und ergänze in den Rechtecken die richtigen Zahlen.
a) +4 —(−(−7))→ ☐
b) −2 —(+ ☐)→ −5
c) +7 —(− ☐)→ +2
d) ☐ —(+(+3))→ −1

9 Schreibe ohne Klammern und berechne. Entscheide zuerst, ob das Ergebnis positiv oder negativ ist.
BEISPIEL (−24) + (−13) = −24 − 13 = −37
a) (+12) − (−13)
b) (−17) + (−26)
c) (+101) − (+109)
d) (−12) + (+8)
e) (−21) + (−13) − (−40)

10 Berechne im Kopf. Überlege zuvor, ob das Ergebnis negativ oder positiv ist.
a) −7 + 6
b) −9 + 12
c) 12 − 13
d) 17 − 21
e) −12 − 4
f) −17 − 13
g) −15 − 5
h) −23 − 25
i) −21 − 37
j) 25 − 35
k) −11 + 22
l) 50 − 75

11 Vervollständige die Additionsmauern in deinem Heft.

a)
oben: ☐
Mitte: ☐ ☐
unten: −5 | 7 | −8

b)
oben: ☐
Mitte: ☐ ☐
unten: 3 | −4 | −5

c)
oben: −6
Mitte: −4 | ☐
unten: −8 | ☐ | ☐

d)
oben: −5
Mitte: ☐ ☐
unten: 13 | −8 | ☐

BEACHTE
⊕ und ⊖ können als Rechenzeichen oder als Vorzeichen verwendet werden.
Rechenzeichen und Vorzeichen werden zur besseren Lesbarkeit durch eine Klammer getrennt.
−5 − (−4) = −1
8 + (−5) = 3
−7 + 3 = −4

BEACHTE
Die Lösungen zu Aufgabe 9 ergeben in der richtigen Reihenfolge den Namen einer europäischen Hauptstadt. Zu welchem Land gehört die Stadt?
−43 (I); −8 (L)
−4 (N); 6 (A);
25 (W)

133-1
Unter dem Webcode gibt es eine interaktive Übung zur Addition und Subtraktion von rationalen Zahlen.

12 Rechne im Kopf.

a) 10 – 80 b) 75 – 100 c) 13 – 20
d) –38 – (–40) e) 17 – (–33) f) –10 – (–28)
g) –120 – 80 h) –250 – 150 i) –27 – (–17)
j) 43 – 53 k) 99 – (–77) l) –50 – 100

13 Übertrage in dein Heft und fülle aus.

+	7	–21	19	–56	105	–210
13						
–9						
54			73			
–34						
–79						
45						

14 Vervollständige die Subtraktionsmauer in deinem Heft. Subtrahiere dazu jeweils den rechten vom linken Stein.

–12	7	3	–2

15 Übertrage die magischen Quadrate in dein Heft und fülle die Felder so aus, dass in allen Zeilen, Spalten und Diagonalen dieselbe Summe herauskommt.

a)

–4		0
	–1	
		2

b)

–5		–1
		–6
		1

16 Bilde fünf Additions- und fünf Subtraktionsaufgaben mit jeweils einer Zahl aus dem linken und einer Zahl aus dem rechten Kästchen. Löse die Aufgaben.

BEISPIEL –6 – 94 = –100

Linkes Kästchen: –6, –9, –10, –18, –36, –77, 15, 44, 71, 89

Rechtes Kästchen: –8, –17, –23, –35, –69, –72, 26, 51, 60, 94

17 Die Temperatur beträgt jeweils –4 °C.

a) Was zeigt das Thermometer an, wenn die Temperatur um 5 °C steigt?

b) Um wie viel Grad muss die Temperatur steigen, damit es +5 °C warm ist?

c) Wie kalt ist es nach einem Temperatursturz um 5 °C?

d) Wie muss sich die Temperatur verändern, damit das Thermometer –5 °C zeigt?

18 Ordne die Rechenausdrücke den passenden Teilaufgaben zu und berechne.

① 12 – (–8) ② 12 – 8 ③ –12 + 8

a) Lisa hat 12 €. Sie kauft für 8 € Zeitschriften.

b) Wie groß ist der Temperaturunterschied zwischen +12 °C und –8 °C?

c) Ein Taucher befindet sich in einer Tauchtiefe von 12 m. Er steigt langsam um 8 m auf.

19 Übertrage in dein Heft und ergänze die Lücken. Die Lösungen stehen in den Luftballons in der Randspalte.

a) –17 + □ = –25 b) –17 + □ = –9
c) –17 + □ = 5 d) –17 – □ = –17
e) –17 – □ = –16 f) –17 – □ = –11
g) –17 – □ = –6 h) –17 + □ = –19

20 Übertrage die Tabelle in dein Heft und fülle die Lücken.
NHN bedeutet Normalhöhennull und ist eine Bezugsgröße für Höhen. Sie leitet sich ab vom mittleren Meeresspiegel der Nordsee.

Gewässer	Wasseroberfläche	max. Tiefe	tiefste Stelle des Seebodens
Aralsee	37 m u. NHN	34 m	
Baikalsee	455 m ü. NHN	1637 m	
Comer See	197 m ü. NHN		213 m u. NHN
Gardasee		346 m	218 m u. NHN
Kaspisches Meer	28 m u. NHN		1023 m u. NHN
Tanganjikasee	782 m ü. NHN	1470 m	

Weiterführende Aufgaben

21 Berechne.

a) $0{,}8 - (-0{,}5)$　b) $-0{,}5 + 0{,}7$
c) $-1{,}4 - 0{,}6$　d) $2{,}1 + (-3{,}6)$
e) $3{,}5 - 1{,}5$　f) $-2{,}4 - (-2{,}1)$
g) $2{,}64 + 3{,}49$　h) $2{,}81 - 3{,}72$
i) $4{,}03 - (-5{,}72)$　j) $-7{,}39 - 5{,}41$
k) $-9{,}08 - (-9{,}08)$　l) $6{,}55 - (-7{,}45)$

22 Berechne. Welche Aufgaben haben die gleichen Ergebnisse?

a) $\frac{3}{7} + \frac{5}{7}$　b) $\frac{3}{7} - \frac{5}{7}$　c) $\frac{3}{7} + \left(-\frac{5}{7}\right)$　d) $\frac{3}{7} - \left(-\frac{5}{7}\right)$
e) $\frac{2}{3} + \frac{3}{4}$　f) $\frac{2}{3} - \frac{3}{4}$　g) $\frac{2}{3} + \left(-\frac{3}{4}\right)$　h) $\frac{2}{3} - \left(-\frac{3}{4}\right)$

23 Berechne.

a) $-\frac{3}{8} + \left(-\frac{1}{6}\right)$　b) $\frac{7}{10} - \left(-\frac{4}{5}\right)$　c) $-\frac{7}{8} + \left(-\frac{5}{6}\right)$
d) $-\frac{2}{7} - \left(-\frac{2}{5}\right)$　e) $-\frac{3}{8} + 1\frac{1}{2}$　f) $4\frac{1}{4} + \left(-6\frac{1}{2}\right)$

24 Setze in die Kästchen alle möglichen Vorzeichenkombinationen ein und löse die so entstehenden vier Aufgaben. Was fällt dir auf?

a) (□ 3) + (□ 7)　b) (□ 3) – (□ 7)
c) (□ 9) + (□ 9)　d) (□ 57) + (□ 34)
e) (□ 68) + (□ 97)　f) (□ 46) – (□ 85)

25 Löse wie in Aufgabe 24. Beachte, dass es nun acht Kombinationsmöglichkeiten gibt. Was fällt dir auf?

a) (□ 3) + (□ 5) + (□ 8)
b) (□ 3) + (□ 5) – (□ 8)
c) (□ 3) – (□ 5) + (□ 8)
d) (□ 3) – (□ 5) – (□ 8)

26 Setze „+“ oder „–“ richtig ein. Findest du mehrere Lösungen?

a) +40 + (□ 15) = □ 25
b) □ 13 + (□ 21) = □ 8
c) □ 22 + (□ 7) – (□ 21) = □ 50

27 Auf dem Mond herrscht an den Polen eine konstante Temperatur von –96 °C, am Äquator existieren zwischen Tag (127 °C) und Nacht (–173 °C) große Temperaturschwankungen. Welche Temperaturunterschiede bestehen zwischen Tag und Nacht sowie zwischen dem Äquator und den Polen?

28 Zeige an Beispielen, dass Assoziativ- und Kommutativgesetz der Addition bei den rationalen Zahlen erhalten bleiben.

29 Paula behauptet, dass das Assoziativ- und Kommutativgesetz auch für die Subtraktion gilt, weil man jede Subtraktion auch als Addition schreiben kann.
Prüfe am Beispiel der Aufgabe 6 – 24 – 16, ob Paula Recht hat.

30 Rechne vorteilhaft.

BEISPIEL 43 – 19 – 13
= 43 – 13 – 19 = 30 – 19 = 11

a) 47 – 28 – 37　b) –56 + 104 + 26
c) 89 – 231 – 19　d) –68 + 134 + 18
e) –32 + 84 + 12　f) –13 + 21 – 7 + 29

31 Leider hat Martin die letzte Seite seines Kontoauszugs verloren. Berechne den aktuellen Kontostand.

Übertrag	–20,00 €
Einzahlung	+50,00 €
Auszahlung	–15,00 €
Überweisung	–19,90 €
Beitrag Sportverein	–8,50 €
Einzahlung	+5,80 €

Vergleiche Ergebnis und Vorgehensweise mit deinem Nachbarn.

32 Frau Müller überprüft ihre Kontoauszüge. Statt negativer und positiver Vorzeichen verwenden Banken oft S (Soll) und H (Haben).

a) Sie hatte einen Kontostand von 330,50 € S. Nachdem Frau Müllers Gehalt überwiesen wurde, beträgt der Kontostand 1304,80 € H. Wie viel verdient sie?
b) Im Monat Oktober hatte Frau Müller ein Startguthaben von 530,80 €. Es finden sich folgende Kontobewegungen auf ihrem Konto:

05.10.	Auszahlung	210,00 € S
11.10.	Überweisung	67,30 € S
15.10.	Gutschrift	130,20 € H

Wie lautet jetzt der Kontostand?

BEACHTE
Die Lösungen zu Aufgabe 21 ergeben in der richtigen Reihenfolge den Namen einer europäischen Hauptstadt. Zu welchem Land gehört die Stadt?
–12,8 (A); –2 (T); –1,5 (I); –0,91 (S); –0,3 (A); 0 (D); 0,2 (A); 1,3 (V); 2 (K); 6,13 (N); 9,75 (T); 14 (T)

33 Vergleicht eure Rechenwege.
a) −24 + 18 + 37 − 58 + 23
b) −67 − 56 + 71 + 83 + 89
c) 225 + 374 − 215 + 56 − 335

34 Additionsmauern zum Knobeln
a)
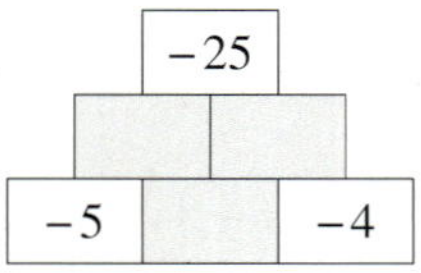

b)
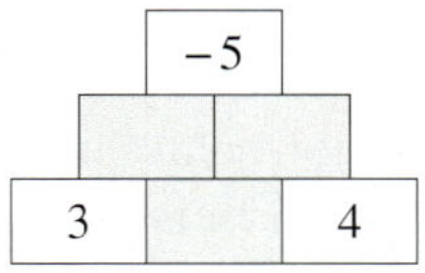

35 Übertrage die Additionsmauern in dein Heft. Die Vorzeichen sind teilweise schon vorgegeben.
a) Vervollständige, wenn möglich.

①
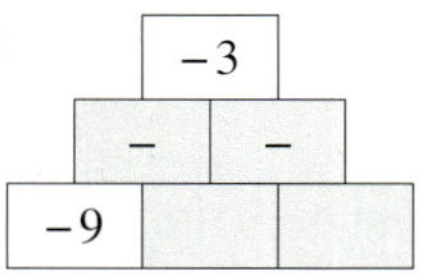

②
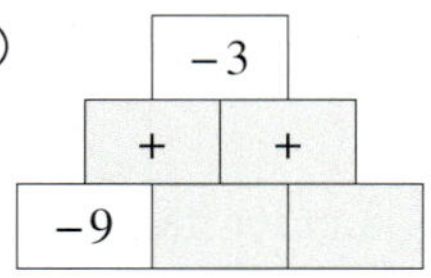

③
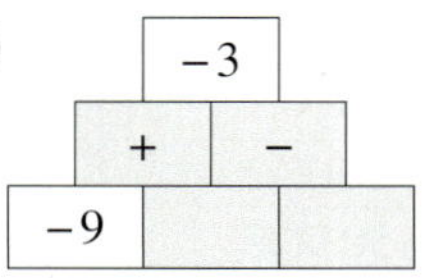

④
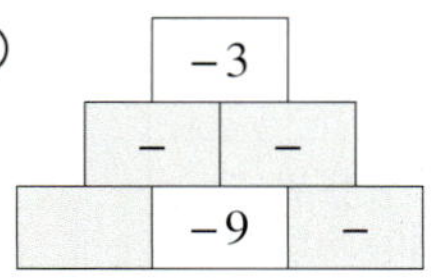

b) Findest du mehrere Lösungen?
c) Begründe gegebenenfalls, warum die Additionsmauer nicht lösbar ist.

36 Erfinde eine Additionsmauer …
a) … an deren Spitze die Zahl −87 steht.
b) … mit genau zwei Nullen.
c) … mit genau einer positiven Zahl.
d) … mit genau zwei negativen Zahlen.
e) … an deren Spitze die Zahl −43 steht.
f) … an deren Spitze die Zahl 1 steht.
g) … mit genau drei positiven Zahlen.

37 Überlege und stelle die notwendigen Berechnungen an.
a) Wie weit sind die Zahlen −28,5 und 125,5 auf der Zahlengeraden voneinander entfernt?
b) Welche positive Zahl ist von 55 genau so weit entfernt wie −10?
c) Welche Zahl liegt genau in der Mitte der beiden Zahlen …
① −2 und 4? ② −1,7 und −2?

38 In der Tabelle findest du Höchst- und Tiefsttemperaturen auf verschiedenen Planeten unseres Sonnensystems.

Planet	Höchsttemperatur	Tiefsttemperatur
Merkur	+427 °C	−173 °C
Venus	+497 °C	+437 °C
Neptun	−200 °C	−218 °C

a) Berechne jeweils den Temperaturunterschied.
b) Recherchiere und vergleiche die Werte mit dem Höchst- und Tiefstwert der Erde.
c) Auf dem Mars herrscht eine Durchschnittstemperatur von −55 °C.
Der Unterschied zwischen Höchst- und Tiefsttemperatur beträgt 160 °C.
Die Höchsttemperatur ist positiv.
Finde mögliche Werte für Höchst- und Tiefsttemperatur.

39 Rechnen mit Pfeilen
Ein Pfeil für eine positive Zahl weist von links nach rechts, ein Pfeil für eine negative Zahl von rechts nach links. Man addiert, indem man den Anfang des zweiten Pfeils an die Spitze des ersten Pfeils legt. Die Summe entspricht dem Pfeil vom Anfang des ersten Pfeils zur Spitze des zweiten Pfeils.

+5 + (−3)
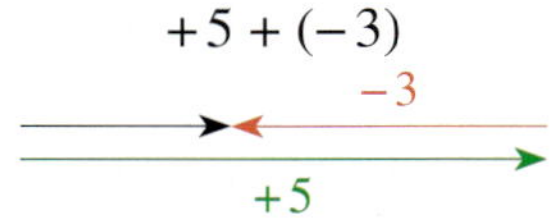

Man subtrahiert, indem man die Spitzen der Pfeile aneinanderlegt. Die Differenz entspricht dem Pfeil vom Anfang des ersten Pfeils zum Anfang des zweiten Pfeils.

−5 − (+3)
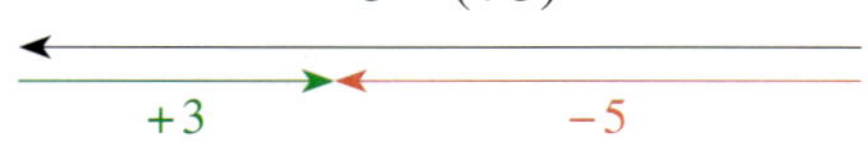

a) Bestimme die Ergebnisse oben.
b) Stelle die Rechnungen mit Pfeilen dar und bestimme das Ergebnis.
① −5 + (+3) ② +5 − (+3) ③ −5 − (−3)
c) Wie viele verschiedene Additionen und Subtraktionen kannst du mit einem Pfeil der Länge 5 und einem Pfeil der Länge 3 darstellen? Sind auch alle Ergebnisse verschieden?

Rationale Zahlen multiplizieren und dividieren

Erforschen und Entdecken

1 Julian hat eine Aufgabe gerechnet.

a) Vollziehe seinen Rechenweg nach.

b) Schreibe die Aufgaben wie Julian jeweils als Multiplikationsaufgabe und berechne sie.

① $(-8) + (-8)$ ② $(-2) + (-2) + (-2)$

③ $(-5) + (-5) + (-5)$ ④ $(-3) + (-3) + (-3) + (-3)$

⑤ $(-7) + (-7) + (-7) + (-7) + (-7) + (-7)$

⑥ $(-4) + (-4) + (-4) + (-4) + (-4) + (-4) + (-4) + (-4)$

c) Wie wird das Produkt aus einer positiven und einer negativen Zahl gebildet?
Formuliere einen Merksatz. Vergleicht eure Ergebnisse untereinander.

2 Löse die folgenden Aufgaben. Was fällt dir auf?

a)
$3 \cdot 3 = 9$
$2 \cdot 3 = 6$
$1 \cdot 3 =$
$0 \cdot 3 =$
$-1 \cdot 3 =$
$-2 \cdot 3 =$
$-3 \cdot 3 =$

b)
$3 \cdot (-2) = -6$
$2 \cdot (-2) = -4$
$1 \cdot (-2) =$
$0 \cdot (-2) =$
$-1 \cdot (-2) =$
$-2 \cdot (-2) =$
$-3 \cdot (-2) =$

c)
$-3 \cdot 4 = \quad -12$
$-3 \cdot 3 = \quad -9$
$-3 \cdot 2 =$
$-3 \cdot 1 =$
$-3 \cdot 0 =$
$-3 \cdot (-1) =$
$-3 \cdot (-2) =$

Vervollständige die Sätze in deinem Heft:

- Das Produkt zweier Zahlen ist positiv, wenn …
- Das Produkt zweier Zahlen ist negativ, wenn …

3 Eine Skala kann gestreckt oder gestaucht (zusammengeschoben) werden.

a) Übertrage die Darstellung in dein Heft und vervollständige die Beschriftung.
Wie gelangt man von den Zahlen der einen Skala zu denen der anderen Skala?
Schreibe auch einige Rechnungen dazu auf.

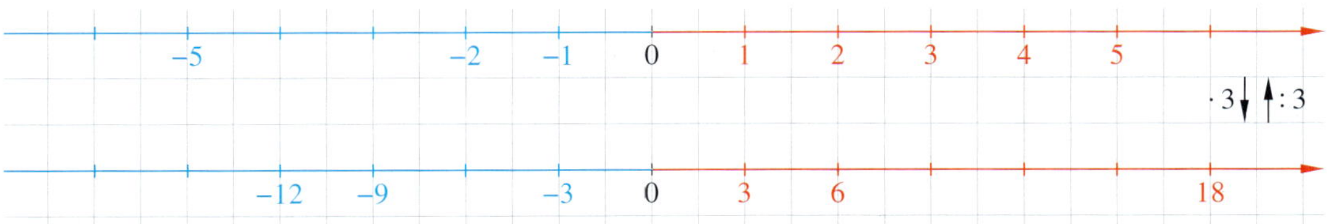

b) Wird nicht nur gestreckt oder gestaucht, sondern wird die Skala zusätzlich an der Null gespiegelt, ergibt sich folgendes Bild:

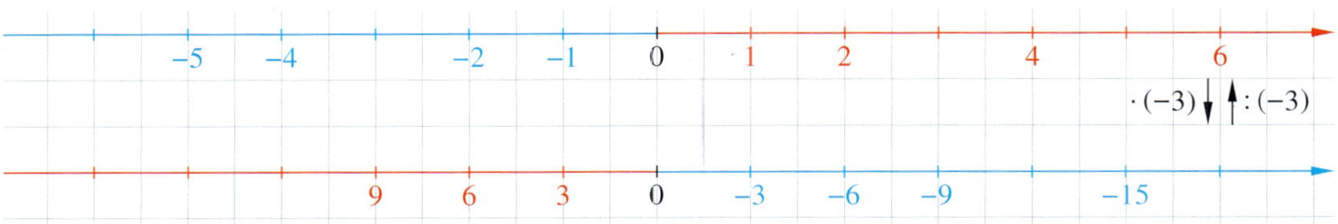

Vervollständige auch diese Darstellung im Heft und notiere passende Rechnungen.

c) Formuliere Regeln für die Vorzeichen von Dividend und Divisior für den Fall, dass …

① der Quotient positiv sein soll. ② der Quotient negativ sein soll.

Lesen und Verstehen

Güven soll mit den Ziffern 1; 2; 3 und 4 wahre Aussagen bilden.

Er muss die Symbole = – – und eines der Symbole · oder : benutzen.

Klammern sind auch erlaubt. Die Reihenfolge der vier Ziffern darf er jedoch nicht verändern.

BEACHTE
+ · + = +
– · – = +
– · + = –
+ · – = –
Das Gleiche gilt für die Division.

Bei der **Multiplikation und Division rationaler Zahlen** kann man so vorgehen:
1. Multipliziere (dividiere) beide Zahlen ohne Vorzeichen.
2. Bestimme das Vorzeichen:
   – Das Vorzeichen ist negativ, wenn beide Zahlen verschiedene Vorzeichen haben.
   – Das Vorzeichen ist positiv, wenn beide Zahlen gleiche Vorzeichen haben.

BEISPIELE

$-12 = -3 \cdot 4$, da $3 \cdot 4 = 12$ und Vorzeichen verschieden, also „–“ im Ergebnis

$12 : (-3) = -4$, da $12 : 3 = 4$ und Vorzeichen verschieden, also „–“ im Ergebnis

$12 = -3 \cdot (-4)$, da Vorzeichen gleich, also „+“ im Ergebnis

$(-12) : (-3) = 4$, da Vorzeichen gleich, also „+“ im Ergebnis

Basisaufgaben

1 Finde die beiden noch fehlenden Beispiele für Güvens Zahlenrätsel.

2 Welches Vorzeichen hat das Ergebnis?
a) $2 \cdot (-3) = \square 6$ b) $-4 \cdot (-2) = \square 8$
c) $-2 \cdot 5 = \square 10$ d) $8 \cdot 3 = \square 24$
e) $6 \cdot (-2) = \square 12$ f) $5 \cdot 0 = \square 0$

3 Setze im Heft passende Vorzeichen ein.
a) $(-8) \cdot (\square 2) = -16$ b) $(-2{,}5) \cdot 2 = \square 5$
c) $(\square 2) \cdot (-3) = 6$ d) $6 \cdot (\square 0{,}25) = 1{,}5$
e) $(\square 8) \cdot \left(\square \frac{1}{2}\right) = -4$ f) $(\square 2) \cdot (-9) = -18$

4 Multipliziere zuerst alle Zahlen mit 2 und dann mit (–2).

–10 | 5 | –19 | –8 | –35 | –4,5 | 27 | 0,25

5 Berechne.
a) $4 \cdot 18$ b) $-5 \cdot 9$ c) $8 \cdot (-7)$
d) $-3 \cdot (-5)$ e) $3 \cdot 12$ f) $-4 \cdot 5$
g) $-8 \cdot (-4)$ h) $-16 \cdot 5$ i) $-100 \cdot (-100)$

BEACHTE
Die Lösungen zu Aufgabe 5 ergeben in der richtigen Reihenfolge den Namen einer europäischen Hauptstadt. Zu welchem Land gehört die Stadt?
–80 (N); –56 (N); –45 (A); –20 (R); 15 (M); 32 (I); 36 (A); 72 (S); 100 000 (O)

6 Ergänze die fehlenden Zahlen.
a) $-3 \cdot \square = -12$ b) $5 \cdot \square = -40$
c) $8 \cdot \square = -56$ d) $-4 \cdot \square = 20$
e) $\square \cdot 13 = 39$ f) $\square \cdot (-14) = 42$

7 Übertrage ins Heft und fülle aus.

·	–4	6	–9	–13	22	–25
–1						
–7						
–8						
11						

8 Überschlage das Ergebnis.
Achte auf das richtige Vorzeichen.
Ein genaues Ergebnis ist nicht verlangt.
a) $205 \cdot (-19)$ b) $-189 \cdot 11$
c) $-98 \cdot (-21)$ d) $1050 \cdot 1990$
e) $18 \cdot (-508)$ f) $-52 \cdot 49$

9 Multipliziere.
a) $-8 \cdot 9$ b) $12 \cdot (-7)$ c) $-3 \cdot 5$
d) $-17 \cdot (-14)$ e) $9 \cdot (-15)$ f) $15 \cdot (-9)$
g) $11 \cdot (-11)$ h) $-8 \cdot (-22)$ i) $-3 \cdot 39$
j) $17 \cdot (-2)$ k) $38 \cdot (-1)$ l) $-1 \cdot (-88)$

10 Setze im Heft passende Vorzeichen ein.

a) $8 : (-2) = \square\, 4$
b) $-15 : (-3) = \square\, 5$
c) $-24 : 3 = \square\, 8$
d) $25 : (-5) = \square\, 5$
e) $12 : (\square\, 6) = 2$
f) $\square\, 36 : 4 = 9$
g) $-1{,}8 : (-9) = \square\, 0{,}2$
h) $\square\, 2 : \left(-\frac{1}{2}\right) = -4$
i) $-81 : 0{,}9 = \square\, 90$
j) $4{,}2 : (-0{,}7) = \square\, 6$

11 Berechne.

a) $12 : (-6)$
b) $-36 : 12$
c) $-42 : (-7)$
d) $84 : (-7)$
e) $56 : (-8)$
f) $-72 : (-9)$
g) $-39 : (-13)$
h) $51 : (-17)$
i) $-98 : 14$

12 Berechne schriftlich.
Achte auf das Vorzeichen im Ergebnis.

a) $-615 : 5$
b) $1872 : (-8)$
c) $-2415 : (-7)$
d) $2736 : 6$
e) $17\,034 : (-3)$
f) $-61\,101 : (-9)$

13 Übertrage ins Heft und fülle aus.

:	−3	5	9	−15
45				
−90				
−135				
270				
−405				

14 Finde wertgleiche Schreibweisen, indem du die Vorzeichen passend veränderst.

BEISPIELE $-1 : 4 = 1 : (-4) = -\frac{1}{4} = \frac{1}{-4}$

$1 : 3 = -1 : (-3) = \frac{-1}{-3} = \frac{1}{3}$

a) $-\frac{2}{3}$
b) $\frac{3}{8}$
c) $-0{,}5$
d) $1{,}2$
e) $\frac{6}{-7}$
f) -2

15 Bilde ein Produkt aus einer Zahl im oberen und einer Zahl im unteren Kasten (siehe Randspalte).

a) Als Produkt soll sich die größte mögliche Zahl ergeben.
b) Das Produkt soll die Zahl mit dem größten Betrag sein.
c) Das Produkt soll positiv und möglichst nahe bei Null sein.

16 Fülle den Rechenbaum im Heft aus.

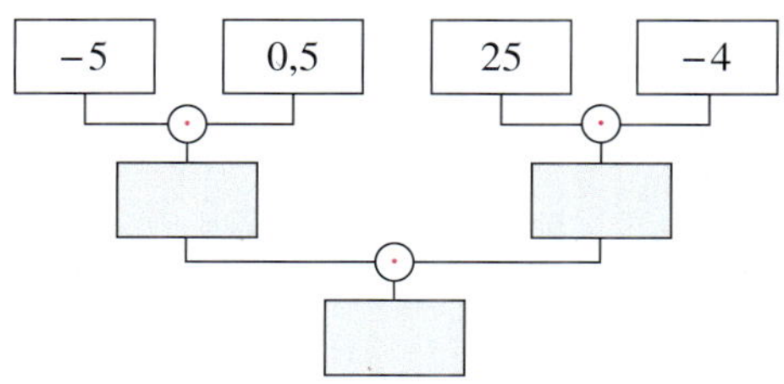

Weiterführende Aufgaben

17 Setze in die Kästchen alle möglichen Vorzeichenkombinationen ein und löse die so entstehenden vier Aufgaben.

a) $\square\, 4 \cdot (\square\, 7)$
b) $\square\, 13 \cdot (\square\, 6)$
c) $\square\, 0{,}9 \cdot (\square\, 10)$
d) $\square\, \frac{1}{2} \cdot \left(\square\, \frac{3}{4}\right)$

18 Wähle aus diesen Zahlenfeldern zwei Faktoren aus, deren Produkt …

a) -2;
b) $-0{,}8$;
c) $0{,}6$ ergibt.

−5 | −2 | −4 | 0,2 | 0,4 | −0,2 | 2 | −5 | 3 | −0,3

19 Finde jeweils mindestens drei Multiplikationsaufgaben mit folgenden Ergebnissen.

a) -20
b) -12
c) $\frac{3}{8}$

20 Übertrage die Rechenbäume in dein Heft und fülle sie aus.

a)

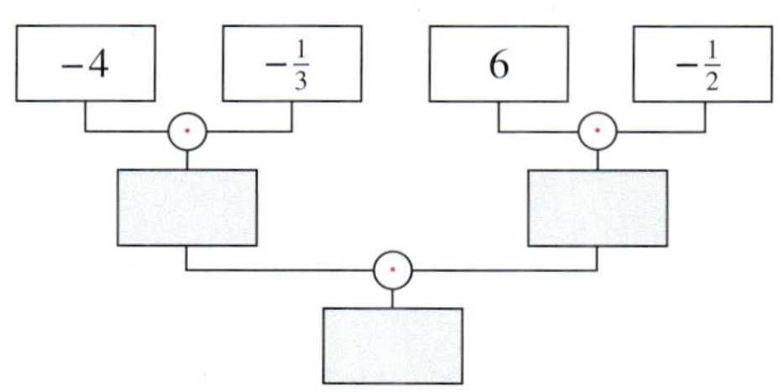

b)

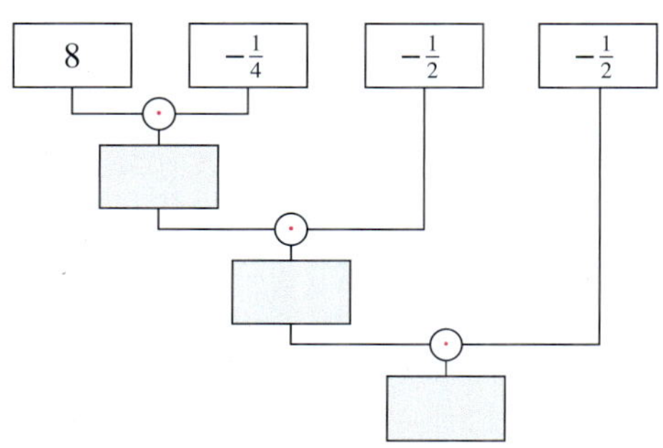

−2 3 −7 5

12 −10 −11

139-1
Unter diesem Webcode findest du eine interaktive Übung zur Multiplikation und Division von ganzen Zahlen.

140-1
Hier findest du ein Arbeitsblatt mit leeren Zahlenmauern zum Ausdrucken.

21 Ordne die Ergebnisse der Größe nach. Beginne mit der kleinsten Zahl.

① $\frac{1}{3} \cdot \left(-\frac{2}{3}\right)$ ② $-\frac{3}{4} \cdot \left(-\frac{6}{5}\right)$ ③ $-\frac{1}{2} \cdot \left(-\frac{1}{3}\right)$

④ $-4 \cdot \frac{2}{7}$ ⑤ $1\frac{1}{5} \cdot (-3)$ ⑥ $\frac{4}{9} \cdot \frac{1}{7}$

22 Zeichne ein Koordinatensystem. Die x-Achse soll von -8 bis 8 gehen und die y-Achse von -4 bis 12.

a) Trage die Punkte $A(4|-2)$, $B(1|6)$ und $C(-4|0)$ in das Koordinatensystem ein und verbinde sie zu einem Dreieck.

b) Multipliziere jeweils die x- und die y-Koordinate der drei Punkte mit 2 und zeichne die neuen Punkte in das Koordinatensystem.

c) Dividiere alle Koordinaten durch (-2) und zeichne die neuen Punkte ein.

d) Formuliere Vermutungen darüber, was entsprechende Rechnungen mit der Figur anstellen.

23 Berechne.

a) $-27 : (-9)$ b) $-0{,}8 : 0{,}2$
c) $2{,}5 : (-0{,}5)$ d) $-6{,}4 : 1{,}6$
e) $0{,}2 : (-20)$ f) $-0{,}96 : (-0{,}12)$
g) $-1{,}2 : 15$ h) $-7 : (-3{,}5)$

24 Berechne. Die richtigen Lösungen stehen in der Randspalte. Sie ergeben ein Lösungswort.

a) $-\frac{1}{3} : \frac{1}{9}$ b) $-\frac{1}{2} : \left(-\frac{1}{4}\right)$ c) $-\frac{3}{4} : \left(-\frac{2}{5}\right)$

d) $\frac{2}{3} : \left(-\frac{1}{6}\right)$ e) $-\frac{1}{5} : \left(-\frac{1}{2}\right)$ f) $-\frac{1}{9} : \frac{1}{4}$

g) $\frac{2}{5} : \left(-\frac{5}{7}\right)$ h) $-\frac{1}{5} : \left(-\frac{1}{6}\right)$ i) $\frac{5}{8} : \left(-\frac{1}{6}\right)$

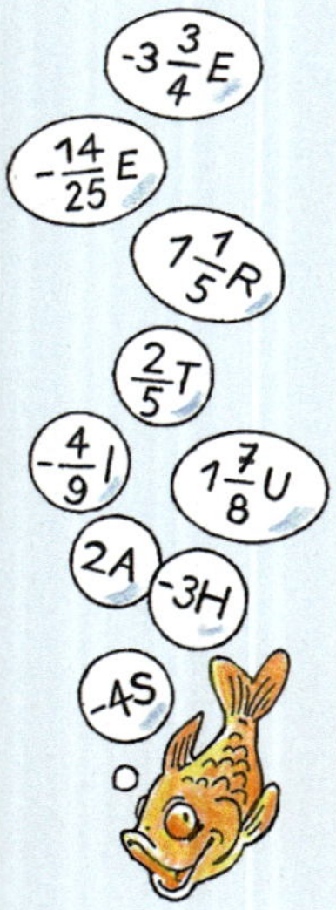

25 Achte darauf, von links nach rechts zu rechnen.
Formuliere eine Regel, wann das Ergebnis ein negatives Vorzeichen hat.

a) $81 : (-9) \cdot 2 \cdot (-3)$
b) $(-4) \cdot 15 : (-2) : (-5)$
c) $21 \cdot (-3) : 7 \cdot (-5) : 9$

26 Berechne schriftlich.

a) $-2136 : 5$ b) $6688 : (-11)$
c) $-7749 : (-9)$ d) $-5916 : (-12)$
e) $76\,975 : (-15)$ f) $-47\,625 : (-25)$

27 Übertrage die Rechendreiecke in dein Heft und fülle sie aus.

a)
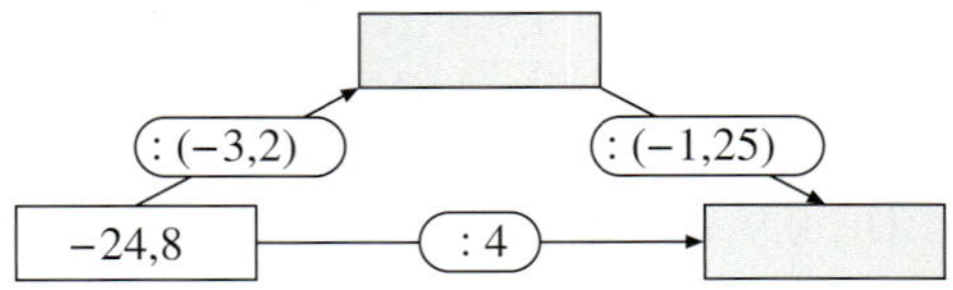

b)
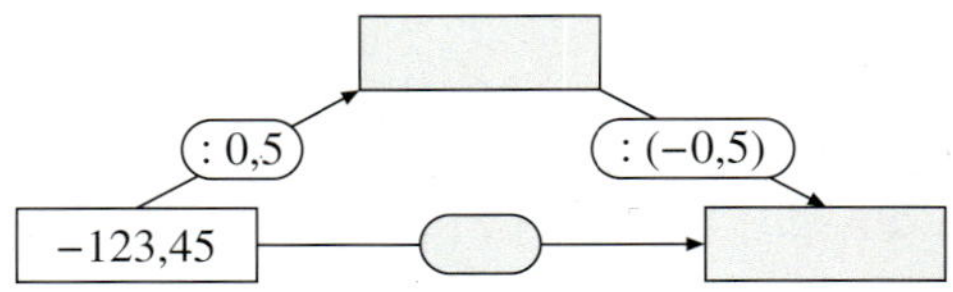

28 Vervollständige die Multiplikationsmauern in deinem Heft.

①
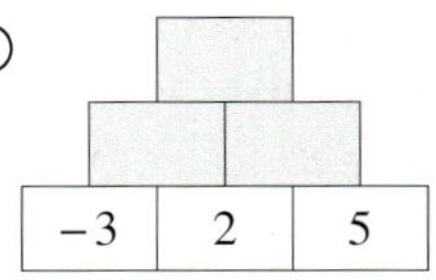

②
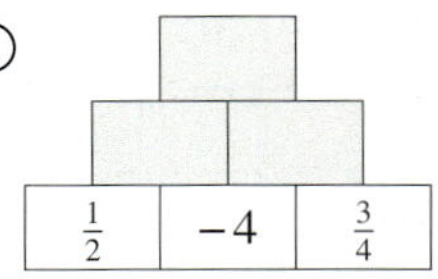

③
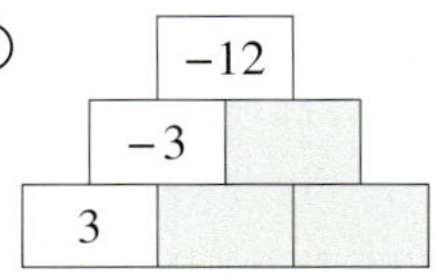

④
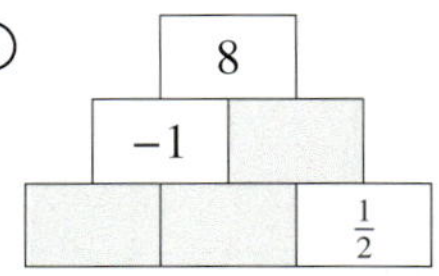

a) Verändert sich das Vorzeichen in der Spitze der Mauer, wenn genau ein Vorzeichen in der unteren Reihe verändert wird?

b) Erfinde eigene Multiplikationsmauern und erstelle selbst ein Arbeitsblatt. Tauscht die Arbeitsblätter aus und besprecht anschließend die Lösungen.

29 Multiplikationsmauern zum Knobeln:

a)
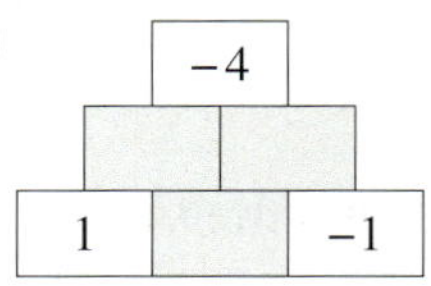

b)
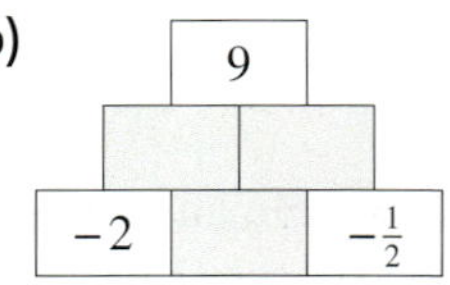

30 Erfinde eine Multiplikationsmauer mit drei Steinen in der Grundreihe. Nullen sollen darin nicht auftreten. Kann die Mauer folgende Eigenschaft haben? Begründe.

a) In der Spitze steht die Zahl -6.
b) Die Zahl -2 kommt zweimal vor.
c) Mauer mit genau einer negativen Zahl
d) Mauer mit genau zwei positiven Zahlen
e) Mauer mit genau zwei negativen Zahlen

Rechengesetze vorteilhaft nutzen

Erforschen und Entdecken

1 Vergleiche die Rechenwege der drei Schüler beim Lösen der Aufgabe $(-4) \cdot 17 \cdot (-25)$.

Pascal	René	Dominik
$(-4) \cdot 17 \cdot (-25)$	$(-4) \cdot 17 \cdot (-25)$	$(-4) \cdot 17 \cdot (-25)$
$(-4) \cdot 17$ ist (-68) und $(-68) \cdot (-25)$ ist $\underline{1700}$.	die Faktoren darf ich vertauschen $(-4) \cdot (-25) = 100$ und $100 \cdot 17 = 1700$.	– mal + ist –, dann mal – ist +, also ist das Vorzeichen positiv. $4 \cdot 17 = 68$, $68 \cdot 25 = 1700$, also $+1700$.

a) Welche „Tricks“ werden beim Lösen dieser Multiplikationsaufgabe angewendet? Kennst du noch die mathematischen Fachbegriffe?

b) Wie würdest du vorgehen, um $-2 \cdot (-137) \cdot (-50)$ zu berechnen? Vergleicht eure Vorgehensweisen zunächst zu zweit und dann in der Klasse.

c) Fasse die bisher gefundenen Rechengesetze in Merksätzen zusammen.

2 Überlege, ob der Wert des Produkts positiv oder negativ ist.

① $1 \cdot (-2)$ ② $1 \cdot (-2) \cdot 3$ ③ $1 \cdot (-2) \cdot 3 \cdot (-4)$

④ $1 \cdot (-2) \cdot 3 \cdot (-4) \cdot 5$ ⑤ $1 \cdot (-2) \cdot 3 \cdot (-4) \cdot 5 \cdot (-6)$

Wie kann man aus der Anzahl positiver oder negativer Faktoren das Vorzeichen des Ergebnisses ermitteln?

3

$(-3) \cdot (-8) \cdot 25 \cdot 16 \cdot (-5)$
$= 24 \cdot 25 \cdot 16 \cdot (-5)$
$= 600 \cdot 16 \cdot (-5)$
$= 9600 \cdot (-5) = -48\,000$

$(-3) \cdot (-8) \cdot 25 \cdot 16 \cdot (-5)$
$= (-3) \cdot (-200) \cdot (-80)$
$= 600 \cdot (-80) = -48\,000$

Wie würdest du vorgehen? Diskutiert untereinander.
Löse entsprechend: $7 \cdot (-50) \cdot (-4) \cdot 15 \cdot (-6)$

4 Vergleiche die Rechnungen.

$(-3{,}5 + 1{,}5) \cdot (-7)$	$(-3{,}5 + 1{,}5) \cdot (-7)$	$23 \cdot (-4) + 17 \cdot (-4)$	$23 \cdot (-4) + 17 \cdot (-4)$
$= (-2) \cdot (-7)$	$= (-3{,}5) \cdot (-7) + 1{,}5 \cdot (-7)$	$= -92 + (-68)$	$= (23 + 17) \cdot (-4)$
$= 14$	$= 24{,}5 - 10{,}5$	$= -160$	$= 40 \cdot (-4)$
	$= 14$		$= 160$

a) Welcher Rechenweg ist jeweils in deinen Augen leichter? Begründe.

b) Welches Rechengesetz wurde verwendet?

c) Berechne $26 \cdot (-17) - 16 \cdot (-17)$ und $(26 - 16) \cdot (-17)$.

Lesen und Verstehen

Beim Lösen der Aufgabe $(-4) \cdot (-57) \cdot (-25)$ hat Lara große Schwierigkeiten. Ihre Freundin Fiona erkennt das Ergebnis sofort: -5700.

Bei den rationalen Zahlen gelten das **Kommutativgesetz** und das **Assoziativgesetz** der Addition und der Multiplikation. Daher darf man Summanden bzw. Faktoren beliebig vertauschen und zusammenfassen.

BEISPIEL 1

$(-4) \cdot [(-57) \cdot (-25)]$ (Multiplikation)
$= (-4) \cdot [(-25) \cdot (-57)]$
$= [(-4) \cdot (-25)] \cdot (-57)$
$= 100 \cdot (-57)$
$= -5700$

Für Aufgaben mit mehreren Faktoren gilt: Ist die Anzahl der Faktoren mit negativem Vorzeichen gerade, so ist das Ergebnis positiv. Bei ungerader Anzahl negativer Faktoren ist das Ergebnis negativ.

$(-1) \cdot (-2) \cdot (-3) \cdot (-4) = +24$, weil vier Faktoren negativ sind

$(-1) \cdot (-2) \cdot (-3) \cdot 4 = -24$, weil drei Faktoren negativ sind

BEACHTE
Ganz kurz kannst du dir merken: Klammer vor Punkt vor Strich

Auch für rationale Zahlen gelten die **Vorrangregeln**:
Klammern werden zuerst ausgerechnet.
Punktrechnung geht vor Strichrechnung.

BEISPIEL 2

$(3 - 5) \cdot 2 = -2 \cdot 2 = -4$
$3 - 5 \cdot 2 = 3 - 10 = -7$

Für die rationalen Zahlen gilt das **Distributivgesetz**:
Man kann eine Summe mit einer Zahl multiplizieren, indem man jeden Summanden mit der Zahl multipliziert.

BEISPIEL 3

ausmultiplizieren:
$(3 - 100) \cdot 7 = 3 \cdot 7 - 100 \cdot 7$
$= 21 - 700 = -679$
ausklammern:
$(-8) \cdot 26 - (-8) \cdot 16$
$= (-8) \cdot (26 - 16) = (-8) \cdot 10 = -80$

Basisaufgaben

1 Suche aus dem linken und dem rechten Kasten je eine Zahl, sodass das Produkt 100 oder -100 ist. Finde zehn solche Paare.

Linker Kasten: -2; 4; $12{,}5$; -200; $-\frac{1}{3}$; 400; 20; -10; $1{,}25$; 500

Rechter Kasten: $0{,}25$; 5; -50; 300; 10; 80; 25; -8; $-\frac{1}{2}$; $-0{,}2$

2 Rechne vorteilhaft.

a) $(-5) \cdot (-19) \cdot 20$
b) $4 \cdot 36 \cdot (-25)$
c) $66 \cdot (-2) \cdot (-50)$
d) $\left(-\frac{1}{4}\right) \cdot (-4) \cdot (-5)$
e) $12{,}5 \cdot (-17) \cdot 8$
f) $(-10) \cdot 3{,}1 \cdot (-2)$

3 Lege zuerst fest, ob das Ergebnis positiv oder negativ ist und berechne dann.

a) $30 \cdot (-2) \cdot (-3) \cdot 7$
b) $-5 \cdot (-6) \cdot 2 \cdot (-1)$
c) $3 \cdot (-4) \cdot (-2) \cdot (-1)$
d) $-8 \cdot (-4) \cdot 2 \cdot (-1)$
e) $2 \cdot (-2) \cdot 2 \cdot (-10)$
f) $3 \cdot 2 \cdot (-15)$

BEACHTE
Die Lösungen zu Aufgabe 3 ergeben in der richtigen Reihenfolge den Namen einer europäischen Hauptstadt. Zu welchem Land gehört die Stadt?
-90 (N); -64 (L); -60 (E); -24 (R); 80 (I); 1260 (B)

4 Berechne. Fasse dabei die Faktoren geschickt zusammen.

a) $250 \cdot (-4) \cdot 8 \cdot 5 \cdot (-120)$
b) $(-7) \cdot (-18) \cdot 5 \cdot (-4) \cdot 25$
c) $15 \cdot 6 \cdot (-125) \cdot (-8) \cdot 13$
d) $25 \cdot (-5) \cdot 8 \cdot (-30) \cdot (-6)$

$\frac{x+y}{2}$

5 Denke beim Rechnen an die Vorrangregeln.

a) $-12 + 8 \cdot 4$ b) $-12 - 8 \cdot 4$
c) $-12 + 8 : 4$ d) $-12 - 8 : 4$
e) $-12 - 8 - 4$ f) $-12 - 8 + 4$
g) $-12 \cdot 8 : 4$ h) $-12 \cdot (8 - 4)$
i) $(-12 + 8) : 4$ j) $-12 : (8 - 4)$
k) Finde möglichst viele weitere Aufgaben, die die Zahlen -12, 8 und 4 enthalten und berechne sie.

6 Welche Rechenausdrücke führen zum gleichen Ergebnis? Ordne zu.

① $3 \cdot (-8) - 5 \cdot (-8)$	A) $3 \cdot (-8 + 5)$
② $3 \cdot (-8) - 3 \cdot 5$	B) $-3 \cdot (-8 - 5)$
③ $3 \cdot (-8) + 3 \cdot 5$	C) $(3 - 5) \cdot (-8)$
④ $3 \cdot 8 - 3 \cdot 5$	D) $3 \cdot (8 - 5)$
⑤ $(-3) \cdot (-8) - (-3) \cdot 5$	E) $3 \cdot (-8 - 5)$
⑥ $(-3) \cdot (-8) + 5 \cdot (-8)$	F) $(-3 + 5) \cdot (-8)$

Weiterführende Aufgaben

7 Bilde aus den Zahlen Multiplikationsaufgaben mit mehreren Faktoren. Berechne sie.

$\frac{1}{6}$ -39 12,5 17 -8 -5 -60 -4 20 -25 -43 $-4{,}7$ $-9\frac{1}{2}$ -69 6

8 Ergänze die folgenden Sätze.

a) In einem Produkt mit drei Faktoren ist der Wert des Produkts positiv, wenn …
b) In einem Produkt mit vier Faktoren ist der Wert des Produkts negativ, wenn …

9 Wo sind die Fehler in Nadines Hausaufgaben? Erkläre, was sie falsch gemacht hat und korrigiere das Ergebnis.

a) $2 - 6 \cdot 5 = -20$
b) $14 - 21 : 7 = -1$
c) $-5 \cdot (7 - 14) = -49$
d) $(-48) : 4 \cdot 2 = -6$
e) $15 - 15 : 5 = 0$
f) $7 - 5 + 2 = 0$
g) Nadine behauptet, die Ergebnisse seien doch richtig, man müsse in den Aufgaben nur Klammern ergänzen oder weglassen. Ist das tatsächlich möglich?

10 Setze eine Klammer so, dass das Ergebnis richtig ist.

a) $3 + 2 \cdot 7 = 35$ b) $-3 \cdot 5 + 3 = -24$
c) $-12 : 4 - 2 = -6$ d) $-2 \cdot 4 - 5 + 1 = 3$
e) $4 - 2 - 7 = 9$ f) $-13 + 2 \cdot 8 - 2 = -1$
g) $23 - 8 : (-5) = -3$ h) $-3 + 5 \cdot 6 = 12$
i) $-14 : 2 + 5 = -2$ j) $7 - 12 \cdot 5 + 2 = -23$

11 Würfle mit drei Würfeln. Setze einen Malpunkt, ein Minuszeichen und ein Paar Klammern zwischen die Zahlen.

a) Finde das kleinste und das größte mögliche Ergebnis für deine Zahlen.
b) Welches kleinste und welches größte Ergebnis kann bei diesem Spiel entstehen?

BEISPIEL
Murat würfelt 3, 2 und 5. Er rechnet $(5 \cdot 3) - 2 = 13$ und $2 - (5 \cdot 3) = -13$.

12 Rechne wie im Beispiel rechts auf zwei verschiedenen Wegen. Vergleiche jeweils.

a) $-6 \cdot (100 + 3)$ b) $-9 \cdot (-13 - 37)$
c) $-4 \cdot (-25 + 8)$ d) $(-36 + 35) \cdot (-356)$
e) $(-3{,}6 + 3{,}6) \cdot 9{,}5$ f) $(-40 - 88) \cdot \frac{1}{4}$

BEISPIEL
1. Weg
$(-6 - 4) \cdot (-7)$
$= -6 \cdot (-7) - 4 \cdot (-7)$
$= 42 + 28 = 70$
2. Weg
$(-6 - 4) \cdot (-7)$
$= (-10) \cdot (-7)$
$= 70$

13 Nutze das Distributivgesetz.

BEISPIEL $13 \cdot (-4) + 7 \cdot (-4)$
$= (13 + 7) \cdot (-4) = 20 \cdot (-4) = -80$

a) $5 \cdot (-6) + 15 \cdot (-6)$ b) $-8 \cdot 27 + (-8) \cdot 27$
c) $\frac{1}{2} \cdot (-4) + \frac{1}{2} \cdot (-2)$ d) $3 \cdot (-12) - 5 \cdot (-12)$
e) $-5 \cdot 0{,}8 - (-6) \cdot 0{,}8$ f) $9{,}8 \cdot 8{,}9 - 6{,}8 \cdot 8{,}9$
g) $-87 \cdot \frac{2}{3} + 27 \cdot \frac{2}{3}$ h) $\frac{1}{3} \cdot 64 + \frac{1}{3} \cdot (-4)$
i) $-8 \cdot \frac{2}{5} + 13 \cdot \frac{2}{5}$ j) $19 \cdot (-4) - 7 \cdot 19$

14 Untersuche mit Hilfe der Aufgabe $(18 - 45) : 9$, ob das Distributivgesetz auch für die Division gilt.
Begründe an mindestens drei weiteren Beispielen.

15 Rechne vorteilhaft.

a) $-6 : 3 + 27 : 3$ b) $12 : (-4) + 8 : (-4)$
c) $13 : 2 + 17 : 2$ d) $-22 : 3 + 4 : 3$
e) $26 : (-7) + 9 : (-7)$ f) $51 : 17 + 34 : 17$
g) $19 : (-2) + 1 : (-2)$ h) $22 : (-5) + 3 : (-5)$

Zahlbereiche

BEACHTE
Der Nenner eines Bruches darf nicht null sein.

Schon im Kindergarten lernt man zu zählen: 1, 2, 3, … und 0 ist nichts.
In der Mathematik werden diese Zahlen **natürliche Zahlen** genannt.
Die Menge der natürlichen Zahlen wird mit ℕ bezeichnet, also ℕ = {0; 1; 2; 3; 4; …}.

In der Grundschule hast du gelernt, natürliche Zahlen zu addieren und zu subtrahieren. Deine Lehrer konnten die Summanden bei Additionsaufgaben beliebig zusammenstellen. Wenn sie Subtraktionsaufgaben stellten, war die Zusammenstellung der Minuenden und Subtrahenden nicht ganz so beliebig.

1 Warum war die Subtraktion natürlicher Zahlen nicht immer möglich?
Finde Beispiele.

2 Begründe, weshalb du jetzt natürliche Zahlen beliebig subtrahieren kannst.

Die ganzen Zahlen sind eine Erweiterung der natürlichen Zahlen. Sie enthalten alle natürlichen Zahlen und ihre (negativen) Gegenzahlen.

Die Menge der **ganzen Zahlen** wird mit ℤ abgekürzt.

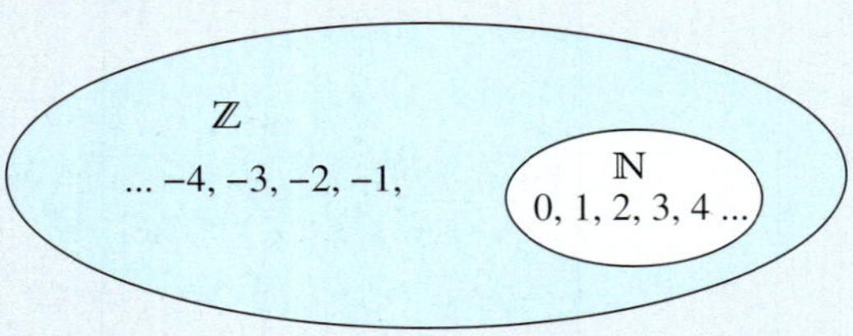

Neben den ganzen Zahlen kennst du auch Brüche und Dezimalbrüche. Jede Zahl, die sich als Bruch zweier ganzer Zahlen schreiben lässt, wird rationale Zahl genannt.

Die Menge der **rationalen Zahlen** wird mit ℚ bezeichnet.

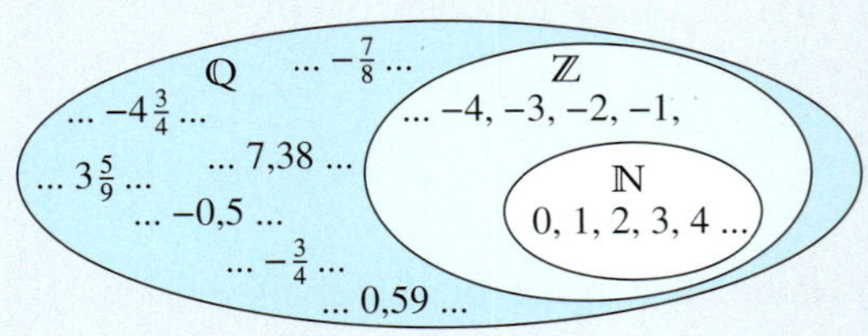

3 Zeige an Beispielen, dass man auch natürliche Zahlen und negative ganze Zahlen als Brüche darstellen kann.

4 Warum war es mathematisch notwendig, die rationalen Zahlen einzuführen?

5 Auch im Alltag reichen die natürlichen Zahlen oft nicht aus. Finde Beispiele, wo außerhalb der Mathematik ganze und rationale Zahlen verwendet werden.

Vermischte Übungen

1 Wähle die angegebene Startzahl, durchlaufe den Rechenkreis und gib das Ergebnis an.

a) −3 b) −7 c) 0,3 d) −8,2

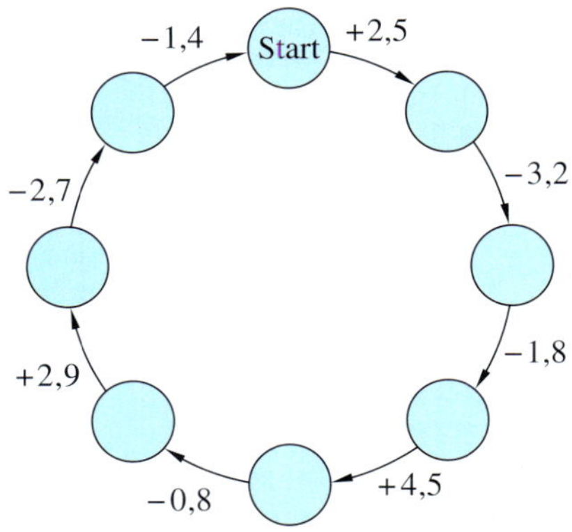

2 Beschreibe einem Mitschüler, wie man zwei negative Zahlen addiert (subtrahiert).

3 Herr Gebauer hat auf seinem Konto ein Guthaben von 840 €. Es werden nacheinander folgende Beträge gebucht: +200 €; −600 €; +150 €; −550 €; −280 €; −320 €; +120 €.

a) Wie lautet der Kontostand nach der letzten Buchung?
b) Wie viel Geld müsste eingezahlt werden, um das Konto auszugleichen?

4 Übertrage ins Heft und ergänze zu magischen Quadraten der Addition.

a)

−0,5		
	0,7	−0,9
		1,9

b)

0		1
	$\frac{1}{4}$	
$-\frac{1}{2}$		

5 Clara, Leni und Nils verkaufen auf einem Flohmarkt selbst gebastelte Dinge. Sie hatten Materialkosten von 23,70 €. Außerdem müssen sie noch 12,50 € Standmiete bezahlen. Clara hat am Abend 9,40 € eingenommen, Leni 7,70 € und Nils 8,90 €. Der Gesamtbetrag wird gleichmäßig aufgeteilt. Wie viel Gewinn oder Verlust bleibt für jeden?

6 Es wird mit zwei verschiedenfarbigen Würfeln gespielt. Die Augenzahl des roten Würfels wird als positive Zahl aufgefasst, die Augenzahl des blauen Würfels als negative. Die beiden Zahlen werden addiert.

BEISPIEL (+4) + (−6) = (−2)

a) Spielt zu zweit oder in kleinen Gruppen einige Runden.
b) Mit welchem Wurf erzielt man die höchste Punktzahl?
c) Mit welchem Wurf erzielt man die niedrigste Punktzahl?
d) Mit welchen Würfen kann man die Punktzahl +2 erzielen?
e) Mit welchen Würfen kann man die Punktzahl −1 erzielen?

7 Übertrage die Multiplikationsmauer in dein Heft.

−2	1	3	2

a) Vervollständige die Mauer.
b) Verändert sich das Vorzeichen in der Spitze, wenn in der unteren Reihe genau ein Vorzeichen verändert wird?
c) Welches Vorzeichen hat die Spitze, wenn in der unteren Reihe genau zwei Vorzeichen verändert werden?
d) Lässt sich eine Regel formulieren?

8 Finde mindestens fünf Zahlenpaare, deren Produkt −64 ergibt. Vergleiche mit deinem Nachbarn.
Findet ihr auch drei Zahlen, deren Produkt −64 ist? Und wenn mindestens einer der drei Faktoren keine ganze Zahl sein darf?

9 Übertrage die Rechenkette ins Heft.

Start $\xrightarrow{\cdot 12}$ ■ $\xrightarrow{:(-3)}$ ■ $\xrightarrow{\cdot 1{,}5}$ ■ $\xrightarrow{\cdot(-4)}$ ■ $\xrightarrow{:2}$ Ziel

a) Wähle -5 als Startzahl und durchlaufe die Kette bis zum Ziel.
b) Mit welcher Startzahl zwischen -5 und 5 erhält man als Ergebnis -12?
c) Sollte man für ein positives Ergebnis eine positive oder eine negative Startzahl verwenden?
d) Gibt es ein anderes Ergebnis, wenn du die Rechenkette vom Ziel zum Start durchläufst?
e) Lasse **eine** Rechenoperation weg, sodass Start- und Zielzahl gleich sind.

10 Übertrage die Rechenfiguren ins Heft.
Je zwei benachbarte Kreise werden addiert bzw. multipliziert.
Das Ergebnis wird in den Vierecken notiert.

a)
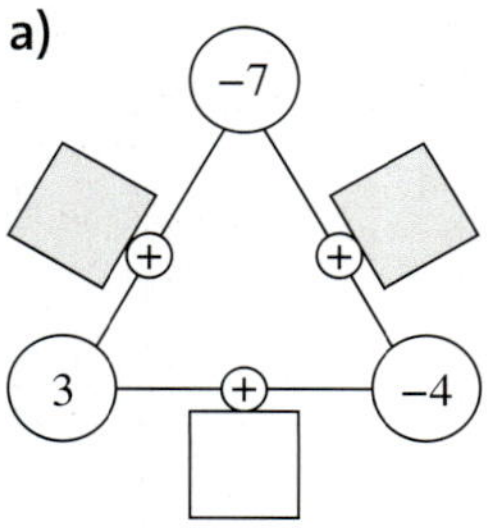

b)
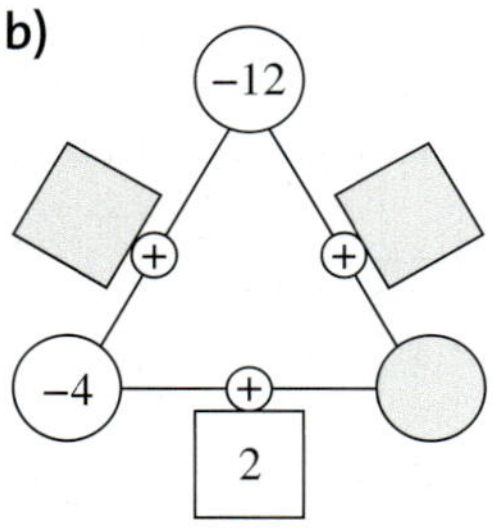

c)
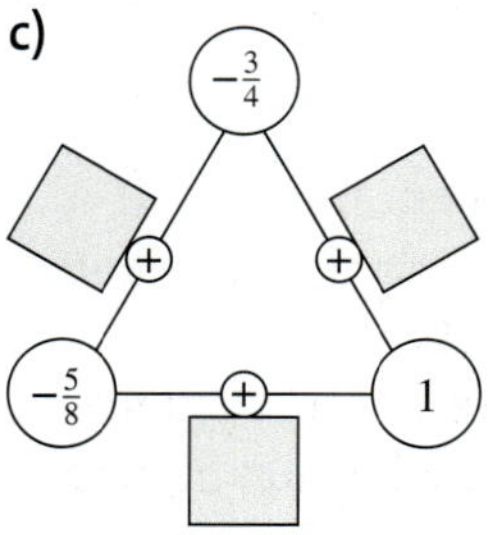

d)
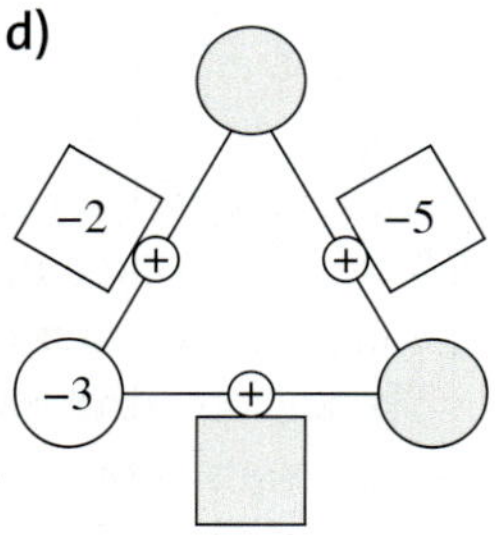

e)
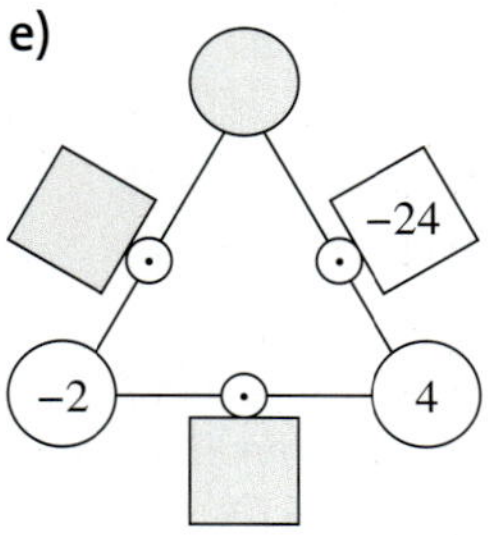

f)
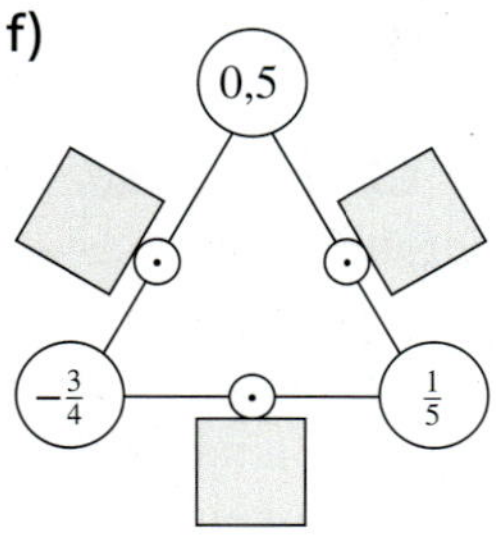

BEACHTE
Die Lösungen zu Aufgabe 13 ergeben in der richtigen Reihenfolge den Namen einer europäischen Hauptstadt. Zu welchem Land gehört die Stadt?
−228 (A); −58 (L); −56 (T); −23 (V); −8 (A); −3 (E); 36 (T); 97 (L)

11 Erstellt in Kleingruppen Mindmaps zum Thema „Rechnen mit rationalen Zahlen" und stellt diese im Klassenverband vor.
Ihr könnt unter anderem die folgenden Begriffe verwenden:

Subtraktion, Addition, Faktor, Division, Betrag, Vorzeichen, Vorrangregeln, Multiplikation, Gegenzahl, Rechengesetze, Kommutativgesetz

12 Entscheide zuerst, ob die Anwendung des Distributivgesetzes Vorteile bringt. Berechne.
a) $(-8) \cdot (\frac{1}{4} + (-\frac{3}{8}))$
b) $(-3{,}5) \cdot 4 + (-3{,}5) \cdot 6$
c) $(-22 + 12) \cdot 7$
d) $11 \cdot (-1{,}8) + 2 \cdot (-1{,}8)$
e) $(-6) \cdot 15 - 4 \cdot 15$
f) $5 \cdot (3{,}6 - 4{,}2)$

13 Denke an die Vorrangregeln.
a) $3 \cdot (-7) + 8 - 5 \cdot 2$
b) $(4 + 8 \cdot 2 - 36) : 2$
c) $3 + 5 \cdot 2 - 20 + 8 : 2 + 100$
d) $15 \cdot (-3) + 7 - 4 + 32 : 8 - 20$
e) $27 : 9 + 3 \cdot 4 + 2 - 20$
f) $5 \cdot 7 + 2 \cdot (10 - 20 + 8) + 5$
g) $3 + 5 \cdot (7 - 12) + 40 - 25 \cdot 3 + 1$
h) $(42 : 4 + 0{,}5 - 3 \cdot (8 + 17)) \cdot 2 - 100$

14 Gib mindestens drei Aufgaben an.
a) Finde Additionsaufgaben, die die Lösung -9 haben.
b) Finde Subtraktionsaufgaben, die die Lösung -13 haben.
c) Gib Multiplikationsaufgaben mit dem Ergebnis -48 an.
d) Gib Divisionsaufgaben an, die die Lösung -7 haben.
e) Finde Aufgaben, in denen Vorrangregeln angewendet werden müssen. Die Aufgaben sollen die Lösung -60 haben.

15 Schreibe als Aufgabe und berechne.

a) Dividiere die Summe der Zahlen −15 und −45 durch 12.
b) Multipliziere die Differenz der Zahlen −3,5 und −1,5 mit 0,5.
c) Multipliziere die Summe der Zahlen 6 und −3,5 mit der Differenz der Zahlen $-\frac{1}{2}$ und $1\frac{1}{2}$.
d) Subtrahiere vom Produkt der Zahlen 12 und −8 die Summe der Zahlen 12 und −8.
e) Dividiere den Quotienten der Zahlen −306 und 17 durch das Produkt der Zahlen 27 und $-\frac{2}{3}$.
f) Addiere zum Fünffachen von −17 das Dreifache der Summe aus −34 und −47.

16 Beschreibe die Aufgaben mit Hilfe geeigneter Fachbegriffe und berechne sie.

a) $(-8 + 17) \cdot (-3)$
Multipliziere die Summe der Zahlen −8 und …
b) $(-17 - 8) : 5$ Dividiere die Differenz …
c) $(5 - 9) \cdot (-6 + 9)$ Multipliziere …
d) $(-7 - 25) : (-2 \cdot 4)$
e) $(-6) \cdot (-7) - 8 : (-2)$

17 Welche Zahl liegt genau in der Mitte zwischen diesen beiden Zahlen?

a) −15; −7 b) −8; 16 c) −5,5; −1,5
d) −5; 5 e) −3; −1 f) −4; 2
g) −7; −3 h) −1,5; 1,5 i) −2,5; −0,5
j) −2,5; 4,5 k) −6; −3 l) −5; 2

18 Bringe die ungeordneten Rechendominosteine in die richtige Reihenfolge.

START	1 · (−1)	0,04	0,04 · (−100)
1	1 · (−0,2)	−0,25	−0,25 · (−4)
−1	−1 · (−0,5)	0,5	0,5 · (−0,5)
9	9 · 0,4	−4	−4 · (0,3)
6	6 · (−0,3)	−1,44	Ende
3,6	3,6 · (−0,4)	−1,2	−1,2 · (−5)
−1,8	−1,8 · (−5)	−0,2	−0,2 · (−0,2)

19 In einem magischen Quadrat der Multiplikation ist das Produkt in jeder Spalte, Zeile und Diagonale gleich groß.

Spalte Diagonale Zeile

−0,4	0,5	−5
12,5	1	0,08
−0,2	2	−2,5

Überprüfe, ob das vorliegende Quadrat ein magisches Quadrat der Multiplikation ist.

20 Übertrage die magischen Quadrate der Multiplikation in dein Heft und ergänze sie.

①

−0,2		
	−2	
	0,4	−20

②

−4	−1,25	−0,2
	−1	

③

0,8		
5	−4	3,2

④

80	−0,25	
−0,16		−100
−5		

a) Können die negativen Zahlen in einem magischen Quadrat der Multiplikation wie nebenstehend angeordnet sein? Zeige es an einem Beispiel und begründe deine Meinung.

−	−	
	−	
	−	−

b) Kann es ein magisches Quadrat mit genau fünf negativen Zahlen geben? Zeige es an einem Beispiel und begründe.
c) Finde möglichst viele Möglichkeiten, wie die negativen Zahlen in einem magischen Quadrat der Multiplikation angeordnet sein können.

21 Setze passende Zahlen ein. Ist die Lösung immer eindeutig?

a) $\frac{5}{\square} \cdot \left(-\frac{1}{9}\right) = \frac{5}{18}$ b) $\frac{\square}{3} \cdot \frac{4}{7} = -\frac{8}{21}$
c) $\frac{-3}{11} \cdot \frac{\square}{\square} = \frac{12}{121}$ d) $\frac{7}{\square} \cdot \frac{\square}{-4} = \frac{21}{32}$
e) $\frac{\square}{8} \cdot \square = -\frac{3}{4}$ f) $\frac{2}{5} \cdot \square = 2$

22 Das Tote Meer ist bekannt für seinen hohen Salzgehalt. Es ist auch das am tiefsten gelegene Meer. Sein Wasserspiegel liegt bei −396 m. Es ist bis zu 398 m tief.
Auf wie viel Meter unter Normalnull liegt der Grund des Sees an der tiefsten Stelle?

23 Im Fußball-Skandal in Italien 2005/06 sollen die Vertreter mehrerer Vereine an Manipulationen von Meisterschaftsspielen beteiligt gewesen sein. Daher mussten einige Vereine mit einem Punktabzug in die Saison 2006/07 starten.

AC Mailand:	−8 Punkte
Lazio Rom:	−11 Punkte
Reggina Calcio:	−15 Punkte
AC Florenz:	−19 Punkte

a) Für einen Sieg gibt es in der italienischen Liga drei Punkte, für ein Unentschieden einen Punkt. Nach wie vielen Spieltagen hätten die Mannschaften frühestens ein positives Punktekonto aufweisen können?
b) Der AC Mailand startete mit drei Siegen in die Saison. Bestimme den Punktestand des AC Mailand nach dem 3. Spieltag.
c) Bestimme den Punktabstand zwischen dem Tabellenführer und dem Tabellenletzten (20.) nach dem 5. Spieltag:

Platz	Team	Punkte
1.	AS Rom	12
12.	AC Mailand	3
18.	Lazio Rom	−2
19.	Reggina Calcio	−10
20.	AC Florenz	−13

d) Wäre der AC Mailand ohne Punktabzug Tabellenführer gewesen?
e) Wie viele Punkte hatten die fünf Vereine in der Tabelle oben zu diesem Zeitpunkt jeweils errungen?

24 Setze > oder < ein.

a) $3 \cdot (-7)$ □ -20	b) $-8 + 15$ □ -22
c) $-4 \cdot (-8)$ □ $-7 \cdot (-5)$	d) $-48 + 2$ □ -50
e) $-29 \cdot 3$ □ $-49 - 13$	f) -56 □ $-8 \cdot 8$
g) $3 \cdot (-8)$ □ $7 + (-19)$	h) $27 : (-3)$ □ -19
i) $-4 \cdot (-4)$ □ $28 : 4$	j) $-3 \cdot 6 + 2$ □ -51
k) $39 : (-3)$ □ $44 : (-4)$	l) -5 □ $-64 : 16$

25 Berichtige die Aufgaben mit falschen Lösungen im Heft.

a) $-12 \cdot 3{,}5 = 42$	b) $17 \cdot (-3) = -51$
c) $-19 \cdot (-8) = 152$	d) $-13 \cdot 6 = 78$
e) $15 \cdot (-11) = -156$	f) $-14 \cdot (-7) = 98$
g) $-63 : (-9) = -7$	h) $84 : 12 = -7$
i) $45 : (-5) = 4$	j) $-100 : 25 = -5$

26 Bilde aus diesen Zahlen Aufgaben.

Erster Kasten: 48, −4, 8, −5, −56, 2, −75, $-\frac{1}{2}$, −7, 5

Zweiter Kasten: −12, $-2\frac{1}{2}$, −16, −15, 8

a) Schreibe fünf Additions- und fünf Subtraktionsaufgaben auf und löse sie.
b) Bilde mit Zahlen aus dem ersten Kasten Divisionsaufgaben, sodass sich die Zahlen aus dem zweiten Kasten ergeben.

27 Notiere die Aufgaben.
Denke an Klammern, um zu verdeutlichen, was zuerst gerechnet werden soll.
Berechne dann die Aufgaben.
Wo könnten die Klammern auch weggelassen werden? Begründe.

a)
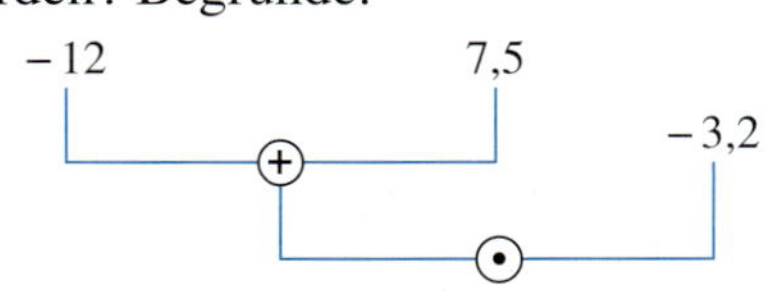

b)
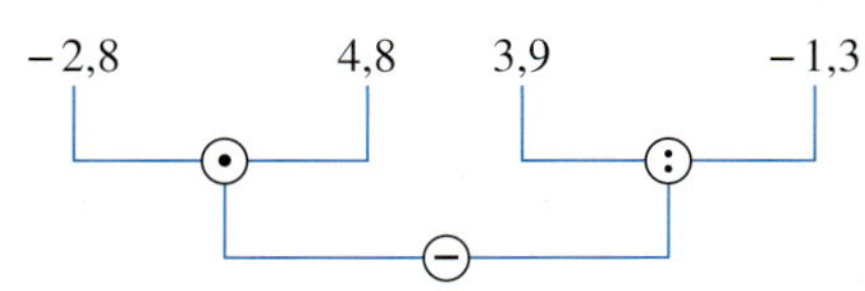

c)
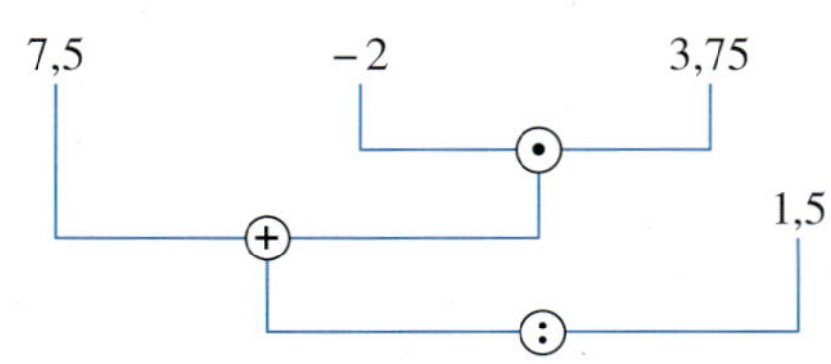

28 Übertrage das Kreuzzahlrätsel in dein Heft und fülle es aus.

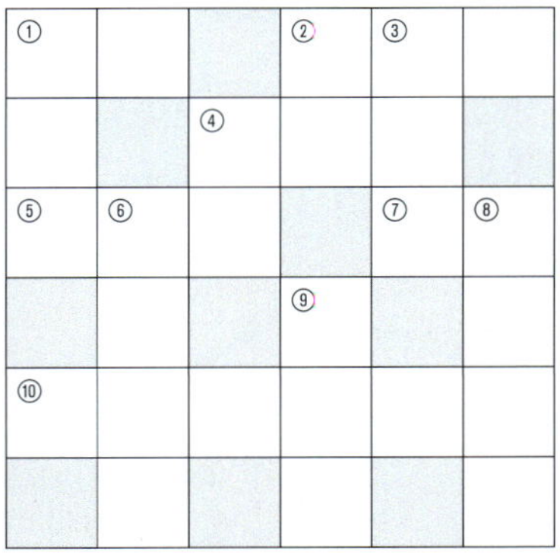

waagerecht
① $125 \cdot 0{,}2$
② $-1100 \cdot (-0{,}1)$
④ $2{,}88 : 0{,}02$
⑤ $-56{,}25 \cdot (-4)$
⑦ $-107{,}5 \cdot (-0{,}4)$
⑩ $-250 : (-0{,}0025)$

senkrecht
① $-16{,}16 \cdot (-12{,}5)$
② $17{,}5 \cdot 0{,}8$
③ $-120 \cdot (-1{,}2)$
④ $-55{,}5 : (-3{,}7)$
⑥ $-200{,}2 : (-0{,}1)$
⑧ $30{,}03 : 0{,}01$
⑨ $-75{,}75 : (-0{,}75)$

29 Rechne vorteilhaft, wenn möglich.

a) $58 \cdot 6 - 18 \cdot 6$
b) $23 - (-15) - 9$
c) $(-25) \cdot 17 \cdot (-4)$
d) $16 : (-2) \cdot 2$
e) $4 \cdot 89 + 4 \cdot 11$
f) $78 - (-5) + (-28)$

30 Beachte die Rechenregeln.

a) $7 \cdot 3 - 5$
$7 \cdot (3 - 5)$
$(7 \cdot 3) - 5$

b) $84 : 2 - 4 \cdot 3$
$84 : (2 - 4) \cdot 3$
$84 : (2 - 4 \cdot 3)$

31 Finde die Zahlen.

a) Welche positive Zahl hat einen doppelt so großen Betrag wie die Zahl -13?
b) Zahl und Gegenzahl haben einen Abstand von 5,8. Wie heißen die Zahlen?
c) Welche Zahl liegt in der Mitte von $-4{,}5$ und 2,3?
d) Gibt es zwei Zahlen, deren Summe und deren Produkt $-\frac{1}{2}$ ist?

32 Übertrage ins Heft und setze Klammern, sodass das Ergebnis stimmt.

a) $5 \cdot 2 - 7 + 3 = -22$
b) $12 - 20 \cdot 8 - 3 = -40$
c) $-4 + 18 : 3 - 6 = -10$

33 Zehn Tomatendosen werden auf Abweichungen vom angegebenen Füllgewicht überprüft. Berechne die durchschnittliche Abweichung.

a) Abweichungen: +4 g; −3 g; −7 g; +8 g; +2 g; +14 g; −22 g; −13 g; +8 g; +1 g.
b) Abweichungen: −7 g; +13 g; +5 g; +9 g; −11 g; +6 g; +24 g; −17 g; −4 g; −6 g.

34 Herr Zeitz kann auf seinem Kontoauszug eine Zeile nicht mehr lesen.

Kontoauszug		Sparkasse Kleckersdorf
Alter Kontostand:		−117,80 €
Datum	Vorgang	Betrag
21.04.	Kartenzahlung	−30,27 €
22.04.	Überweisung	−262,23 €
23.04.	Zahlungseingang	+50,00 €
24.04.	xxxxxxxxxxxxxxx	xxxxxxxxxx
Kontostand am 25.04.2014, 10:35 Uhr		−344,73 €

Wie hoch war der unleserliche Betrag?

35 Welche Zahl steht in der Mitte der Rechenschlange?

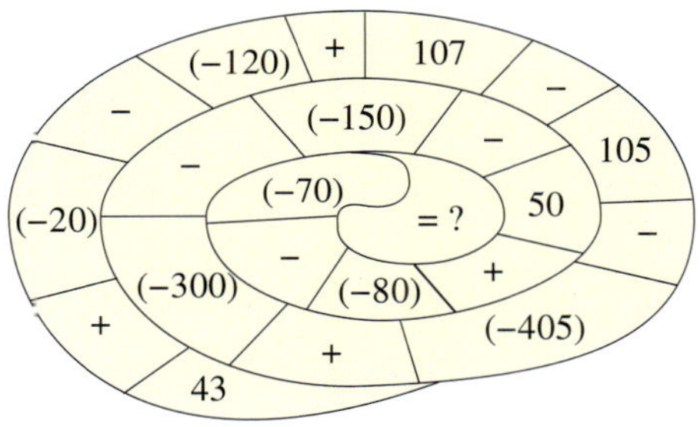

36 Bestimme für die folgenden Orte die Jahresdurchschnittstemperatur.

a) Jokkmokk (Schweden)

J	F	M	A	M	J
−14,4	−13,4	−7,9	−1,5	5	11,3

J	A	S	O	N	D
14,8	12,3	6,8	−0,5	−7,1	−11,1

b) Nowosibirsk (Russland)

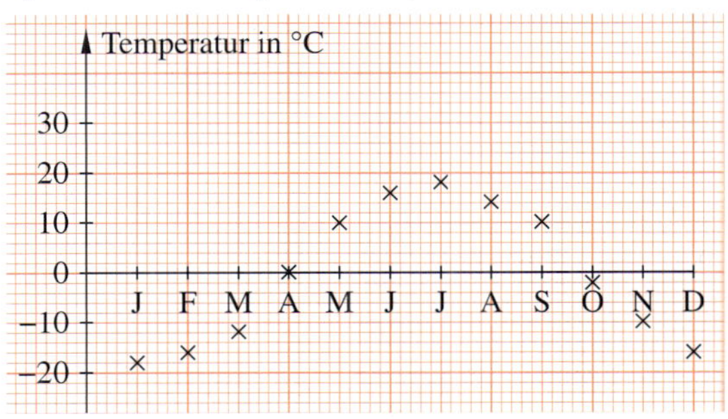

c) Recherchiere die durchschnittlichen Monatstemperaturen in der Antarktis und berechne die Jahresdurchschnittstemperatur.

NACHGEDACHT
Recherchiere, wo die Städte aus Aufgabe 36 liegen.

Temperaturmessungen

Um Temperaturen zu messen, kann man verschiedene Thermometer benutzen. Quecksilberthermometer können im Temperaturbereich von −39 °C (Schmelztemperatur von Quecksilber) und 357 °C (Siedetemperatur von Quecksilber) eingesetzt werden.
Ein mit Galinstan gefülltes Thermometer hat einen dreimal so großen Messbereich wie ein Quecksilberthermometer, kann aber erst für Temperaturen über −10 °C eingesetzt werden.

Mit beiden Arten von Thermometern kann man auch besonders hohe Temperaturen messen. Der Hitzerekord auf der Erde wurde zum Beispiel mit 56,7 °C am 10. Juli 1913 im Death Valley in den USA erreicht.
Die tiefste je auf der Erde gemessene Lufttemperatur betrug am 21. Juli 1983 auf einer Station in der Antarktis −89,2 °C. Die tiefstmögliche Temperatur nennt man den absoluten Nullpunkt, er liegt bei ca. −273 °C.
In den USA misst man Temperaturen nicht in Grad Celsius, sondern in Grad Fahrenheit (°F). Eine Faustformel für die Umrechnung lautet:

Temperatur in °F = 2 · Temperatur in °C + 32

Wer es noch genauer möchte, muss in der Faustformel die 2 durch 1,8 ersetzen.

a) Um wie viel Grad Celsius ist die Temperatur gestiegen, wenn das Thermometer in der Nacht −11 °C anzeigte und zum Mittag dann −2 °C?

b) Berechne die Temperaturdifferenz zwischen der höchsten und tiefsten je auf der Erde gemessenen Temperatur.

c) Berechne die höchste und tiefste Temperatur der Erde in Grad Fahrenheit.

d) Auf dem am weitesten von der Sonne entfernten Planeten Neptun liegt die Tiefsttemperatur bei rund 80 % der tiefstmöglichen Temperatur.
Berechne die Temperatur auf dem Neptun in Grad Celsius.

e) Dies sind die Tagesdurchschnittstemperaturen in Winterberg in einer Januarwoche:

Mo	Di	Mi	Do	Fr	Sa	So
−2 °C	−1 °C	−3 °C	−4 °C	−6 °C	−5 °C	−2 °C

Berechne aus diesen Angaben die Durchschnittstemperatur der ersten Januarwoche.

f) Ein amerikanischer Science-Fiction-Roman aus dem Jahr 1953 trägt den Titel *Fahrenheit 451*. Wie viel Grad Celsius entspricht das?

g) Bis zu welcher Höchsttemperatur kann man mit einem Galinstan-Thermometer ungefähr arbeiten?

Alles klar?

Entscheide, ob die Aussagen richtig oder falsch sind.
Begründe deine Entscheidung im Heft und korrigiere gegebenenfalls.

1 Rationale Zahlen addieren und subtrahieren

a) $(-12) + (-4) = -8$

b) Subtrahiert man von einer Zahl ihre Gegenzahl, so ist das Ergebnis null.

c) Der Temperaturunterschied zwischen $+5\,°C$ und $-3\,°C$ beträgt 8 Grad Celsius.

d) Es gibt stets zwei verschiedene Zahlen mit gleichem Betrag.

e)

	alte Temperatur	Temperaturänderung	neue Temperatur
①	4 °C	6 Grad kälter	2 °C
②	−3 °C	9 Grad wärmer	6 °C
③	−6 °C	5 Grad wärmer	−11 °C
④	6 °C	8 Grad kälter	−2 °C

2 Rationale Zahlen multiplizieren und dividieren

a) Die Zahl 8 kann geschrieben werden als $-2 \cdot (-4)$.

b) $\frac{3}{5} \cdot \left(-\frac{2}{5}\right) = \frac{6}{25}$

c) Es gibt zwei verschiedene Zahlen, die jeweils mit sich selbst multipliziert den Wert 9 ergeben.

d) Wenn ich in der Multiplikationsmauer die Steine −1 und 2 vertausche, bekomme ich das gleiche Ergebnis im obersten Stein.

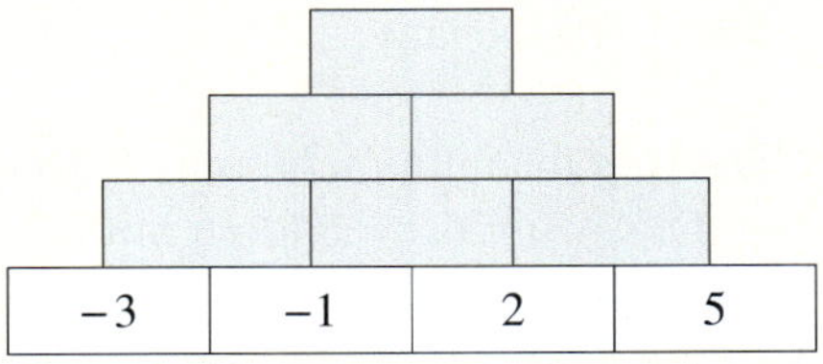

e) Das Produkt zweier Zahlen, deren Betrag größer als 1 ist, ist stets größer als jeder der Faktoren.

3 Rechengesetze vorteilhaft nutzen

a) $12 \cdot (-8) \cdot 12{,}5 \cdot 25 \cdot (-4) = 120\,000$

b) $17 \cdot 19 - 23 \cdot 19 = (17 + 23) \cdot 19 = 40 \cdot 19 = 760$

c) $-8 : 2 - 28 : 2 = (-8 - 28) : 2 = -36 : 2 = -18$

d) Bei gleichem Dividenden kann das Distributivgesetz auch bei der Division angewendet werden, also z. B. $18 : 2 + 18 : 3 = 18 : (2 + 3)$.

BEACHTE
Die Lösungen zu den Aufgaben auf dieser Seite sowie dazu passende Trainingsaufgaben findest du ab Seite 190.

Zusammenfassung

Rationale Zahlen addieren und subtrahieren

→ Seite 132

Sind die Vorzeichen der Summanden gleich, werden die Beträge der Zahlen addiert. Der Wert der Summe bekommt das gemeinsame Vorzeichen.

$(-6) + (-19)$
$6 + 19 = 25$
$(-6) + (-19) = -25$

Sind die Vorzeichen der Summanden verschieden, wird der kleinere Summandenbetrag vom größeren Summandenbetrag subtrahiert. Das Ergebnis bekommt das Vorzeichen des Summanden mit dem größeren Betrag.

$-19 + 7$
$19 - 7 = 12$
$19 > 7$ und 19 hat ein negatives Vorzeichen, also ist
$-19 + 7 = -12$

Jede Subtraktionsaufgabe lässt sich als Additionsaufgabe schreiben. Dazu addiert man die Gegenzahl des Subtrahenden.

$-12 - 35$
$= -12 + (-35)$
$= -47$

$-18 - (-26)$
$= -18 + 26$
$= 8$

Rationale Zahlen multiplizieren und dividieren

→ Seite 138

Zunächst werden die Beträge multipliziert beziehungsweise dividiert.
Bei zwei gleichen Vorzeichen ist das Ergebnis positiv, bei zwei unterschiedlichen Vorzeichen negativ.

$-9 \cdot 2$
$9 \cdot 2 = 18$
$-9 \cdot 2 = -18$

$-15 : (-3)$
$15 : 3 = 5$
$-15 : (-3) = 5$

Für Aufgaben mit mehreren Faktoren gilt:
Ist die Anzahl der Faktoren mit negativem Vorzeichen
- gerade, so ist das Ergebnis positiv.
- ungerade, so ist das Ergebnis negativ.

$-1 \cdot (-2) \cdot (-3) \cdot (-4) \cdot 5 = 120$
(vier Faktoren mit negativen Vorzeichen)
$-1 \cdot 4 \cdot (-2) \cdot 5 \cdot (-3) = -120$
(drei Faktoren mit negativen Vorzeichen)

Rechengesetze vorteilhaft nutzen

→ Seite 142

Auch für rationale Zahlen gilt

- das Assoziativ- und Kommutativgesetz der Addition. Summanden dürfen vertauscht und zusammengefasst werden.

$-17 + 59 + (-33)$
$= -17 + (-33) + 59$
$= -50 + 59 = 9$

- das Assoziativ- und Kommutativgesetz der Multiplikation. Faktoren dürfen vertauscht und zusammengefasst werden.

$-25 \cdot 19 \cdot (-4)$
$= -25 \cdot (-4) \cdot 19$
$= 100 \cdot 19 = 1900$

- das Distributivgesetz. Man multipliziert eine Summe mit einer Zahl, indem man jeden Summanden mit der Zahl multipliziert.

$-3 \cdot (100 + 8)$
$= -3 \cdot 100 + (-3) \cdot 8$
$= -300 - 24 = -324$

Terme und Gleichungen

In diesem Kapitel lernst du, mathematische Sachverhalte und Aufgabenstellungen mit Hilfe von Variablen, Zahlen und Rechenzeichen darzustellen. So wird manchmal ein langer Text zu einem kurzen Term, mit dem du dann rechnen kannst. Viele Aufgaben in der Mathematik lassen sich in Gleichungen übersetzen. Gleichungen bestehen aus zwei Termen, zwischen denen ein Gleichheitszeichen steht. Das kann man sich vorstellen wie eine Waage, bei der auf beiden Seiten etwas gleich Schweres liegt.

In diesem Kapitel lernst du ein Verfahren kennen, mit dem du Gleichungen lösen kannst.

Noch fit?

1 Berechne. Ordne die Ergebnisse der Größe nach. Beginne mit der kleinsten Zahl.

a) $4 + 2 \cdot 3$ **b)** $(4 + 2) \cdot 3$ **c)** $4 \cdot (2 + 3)$ **d)** $4 : 2 - 1$ **e)** $(4 + 2 : 1) \cdot 0$
f) $4 : (1 - 2)$ **g)** $-4 - 2 \cdot (-3)$ **h)** $-4 : (2 - 3)$ **i)** $(-4 - 2) : 3$ **j)** $-4 + 2 - 3$

2 Ergänze die Zahlenfolgen um drei weitere Zahlen. Formuliere eine Regel.

a) 17, 34, 51, 68, … **b)** 1, 3, 5, 7, 9, … **c)** 200, 195, 190, … **d)** 4, 9, 14, 19, 24, …
e) 1, 4, 9, 16, 25, … **f)** 1, 3, 6, 10, 15, … **g)** $\frac{1}{2}, \frac{1}{4}, \frac{1}{8}, \frac{1}{16}, \ldots$ **h)** $\frac{1}{4}, \frac{1}{2}, 1, 2, \ldots$

3 Setze eine geeignete Zahl ein.

a) $15 \cdot ■ = 105$ **b)** $14 + 2 \cdot ■ = 24$ **c)** $121 - ■ = 89$ **d)** $5 \cdot ■ - 12 = 13$
e) $125 = 75 + 10 \cdot ■$ **f)** $63 : ■ = 7$ **g)** $47 - 3 \cdot ■ = 41$ **h)** $12 + ■ : 6 = 21$

4 Berechne.

a) $\frac{2}{3} + \frac{4}{5}$ **b)** $3 - \frac{2}{7}$ **c)** $-\frac{3}{5} - \frac{5}{6}$ **d)** $\frac{5}{6} \cdot \frac{18}{25}$
e) $\frac{3}{4} \cdot \left(-\frac{5}{6}\right)$ **f)** $\frac{12}{7} : \frac{36}{77}$ **g)** $\frac{8}{5} : \frac{12}{15}$ **h)** $\frac{2}{3} + \frac{4}{7} \cdot \frac{14}{8}$
i) $\frac{9}{8} - \frac{3}{4} : \frac{1}{2}$ **j)** $\frac{1}{3} : \frac{1}{4} \cdot \frac{4}{6}$ **k)** $\frac{4}{3} - \frac{2}{3} \cdot \frac{7}{4}$ **l)** $\frac{7}{5} : \frac{2}{3} \cdot \frac{1}{4}$
m) 93,365 + 14,21 **n)** 93,365 − 14,21 **o)** 93,365 · 14,21 **p)** 93,365 : 14

5 Übertrage die Tabelle in dein Heft und ergänze sie.

Länge *a*	Breite *b*	Umfang des Rechtecks	Flächeninhalt des Rechtecks
4 cm	3,5 cm		
7,5 dm	1,5 dm		
1,2 m	3,4 m		
7 cm		22 cm	
	6 cm		102 cm^2

6 Bestimme die Länge des Streckenzugs.

a)

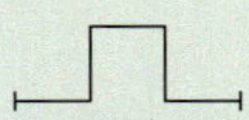

b)

Bunt gemischt

1. Welche beiden Winkel bilden der große und der kleine Zeiger auf einer Uhr um 8 Uhr?
2. Rechne vorteilhaft im Kopf: 1 +2 + 3 + 4 + 5 + … + 50
3. Das Produkt aus der Summe und der Differenz zweier einstelliger Zahlen ist 24. Bestimme die Zahlen durch sinnvolles Probieren.
4. 75 % von 360 € sind ■.
5. Der Preis für eine Jeans wird um 12 € gesenkt. Das entspricht einer Preissenkung von 25 %. Wie teuer war die Jeans vor der Preissenkung?
6. Zum Pflastern eines Platzes benötigen 5 Arbeiter 12 Stunden. Wie lange brauchen 4 Arbeiter?

Terme aufstellen

Erforschen und Entdecken

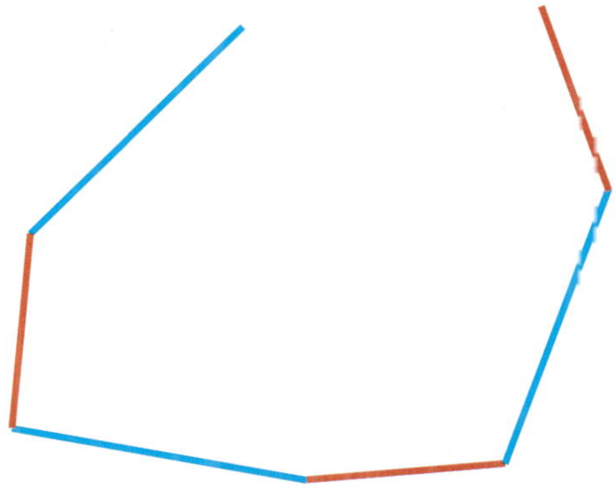

1 *Material:*
- Strohhalme in den Farben Blau, Rot und Gelb
- dünne Paketschnur

Vorbereitung:
Schneide aus den blauen Strohhalmen möglichst viele Stücke der Länge $a = 6\,\text{cm}$, aus den roten Strohhalmen Stücke der Länge $b = 4\,\text{cm}$ und aus den gelben Strohhalmen Stücke der Länge $c = 2\,\text{cm}$.

$a = 6$ cm $b = 4$ cm $c = 2$ cm

a) Fädle Strohhalmstücke auf die Paketschnur und zeichne sie in dein Heft.
BEISPIEL Der Rechenausdruck (Term) $a + b + a + b + a + b$ lässt sich wie oben im Bild zusammenlegen.

b) Baue die Terme durch Auffädeln von Strohhalmstücken nach:
① $b + a + b + a + b + a$ ② $a + a + a + b + b + b$ ③ $b + b + a + b + a + a$
Finde mit den gleichen Strohhalmstücken weitere Anordnungen.
Skizziere die Anordnungen farbig in dein Heft.
Schreibe jeweils den dazugehörigen Term auf.

c) Bestimme jeweils durch Messen oder Rechnen die Länge der ganzen Strohhalmkette ①, der Kette ②, und der Kette ③. Vergleiche die Ergebnisse.

d) Finde möglichst viele Anordnungen zu dem Term der Länge $a + a + a + b + b + b + b + c$.

e) Finde Terme für 6 rote Strohhalmstücke, 7 blaue Strohhalmstücke und 2 gelbe Strohhalmstücke. Gib auch die Gesamtlänge an.

2 Du benötigst etwa 20 abgebrannte Streichhölzer.
(Oder du skizzierst die Streichhölzer in deinem Heft.)

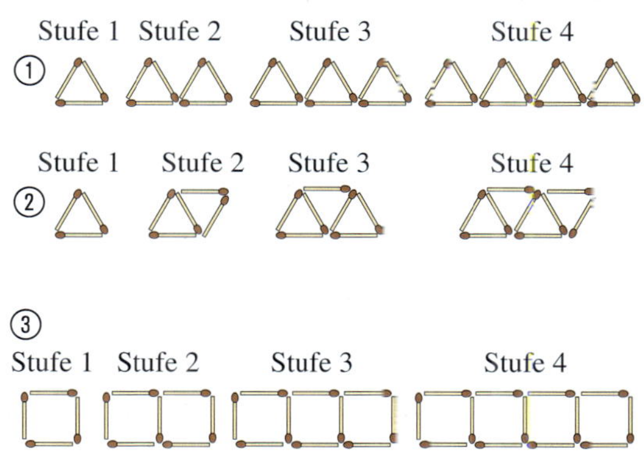

a) Lege die Streichholzmuster ① und ② nach.

b) Bestimme die Anzahl der Streichhölzer, die man jeweils für die 1., 2., 3., 4.und 5. Stufe der Kette benötigt.

c) Kannst du eine Gesetzmäßigkeit erkennen, wie sich die Anzahl der benötigten Hölzchen entwickelt?

d) Bestimme jeweils die Anzahl der Hölzchen für die 10. und 20. Stufe der Kette.

e) In einem Knobelbuch findet man als Lösung für die Berechnung der benötigten Hölzchen für die x-te Stufe der Kette ③ den Term $3x + 1$. Das bedeutet, dass man z. B. für die 2. Stufe $3 \cdot 2 + 1 = 7$ Hölzchen braucht.
Überprüfe, ob man mit dem Term die Hölzchen der 4. und 5. Stufe richtig berechnen kann.
Wie viele Hölzchen enthält die 10. Stufe der Kette?

f) Erkläre mit Hilfe der Zeichnung, warum die Zahlen 3 und 1 im Term $3x + 1$ vorkommen.

g) Bestimme für die Streichholzketten ① und ② ebenfalls einen Term, wobei x die Anzahl der Stufen angeben soll. Überprüfe, ob dein Term für alle Stufen der Streichholzkette die richtigen Lösungen angibt.

Lesen und Verstehen

Julian kennt einen Zahlen-Rate-Trick. Er kann aus dem genannten Ergebnis der folgenden Aufgabe die gedachte Zahl sofort erkennen:
„Denke dir eine Zahl, addiere 6. Multipliziere das Ergebnis mit 3, subtrahiere davon 18. Nenne nur das Ergebnis.“

Eine Zahl, die man sucht, nennt man Variable. Für Variable benutzt man Kleinbuchstaben wie zum Beispiel x, y oder a.

BEACHTE
Der Malpunkt zwischen einer Zahl und einer Variablen wird häufig weggelassen:
$3 \cdot a = 3a$
$(-6) \cdot a = -6a$
Außerdem vereinfacht man
$1 \cdot z = z$
$-1 \cdot z = -z$

Ausdrücke mit Variablen, Zahlen und deren Verbindungen mit Rechenzeichen nennt man **Terme**.
Wenn man in den Termen die Variablen durch Zahlen ersetzt, kann man den **Wert des Terms** bestimmen.

BEISPIELE
$4 + 17$ $\quad 3 \cdot x$ $\quad r - 9x$
$4x + 5$ (Summe) $\quad 12 - 3y$ (Differenz)
$7 \cdot (4 - a)$ (Produkt) $\quad (z + 6) : 3$ (Quotient)
Der Wert des Terms $(z + 6) : 3$ für $z = 9$ ist $(9 + 6) : 3 = 15 : 3 = 5$.

Text	Denke dir eine Zahl, …	addiere 6.	Multipliziere das Ergebnis mit 3, …	subtrahiere davon 18.
Term	x	$x + 6$	$(x + 6) \cdot 3$	$(x + 6) \cdot 3 - 18$
Variable x (durch $x = 4$) ersetzen	4	$4 + 6$	$(4 + 6) \cdot 3$	$(4 + 6) \cdot 3 - 18$
Wert des Terms	4	10	$10 \cdot 3 = 30$	$10 \cdot 3 - 18 = 30 - 18 = 12$

Julian hat festgestellt, dass sich als Ergebnis immer das Dreifache der gedachten Zahl ergibt. Nun bekommt er als Ergebnis die Zahl 12 genannt. Er wendet den Trick an und dividiert das Ergebnis durch 3. Die gedachte Zahl war die 4.

Basisaufgaben

1 Gib die Gesamtlänge der Strohhalmkette als Term und als Rechnung an.

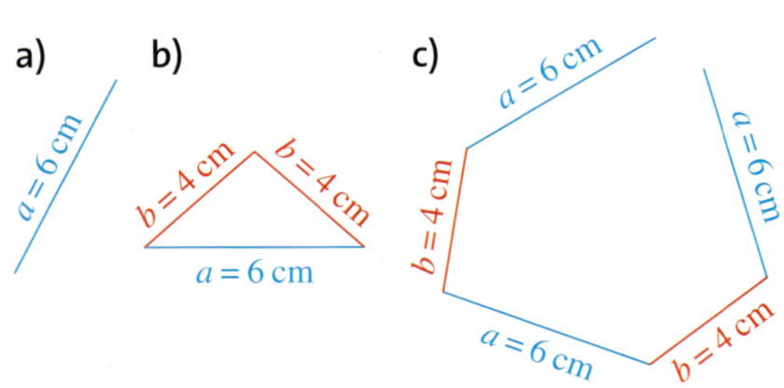

2 Erkennst du die Formeln? Wofür stehen die Variablen?
a) $A = a \cdot b$ b) $u = a + b + c$
c) $u = 2a + 2b$ d) $\alpha + \beta + \gamma = 180°$
e) $V = a \cdot b \cdot c$ f) $O = 6a^2$

3 Ordne die Kärtchen im Heft einander zu.

das Doppelte einer Zahl | eine Zahl | $5 + x \cdot 4$ | subtrahieren | vermehren um | addieren | Das Dreifache einer Zahl | $-$ | vergrößern (um) | vermindern (um) | 5 addiert zum Vierfachen einer Zahl | vervielfachen | $3 \cdot x$ | halbieren | $: 2$ | $+$ | $2x$ | x | $\cdot$

4 Wo darf der Malpunkt wegfallen?

a) $3 \cdot x$ b) $y \cdot 6$ c) $7 \cdot 10 \cdot x$
d) $7 \cdot x \cdot 10$ e) $a \cdot 6 \cdot 9$ f) $3 + 5 \cdot 6$

5 Welche Bedeutung hat die Variable x in den Termen? Was gibt der Term an?

a) Paul ist zwei Jahre jünger als Max. $x - 2$
b) Meine Katze ist 5 Jahre älter als mein Hund. $x + 5$
c) Evas Fahrrad kostet doppelt so viel wie das Fahrrad von Sandra. $x : 2$
d) Tina hat zu den Aussagen a) bis c) die Terme $y - 2$; $y - 5$; $y \cdot 2$ notiert. Passen auch diese Terme? Begründe. Wofür steht jeweils die Variable y?

6 Finn erhielt im letzten Jahr jeden Monat von seinen Eltern 14 € Taschengeld. Von seinem Opa bekam er zum Geburtstag 20 €. Wie viel Geld hat Finn im letzten Jahr insgesamt erhalten? Begründe.

① $14 + 12 \cdot 20$ ② $20 + 12 \cdot 14$
③ $12 \cdot (14 + 20)$ ④ $12 \cdot 14 + 12 \cdot 20$

7 Welcher Term passt zu welcher Figur?

a) $2x + 2y$ b) $3x$
c) $2x + y$ d) $4x$

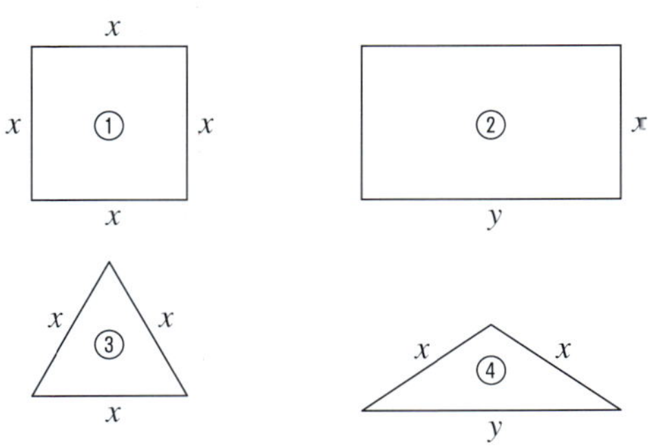

8 Finde eine Zuordnungsvorschrift mit Term.

BEISPIEL Jeder Zahl wird ihr Doppeltes zugeordnet: $x \rightarrow 2x$

a) Jeder Zahl wird ihr Vierfaches zugeordnet.
b) Jeder Zahl wird ihre um 6 vermehrte Zahl zugeordnet.
c) Jeder natürlichen Zahl wird ihr Nachfolger zugeordnet.
d) Jeder Zahl wird das Fünffache ihrer um 2 vergrößerten Zahl zugeordnet.

9 Welcher ist der richtige Term?
Denke dir eine Zahl. Vermehre die Zahl um 7 und dividiere die Summe durch 3.

$x + 7 \cdot 3$ | $7 + x : 3$ | $(x + 7) : 3$

10 Übersetze in einen Term:
Denke dir eine Zahl …

a) Multipliziere die Zahl mit 3, subtrahiere 5.
b) Verdopple die Zahl und addiere 75.
c) Dividiere die Zahl durch 7 und multipliziere den Quotienten mit 11.
d) Addiere 17 zu der Zahl und dividiere die Summe durch 15.
e) Multipliziere die Zahl mit 4. Addiere zum Produkt 6, multipliziere das Ergebnis mit 2.
f) Addiere zu der Zahl 12. Multipliziere die Summe mit 5 und subtrahiere 60.
g) Multipliziere die Zahl mit sich selbst, subtrahiere 27 und addiere −11.

11 Übersetze die Terme in einen Text.

a) $2a + 2b$ b) $\frac{y}{2} - \frac{y}{3}$ c) $a^2 - b^2$
d) $(x + 6) \cdot 5$ e) $(5x - 20) \cdot 3$
f) Erfinde selbst einen Term und übersetze ihn in einen Text.

12 Jan bastelt Figuren aus drei verschiedenen Arten von Hölzchen (Randspalte).

a) Gib jeweils einen Term für die Gesamtlänge der verwendeten Hölzchen an.
b) Vergleicht eure Terme. Welche Vereinbarungen muss man treffen, damit es jeweils nur einen Term für jede Figur gibt?
c) Zeichne selbst Figuren zu den Termen.
① $4 \cdot l + 4 \cdot k$ ② $6 \cdot k + 2 \cdot m + 2 \cdot l$
③ $4 \cdot m + 2 \cdot k$ ④ $2 \cdot l + 4 \cdot k + 2 \cdot m$

13 Der Eintritt in einen Freizeitpark kostet 5 €. Für jede Karussellfahrt zahlt man zusätzlich 1,20 €.

a) Gib einen Term an: Wie viel zahlt man insgesamt für x Karussellfahrten?
b) Berechne mit deinem Term die Kosten …
für Aileen (6 Fahrten);
für Moritz (12 Fahrten);
für Nicole (8 Fahrten);
für Sabine (10 Fahrten).

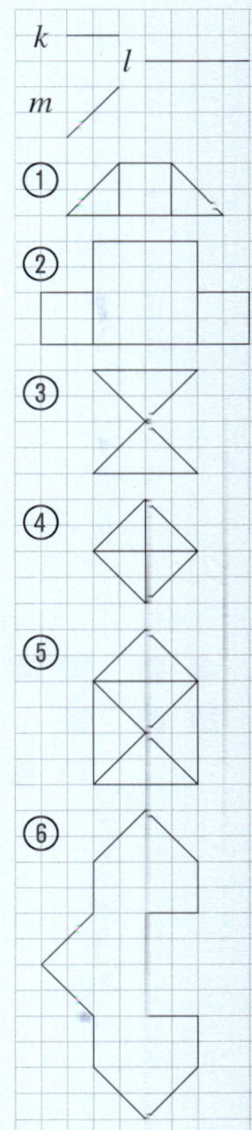

Weiterführende Aufgaben

158-1
Unter dem Webcode befindet sich eine interaktive Übung zum Aufstellen von Termen.

14 Gib einen Term mit x an, der zu allen drei Rechenausdrücken passt.

BEISPIEL $4 \cdot 3 + 6$ und $12 \cdot 3 + 6$ und $17 \cdot 3 + 6$; Term $x \cdot 3 + 6$

a) $7 : 6 + 8$ und $16 : 6 + 8$ und $22 : 6 + 8$
b) $14 \cdot 14 - 9$ und $88 \cdot 88 - 9$ und $144 \cdot 144 - 9$
c) $\frac{1}{3} \cdot \left(12 - \frac{1}{3}\right)$ und $\frac{1}{3} \cdot \left(102 - \frac{1}{3}\right)$ und $\frac{1}{3} \cdot \left(112 - \frac{1}{3}\right)$

15 Frau Knobel liebt es, über ihre Familie in Rätseln zu sprechen. Für ihr eigenes Alter benutzt sie die Variable x.

a) Übersetze ihre Aussagen in Terme:
① Mein Mann ist 6 Jahre älter als ich.
② Meine Mutter ist doppelt so alt wie ich.
③ Meine Tochter ist halb so alt wie ich.
④ Mein Sohn ist 26 Jahre jünger als ich.
⑤ Das Alter meines Hundes ist nur ein Zehntel meines Alters.
⑥ Wenn ich mein Alter verdoppele und 5 addiere, erhalte ich das Alter meines Vaters.
b) Finde ein sinnvolles Alter für Frau Knobel und ihre Familienangehörigen.

16 Lars druckt Texte für die Schülerzeitung. Der Drucker schafft 28 Seiten pro Minute.

a) Wie viele Seiten werden in 3 Minuten, 7 Minuten und in n Minuten ausgedruckt? Gib jeweils einen Term an.
b) Wie lange benötigt er für 364 Seiten?

17 Betrachte die Musterfolgen.

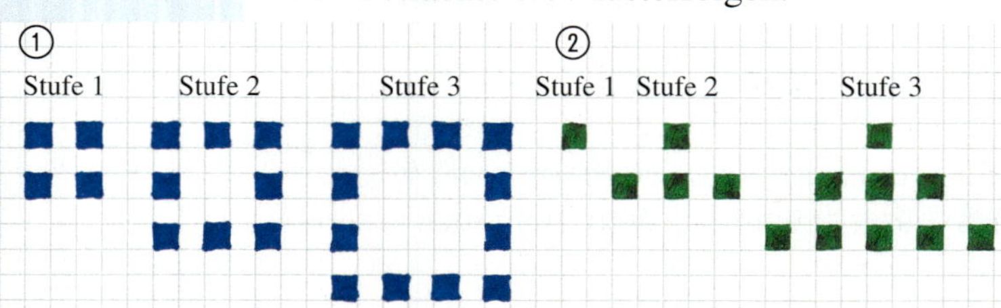

a) Zeichne jeweils die nächsten drei Figuren.
b) Gib jeweils einen Term an, mit dem man die Zahl der kleinen Quadrate in jeder Stufe berechnen kann.
c) Überprüfe jeweils, ob es eine Stufe mit 36, 60 oder 100 Quadraten gibt.

18 Erfinde passende Sachzusammenhänge:

$2{,}2 + 0{,}39 \cdot x$

$12 \cdot a$

$3{,}5 \cdot x + 2{,}5$

$1{,}4x + 2{,}2 \cdot y$

$1{,}4 \cdot a + 2{,}2$

$0{,}19x + 0{,}39y$

$x - 100$

BEISPIEL Die Grundgebühr für ein Taxi beträgt 2,20 €. Man zahlt 1,40 € pro Kilometer.

19 Ein Baum ist 2,20 m hoch. Er wächst jedes Jahr um weitere 5 cm.

a) Gib einen Term an, mit dem man die Höhe des Baums nach n Jahren berechnen kann.
b) Berechne mit deinem Term, wie hoch der Baum nach 3, 7, 12, und 15 Jahren ist.
c) Nach wie vielen Jahren ist der Baum 3,50 m hoch?
d) Nach wie vielen Jahren ist der Baum 98,65 m hoch?

20 In einem kleinen Zirkus hat die erste Reihe 10 Plätze, die zweite Reihe hat 12 Plätze, die dritte Reihe hat 14 Plätze usw.

a) Wie viele Plätze befinden sich in Reihe 7?
b) Jana und ihre 27 Klassenkameraden passen genau in eine Sitzreihe. In welche?
c) Mit welchem Term kann man die Anzahl der Plätze in der Reihe x bestimmen?
① $10x + 2$ ② $2x + 8$
③ $2x + 10$ ④ $10x + 8$
d) Gibt es eine Reihe mit genau 35 Plätzen? Begründe.

21 Das Taschengeld von Sandy wird mit x, das von Tim mit y und das von Lea mit z bezeichnet. Formuliere als Text:

① $2x = y$ ② $y + 2 = z$
③ $x + y + z = 24$ ④ $\frac{1}{2}z = x$
⑤ $x + y = z$ ⑥ $x = y - 3$

Finde heraus, wie viel Taschengeld die drei Geschwister jeweils erhalten, wenn ①, ③, ⑤ bzw. ②, ④, ⑥ gelten.

Terme vereinfachen

Erforschen und Entdecken

1 Falte ein DIN-A4-Blatt einmal längs und dreimal quer.

a) Gib die Gesamtlänge der Faltlinien mit der Länge l und der Breite b in einem Term an.

b) Miss die Länge von l und von b.

c) Gib die Gesamtlänge aller Faltlinien an. Notiere und beschreibe deinen Rechenweg.

Breite b

Länge l

2 Die Firma Hell stellt Leuchtschläuche für Weihnachtsbeleuchtungen her.

a) Beschreibe mit eigenen Worten, in welchem Größenverhältnis die anderen Längen zur Dicke des Stamms x stehen.

b) Gib einen Term für die Länge eines Leuchtschlauchs an, der am Umriss des Baumes verläuft.

c) Rechne mit deinem Term aus, wie lang der Leuchtschlauch insgesamt sein muss, wenn der Stamm $x = 10\,\text{cm}$ dick ist.

d) Welche Stammdicke muss der Baum haben, wenn man den Baum aus genau 4,55 m Leuchtschlauch herstellen möchte?

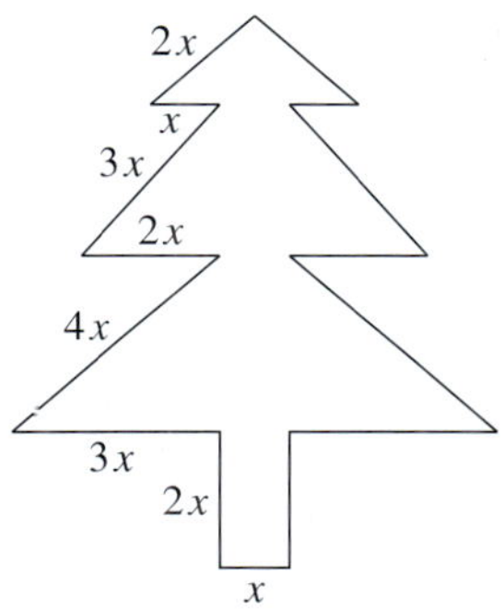

3 Übertrage die Tabelle in dein Heft.

a	b	$2 \cdot a + 3 \cdot b$	$5 \cdot a + 3$	$b + 2 \cdot a + 2 \cdot b$	$2 \cdot a + 3 + 3 \cdot a$	$7 \cdot b + 2 \cdot a - 4 \cdot b$
6	12					
−4	5					
−3	−2					
1,5	2,5					

a) In der Tabelle sind Werte für die Variablen a und b angegeben. Setze sie in die Terme ein und berechne den Wert des Terms.

b) Was stellt ihr fest, wenn ihr die einzelnen Spalten miteinander vergleicht?

c) Vereinfache zusammen mit deinem Nachbarn die folgenden vier Terme und berechne ihre Werte für die gegebenen Zahlen.
Setze die Zahlen auch in die ursprünglich gegebenen Terme ein und kontrolliere so, ob du die Terme richtig zusammengefasst hast.

① $7x + 13x - 12x + 17x - 5x$

② $15a + 3b - 7a + 10b - 3a - 12b$

③ $20m - 5n - 12n - 12{,}5m + 21n$

④ $26k - 5 + 3{,}5k - 3l - 8 - 4l$

für $m = 4$ und $n = -2$

für $a = 3$ und $b = 2$

für $x = 3$

für $k = 2$ und $l = 1{,}5$

d) Finde jeweils geeignete Zahlen für die Variablen in Teilaufgabe c), sodass der Wert des Terms 100 ergibt.

Lesen und Verstehen

Patrick und Velat legen Streckenzüge mit Strohhalmen.
Sie haben rote Strohhalmstücke der Länge x und blaue Strohhalmstücke der Länge y.
Es gilt $x = 6\,\text{cm}$ und $y = 3\,\text{cm}$.
Für die Gesamtlänge der benötigten Strohhalmstücke sollen sie jeweils einen möglichst einfachen Term finden. Erst dann setzen sie die genauen Maße der Figuren ein.

ERINNERE DICH
Den „Malpunkt" vor der Variable kann man weglassen
$1 \cdot x = 1x = x$
$-1 \cdot x = -1x = -x$

BEISPIELE 1

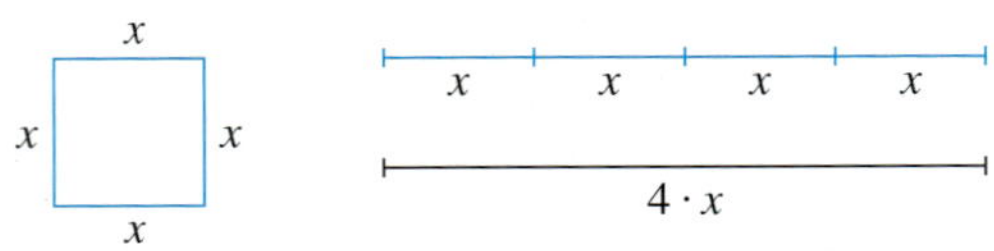

$$\begin{aligned} & x + x + x + x \\ = {} & 4 \cdot x \\ = {} & 4 \cdot 6 \\ = {} & 24\ [\text{cm}] \end{aligned}$$

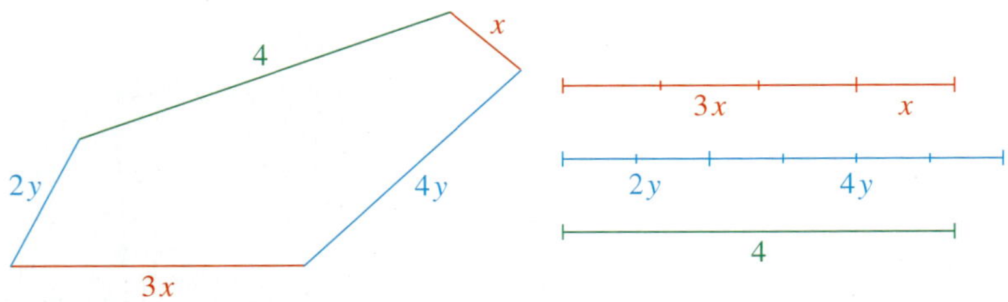

$$\begin{aligned} & 2y + 3x + 4y + x + 4 \\ = {} & 3x + x + 2y + 4y + 4 \\ = {} & 4x + 6y + 4 \\ = {} & 4 \cdot 6 + 6 \cdot 3 + 4 \\ = {} & 24 + 18 + 4 \\ = {} & 46\ [\text{cm}] \end{aligned}$$

Einen Faktor vor einer Variable nennt man **Koeffizient**.

Unterscheiden sich Terme nur in ihrem Koeffizienten, nennt man sie **gleichartig**. Man addiert (subtrahiert) gleichartige Terme, indem man die Koeffizienten addiert (subtrahiert).

Verschiedenartige Terme lassen sich nicht zusammenfassen.

BEISPIELE 2
In den Termen $3 \cdot x$ bzw. $2 \cdot y$ sind 3 bzw. 2 die Koeffizienten.

$3 \cdot x$, $5 \cdot x$ oder $102 \cdot x$ sind gleichartige Terme.

$3x + 5x = 8x$

Die Koeffizienten 3 und 5 werden addiert.

Der Term $7x + 5a$ kann nicht weiter zusammengefasst werden.

Basisaufgaben

1 Stelle jeweils einen Term für den Umfang der Figur auf.

a)
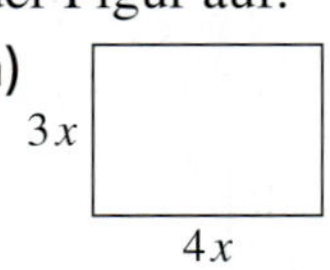

b)
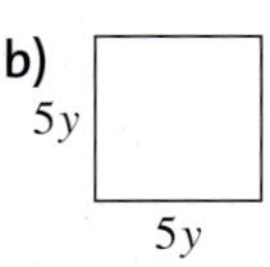

c)
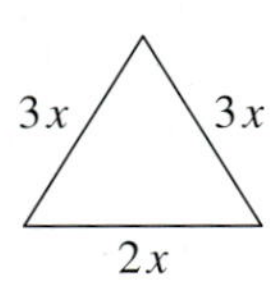

d)
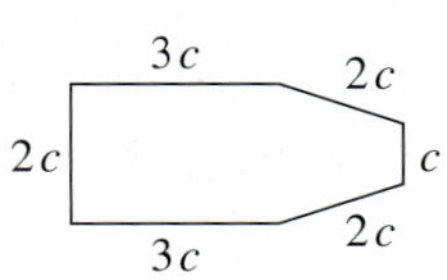

e)
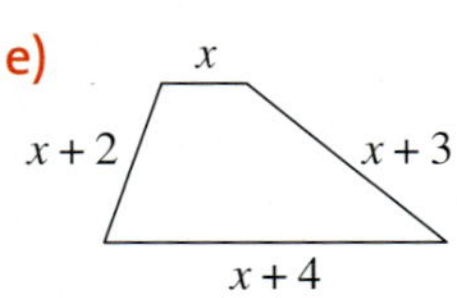

2 Zeichne Figuren, deren Umfang zu diesen Termen passt. Wähle $r = 3\,\text{cm}$ und $s = 5\,\text{cm}$.
a) r b) $6r$ c) $2r + s$
d) $2r + 2s$ e) $3r + 2s$ f) $4r + 3s$

3 Fasse zusammen.
a) $m + m + m + m + m + m + m$
b) $s + s + s + s + s + s + s + s + s + s$
c) $y + y + y + y - y - y$
d) $-a + a + a + a - a + a - a$
e) $b - b - b - b - b$

4 Ordne die Variablen. Fasse dann zusammen.

a) $a + b + b + a + a + b + b + a$
b) $x + y + y + x + y + y + x + x$
c) $m + k + k + m - k - m + k$
d) $x + y + z + x + z + y + z + z + x$
e) $r + s + t + r + s + t + r - s - s$
f) $a + a + b + c - a - b - c - b + a$

5 Fasse zusammen, wenn möglich.

a) $4x + 4x$ b) $8a + 6a$
c) $25y - 5y$ d) $48r - 19r$
e) $16a + 34b$ f) $123w + 56w$
g) $66x - 29x$ h) $17a - 45b$

6 Vereinfache die Terme.

a) $6x + 5x + 4y + 3y$
b) $6x + 5x + 4y - 3y$
c) $6x + 5x - 4y - 3y$
d) $6x - 5x - 4y - 3y$

7 Fasse zusammen. Beachte, dass $a = 1a$.

a) $8a + a$ b) $x + x + 5x$
c) $z + 7z$ d) $b + b + b$
e) $y - 3y$ f) $9c - 4c - c$
g) $3n - n - 8n$ h) $k - k - 2k - k$

8 Übertrage die Tabelle ins Heft und fasse soweit wie möglich zusammen.

+	a	$4a$	b	$3b$	$7b$
$3a + 2b$					
$5a - b$					
$4b - a$					
$\frac{1}{2}b$					
$5{,}5a$					
$-b$					

9 Vereinfache die Terme.

a) $4{,}5a + 2{,}5a$ b) $7{,}4x + 2{,}6x$
c) $2{,}8c + 8{,}02c$ d) $-8{,}4y + 5{,}9y$
e) $-6{,}3a - a$ f) $-12{,}8a + 12{,}98a$

10 Fasse zusammen.

a) $\frac{1}{5}a + \frac{1}{5}a$ b) $\frac{1}{3}y + \frac{4}{3}y$
c) $\frac{3}{8}b + \frac{5}{8}b$ d) $\frac{6}{9}x - \frac{8}{9}x$
e) $-\frac{7}{13}a - \frac{5}{13}a$ f) $-x - \frac{3}{4}x$

11 Berechne jeweils den Wert des Terms.

BEISPIEL Für $x = 0$ ist $3 + x = 3 + 0 = 3$.

x	$3 + x$	$3 - x$	$3x$	$-3x$	$10 - (2x + 3)$
0	3				
1					
3					
12					
−3					
−12					
$\frac{1}{3}$					

12 Vereinfache die Terme. Setze dann für die Variable die Zahl 5 (0; −2) ein.

a) $6a + 13a + 12a$ b) $7b + 25b + 4b$
c) $23x - 16x + 2x$ d) $12x + 45x - 28x$
e) $15a + 7a - a$ f) $x + 19x + 27x - 50x$
g) $10y - 25y - 12y$ h) $3 + 4z - 8z + 1$

13 Vereinfache die Terme, falls möglich.

a) $3x + 4y + 2x + 19y + 13x$
b) $4x + 17x + 5 + 18x + 9$
c) $7a + 12b + 10{,}9a + 13b - 4{,}5b$
d) $17a + 19b + 26c + 4$
e) $225m - 45n - 190m - 55n + 7$

14 Berechne den Wert des Terms für $x = 13$.

a) $3x$ b) $2x + 5$
c) $7x - 3x - 12 + 14$ d) $5x + 4x + 6 + 12 + x$
e) $2{,}5x + \frac{1}{2}x - 5x + x$
f) $15x + 7 \cdot 18 + 11x - 8x$

BEACHTE
Die Lösungen zu Aufgabe 14 ergeben in der richtigen Reihenfolge den Namen einer europäischen Hauptstadt. Zu welchem Land gehört die Stadt?
−13 (SI); 31 (I); 39 (N); 54 (K); 148 (O); 360 (A)

15 Erkläre die Fehler und berichtige sie.

a) $13x + 18x = 21x$
b) $6y + 5 = 11y$
c) $9b - 7 = 2b$
d) $m + 7m + 5 = 7m + 5$
e) $20a + 20b = 20ab$
f) $-12x - 13x = 25x$
g) $30x + 6y = 36y$

16 Ergänze die Termmauern, indem du jeweils zwei benachbarten Terme addierst.

a)

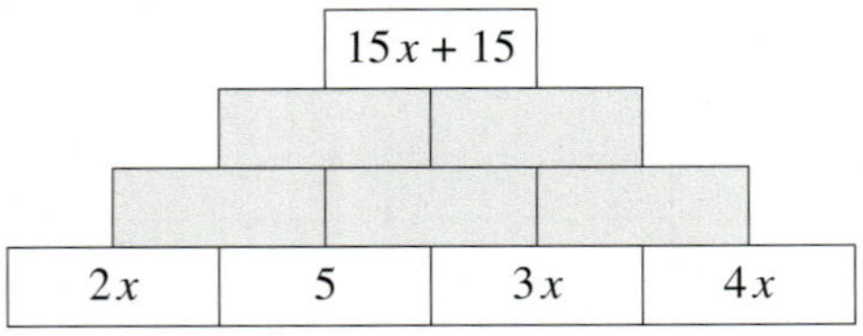

b)

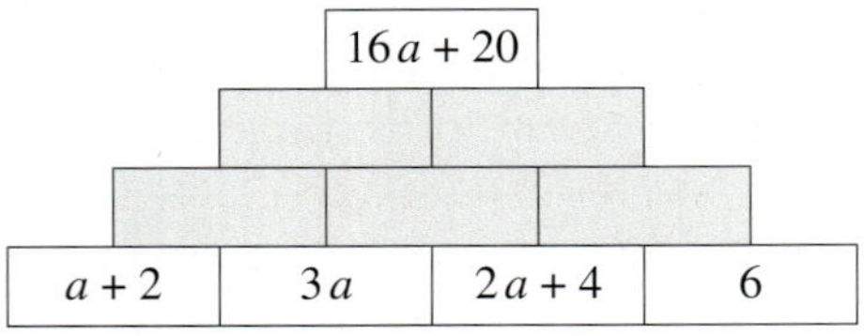

17 Ergänze die Termmauer durch Addition.

a)

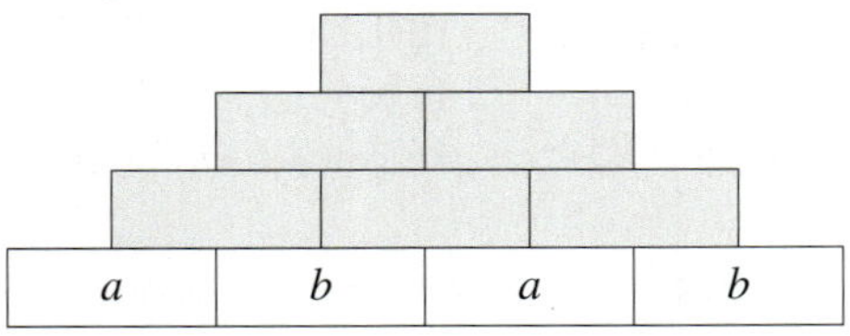

b) Welche Zahl ergibt sich an der Spitze, wenn man für $a = 5$ und $b = 7$ einsetzt?

c) Sebastian behauptet, dass die Zahl an der Spitze immer durch 4 teilbar ist. Überprüfe seine Behauptung.

18 Am Abend von Adrianas Geburtstag dürfen alle Gäste Pizza bestellen:

Italienische Pizza	klein 26 cm	groß 29 cm
Alle Pizzen mit Tomatensauce, Käse und Oregano		
Margherita mit Käse	3,00	4,90
Funghi mit Champignons	3,50	5,50
Funghi / Prosciutto mit Champignons und Vorderschinken	4,50	6,70
Salame mit Salami	4,00	6,00
Prosciutto mit Vorderschinken	4,00	6,00
Hawaii mit Vorderschinken und Ananas	4,50	6,50
Jede Lieferung: Anfahrt 1 €		

So lautet ihre Bestellung: 1 Margherita klein; 1 Funghi groß; 2 Funghi/Prosciutto groß; 3 Salame groß; 5 Hawaii klein.
Stelle einen Term für die Bestellung auf und gib den Gesamtpreis an.
Reichen 60 €?

19 Ordne die Terme für den Umfang den passenden Figuren zu.

$3x + 11$ $2x + 16$ $3x + 3$ $10x$ $3x + 13$

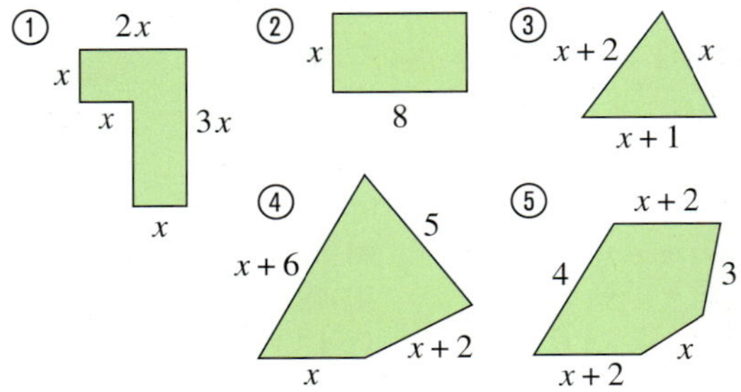

Gib jeweils den Umfang der Figuren an, wenn $x = 5$ ist.

20 Welcher Term wurde benutzt, um die Tabelle zu erstellen? Ergänze die fehlenden Werte des Terms im Heft.

a)

x	3	5	9	12	15	20
?	10	16	28			

b)

x	1	2	3	10	50	100
?	2	6	10			

21 Erstellt in der Gruppe ein Plakat mit Wertetabellen wie in Aufgabe 20. Denkt euch dazu selbst Terme aus, berechnet ihre Werte und tragt diese in der zweiten Zeile der Tabelle ein. Anschließend müssen die anderen Gruppen herausfinden, welcher Term für die Tabelle benutzt wurde.

22 Zahlenspielereien
Christina: „Ich denke mir eine Zahl x aus. Dann addiere ich zu dieser Zahl das Doppelte der Zahl und ziehe anschließend 5 ab."
Angela: „Ich ziehe vom Vierfachen meiner Zahl 15 ab und addiere dann die Zahl."
Dennis: „Ich addiere zum Fünffachen meiner Zahl x das Achtfache der Zahl. Anschließend subtrahiere ich 14."

a) Gib jeweils einen Term für die Rätsel an.

b) Welche Ergebnisse erhält man für $x = 6$?

c) Welche Zahlen haben sie sich jeweils ausgedacht, wenn sie als Ergebnis 25 erhalten?

Weiterführende Aufgaben

23 Der Termwettlauf

a) Welcher der beiden Terme aus der Tabelle wird wohl schneller größer? Begründe.

b) Berechne nun die Werte der Terme im Heft.

c) Wann holt der 2. Term den 1. Term ein?

d) Finde einen 3. Term, der von Anfang an den höchsten Wert hat.

e) Finde einen 4. Term, der anfangs einen niedrigeren Wert hat als die ersten beiden Terme und anschließend beide überholt.

x	1. Term $2x+4$	2. Term $3x-1$	3. Term	4. Term
1				
2				
3				
4				
5				
6				

24 Bei magischen Quadraten ist die Summe in den Zeilen, Spalten und Diagonalen stets gleich. Wenn man ein magisches Quadrat mit Variablen erstellt, kann man durch Einsetzen verschiedener Zahlen beliebig viele magische Quadrate erhalten.

a) Überprüfe, ob es sich hier um magische Quadrate handelt.

b) Denke dir Zahlen für a, b und c aus und setze sie in ein magisches Quadrat ein. Lass deine Klassenkameraden raten, welche Zahlen du eingesetzt hast.

$a+b$	$a-b-c$	$a+c$
$a-b+c$	a	$a+b-c$
$a-c$	$a+b+c$	$a-b$

$c+a$	$c-2\cdot a$	$c+b+a$
$c+b$	c	$c-b$
$c-b-a$	$c+2\cdot b$	$c-a$

25 Erstellt ein Dominospiel aus Paaren von gleichwertigen Termen. Der 1. Term muss auf der rechten Seite des ersten Steins stehen und der gleichwertige Term auf der linken Seite des nächsten Steins. Spielt euer Spiel.

26 Finde Terme für diesen Körper.

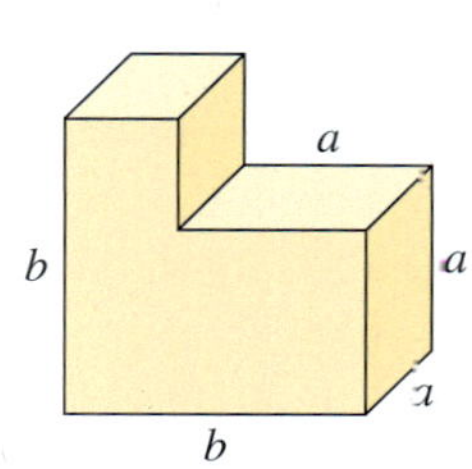

a) Gib einen Term für die Summe aller Kantenlängen an.

b) Gib die Summe aller Kantenlängen an, wenn die Seite b doppelt so lang ist wie die Seite a ($b = 2a$).

c) Wo befinden sich jeweils die beiden Flächen, deren Flächeninhalte durch die folgenden Terme berechnet werden können?

① $a \cdot b$ ② $a \cdot a$

③ $(b-a)\cdot a$ ④ $a^2 + b\cdot(b-a)$

27 Beim Triathlon der Junioren ist die Schwimmstrecke 4,25 km kürzer als die Laufstrecke. Die Radfahrstrecke ist viermal so lang wie die Laufstrecke.

a) Mit welchem Term berechnet man die Länge der Gesamtstrecke, wenn die Laufstrecke mit x bezeichnet wird?

b) Wie lang ist die gesamte Strecke, die zurückgelegt werden muss, wenn die Laufstrecke 5 km misst?

c) Bei der olympischen Distanz ist die Radfahrstrecke auch viermal so lang wie die Laufstrecke.
Die Länge der Schwimmstrecke beträgt $\frac{3}{20}$ der Laufstrecke. Wie lang sind die einzelnen Streckenabschnitte, wenn die Gesamtstrecke 51,5 km beträgt?

28 Das Term-Mobile ist im Gleichgewicht, wenn an beiden Enden eines Balkens insgesamt wertgleiche Terme vorhanden sind.

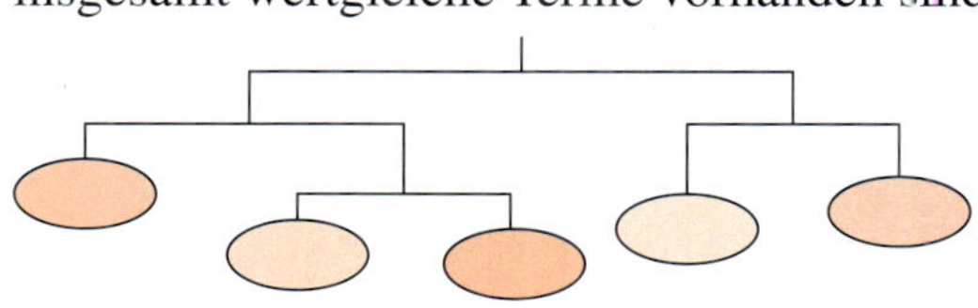

a) Bringe das Mobile mit den vorhandenen Termen ins Gleichgewicht.

$5x + 8 - x$ $\quad$ $4x + 16 + 10x - 6x$

$10x + 20 - 2x - 4$

$5x + 16 + 3x$ $\quad$ $2x + x + 8 + x$

b) Denkt euch selbst Terme aus, die das Mobile im Gleichgewicht halten.

163-1
Unter dem Webcode befindet sich eine interaktive Übung zum Erkennen von gleichwertigen Termen.

Methode: Tabellenkalkulation – Terme berechnen

Janina soll für das Grillfest ihres Vereins den Einkauf erledigen. Jedes Vereinsmitglied bestellt für sich und seine Familie Getränke in 0,5-ℓ-Flaschen und Bratwurst oder Fleisch.
Janina trägt die Bestellungen in ein **Tabellenblatt** eines Tabellenkalkulationsprogramms ein. Dieses Blatt ist wie ein Koordinatensystem aufgebaut. Die Spalten werden mit Großbuchstaben und die Zeilen mit Zahlen bezeichnet. Jedes einzelne Feld der Tabelle, man sagt auch **Zelle**, kann durch den Spaltennamen und die Zeilennummer genau angegeben werden.

Microsoft Excel - Tabellenkalkulation.xls

Bearbeitungsleiste: Eingabe oder Bearbeitung von Inhalten der aktiven Zelle

Spaltenbezeichnung

	A	B	C	D	E	
1		Bratwurst	Steak	Cola	Limo	Wasser
2	Carina	3	3	2	1	1
3	Natalie	2	2	1	1	0
4	Linda	5	1	4	2	0
5	Eva	0	4	0	3	1
6	Janina	2	3	1	1	4
7	Daniela	3	3	0	2	4
8	Christina	4	1	3	2	0
9	Jana	0	3	1	0	2
10	**Summe**					
11						

Zeilenbezeichnung

Aktive Zelle mit der Adresse **D9**

1 Anlegen einer Tabelle

a) Lege in einem Tabellenkalkulationsprogramm eine neue Datei an und speichere sie unter dem Namen „Grillfest".

b) Übertrage die Bestellungen genau in die entsprechenden Zellen.
Dazu musst du die entsprechende Zelle mit der linken Maustaste anklicken.
Dann kannst du in der Eingabezeile das Wort oder die Zahl eingeben.

2 Rechnen in der Tabelle

Janina möchte nun ausrechnen, wie viele Getränke und Fleisch insgesamt eingekauft werden müssen. Dazu klickt sie die Zelle **B10** an und gibt in der Eingabezeile die Formel „**=B2+B3+B4+B5+B6+B7+B8+B9**" ein.

a) Gib die Formel in die Zelle **B10** ein. Sobald du die Enter-Taste gedrückt hast, berechnet das Programm die Summe der bestellten Bratwürste.

b) Um die Summe der anderen Spalten zu berechnen, kannst du genauso vorgehen (du musst aber beachten, dass die Zellen anders heißen).
Es geht aber auch einfacher:
Klicke auf die Zelle **B10**. Es zeigt einen Rahmen mit einer „Ecke" unten rechts. Wenn man diese „Ecke" mit der linken Maustaste anfasst und nach rechts in die Zellen **C10** bis **F10** zieht, werden diese Zellen automatisch mit der zugehörigen Formel ausgefüllt.
Überprüfe, ob du alles richtig gemacht hast, indem du selbst die Spaltensumme einer Spalte berechnest.

c) Christina möchte ihre Bestellung ändern, weil ihr Bruder krank ist. Sie bestellt nur noch 2 Bratwürste, 1 Steak, 1 Cola und 2 Limos.
Ändere ihre Bestellung in der Tabelle. Was passiert in Zeile 10?

BEACHTE
Noch schneller lässt sich die Summe wie folgt bestimmen: Klicke die Zelle B10 an und klicke dann auf das Summenzeichen Σ, das du in der Symbolleiste findest.

3 Erstellen einer Abrechnung

Janina möchte für jeden eine eigene Kostenabrechnung erstellen. Dazu legt sie ein neues Tabellenblatt an, in das sie die Bestellungen und die Preise eingibt.

	A	B	C	D	E
1	**Abrechnung für**	**Carina**			
2					
3	Fleisch u. a.	Anzahl	Stückpreis in €	Preis in €	
4	Bratwurst	3	0,8	=B4*C4	
5	Steak	3	1,65		
6	Cola	2	0,75		
7	Limo	1	0,7		
8	Wasser	1	0,35		
9					
10			Gesamtkosten:		
11					

BEACHTE
Ein neues Tabellenblatt erhältst du über den Befehl:
Datei: Neu
→ Leere Arbeitsmappe
oder du wählst am unteren Rand des Fensters Tabelle 2 aus.

a) Lege das Tabellenblatt an und fülle es wie oben aus.
b) Gib in die Zelle **D5** eine Formel ein, mit der man den Preis für die 3 Steaks berechnen kann.
c) Ergänze auch die Formeln für die Zellen **D6**, **D7** und **D8**.
d) Mit welcher Formel lassen sich die Gesamtkosten in Zelle **D10** berechnen?
e) Erstelle nun eine Abrechnung für Claus (7 Bratwürste, 2 Steaks, 4 Cola), indem du Veränderungen in Spalte B vornimmst.

BEACHTE
Formeln müssen in der Eingabezeile mit einem „=" beginnen.

4 Formatieren der Abrechnung

Wenn man die Abrechnung schöner gestalten möchte, kann man die einzelnen Zellen formatieren. Dazu markiert man eine oder mehrere Zellen. Nun kann man den Zellen eine bestimmte Schriftart, Schriftfarbe, eine Füllfarbe oder einen Rahmen zuweisen. Wenn man die Gitterlinien nicht sehen möchte, wählt man im Menüpunkt Rahmen die Einstellung „keine".

a) Verschönere die Abrechnung, indem du die Überschrift und einzelne Zellen farbig hinterlegst und die Schrift und die Schriftgröße änderst.
b) Markiere mit der linken Maustaste alle Zellen, die auf der Rechnung zu sehen sein sollen, und lege den Druckbereich fest (siehe Randspalte).
Unter „Datei → Datei drucken" kann man die fertige Abrechnung vor dem Druck ansehen.

BEACHTE
Seitenlayout
→ Druckbereich
→ Druckbereich festlegen

5 Veränderungen der Abrechnung

a) Wie muss die Formel in Zelle **D10** von Aufgabe 3 verändert werden, wenn neben den Getränken und dem Fleisch noch 2,50 € für Brot, Grillsoßen und Salate bezahlt werden müssen?
b) Was wird berechnet, wenn man die Formel „**=B4*C4+B5*C5**" eingibt?
c) Was wird berechnet, wenn man die Formel „**=B6*C6+B7*C7+B8*C8**" eingibt?
d) Eva hat diese Tabelle erstellt. Erläutere sie. Welche Formeln stehen in den Zellen **C7** bis **K7**?

	A	B	C	D	E	F	G	H	I	J	K
1	**Fleisch**	**Stückpreis**	**Carina**	**Natalie**	**Linda**	**Eva**	**Janina**	**Daniela**	**Christina**	**Jana**	**Anzahl gesamt**
2	Bratwurst	0,80 €	3	2	5	0	2	3	4	0	19
3	Steak	1,65 €	3	2	1	4	3	3	1	3	20
4	Cola	0,75 €	2	1	4	0	1	0	3	1	12
5	Limo	0,70 €	1	1	2	3	1	2	2	0	12
6	Wasser	0,35 €	1	1	0	1	4	4	0	2	13
7		Preis gesamt:	9,90 €	6,70 €	10,05 €	9,05 €	9,40 €	10,15 €	8,50 €	6,40 €	70,15 €

Aufgaben zur Termberechnung mit Tabellenkalkulation

1 Timo benutzt eine Tabellenkalkulation, um seine Aufgaben zur Volumen- und Oberflächenberechnung des Quaders zu erledigen.

	A	B	C	D	E
1	a	b	c	Volumen	Oberfläche
2	4	6	7		
3	2	3	4		
4	12	15	7		
5					

a) Welchen Term muss er in die Zelle **D2** eingeben?
b) Welchen Term schreibt er in die Zelle **E2**?
c) Wie kann er vorgehen, um die anderen Zellen zu füllen?
d) Timo gibt folgende Formel ein: „**=4*A2+4*B2+4*C2**“. Was berechnet er damit?

2 Die Klasse 7c erhält für ihre Klassenfete eine Rechnung vom Getränkehändler.

a) Welche Formel steht in Zelle **D4**?
b) Welcher Zahlenwert steht in Zelle **D4**?
c) Gib eine Formel zur Berechnung der Mehrwertsteuer in **D9** an und berechne damit den Betrag in €.
d) Gib zwei verschiedene Formeln zur Ermittlung des Gesamtpreises in Zelle **D10** an.

	A	B	C	D
1	**Artikel**	**Einzelpreis in €**	**Anzahl/Menge**	**Gesamtpreis in €**
2	Kiste Cola (12 Fl)	8,50	3	25,50
3	Fl. Apfelschorle	0,65	7	4,55
4	Kiste Wasser	2,98	4	
5	Fl. Limonade	0,55	9	4,95
6	Leihgebühr pro Tisch	1,50	5	7,50
7	Leihgebühr pro Bank	0,75	10	7,50
8			Summe:	61,92
9			+ 19 % MWST	
10			Gesamtpreis:	

BEACHTE
So kannst du Formeln kopieren: Markiere dazu Zelle B15, führe die Maus an den rechten unteren Zellrand und ziehe die Markierung mit gedrückter Maustaste bis zur Zelle F15. Durch Betätigen der F4-Taste erzeugst du Dollarzeichen zum Fixieren einer Zelle.
Spalte fixieren: **$D8**
Zeile fixieren: **D$8**
Zelle fixieren: **D8**

3 Carina hat vom Vereinsgrillfest Fotos gemacht, die die Vereinsmitglieder nun bestellen können. Dazu hat sie sich eine Tabelle angelegt.

	A	B	C	D	E	F	G	H
1								
2	1 Foto kostet	0,07 €						
3								
4		**1**	**2**	**3**	**4**	**5**	Anzahl der Bilder pro Person	Insgesamt zu bezahlen
5	Carina	2	3	1		3	9	=PRODUKT(B2;G5)
6	Natalie	1	1	1	1			
7	Linda		1	2	1	1		
8	Eva	4	2	1	1	2		
9	Janina	1			4			
10	Daniela	3	4	3	2	4		
11	Christina	4	1	2	1	1		
12	Jana	1	1	2	1	1		
13								
14								
15	Anzahl insgesamt	16						
16								

a) Carina muss wissen, wie oft sie jedes Bild bestellen muss. Bestimme die Anzahl in Zeile 15 (Formel kopieren).
b) Berechne in Zelle **G15**, wie viele Fotos insgesamt bestellt werden. Gib die Formel an.
c) Ein Foto kostet 0,07 €. Berechne in Spalte H den Geldbetrag, den jeder zu bezahlen hat.
d) Wie viel muss Carina insgesamt im Geschäft zahlen? Gib die Zelle und die Formel an.
e) Warum hat Carina in der Zelle H5 nicht einfach die Formel **=B2*G5** eingegeben? Probiere selbst aus, was passiert, wenn du diese Formel in die Zellen daneben kopierst. Was ändert sich beim Ausfüllen/Kopieren, wenn du in die Zelle **H5** die Formel **=B2*G5** eingibst?
f) Ändere den Einzelpreis für ein Foto. Beobachte die Veränderungen in der Tabelle.
g) Gib eine Formel für die Berechnung des zu zahlenden Betrags von Daniela an.

Gleichungen aufstellen und lösen

Erforschen und Entdecken

1 Hölzchen-Schachtel-Spiel (Gruppenarbeit)

Spielregeln:

1. Links und rechts vom Gleichheitszeichen liegen insgesamt gleich viele Hölzchen.
2. Bei jeder Gleichung liegen in den Schachtel immer gleich viele Hölzchen.

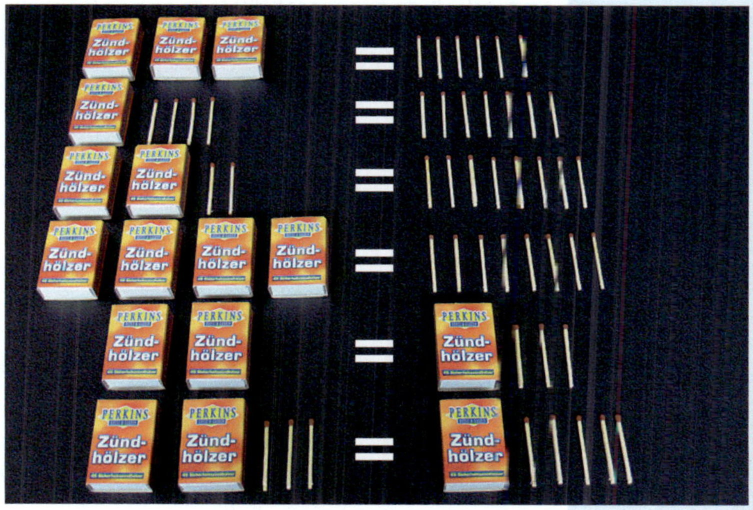

a) Findet für jede der sechs Gleichungen heraus, wie viele Hölzchen in den Schachteln sind.

b) Überlegt euch selbst solche Knobelaufgaben. Zeichnet sie auf Karteikarten. Gebt auf der Rückseite die Lösung an.

c) Tauscht eure Karten mit den Karten von anderen Gruppen und löst die Aufgaben.

d) Man kann die Knobelaufgaben auch in Form einer Gleichung aufschreiben. Dafür schreibt man für die Anzahl der Hölzer in einer Schachtel x und gibt die Anzahl der frei liegenden Streichhölzer auf jeder Seite an, z. B. ergibt □□□ | | = □ | | | | die Gleichung: $3x + 2 = x + 4$.
Ergänzt auf euren Karteikarten jeweils die Gleichung.

2 Auf den Balkenwaagen liegen mehrere gleiche Dosen und graue Gewichtsstücke.

①

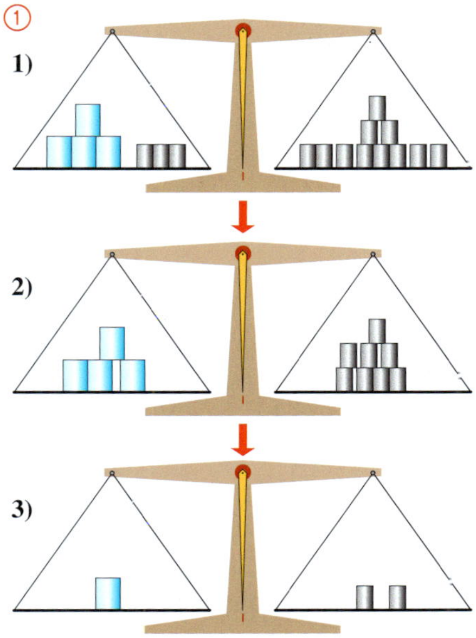

②

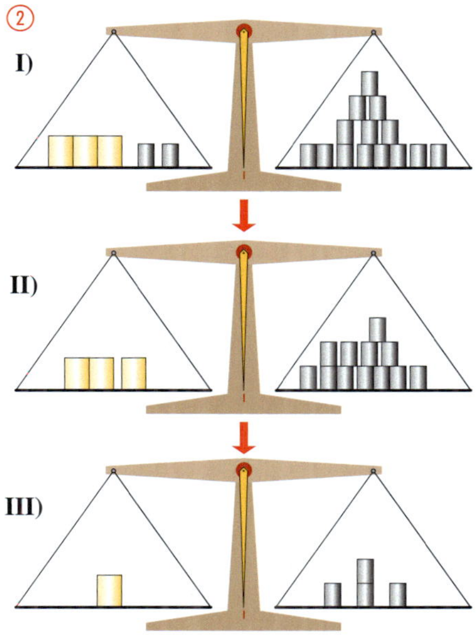

a) Ein Gewichtsstück wiegt 1 kg. Kilian möchte jeweils herausfinden, wie viel eine Dose wiegt. Erkläre, wie er das macht.

b) Zeichne selbst ein Waagemodell: Rechts liegen 8 Gewichte. Links liegen 2 Dosen und 2 Gewichte.
Zeichne die Lösungsschritte, mit denen man das Gewicht einer Dose herausfinden kann.

Lesen und Verstehen

Beim Hölzchen-Schachtel-Spiel hat Inga die Schachteln so gefüllt, dass sich in jeder Schachtel gleich viele Hölzer befinden. Links und rechts vom Gleichheitszeichen liegen insgesamt gleich viele Hölzchen.
Elias soll herausfinden, wie viele Hölzchen sich in jeder Schachtel befinden.
Dazu legt er Hölzchen und Schachteln geschickt um und stellt passende Gleichungen auf.
Darin steht x für die Anzahl der Hölzchen in jeder Schachtel.

□□□ II = □ IIIIII	Ich nehme auf jeder Seite 2 Hölzchen weg.	$3x + 2 = x + 6$	$\mid -2$
□□□ = □ IIII	Ich nehme auf jeder Seite 1 Schachtel weg.	$3x = x + 4$	$\mid -x$
□□ = IIII	Verteile ich 4 Hölzer auf 2 Schachteln, dann befinden sich in einer Schachtel 2 Hölzer.	$2x = 4$ $x = 2$	$\mid :2$

In jeder Schachtel befinden sich 2 Hölzchen. Zur Sicherheit rechnet Elias noch eine Probe: Die Gleichung lautete $3x + 2 = x + 6$. Dort setzt er für x seine Lösung 2 ein. Es ergibt sich: $3 \cdot 2 + 2 = 2 + 6$, also richtigerweise $8 = 8$.

Beim Lösen einer Gleichung geht man schrittweise vor, sodass sich zum Schluss die Variable einzeln auf einer Seite befindet.
Die Lösung der Gleichung ändert sich bei folgenden Umformungen nicht:
1) Auf beiden Seiten wird dieselbe Zahl addiert oder subtrahiert.
2) Auf beiden Seiten wird mit derselben Zahl multipliziert oder durch dieselbe Zahl dividiert. Diese Zahl darf nicht null sein.
Die Umformungsschritte nennt man **Äquivalenzumformungen**.
Zwei Gleichungen sind **äquivalent**, wenn sie die gleiche Lösung haben.

Basisaufgaben

1 Ordne jeder „Schachtel-Aufgabe" die passende Gleichung zu.

① $4x + 5 = 13$
② $3x = 12$
③ $2x = 0$

a) 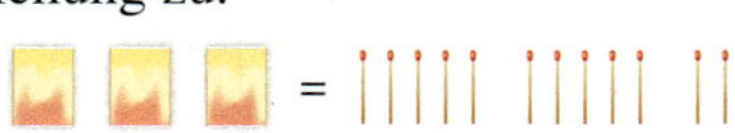

b) 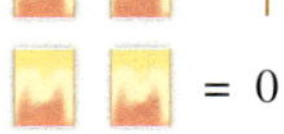

c) 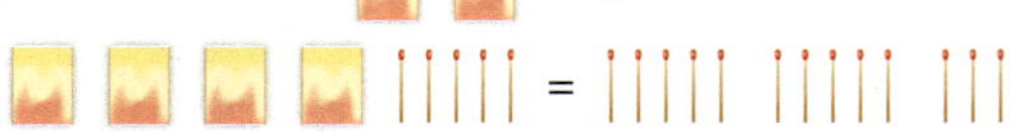

2 Notiere jeweils die passende Gleichung.

a) 

b) 

c) 

3 Zeichne eine „Schachtel-Aufgabe", die zur Gleichung passt, und löse sie.
a) $x + 4 = 5$
b) $4x = 12$
c) $3x + 7 = 16$
d) $2x + 1 = 7$

4 Löse die Gleichungen schrittweise:
a) Ordne den Gleichungen die passende Umformung zu. Schreibe jeweils untereinander.
① $x + 2 = 6$
② $2 \cdot x = -6$
③ $6 \cdot x + 5 = 35$

$6x = 30$ | $x = 4$ | $x = -3$ | $x = 5$

b) Gib für jede Gleichung die Umformungsschritte in Worten an.

5 Erkläre, was hier passiert.

a)

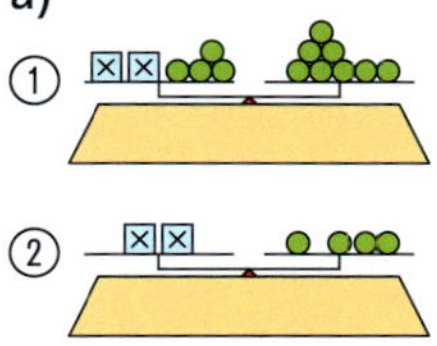

b)

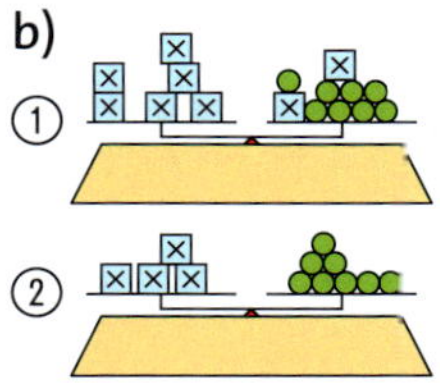

6 Welche Gleichungen werden durch die Waagemodelle dargestellt? Gib mögliche Lösungsschritte an (s. Seite 167).

a)

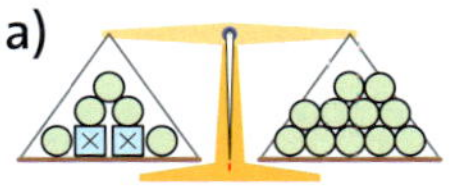

b)

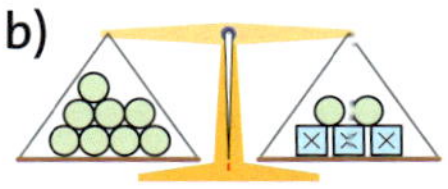

c)

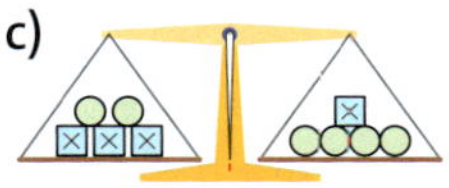

d)

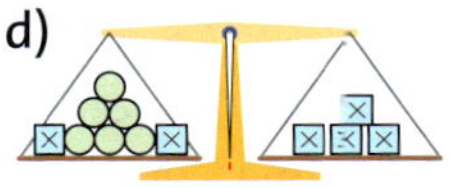

7 Gib an, durch welche Äquivalenzumformung man die 2. Gleichung erhält.

a) $x + 5 = 17$ |
$x = 12$

b) $2x - 4 = 12$ |
$2x = 16$

c) $3x = 15$ |
$x = 5$

d) $0{,}5x = 8$ |
$x = 16$

e) $-7x + 5 = -30$ |
$-7x = -35$

f) $13 = 3x + 7$ |
$6 = 3x$

8 Löse die Gleichungen. Welche Äquivalenzumformung hast du vorgenommen?

a) $x + 9 = 17$ b) $x + 14 = 38$
c) $x + 19 = -44$ d) $x - 12 = 25$

9 Finde jeweils die äquivalente Gleichung, aus der man die Lösung ablesen kann.

a) $4x = 24$ b) $5x = 75$ c) $3x = 102$
d) $6x = 84$ e) $8x = -136$ f) $13x = -39$

10 Die Grundgebühr für ein Handy beträgt 5 €. Eine SMS kostet 0,09 €. Tina erhält eine Monatsabrechnung über 22,55 €. Sie hat nicht telefoniert. Wie viele SMS hat sie verschickt? Stelle die Gleichung auf und löse sie mit folgenden Umformungsschritten:

- Man subtrahiert auf beiden Seiten 5.
- Auf beiden Seiten wird durch 0,09 dividiert.

11 Löse die Gleichungen.

a) $x + 6 = -39$ b) $x + 57 = -45$
c) $x - 15 = 91$ d) $x + 0{,}01 = 2$
e) $x - 27 = -4$ f) $x - 3{,}25 = -1{,}8$
g) $x + 32 = -45$ h) $3{,}84 + x = 2{,}75$
i) $x - 48 = 56$ j) $x + 0{,}75 = -4{,}25$
k) $x - 38 = -89$ l) $61{,}3 + x = -9{,}3$

12 Für welche Zahl steht x?

a) $2x = 0{,}8$ b) $4x = -48$
c) $3x = 1{,}8$ d) $7x = -112$
e) $12x = 7{,}2$ f) $21x = -252$
g) $0{,}7x = -42$ h) $17x = -221$
i) $0{,}3x = -27$ j) $14x = 35$
k) $1{,}5x = 12$ l) $6x = 10{,}5$

13 Welche Äquivalenzumformung wurde vorgenommen?

a) $-4x = 16$
$x = -4$

b) $-5x = -75$
$x = 15$

14 Welche Zahl muss für x eingesetzt werden?

a) $-6x = 36$ b) $-8x = 72$
c) $-7x = 112$ d) $-9x = -135$
e) $-11x = 242$ f) $-12x = -156$

15 Welche der Gleichungen sind äquivalent zueinander? Gib die Lösungen an.

$4x = 12$ $4x - 2 = 10$ $4x + 4 = 12$
$2x = 4$ $4x + 2 = 10$ $8x = 24$

16 Löse die Gleichungen. Mache die Probe.

a) $2x + 5 = 7$ b) $3x + 7 = 1$
c) $4b + 2 = 14$ d) $7r + 5 = -16$
e) $5y + 1 = 26$ f) $9 + 8c = -7$
g) $2 + 3m = 23$ h) $4 = 28 + 6x$
i) $56 = 6a + 8$ j) $-6 = 48 + 9k$

17 Löse. Überprüfe durch eine Probe.

a) $4x - 5 = 11$ b) $3x - 7 = -13$
c) $6b - 12 = 24$ d) $5r - 8 = -43$
e) $-8 + 12y = 28$ f) $-11 + 7c = -74$
g) $65 = 25m - 10$ h) $63 = 2x - 7$
i) $-5 + 4a = 55$ j) $105 - 8k = -15$

18 Welche Zahl steht für x?

a) $-2x - 1 = 3$ b) $-10x - 5 = -25$
c) $-3x - 3 = -12$ d) $-7x - 5 = 2$
e) $-4x - 3 = -7$ f) $-8x - 2 = 2$
g) $-6x - 4 = 8$ h) $-12x - 5 = -53$

19 David hat noch Probleme beim Umformen von Gleichungen mit negativen Zahlen. Welche Fehler hat er gemacht?

a) $-12x = 30$
$x = 42$

b) $-5x + 6 = 30$
$x + 6 = -6$
$x = -12$

c) $-2x - 4 = 8$
$x - 4 = 10$
$x = 14$

20 Lisa und Dana haben unterschiedlich gerechnet. Welchen Lösungsweg hältst du für einfacher? Begründe.

Lisa
$20 - 4x = 8 \quad |-20$
$-4x = -12 \quad |:(-4)$
$x = 3$

Dana
$20 - 4x = 8 \quad |-8$
$12 - 4x = 0 \quad |+4x$
$12 = 4x \quad |:4$
$3 = x$

21 Bestimme x.

a) $25 - 3x = 7$ b) $62 - 9x = 17$
c) $5 - 2x = 27$ d) $17 - 4x = -13$
e) $13 - 5x = -32$ f) $80 - 18x = 17$
g) $25 - 8x = 9$ h) $15 - 6x = 3$
i) $-37 - 7x = 12$ j) $-80 - 11x = -14$

22 Finde und erkläre den Fehler.

a) $a + 30 = 7$, $a = 37$ b) $x - 1 = 0$, $x = -1$ c) $8y = 8$, $y = 0$
d) $4x = 8$, $x = \frac{1}{2}$ e) $8 + 4b = 12$, $12b = 12$ f) $3x = 13$, $x = 10$
g) $2d + 0 = 0$, $d = -2$ h) $3x = 0$, $x = 3$ i) $0x = 7{,}2$, $x = 0$

23 Drei Schüler lösen die Gleichung $4x + 6 = 8$ unterschiedlich.
Wer hat richtig umgeformt? Begründe.

Janine	Marvin	Leonie
$4x + 6 = 8 \quad \vert -6$	$4x + 6 = 8 \quad \vert :4$	$4x + 6 = 8 \quad \vert :4$
$4x = 2$	$x + 1{,}5 = 2$	$x + 6 = 2$
$x = 0{,}5$	$x = 0{,}5$	$x = -4$

170-1
Unter dem Webcode gibt es eine interaktive Übung, bei der du die richtige Zahl finden musst, die eine bestimmte Gleichung erfüllt.

24 Löse. Die Ergebnisse stehen in den Kleeblättern links in der Randspalte.

a) $7x + 2 = 5x + 20$ b) $9x + 5 = 4x + 20$
c) $6x + 4 = 3x + 25$ d) $4x + 12 = 2x - 16$
e) $7x - 5 = 4x + 28$ f) $12x + 7 = 8x - 29$
g) $9x + 7 = 5x - 65$ h) $15x - 12 = 5x - 72$
i) $16x - 5 = 3x + 34$ j) $20x - 14 = 4x + 82$

25 Eva hat im Lerntagebuch eine Regel für das Lösen von Gleichungen notiert.

1. Alle Zahlen ohne x auf eine Seite der Gleichung bringen.
2. Alle x auf die andere Seite der Gleichung bringen.
3. Wenn vor x eine Zahl steht, muss man durch diese Zahl teilen.

a) Muss man in dieser Reihenfolge vorgehen?
b) Welche Schritte kann man tauschen?
c) Finde Beispiele, wo man auf einen der Schritte verzichten kann.

26 Löse die Gleichungen.

a) $3x + 5 = -6x + 32$
b) $5x + 9 = -3x + 65$
c) $4x + 7 = -2x - 17$
d) $2x - 13 = -4x - 14$
e) $9x - 2 = -5x - 23$

27 Löse die Gleichungen.

a) $-8y - 7 = 4y + 29$
b) $-5y - 16 = 9y + 12$
c) $-2y - 5 = 5y + 9$
d) $-3y + 5 = 2y + 4$
e) $-17y + 4 = 3y - 66$

28 Eine Zahl ist Lösung einer Gleichung, wenn man beim Einsetzen der Zahl auf beiden Seiten der Gleichung denselben Wert erhält. Man sagt: Es liegt eine **wahre Aussage** vor. Setze in die Gleichungen nacheinander die Zahlen 2, 3, 4 und 5 ein. Überprüfe, für welche Zahlen sich wahre Aussagen ergeben.

a) $52x - 18 = 44x + 14$
b) $100 - 72x = -22x$
c) $5 \cdot (x + 3) = 30$
d) $2 \cdot (x - 4) = 4x - 12$
e) $3 \cdot (x + 2) = 4 \cdot (x + 1)$

$$\frac{x+y}{2}$$

Weiterführende Aufgaben

29 Manche Gleichungen lassen sich einfach lösen, indem man geschickt Werte für die Variable einsetzt und probiert, ob die Gleichung stimmt.

BEISPIEL Gleichung $2x - 7 = 3$
Für $x = 2$ ist $2 \cdot 2 - 7 = -3$ (zu klein).
Für $x = 6$ ist $2 \cdot 6 - 7 = 5$ (zu groß).
Für $x = 5$ ist $2 \cdot 5 - 7 = 3$. $x = 5$ ist Lösung.

a) $5x - 4 = 11$ b) $-15 + 3a = -15$
c) $7b = 91$ d) $-18 = 6y - 6$
e) $20 - 3x = x + 4$ f) $12k - 7 = 13k - 6$

30 Forme um und löse die Gleichung.

a) $x + \frac{1}{2} = \frac{3}{2}$ b) $x - \frac{3}{4} = \frac{1}{2}$
c) $x - \frac{1}{2} = \frac{3}{2}$ d) $x - \frac{1}{5} = \frac{2}{25}$
e) $x - \frac{1}{8} = \frac{1}{2}$ f) $-\frac{5}{2} + x = \frac{3}{2}$

31 Forme durch Multiplikation in eine äquivalente Gleichung um und gib die Lösung an.

BEISPIEL $\frac{x}{5} = 3 \quad | \cdot 5 \qquad x = 15$

a) $\frac{x}{4} = 5$ b) $\frac{x}{3} = 9$ c) $\frac{x}{7} = -1$
d) $\frac{x}{9} = 11$ e) $\frac{x}{7} = 5$ f) $\frac{x}{3} = 5$
g) $\frac{1}{2}a = 8$ h) $\frac{1}{4}y = 5$ i) $\frac{1}{3}g = 20$
j) $-\frac{x}{100} = -14$ k) $-\frac{1}{8}c = 13$ l) $-\frac{x}{25} = -7$

32 Löse wie im Beispiel. Mache eine Probe.

BEISPIEL
$\frac{2}{3}x + 7 = 15 \quad | -7$
$\frac{2}{3}x = 8 \quad | \cdot 3$
$2x = 24 \quad | : 2$
$x = 12$

a) $\frac{3}{4}x - 8 = 25$
b) $\frac{1}{12}x - 1 = 4$
c) $-42 + \frac{5}{6}s = 13$
d) $-8 - \frac{1}{12}v = -4$

33 Kai hat einige komplizierte Gleichungen gelöst. Überprüfe durch Einsetzen, ob er richtig gerechnet hat. Korrigiere, wenn nötig.

a) $100x - 300 = 0{,}5x - 1{,}5$ $\quad x = 2$
b) $-45x - 15 = 45x - 60 - 15x$ $\quad x = \frac{3}{5}$
c) $\frac{1}{2} - \frac{3}{5}x = 2 - \frac{1}{2}x$ $\quad x = -15$
d) $\frac{1}{2}x - 4 = 3x + 1$ $\quad x = -4$
e) $\frac{2}{3}x - 2 = -\frac{5}{3}$ $\quad x = \frac{1}{2}$

34 Bestimme die Lösung.

a) $\frac{x}{2} + 4 = 12$ b) $\frac{x}{3} - 6 = 35$
c) $\frac{x}{4} + 2 = 4$ d) $\frac{x}{5} + 3 = -27$
e) $\frac{x}{7} + 7 = 14$ f) $\frac{x}{9} + 14 = -2$
g) $\frac{x}{8} - 5 = -4$ h) $\frac{x}{13} - 31 = -31$

35 Vervollständige jeweils die Lösungswege und vergleiche sie. Welcher ist am günstigsten?

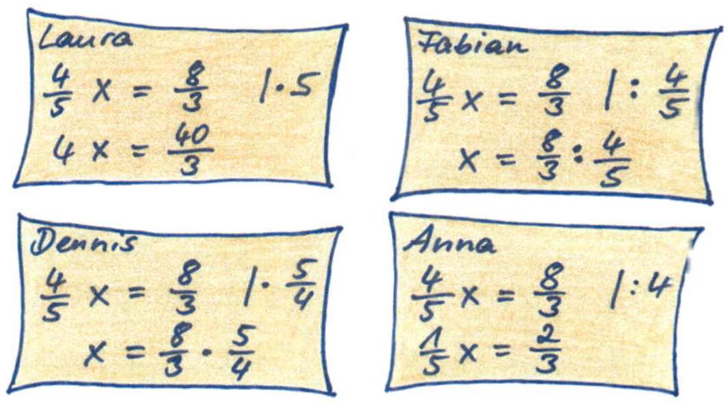

36 Löse die Gleichungen.

a) $\frac{2}{3}x = \frac{4}{9}$ b) $\frac{4}{5}x = 8$ c) $\frac{3}{5}x = \frac{9}{20}$
d) $\frac{6}{7}x = 42$ e) $\frac{1}{7}x = \frac{3}{5}$ f) $\frac{1}{3}x + 2 = 3$
g) $\frac{5}{6}x = \frac{15}{24}$ h) $\frac{4}{9}x = \frac{2}{9}$ i) $\frac{3}{4}x + \frac{3}{4} = 1$

37 Bestimme die Lösung der Gleichungen.

a) $\frac{x}{2} + 5 = 8$ b) $\frac{1}{3}x + \frac{1}{3} = 10$
c) $\frac{x}{3} - 2 = 13$ d) $-\frac{1}{4}x + \frac{1}{5} = 9$
e) $\frac{z}{9} + 7 = 11$ f) $\frac{a}{5} + \frac{1}{5} = 10$

38 Gib drei verschiedene Gleichungen an, deren Lösung $\frac{3}{4}$ ist.

39 Stelle eine Gleichung auf, in der Größen vorkommen, und löse sie durch Umformen.

a) Von einem Rechteck ist der Flächeninhalt $A = 14{,}7\,\text{cm}^2$ und die Seitenlänge $a = 4{,}2\,\text{cm}$ bekannt. Wie lang ist die Seite b?
b) Ein Auto legt eine Strecke von $s = 60\,\text{km}$ mit einer durchschnittlichen Geschwindigkeit $v = 80\,\frac{\text{km}}{\text{h}}$ zurück. Wie lange ist das Auto unterwegs?
c) Welchen Weg legt ein Radfahrer mit einer Geschwindigkeit von $15\,\frac{\text{km}}{\text{h}}$ in 2,5 h zurück?

BEACHTE
$\frac{1}{2}x = \frac{x}{2}$

BEACHTE
Die Lösungen zu Aufgabe 37 ergeben in der richtigen Reihenfolge den Namen einer europäischen Hauptstadt. Zu welchem Land gehört die Stadt?
−35,2 (R); 6 (B); 29 (E); 36 (A); 45 (LG); 49 (D)

Methode: Lösen von Sachaufgaben mit Gleichungen

Manuel kauft 12 Flaschen Apfelsaft und 1 Flasche Orangensaft und zahlt dafür 9,80 €.
Der Orangensaft ist 5 Cent teurer als der Apfelsaft.
Wie viel kostet eine Flasche Apfelsaft? Wie viel kostet eine Flasche Orangensaft?
Diese Aufgabe kann im Sechs-Schritte-Verfahren gelöst werden.

1. Variable festlegen Preis für eine Flasche Apfelsaft in €: x

2. Terme bilden Preis für 12 Flaschen Apfelsaft: $12x$
Preis für eine Flasche Orangensaft: $x + 0{,}05$

3. Gleichung aufstellen $12x + (x + 0{,}05) = 9{,}80$

4. Gleichung lösen

$$\begin{aligned} 13x + 0{,}05 &= 9{,}80 \quad | -0{,}05 \\ 13x &= 9{,}75 \quad | :13 \\ x &= 0{,}75 \end{aligned}$$

5. Ergebnis überprüfen

Preis für eine Flasche Orangensaft:	0,75 € + 0,05 €	= 0,80 €
Preis für 12 Flaschen Apfelsaft:	12 · 0,75 €	= 9,00 €
Gesamtpreis:		9,80 €

6. Antwort formulieren Der Apfelsaft kostet 0,75 € und der Orangensaft kostet 0,80 €.

Altersrätsel

40 Vater Hans ist viermal so alt wie sein Sohn. Der Altersunterschied beträgt 39 Jahre. Wie alt ist der Vater? Wie alt ist der Sohn?
Lars hat seine Lösungsschritte notiert.
① Alter des Sohnes: x
② Alter des Vaters: $4x$
③ $4x - x = 39$
Ergänze die Schritte ④ bis ⑥.

41 Faruk hat zwei Schwestern. Die eine ist 2 Jahre jünger als er, die andere ist 5 Jahre jünger als er. Zusammen sind die drei Geschwister 80 Jahre alt. Wie alt ist Faruk?

42 Franziska hat zwei Brüder. Einer ist 2 Jahre jünger, der andere 4 Jahre älter als sie. Zusammen sind die drei 98 Jahre alt.
Wie alt ist jeder?

43 Marisa hat eine Schwester, die doppelt so alt ist wie sie. Ihre Mutter ist 30 Jahre älter als Marisa. Zusammen sind Marisa, ihre Schwester und die Mutter 54 Jahre alt.
Wie alt ist Marisa?

Zahlenrätsel

44 Von welcher Zahl ist das Dreifache um 10 größer als die Hälfte der Zahl?
Saras erste Lösungsschritte lauten:
① gesuchte Zahl: x
② das Dreifache dieser Zahl: $3x$
die Hälfte dieser Zahl: $\frac{x}{2}$
③ $3x - 10 = \frac{x}{2}$
Ergänze die Schritte ④ bis ⑥.

45 Lisa denkt sich eine Zahl, multipliziert diese mit 3 und addiert 28. Das Ergebnis ist 409. Bestimme Lisas ausgedachte Zahl.

46 Multipliziere eine Zahl mit 5 und subtrahiere 87. Das Ergebnis ist -12.
Wie heißt die Zahl?

47 Löse mit Hilfe einer Gleichung.
a) Subtrahiert man 17 vom Fünffachen einer Zahl, so erhält man 43.
b) Addiert man 5 zum Dreifachen einer Zahl, so erhält man das Doppelte der Zahl.
c) Subtrahiert man das Dreifache einer Zahl von 37, so ergibt sich 19.

Rätsel aus der Geometrie

48 Der Umfang eines gleichschenkligen Dreiecks beträgt 38 cm. Die Grundseite (Basis) ist 17 cm lang.
Berechne die Länge der Schenkel.
Die ersten drei Lösungsschritte lauten:
① Schenkellänge x
② zwei gleich lange Schenkel: $2x$
③ Gleichung: $2x + 17 = 38$
Ergänze die Schritte ④ bis ⑥.

49 In einem Viereck ist β doppelt so groß wie α. Der Winkel γ ist 50° größer als α und δ ist 20° kleiner als α.
Bestimme die Größe der Winkel.

50 Für die Herstellung des Kantenmodells des abgebildeten Quaders benötigt man 72 cm Draht.

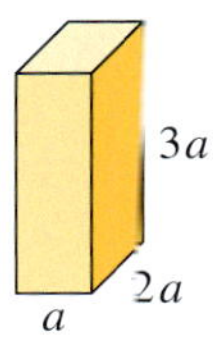

a) Bestimme die Kantenlängen des Quaders.
b) Berechne das Volumen des Quaders.
c) Was kann mit den Termen ① bis ③ berechnet werden?
① $a \cdot 2a$ ② $2 \cdot (a + 2c)$
③ $2 \cdot (a + 2a) \cdot 3a$

51 In einem gleichschenkligen Dreieck ist die Basis um 5 cm kürzer als die beiden Schenkel.
Wie lang sind die Schenkel, wenn der Umfang des Dreiecks 35 cm beträgt?
Überprüfe deine Lösung durch eine Probe.

52 In einem Rechteck ist die Seite b doppelt so lang wie die Seite a.
Der Umfang des Rechtecks beträgt 90 cm.
Wie lang sind die Seiten a und b?

53 Ein Rechteck hat einen Flächeninhalt von 44 cm². Seite a ist um 7 cm länger als Seite b.
Wie lang sind die beiden Seiten?
a) Begründe: Die Gleichung $a \cdot (a - 7) = 44$ passt genauso wie $(b + 7) \cdot b = 44$.
b) Löse die Gleichungen durch Probieren.

Verschiedenes

54 Drei Freunde haben zusammen 49 € gespart. Leonie hat 9 € mehr gespart als Lisa Jule hat doppelt so viel wie Lisa.
Wie viel Geld sparte Lisa?
Die ersten drei Lösungsschritte lauten:
① gespartes Geld von Lisa: x
② gespartes Geld von Leonie: $x + 9$
gespartes Geld von Jule: $2x$
③ $x + x + 9 + 2x = 49$
a) Ergänze die Schritte ④ bis ⑥.
b) Anna stellt die Gleichung auf:
$y + (y - 9) + 2\,(y - 9) = 49$
Begründe, dass auch diese Gleichung stimmt.

55 In einem Schwimmbecken beträgt die Wasserhöhe am Morgen 60 cm. Wird die Wasserleitung voll aufgedreht, dann erhöht sich der Wasserstand um 8 cm pro Stunde.
Wie lange dauert es, bis die Wasserhöhe 1,80 m beträgt?

56 Eine Bohnenpflanze ist 15 cm hoch.
Sie wächst jeden Tag um 2,5 cm.
Wie lange dauert es, bis sie eine Höhe von 80 cm hat?

57 Frau Heine benutzt im Urlaub einen Mietwagen. Sie zahlt 55 € Miete pro Tag und pro gefahrenem Kilometer zusätzlich 0,25 €.
a) Als sie den Wagen nach einem Tag zurückgibt, zahlt sie 167 €. Wie weit ist sie damit gefahren?
b) Eine Woche später leiht sie das Auto noch einmal für zwei Tage und muss 222,50 € zahlen. Wie weit ist sie diesmal gefahren?

58 Sarah besitzt einige DVDs. Zum Geburtstag bekommt sie 6 DVDs geschenkt.
Nun hat sie dreimal so viele DVDs wie vorher. Wie viele DVDs hatte sie vorher?

59 Ein Geschicklichkeitsspiel in einem Beutel wird für 2,20 € verkauft. Das Spiel ist um 2 € teurer als der Beutel. Wie viel kostet das Spiel? Wie viel kostet der Beutel?

Vermischte Übungen

1 Vereinfache die Terme.
a) $a + a + b + b + a + a + b$
b) $23b - b$
c) $45x - 26y - 32x - 24y$
d) $100 - 25a + 36b - 72b - 40a$

2 Berechne den Wert des Terms für $x = 3$. Beachte die Rechenregeln.
a) $8x + 4 \cdot 2$
$8\,(x + 4) \cdot 2$
$8 + x - 4 \cdot 2$
$(8 + x) \cdot 4 + 2$
b) $8x \cdot 4 - 2$
$8x : 4 - 2$
$8 : 4 \cdot x - 2$
$(8x) : 4 - 2$
c) $6 \cdot 12 : 4 - x \cdot 2$
$6 \cdot (12 : 4) - (x \cdot 2)$
$6 \cdot (12 - 4) - (x + 2)$
$6 \cdot 12 - 4 - x + 2$
$6 + 12 : (4 - x) : 2$

3 Bestimme den Wert der Terme.
a) $3x + 4y$ für $x = 4$ und $y = -2$
b) $120 - 3z + 4w$ für $z = 6$ und $w = 23$
c) $15a - 12 + 13b - 25$ für $a = 5$ und $b = -4$

4 Ergänze die Platzhalter.
a) $15x + 27x + 39x = \square$
b) $27b - \square - 5b = 11b$
c) $23x - 26y - 45x - \square = -22x - 50y$
d) $98a - 27b - a + 59b - 4b = \square$

5 Elif hat Terme zusammengefasst. Finde und begründe seine Fehler. Korrigiere dann die Fehler in deinem Heft.
a) $3x + 7 = 10x$
b) $a + a = a^2$
c) $4a + 3a + 2b = 9ab$
d) $13f - f = 13$
e) $p - 7p = 6p$
f) $3x + 7 = 10x$
g) $a + a^2 = a^3$
h) $a \cdot a = 2a$

6 Ergänze die Termmauern.
a)
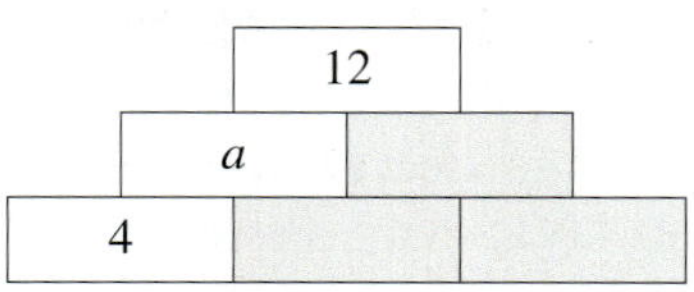

b)
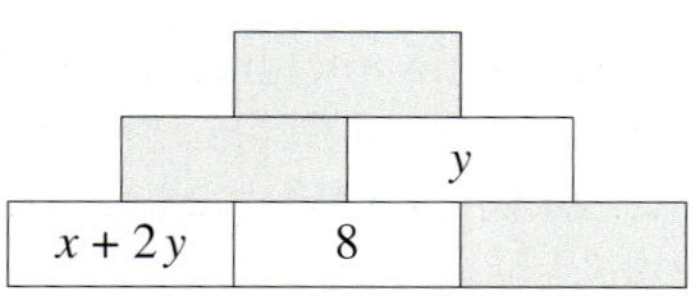

7 In jeder Schachtel sind gleich viele Hölzer. Übersetze die Knobelaufgaben in die Gleichungsschreibweise und löse sie.
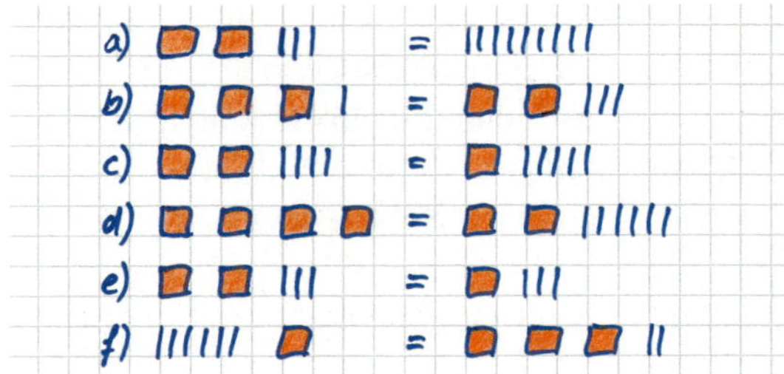

8 Löse die Gleichung, rechne die Probe.
a) $x + 18 = 49$
b) $x - 9 = -23$
c) $2x + 12 = 50$
d) $-8x + 16 = 40$
e) $100 - 4x = 48$
f) $9x + 6 = 6x + 42$

9 Löse die Gleichung, rechne die Probe.
a) $27{,}5 + x = -12{,}5$
b) $3 - x = 5$
c) $4x + 8 = 50$
d) $15 - 6x = -75$
e) $\frac{1}{2}x + 5 = 12$
f) $\frac{2}{5}x - \frac{1}{3} = \frac{3}{5}$

10 Elisa hat eine Gleichung richtig, aber etwas umständlich gelöst. Gib einen geschickteren Lösungsweg an.

$$5x - 2 - 3x - 4 = 6x - 3 - 5x$$
$$5x - 2 - 3x = 6x - 3 - 5x + 4$$
$$5x - 3x = 6x - 3 - 5x + 4 + 2$$
$$5x - 3x + 5x = 6x - 3 + 4 + 2$$
$$5x - 3x + 5x - 6x = -3 + 4 + 2$$
$$x = 3$$

11 Bestimme die Lösung.
a) $\frac{3}{4}x + \frac{2}{12} = \frac{11}{12}$
b) $\frac{1}{12} + \frac{3}{8}x = \frac{5}{12}$
c) $\frac{3}{8}x - \frac{1}{4} = \frac{1}{2}$
d) $\frac{3}{4}x - \frac{4}{5} = \frac{7}{10}$
e) $\frac{1}{4}x + \frac{1}{6} = \frac{2}{5}$
f) $-\frac{1}{2} + \frac{1}{3}x = \frac{2}{5}$

12 Gleichungen mit zwei Unbekannten
a) Wie groß muss a sein, damit die Gleichung $a \cdot x = 25{,}2$ die Lösung $x = 2$ hat?
b) Wie groß muss b sein, damit die Gleichung $6{,}5 \cdot x = b$ die Lösung $x = 4$ hat?

13 Löse die Zahlenrätsel.
a) Addiert man drei aufeinanderfolgende Zahlen, so erhält man 147.
b) Addiert man drei aufeinanderfolgende gerade Zahlen, so erhält man 180.
c) Addiert man drei aufeinanderfolgende ungerade Zahlen, so erhält man 207.
d) Addiert man den vierten, fünften und achten Teil einer Zahl, so erhält man 46.

14 Gib zu jeder Gleichung ein Zahlenrätsel an und bestimme die gesuchte Zahl.
a) $3x + 5 = -4$
b) $11 - 2x = 5$
c) $8x + 4 = 36$
d) $100 - 7x = 16$

15 Bestimme die Zahl.
a) Die Summe aus dem Sechsfachen einer Zahl und 13 ist −161.
b) Wenn du 15 zum Produkt aus einer Zahl und 4 addierst, erhältst du 363.
c) Die Differenz aus 12 und dem Fünffachen einer Zahl ergibt −18.

16 So kannst du abschätzen, wie weit ein Gewitter entfernt ist: Genau wenn du einen Blitz sieht, beginnst du die Sekunden zu zählen, bis du den Donner hörst. Diese Zahl wird mit 340 multipliziert. Das Ergebnis ist die Entfernung in Meter.

BEISPIEL Es blitzt. Nach 5 Sekunden ist der Donner zu hören: $5 \cdot 340 = 1700$
Das Gewitter ist also 1,7 Kilometer entfernt.
a) Gib einen Term für die Entfernung an.
b) Erstelle eine Tabelle und berechne die Entfernung für 2 s, 3 s, 4 s, …, 10 s.

17 Eine Kerze ist 30 cm hoch. Wenn sie brennt, wird sie jede Stunde 0,6 cm kürzer.
a) Wie lange dauert es, bis sie abgebrannt ist?
b) Nach welcher Zeit ist sie nur noch halb so hoch wie am Anfang?

18 Beim letzten Basketballspiel hat Peter x Körbe geworfen. Marius hat doppelt so viele Körbe geworfen wie Peter. André erzielte 3 Körbe mehr als Peter. Zusammen warfen die drei Spieler 31 Körbe.
Wie viele Körbe erzielte Peter, wie viele erzielte Marius und wie viele André?

19 Ein Quadrat hat die Seitenlänge a.
a) Gib einen Term für die Umfangsberechnung sowie für die Flächeninhaltsberechnung des Quadrats an.
b) Berechne mit Hilfe der Terme den Umfang und den Flächeninhalt für ein Quadrat mit der Seitenlänge $a = 4$ cm.
c) Wie lang sind die Seiten eines Quadrats mit einem Umfang von 21,2 cm?
d) Wie lang sind die Seiten eines Quadrats mit einem Flächeninhalt von 2,56 cm^2?

20 Jannik spart für ein Rennrad, das 498 € kostet. Jeden Monat legt er 20 € zurück. Seine Eltern geben ihm den Rest von 178 € dazu. Wie viele Monate muss Jannik sparen, damit er sich mit Hilfe seiner Eltern das Fahrrad kaufen kann?

21 Simone hat für eine Jeans, ein T-Shirt und eine Kappe zusammen 129,70 € ausgegeben. Dabei war das T-Shirt 60 € billiger als die Jeans und die Kappe 10 € teurer als das T-Shirt.
Wie viel Euro haben die Kleidungsstücke im Einzelnen gekostet?

22 Frau Müller zog nach einem Viertel ihres Lebens von Berlin nach Bochum.
Wie alt wurde sie, wenn sie 66 Jahre nach dem Umzug starb?

Pakete packen

Pakete lassen sich je nach Anlass und Gewicht des Pakets unterschiedlich mit Paketschnur verschnüren.
Alle Pakete auf dem Bild sind gleich groß.

a) Schätze, für welches der Pakete Ⓐ, Ⓑ oder Ⓒ die kürzeste Schnur verwendet wurde.

b) Gib die Schnurlängen für die obigen Pakete als Term mit der Länge l, der Breite b und der Höhe h an.

c) Ein Paket mit der Länge l cm, der Breite b cm und der Höhe 12 cm wird verschnürt. Für die rote Schleife werden 80 cm extra berechnet.
Mit welchem Term lässt sich die Länge des benötigten Schleifenbandes in Zentimetern berechnen?

① $l + b + 12 + 4$ ② $2 \cdot (l + b + 12) + 80$
③ $2l + 2b + 4 \cdot 12 + 80$ ④ $2 \cdot (l + 12) + b + 80$

d) Gib für beide Pakete einen Term an, mit dem man die Länge der Paketschnur (ohne Knoten) berechnen kann.
Berechne die Länge der Schnur, wenn $l = 20$ cm, $b = 40$ cm und $h = 15$ cm ist.

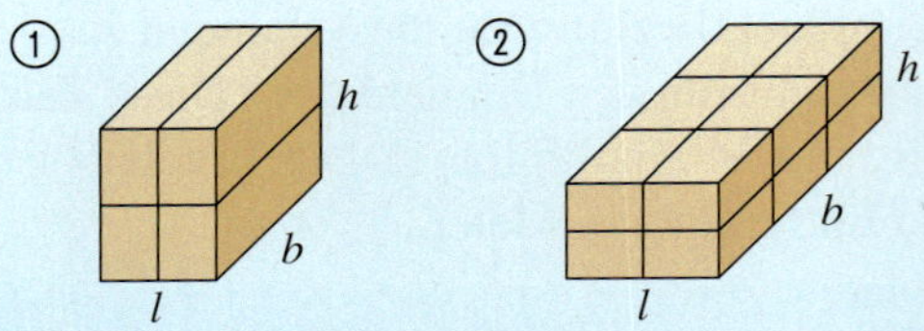

e) Für ein Paket lässt sich die Länge der Paketschnur (mit Knoten und Schlaufen) mit dem Term $6l + 4b + 6h + 20$ berechnen.
Welche Abmessungen darf das Paket haben, wenn die Paketschnur 5,50 m lang ist?

f) Zeichne je eine mögliche Verschnürung zu:
① $4l + 2b + 2h$ und ② $4l + 4b + 8h$

g) Überlege dir eine andere Möglichkeit ein Paket zu verschnüren. Skizziere deine Idee und berechne die gesamte Länge der benötigten Schnur.

h) Eine Paketschnürung $4l + 4b + 4h + 15$ hat eine Gesamtlänge von 135 cm.
Welche Länge l, Breite b und Höhe h könnte das Paket haben? Finde drei Möglichkeiten.

i) Pakete bei der Post haben ähnliche Abmessungen. Die Länge ist das Doppelte der Höhe. Die Breite ist 10 cm länger als die Hälfte der Länge. Für die Schleife brauchst du 20 cm. Du hast noch 2,40 m Schleifenband zu Hause. Welche Abmessungen kann ein Paket haben, um es wie das pinkfarbene Paket Ⓒ oben zu verschnüren?

Alles klar?

Entscheide, ob die Aussagen richtig oder falsch sind.
Begründe deine Entscheidung im Heft und korrigiere gegebenenfalls.

1 Terme aufstellen

a) Ein Term ist ein Rechenausdruck mit Zahlen.

b) Die Ausdrücke $45ab$ und $3b + 3ab$ und $3 = 7$ sind Terme.

c) Die Beschreibung „Addiere zum Doppelten einer Zahl die Zahl 12“ passt zum Term $2x + 12$.

d) Der Term $x + 4y - 7$ kann in Worten beschrieben werden durch: „Addiere zu einer Zahl das Vierfache dieser Zahl und subtrahiere 7.“

e) Der Term $14x$ steht für den Umfang der Figur rechts.

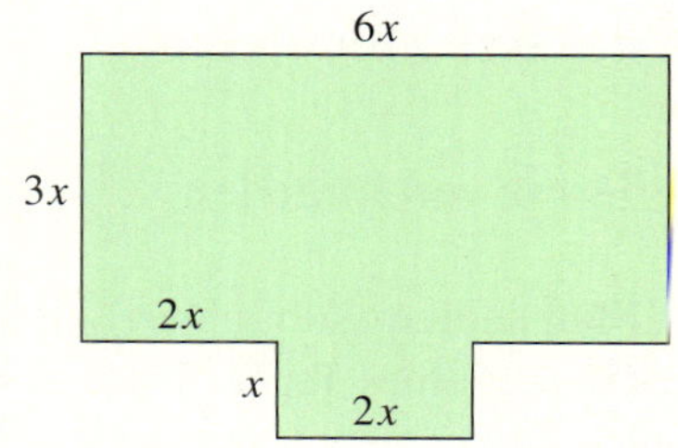

BEACHTE
Die Lösungen zu den Aufgaben auf dieser Seite sowie dazu passende Trainingsaufgaben findest du ab Seite 192.

2 Terme vereinfachen

a) Setzt man $x = 2$ in den Term $2x + 3\,(x + 5)$ ein, so erhält man den Wert 25.

b) Setzt man $x = -5$ und $y = \frac{1}{2}$ in den Term $10y - 3x$ ein, so erhält man den Wert -10.

c) Von den folgenden drei Umformungen ist nur eine richtig:
① $13x - 13 = x$ ② $13x - 13 = 0$ ③ $13x - 13 = -1$

d) Von den folgenden drei Umformungen sind zwei richtig:
① $5a - 7b - 2a = -4ab$ ② $5a - 7b - 2a = 3a - 7b$
③ $5a - (-7b) - 2a = 10ab$ ④ $5a - (-7b) - 2a = 3a + 7b$

3 Gleichungen aufstellen und lösen

a) Die beiden Gleichungen $3x + 4 = 10$ und $3x = 2$ sind zueinander äquivalent.

b) Die beiden Gleichungen $3z = -10z + 8$ und $13z = 8$ sind zueinander äquivalent.

c) Die Lösung der Gleichung $-7z + 4 = -15z - 12$ ist $z = -2$.

d) Die Gleichung $4x + 7 = 35$ lässt sich in Worten beschreiben durch: „Das Vierfache von x um 7 erhöht ergibt 35.“

e) Ein Rechteck hat die Länge x cm. Die Breite ist um 8 cm größer als die Länge. Der Umfang beträgt 36 cm. Dann wird die Länge x mit der Gleichung $2x + 2x + 8 = 36$ berechnet.

f) Zum Lösen der Gleichung $x + 3 = 2x - 2$ werden die Umformungsschritte $\mid +x$ und $\mid -2$ genutzt. Die Lösung beträgt $x = 5$.

4 Lösen von Sachaufgaben

a) Lara bekommt doppelt so viel Taschengeld wie Daria und dreimal so viel wie Nico. Zusammen bekommen sie 28 €. Wenn x dem Geld von Lara entspricht, dann lautet die Gleichung $x + 2x + 3x = 28$.

b) Die Lösung der Gleichung mit einer Probe am Text zu überprüfen, ist unnötige Arbeit. Besser man überprüft seine Rechnung.

Zusammenfassung

→ Seite 156

Terme aufstellen

Terme sind Ausdrücke, in denen Variablen, Zahlen und deren Verbindungen durch Rechenzeichen vorkommen.

$\frac{1}{2}$
$3x - 5$
$3z + 4w + 7$

Ersetzt man in einem Term die Variablen durch Zahlen, so kann man den **Wert des Terms** berechnen.

Der Wert des Terms $2a + 2b$ für $a = 3$ und $b = 5$ ist $2 \cdot 3 + 2 \cdot 5 = 6 + 10 = 16$.

→ Seite 160

Terme vereinfachen

Man addiert (subtrahiert) gleichartige Glieder eines Terms, indem man die Koeffizienten addiert (subtrahiert).

$2b + 3b = 5b$
(2 und 3 sind die Koeffizienten)
$100y - 9y - 12y = 79y$
$3a + 7b$ kann nicht zusammengefasst werden.

→ Seite 168

Gleichungen aufstellen und lösen

Eine **Gleichung** besteht aus zwei Termen, zwischen denen ein Gleichheitszeichen steht.

$2x + 5 = 7$
$3a + 4 = 2a - 7$

Lösen einer Gleichung
1. Möglichkeit
Man findet durch Probieren eine Zahl, die man für die Variable einsetzen kann, sodass eine wahre Aussage entsteht.

$3x + 9 = 99$
$x = 5$: $3 \cdot 5 + 9 = 24$ $24 < 99$
$x = 15$: $3 \cdot 15 + 9 = 54$ $54 < 99$
$x = 30$: $3 \cdot 30 + 9 = 99$ (wahre Aussage)

2. Möglichkeit
Die Gleichung wird schrittweise durch Äquivalenzumformungen so umgeformt, dass die Lösung direkt ablesbar ist.
Man sagt, dass zwei Gleichungen **äquivalent** sind, wenn sie die gleiche Lösung haben.

$3x + 9 = 99 \quad | -9$
$3x = 90 \quad | :3$
$x = 30$
Alle drei Gleichungen sind äquivalent.

Äquivalenzumformungen
Man ändert die Lösung der Gleichung nicht, wenn man auf beiden Seiten dieselbe Zahl addiert oder subtrahiert bzw. mit derselben Zahl (außer Null) multipliziert oder durch dieselbe Zahl (außer Null) dividiert.

$4x - 25 = 95 \quad | +25$
$4x - 25 + 25 = 95 + 25$
$4x = 120 \quad | :4$
$4x : 4 = 120 : 4$
$x = 30$

Mit der **Probe** überprüft man seine Rechnung. Erhält man beim Einsetzen der ermittelten Lösung in die Gleichung eine wahre Aussage, so ist die Gleichung richtig gelöst.

$4 \cdot x - 25 = 95 \quad x = 30$
$4 \cdot 30 - 25 = 95$
$120 - 25 = 95$
$95 = 95$ (wahre Aussage)

Anhang

Lösungen zu *Alles klar?*
mit passenden
Trainingsaufgaben
Lösungen zum Training
Stichwortverzeichnis
Bildverzeichnis

Brüche multiplizieren und dividieren

Nele fährt jeden Morgen mit dem Fahrrad zu ihrer $3\frac{1}{2}$ km entfernten Schule. Für die Strecke braucht sie eine Viertelstunde. Neles Freundin Selina legt jeden Tag mit dem Schulbus insgesamt einen Weg von $13\frac{1}{2}$ km zurück. Für Hin- und Rückfahrt benötigt sie eine Dreiviertelstunde.

In diesem Kapitel lernst du, wie man Brüche mit natürlichen Zahlen multipliziert. So kannst du z. B. berechnen, wie viel Kilometer Nele und Selina in einer Woche auf ihren Schulwegen zurücklegen. Außerdem erfährst du, wie man Brüche multipliziert und dividiert. Damit lässt sich beispielsweise Neles Durchschnittsgeschwindigkeit bestimmen.

Beziehungen zwischen Winkeln

An Treppengeländern sind viele Winkel zu finden. Kennt man dort die Größe eines Winkels, so kann man alle anderen Winkelgrößen bestimmen. Finde selbst gleich große Winkel auf dem Bild.

In diesem Kapitel entdeckst du Zusammenhänge aus der Welt der Winkel, Dreiecke und Vierecke. Dabei lernst du, welche verschiedenen Dreiecksarten es gibt. Du wirst besondere Linien im Dreieck mit dem Geodreieck und dem Zirkel zeichnen und das Computerprogramm GeoGebra weiter kennenlernen.

Zuordnungen

In einer Fabrik werden Getränkeflaschen abgefüllt. Eine Abfüllanlage kann in einer Schicht von acht Stunden 192 000 Flaschen abfüllen.

In diesem Kapitel lernst du, wie man mit Hilfe des Dreisatzes berechnet, wie viele Flaschen die Maschine in zwölf Stunden abfüllen kann. Außerdem erfährst du, was proportionale und antiproportionalen Zuordnungen sind, wie man sie unterscheidet und woran man sie in Tabellen und Diagrammen erkennen kann.

Dreiecke konstruieren

Dreiecke kann man konstruieren, wenn z. B. die Seitenlängen aller drei Seiten bekannt sind. Bei den Dreiecken im Kartenhaus sind alle Seiten annähernd gleich lang, da die Spielkarten gleich groß sind. Das Kartenhaus besteht also aus lauter gleichseitigen Dreiecken.

In diesem Kapitel lernst du, wie du aus vorgegebenen Seitenlängen oder Winkelgrößen Dreiecke konstruierst und wo solche Zeichnungen benutzt werden.

Prozentrechnung

Beim Einkaufen wird häufig mit Prozentangaben geworben. Das Wort „Prozent" kommt vom italienischen „pro cento" (von Hundert) und wurde später abgekürzt mit cto. Daraus entstand mit der Zeit die Schreibweise %.

In diesem Kapitel lernst du zu berechnen, wie viel Geld du bei reduzierter Ware weniger zahlen musst. Du lernst die Begriffe Grundwert, Prozentwert und Prozentsatz zu unterscheiden. Außerdem erfährst du, wie du von jeder beliebigen Größe Anteile in Prozent bestimmen kannst.

Rationale Zahlen

Im zweiten Kellergeschoss ist jemand in den Fahrstuhl eingestiegen. Er fährt bis in den vierten Stock. An wie vielen Stockwerken ist er vorbei gefahren?

In diesem Kapitel erfährst du, wie man positive und negative Zahlen addiert, subtrahiert, multipliziert und dividiert. Außerdem wirst du sehen, dass die Rechengesetze, die du schon kennst, auch beim Rechnen mit negativen Zahlen gültig bleiben.

Terme und Gleichungen

In diesem Kapitel lernst du, mathematische Sachverhalte und Aufgabenstellungen mit Hilfe von Variablen, Zahlen und Rechenzeichen darzustellen. So wird manchmal ein langer Text zu einem kurzen Term, mit dem du dann rechnen kannst. Viele Aufgaben in der Mathematik lassen sich in Gleichungen übersetzen. Gleichungen bestehen aus zwei Termen, zwischen denen ein Gleichheitszeichen steht. Das kann man sich vorstellen wie eine Waage, bei der auf beiden Seiten etwas gleich Schweres liegt.

In diesem Kapitel lernst du ein Verfahren kennen, mit dem du Gleichungen lösen kannst.

Brüche multiplizieren und dividieren

1 Brüche mit natürlichen Zahlen multiplizieren

a) Richtig, denn die natürliche Zahl 5 muss mit dem Zähler 2 multipliziert werden, der Nenner wird beibehalten.
b) Richtig, denn die natürliche Zahl 5 muss mit dem Zähler 3 multipliziert werden, der Nenner wird beibehalten.
c) Falsch, denn im ersten Schritt wurde zwar richtig gekürzt, aber $3 \cdot \frac{7}{2} = \frac{21}{2} = 10\frac{1}{2}$.
d) Falsch, denn 18 darf nicht gegen 12 im Zähler gekürzt werden.
Richtig ist $18 \cdot \frac{12}{13} = \frac{216}{13} = 16\,\frac{8}{13}$.
e) Richtig, denn die gemischte Zahl wurde zunächst in einen Bruch umgewandelt, dann wurde der Zähler mit der natürlichen Zahl multipliziert und der Nenner beibehalten. Der unechte Bruch wurde korrekt in eine gemischte Zahl umgewandelt.
f) Falsch, denn $5 \cdot 4\frac{1}{10} = 5 \cdot \left(4 + \frac{1}{10}\right) = 5 \cdot 4 + 5 \cdot \frac{1}{10} = 20\frac{1}{2}$.
g) Richtig, denn $\frac{3}{8} \cdot 24 = \frac{72}{8} = 9$.
h) Falsch, denn die Wassermenge wird mit $12 \cdot 1\frac{1}{2}$ berechnet (Ergebnis 18 ℓ).

► Lies bei Schwierigkeiten auf Seite 8 nach. Bearbeite im Training die Aufgaben 1 bis 3.

2 Brüche multiplizieren

a) Falsch, denn $\frac{2}{9} \cdot \frac{1}{9} = \frac{2}{81}$ (die Nenner wurden nicht multipliziert).
b) Richtig, denn es wurde „Zähler mal Zähler“ und „Nenner mal Nenner“ berechnet und richtig in eine Dezimalzahl umgewandelt.
c) Richtig, denn es wurde je eine Zahl im Zähler gegen eine Zahl im Nenner gekürzt und richtig multipliziert.
d) Richtig, denn die gemischte Zahl wurde zunächst in einen Bruch umgewandelt. Danach wurde richtig multipliziert.
e) Falsch, denn das Produkt ist auch kleiner als $\frac{1}{5}$. Ein Produkt wird größer als ein Faktor, wenn der andere Faktor größer als 1 ist.
f) Falsch, denn $0{,}7 \cdot 0{,}2 = 0{,}14$ (der Bruch wurde richtig zum Dezimalbruch umgewandelt).
g) Richtig, denn hier wurde das Distributivgesetz korrekt angewendet.
h) Richtig, denn $\frac{2}{5}$ von $1\frac{3}{4}$ wird mit $\frac{2}{5} \cdot 1\frac{3}{4}$ berechnet. Die Rechnung stimmt ebenfalls.

► Lies bei Schwierigkeiten auf Seite 12 nach. Bearbeite im Training die Aufgaben 4 bis 8.

3 Brüche dividieren

a) Falsch, denn $\frac{3}{4} : \frac{2}{5} = \frac{3}{4} \cdot \frac{5}{2} = \frac{15}{8} = 1\frac{7}{8}$ (es muss der Kehrwert des zweiten Bruchs gebildet werden).
b) Richtig, denn der Kehrwert von $\frac{1}{4}$ ist 4.
c) Falsch, denn $\frac{3}{5} : 4 = \frac{3}{5} \cdot \frac{1}{4} = \frac{3}{20}$ (Kehrwert des zweiten Bruchs).
d) Richtig, denn die gemischten Zahlen wurden zunächst in Brüche umgewandelt. Dann wurde korrekt umgestellt und berechnet.
e) Falsch, denn $\frac{3}{4}$ von $\frac{1}{2}$ bestimmt man mit $\frac{3}{4} \cdot \frac{1}{2} = \frac{3}{8}$.
f) Falsch, denn die Menge berechnet man mit $1\frac{1}{4} : 4 = \frac{5}{4} : 4 = \frac{5}{16}$.
g) Falsch, denn die Punktrechnung muss vor der Strichrechnung ausgeführt werden.
Also $3\frac{1}{2} + 1\frac{1}{2} \cdot \frac{3}{10} = 3\frac{1}{2} + \frac{3}{2} \cdot \frac{3}{10} = 3\frac{1}{2} + \frac{9}{20} = 3\frac{10}{20} + \frac{9}{20} = 3\frac{19}{20}$.

► Lies bei Schwierigkeiten auf Seite 16 nach. Bearbeite im Training die Aufgaben 9 bis 16.

Training

Aufgabe 1: Berechne.
Kürze das Ergebnis, falls möglich.

a) $\frac{1}{3} \cdot 2$ b) $\frac{2}{9} \cdot 4$ c) $\frac{3}{11} \cdot 3$
d) $\frac{1}{8} \cdot 4$ e) $6 \cdot \frac{1}{9}$ f) $\frac{5}{6} \cdot 3$
g) $21 \cdot \frac{2}{3}$ h) $1\frac{1}{2} \cdot 5$ i) $9\frac{3}{4} \cdot 8$

Aufgabe 2: Eine Familie verbraucht täglich im Durchschnitt $1\frac{3}{4}$ ℓ Milch.
Wie viel Liter Milch sind es …
a) an drei Tagen? b) in einer Woche?
c) in einem Monat? d) in einem Jahr?

Aufgabe 3: Marie fährt an jedem Morgen $5\frac{1}{2}$ km mit dem Fahrrad zur Schule.
Nachdem sie $1\frac{3}{4}$ km gefahren ist, holt sie Leon ab, der sie bis zur Schule begleitet.
Wie weit fährt Leon täglich mit dem Fahrrad zur Schule und zurück?

Aufgabe 4: Berechne.

a) $\frac{1}{2} \cdot \frac{1}{3}$ b) $\frac{2}{5} \cdot \frac{3}{7}$ c) $\frac{2}{3} \cdot \frac{4}{5}$
d) $\frac{3}{4} \cdot \frac{3}{5}$ e) $\frac{4}{5} \cdot \frac{6}{7}$ f) $\frac{2}{3} \cdot \frac{4}{7}$

Aufgabe 5: Kürze und berechne.

a) $\frac{3}{4} \cdot \frac{4}{5}$ b) $\frac{2}{3} \cdot \frac{3}{7}$ c) $\frac{3}{8} \cdot \frac{6}{11}$ d) $\frac{3}{10} \cdot \frac{15}{16}$
e) $\frac{5}{6} \cdot \frac{9}{10}$ f) $\frac{5}{12} \cdot \frac{8}{9}$ g) $\frac{3}{7} \cdot \frac{7}{21}$ h) $\frac{5}{9} \cdot \frac{21}{25}$

Aufgabe 6: Multipliziere.

a) $\frac{1}{2} \cdot \frac{3}{4}$ b) $\frac{2}{5} \cdot \frac{3}{4}$ c) $\frac{5}{12} \cdot \frac{9}{10}$ d) $\frac{3}{16} \cdot \frac{8}{9}$
e) $\frac{7}{10} \cdot \frac{5}{8}$ f) $\frac{5}{8} \cdot \frac{8}{25}$ g) $2\frac{1}{2} \cdot \frac{1}{2}$ h) $\frac{1}{2} \cdot 3\frac{1}{3}$
i) $1\frac{1}{2} \cdot \frac{5}{6}$ j) $4\frac{2}{3} \cdot \frac{2}{5}$ k) $1\frac{1}{3} \cdot 2\frac{1}{2}$ l) $5\frac{3}{4} \cdot 1\frac{1}{3}$

Aufgabe 7: Kürze und berechne.

a) $\frac{1}{2} \cdot \frac{2}{3} \cdot \frac{1}{5}$ b) $\frac{1}{3} \cdot \frac{3}{5} \cdot \frac{5}{7}$ c) $\frac{3}{4} \cdot \frac{8}{9} \cdot \frac{1}{2}$
d) $\frac{2}{7} \cdot \frac{7}{8} \cdot \frac{2}{3}$ e) $\frac{5}{6} \cdot \frac{2}{3} \cdot \frac{7}{10}$ f) $\frac{2}{5} \cdot \frac{5}{8} \cdot \frac{3}{4}$

Aufgabe 8: David und Til haben $2\frac{1}{4}$ Stunden zusammen gespielt. Davon saßen sie $\frac{2}{3}$ der Zeit vor der Spielekonsole.
Wie lange war das?

Aufgabe 9: ➡ Erkläre, wie man durch einen Bruch dividiert.

Aufgabe 10: Berechne.

a) $5 : \frac{1}{2}$ b) $4 : \frac{1}{3}$ c) $4 : \frac{4}{7}$ d) $2 : \frac{1}{3}$
e) $9 : \frac{5}{8}$ f) $6 : \frac{2}{5}$ g) $10 : \frac{8}{9}$ h) $20 : \frac{5}{6}$
i) $\frac{1}{8} : 8$ j) $\frac{3}{5} : 2$ k) $\frac{12}{5} : 4$ l) $\frac{11}{24} : 11$
m) $\frac{14}{25} : 7$ n) $\frac{6}{11} : 4$ o) $\frac{15}{17} : 10$ p) $\frac{18}{23} : 12$

Aufgabe 11: Berechne den Wert des Quotienten.

a) $1 : 1\frac{1}{2}$ b) $2 : 1\frac{1}{2}$ c) $4 : 4\frac{1}{3}$ d) $5 : 3\frac{2}{5}$
e) $3 : 1\frac{2}{3}$ f) $4 : 2\frac{3}{4}$ g) $6 : 7\frac{1}{2}$ h) $5 : 6\frac{2}{3}$
i) $7 : 2\frac{1}{3}$ j) $8 : 1\frac{3}{5}$ k) $24 : 2\frac{2}{3}$ l) $12 : 3\frac{3}{8}$

Aufgabe 12: Berechne.

a) $\frac{3}{4} : \frac{2}{5}$ b) $\frac{3}{4} : \frac{3}{8}$ c) $\frac{2}{3} : \frac{1}{6}$ d) $\frac{4}{5} : \frac{7}{20}$
e) $\frac{9}{25} : \frac{12}{35}$ f) $\frac{24}{25} : \frac{6}{5}$ g) $\frac{15}{17} : \frac{5}{17}$ h) $\frac{26}{29} : \frac{2}{5}$
i) $\frac{15}{22} : \frac{20}{23}$ j) $\frac{16}{19} : \frac{29}{38}$ k) $\frac{14}{15} : \frac{10}{21}$ l) $\frac{21}{26} : \frac{27}{34}$

Aufgabe 13: Berechne den Wert des Quotienten.

a) $2\frac{1}{7} : \frac{5}{14}$ b) $2\frac{1}{2} : \frac{3}{4}$ c) $3\frac{3}{8} : 20\frac{1}{4}$
d) $7\frac{2}{3} : \frac{23}{30}$ e) $2\frac{1}{2} : 3\frac{1}{2}$ f) $3\frac{2}{3} : 2\frac{1}{3}$
g) $10\frac{1}{8} : 15\frac{3}{4}$ h) $2\frac{4}{5} : 3\frac{1}{5}$ i) $3\frac{1}{2} : 2\frac{2}{5}$
j) $5\frac{2}{9} : 3\frac{5}{9}$ k) $30\frac{1}{3} : 20\frac{4}{5}$ l) $2\frac{4}{5} : \frac{4}{15}$

Aufgabe 14: Berechne.

a) $\frac{2}{3} - \frac{1}{2} \cdot \frac{4}{5}$ b) $\frac{4}{5} \cdot \left(\frac{1}{2} + \frac{2}{3}\right)$
c) $\frac{2}{3} : \left(\frac{1}{2} + \frac{4}{5}\right)$ d) $\frac{2}{3} + \frac{1}{2} : \frac{4}{5}$

Aufgabe 15: In einer Zuckerraffinerie werden täglich $2\frac{1}{2}$ t Zucker in Paketen zu $\frac{1}{2}$ kg ($1\frac{1}{2}$ kg; $2\frac{1}{2}$ kg) abgefüllt.
Berechne, wie viele Pakete täglich abgefüllt werden.

Aufgabe 16: Bei einem Schulfest hat Claudia 12 Flaschen mit je $1\frac{1}{2}$ ℓ Limonade verkauft.
Die Limonade wurde in 0,2-ℓ-Bechern verkauft.
Wie viele Becher Limonade wurden gefüllt?

Beziehungen zwischen Winkeln

1 Winkel an Geradenkreuzungen

a) Falsch, denn zwei Nebenwinkel müssen an einer Geradenkreuzung nebeneinanderliegen. Sie brauchen also auch einen gemeinsamen Scheitelpunkt und müssen sich zu 180° ergänzen.
b) Falsch, denn zwei Scheitelwinkel müssen sich an einer Geradenkreuzung gegenüberliegen. Sie haben keinen gemeinsamen Schenkel.
c) Richtig, denn so entstehen zwei gleiche Geradenkreuzungen mit insgesamt acht Winkeln. Haben die Winkel benachbarter Geradenkreuzungen die gleiche Lage, nennt man sie Stufenwinkel. Kombiniert man Scheitelwinkel und Stufenwinkel, so erhält man Wechselwinkel.
d) Richtig, denn bei gleicher Größe der zwei Stufenwinkel ergibt sich die bekannte „F-Figur" mit zwei parallelen Geraden, die von einer dritten Geraden geschnitten werden.
e) Falsch, der Winkel α hat eine Größe von 110° (Wechselwinkel zu 70°), Winkel β hat eine Größe von 45° (Wechselwinkel zu 135°).

► Lies bei Schwierigkeiten auf Seite 28 nach. Bearbeite im Training die Aufgaben 1 und 2.

2 Benennung von Dreiecken

a) Richtig, denn der rechte Winkel misst 90°, dann können die beiden anderen Winkel zusammen nur noch 90° messen (Winkelsumme). Sie müssen also beide kleiner als 90° und damit spitzwinklig sein.
b) Falsch, denn zum Beispiel ein Dreieck mit den Winkelgrößen $\alpha = 57°$; $\beta = 65°$ und $\gamma = 58°$ ist unregelmäßig, aber spitzwinklig.
c) Falsch, denn jedes gleichseitige Dreieck hat auch zwei gleich lange Schenkel und ist damit gleichschenklig.
d) Falsch, denn ein gleichschenkliges Dreieck kann Basiswinkel der Größe 20° haben, dann misst der dritte Winkel 140° (Winkelsumme) und ist stumpfwinklig.

► Lies bei Schwierigkeiten auf Seite 32 nach. Bearbeite im Training die Aufgaben 3 und 4.

3 Innenwinkelsumme im Dreieck und im Viereck

a) Falsch, denn zwei stumpfe Winkel würden zusammen mehr als 180° messen, aber die Winkelsumme im Dreieck beträgt genau 180°.
b) Falsch, denn dann muss auch der dritte Winkel 60° groß sein.
c) Richtig, denn wären zwei Winkel rechte oder stumpfe Winkel, so wäre die Winkelsumme dieses Dreiecks größer als 180°.
d) Richtig, denn $73° + 86° + 125° + 76° = 360°$.

► Lies bei Schwierigkeiten auf Seite 38 nach. Bearbeite im Training die Aufgaben 5 bis 7.

4 Mittelsenkrechte und Winkelhalbierende

a) Falsch, nur in der zweiten Zeichnung verläuft die Gerade m durch den Mittelpunkt der Strecke $\overline{AB}$ und steht senkrecht auf $\overline{AB}$.
b) Richtig, denn zusammen ergeben die beiden Nebenwinkel einen gestreckten Winkel, der halbiert einen rechten Winkel ergibt.
c) Richtig, denn die beiden Scheitelwinkel liegen sich am Scheitelpunkt genau gegenüber.

► Lies bei Schwierigkeiten auf Seite 42 nach. Bearbeite im Training die Aufgaben 8 bis 10.

Training

Aufgabe 1: Bestimme alle Winkelgrößen an den sich schneidenden Geraden.

a)

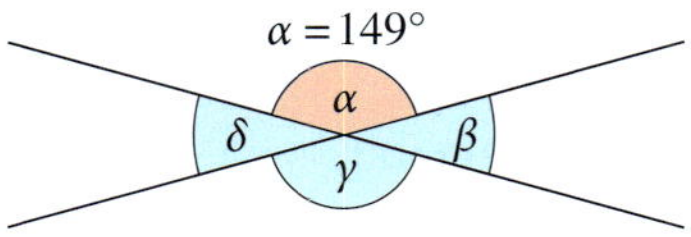

b)

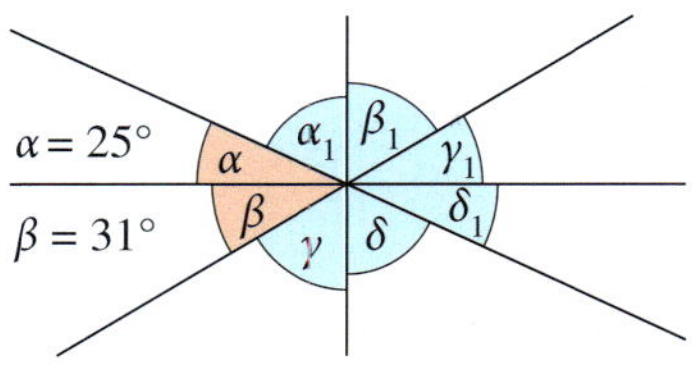

Aufgabe 2: Bestimme alle Winkelgrößen an den sich schneidenden Geraden.

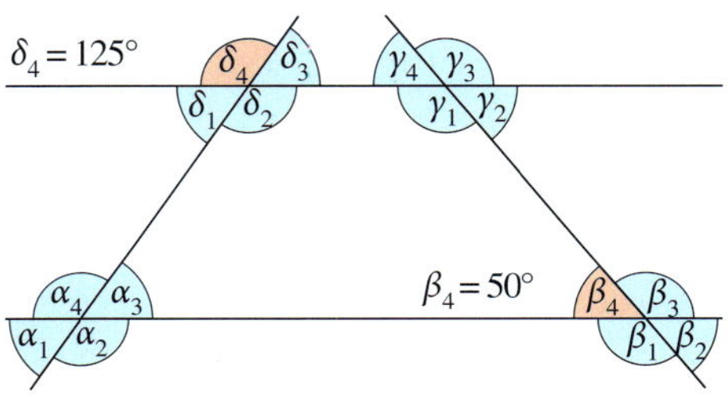

Aufgabe 3: Zeichne die Figur in dein Heft. Aus was für Dreiecken besteht sie?

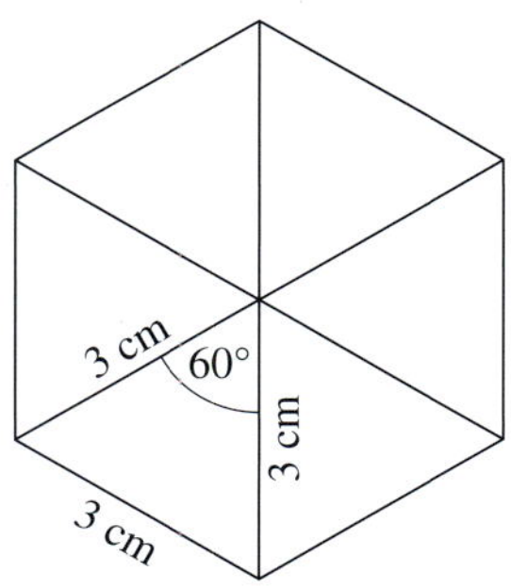

Aufgabe 4: Zeichne das Dreieck, wenn möglich.

a) stumpfwinklig und gleichschenklig
b) spitzwinklig und rechtwinklig
c) gleichseitig und stumpfwinklig
d) gleichseitig und gleichschenklig

Aufgabe 5: Von einem Dreieck sind zwei Winkelgrößen gegeben. Berechne die Größe des dritten Winkels.

a) $\alpha = 62°$; $\gamma = 69°$
b) $\beta = 87°$; $\gamma = 25°$
c) $\alpha = 22°$; $\beta = 124°$
d) $\beta = 105°$; $\gamma = 49°$
e) $\alpha = 74°$; $\gamma = 49°$
f) $\alpha = 132°$; $\gamma = 26°$

Aufgabe 6: Berechne die fehlenden Winkelgrößen des gleichschenkligen Dreiecks.

a) $\alpha = 85°$; $\overline{AC} = \overline{BC}$

b) $\alpha = 42°$; $\overline{AB} = \overline{BC}$

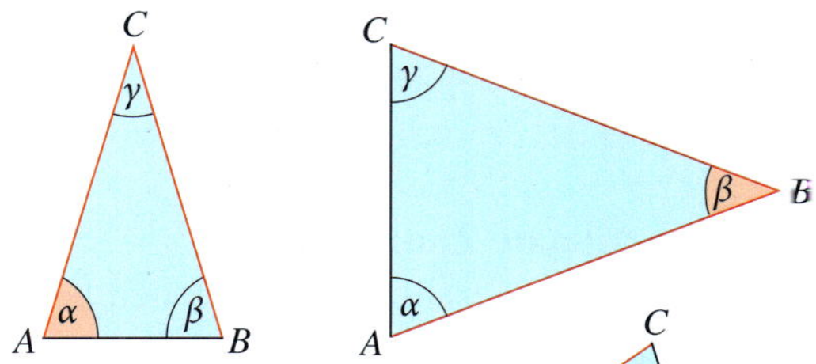

c) $\alpha = 35°$; $\overline{AB} = \overline{AC}$

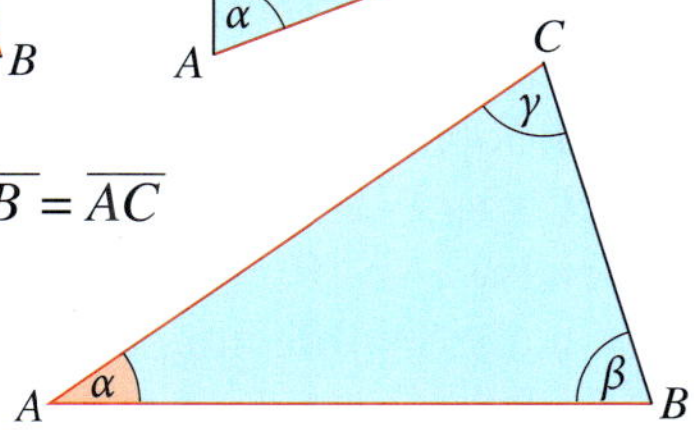

Aufgabe 7: Zeichne das Achteck aus $A(1|7)$; $B(1|4)$; $C(3|2)$; $D(6|2)$; $E(8|4)$; $F(8|7)$; $G(6|9)$ und $H(3|9)$ in ein Koordinatensystem. Gib die Winkelsumme an. Wie gehst du vor?

Aufgabe 8: Zeichne das Dreieck in ein Koordinatensystem. Konstruiere die Winkelhalbierenden und zeichne den Inkreis.

a) $A(3|2)$; $B(7|2)$, $C(5|9)$
b) $A(0|0)$; $B(6|2)$; $C(2|8)$
c) $A(1|2)$; $B(9|4)$; $C(5|7)$

Aufgabe 9: Zeichne das Dreieck in ein Koordinatensystem (1 LE = 1 cm). Konstruiere die Mittelsenkrechten und zeichne den Umkreis.

a) $A(1|1)$, $B(6|1)$, $C(4|5)$
b) $A(3|0)$; $B(8|4)$; $C(0|3)$
c) $A(1|5)$; $B(5{,}5|2)$; $C(4|6{,}5)$

Aufgabe 10: Für die drei Ortschaften Marienthal, Sommerfeld und Naumburg wird ein gemeinsames Schwimmbad geplant.
Das Bad soll gleich weit von allen Ortschaften entfernt sein.
Bestimme den Standort des Schwimmbads.
Wie weit ist es von den drei Orten entfernt?

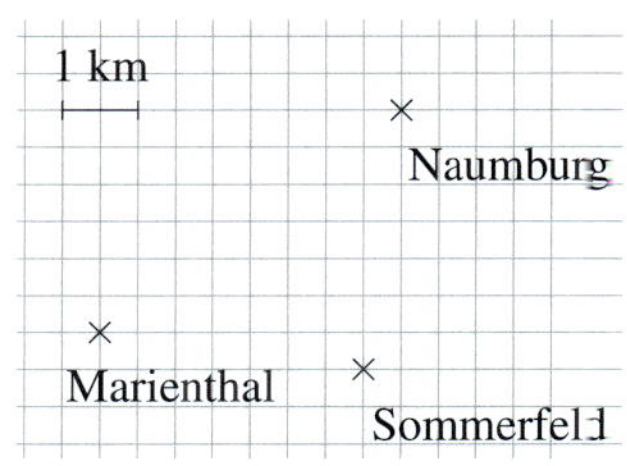

Zuordnungen

1 Steigende und fallende Zuordnungen

a) Richtig, da eine Vergrößerung des x-Wertes zu einer Vergrößerung des y-Wertes führt.
b) Richtig, da eine Vergrößerung des x-Wertes zu einer Verkleinerung des y-Wertes führt.
c) Falsch, denn auch bei abnehmendem Tempo nimmt die Länge der zurückgelegten Wegstrecke zu (nur langsamer als vorher). Die Zuordnung ist also steigend.

► Lies bei Schwierigkeiten auf Seite 54 nach.
Bearbeite im Training die Aufgabe 3.

2 Proportionale Zuordnungen

a) Falsch, da der Strahl nicht durch den Ursprung verläuft.
b) Richtig, denn durch die gleichbleibende Geschwindigkeit führt eine Verdopplung der Zeit zur Verdopplung der Wegstrecke.
c) Falsch, das Porto ist nicht allein vom Gewicht abhängig. Ein Standardbrief kann beispielsweise 10 g oder 20 g wiegen – das Porto beträgt 0,58 ct, ist also gleich.
d) Falsch, die **Halbierung** der x-Werte muss zu einer Halbierung der y-Werte führen.

► Lies bei Schwierigkeiten auf Seite 58 nach.
Bearbeite im Training die Aufgaben 1 und 2 a).

3 Dreisatz bei proportionalen Zuordnungen

a) Falsch, denn wenn z. B. die gesuchte Größe ein Vielfaches des gegebenen Wertes ist, kann der Schluss auf die Einheit entfallen.
b) Richtig, denn der Läufer legt in einer Minute 200 m zurück und somit in vier Minuten 800 m. Oder: $600 : 3 = 800 : 4 = 200$ (Quotientengleichheit).
c) Falsch, denn die Zuordnung *Alter* → *Größe* ist nicht proportional.

► Lies bei Schwierigkeiten auf Seite 62 nach.
Bearbeite im Training die Aufgaben 4 bis 10.

4 Antiproportionale Zuordnungen

a) Richtig, denn das Produkt aus Anzahl der Stufen und Stufenhöhe ist die Treppenhöhe. Es liegt also Produktgleichheit vor.
b) Richtig, denn eine Verdopplung der x-Werte führt zu einer Halbierung der y-Werte. Oder: Das Produkt aus x- und y-Wert ergibt immer 2.
c) Richtig, denn eine Verdopplung (Verdreifachung) der x-Werte führt zu einer Halbierung (Drittelung) der y-Werte. Oder: Das Produkt aus x- und y-Wert ergibt immer 6.
d) Falsch, antiproportionale Zuordnungen sind produktgleich.

► Lies bei Schwierigkeiten auf Seite 68 nach.
Bearbeite im Training die Aufgaben 1 und 2b)

5 Dreisatz bei antiproportionalen Zuordnungen

a) Falsch, denn 6 Arbeiter benötigen 3 h 20 min.
b) Richtig, denn $6 \cdot 10 = 5 \cdot 12 = 60$ (Produktgleichheit).

► Lies bei Schwierigkeiten auf Seite 72 nach.
Bearbeite im Training die Aufgaben 4 bis 10.

Training

Aufgabe 1: Handelt es sich um proportionale, antiproportionale oder andere Zuordnungen? Begründe und gib gegebenenfalls Bedingungen an.

a) *Gewicht Kartoffeln → Preis*
b) *Körpergröße → Gewicht*
c) *Anzahl Gärtner → Zeit für Parkpflege*
d) *Grundstücksgröße → Preis*

Aufgabe 2: Übertrage die Tabellen in dein Heft und vervollständige sie.

a) Proportionale Zuordnungen

x	1	2	4	12
y	6			

x	2	6	8	30
y		21		

b) Antiproportionale Zuordnungen

x	1	2	3	6
y	18			

x	$\frac{1}{2}$	1	4	12
y			6	

Aufgabe 3: Richtig oder falsch? Begründe.

a) Jede antiproportionale Zuordnung ist eine fallende Zuordnung.
b) Jede steigende Zuordnung ist eine proportionale Zuordnung.
c) Der Graph einer proportionalen Zuordnung verläuft durch den Ursprung.
d) Bei einer antiproportionalen Zuordnung ist die Gerade fallend.

Aufgabe 4: Entscheide zuerst, ob Proportionalität oder Antiproportionalität vorliegt, und löse dann die Aufgabe.

a) 3 Lkws müssen je viermal fahren, um Erde abzutransportieren.
Wie oft müssen 2 Lkws fahren?
b) 2,5 m Stoff kosten 12,50 €.
Wie viel kostet 1 m Stoff?
c) 5 Autos brauchen für eine Strecke 3 Stunden. Wie lange brauchen 8 Autos mit gleicher Durchschnittsgeschwindigkeit?

Aufgabe 5: Tina kauft 5 Schulhefte für 3,20 €. Daniel kauft zum gleichen Stückpreis 12 Hefte. Berechne den Preis, den Daniel zu zahlen hat.

Aufgabe 6: Der Parkplatz einer Baufirma soll gepflastert werden. Der Meister des Unternehmens hat ausgerechnet, dass er dafür mit den eingeplanten 6 Arbeitskräften 18 Stunden benötigt. Wegen Krankheit fallen 2 Mitarbeiter aus. Mit wie viel Zeit muss der Unternehmer nun für die Arbeit rechnen?

Aufgabe 7: Ein Schnellzug fährt die Strecke von Bielefeld nach Hannover mit durchschnittlich $100\,\frac{\text{km}}{\text{h}}$ in 1 h 6 min. Wie schnell muss der Zug auf dieser Strecke fahren, um eine Verspätung von 6 Minuten aufzuholen?

Aufgabe 8: Auf der Verpackung einer Tiefkühlpizza steht, dass sie im Backofen 20 Minuten bei 180 °C erwärmt werden muss. Auf wie viel Grad muss der Backofen eingestellt werden, wenn drei Pizzen erwärmt werden sollen?

Aufgabe 9: Aus 2,4 kg Orangen können 600 ml Orangensaft gepresst werden.

a) Wie viele Orangen benötigt man für 1 ℓ Orangensaft?
b) Wie viel Orangensaft kann man aus 2 Orangen pressen, wenn sie zusammen 500 g wiegen?

Aufgabe 10: In 2 min 30 s macht ein Pendel 225 Schwingungen.

a) Wie lange braucht das Pendel für 100 Schwingungen?
b) Wie viele Schwingungen macht es in einer Stunde?

Dreiecke konstruieren

1 Konstruktion von Dreiecken – SWS und WSW

a) Falsch, eine Planfigur ist lediglich eine Skizze.
b) Richtig, denn der bekannte Winkel γ wird von den beiden bekannten Seiten a und b eingeschlossen.
c) Falsch, denn der Winkel α wird nicht von den Seiten a und b eingeschlossen. Hier wäre eine Konstruktion des Typs SSW nötig.
d) Richtig, denn die bekannte Seite ist begrenzt durch zwei Punkte, der dritte Punkt ist der Schnittpunkt der freien Schenkel.
e) Richtig, denn es sind zwei Streckenlängen und der von ihnen eingeschlossene Winkel bekannt.
f) Falsch, denn die Winkelsumme übersteigt 180° ($\alpha + \beta = 185°$).

► Lies bei Schwierigkeiten auf Seite 86 nach.
Bearbeite im Training die Aufgaben 1, 2 und 7 bis 9.

2 Konstruktion von Dreiecken – SSS

a) Richtig, denn da die Winkelgrößen unbekannt sind, können nur Längen abgetragen werden und das passiert am genauesten mit dem Zirkel.
b) Falsch, die Seiten b und c treffen sich nicht, weil $b + c = 4{,}3\,\text{cm} < 6\,\text{cm} = a$ (Dreiecksungleichung nicht erfüllt).
c) Falsch, der Punkt C liegt nicht richtig, so stimmt der Umlaufsinn des Dreiecks nicht.
d) Richtig, denn anhand einer Zeichnung erkennt man, dass $\gamma = 90°$ ist.

► Lies bei Schwierigkeiten auf Seite 92 nach.
Bearbeite im Training die Aufgaben 3 und 4.

3 Konstruktion von Dreiecken – SSW und WWW

a) Falsch, denn bei WWW können Dreiecke entstehen, die zwar in der Form, aber nicht in den Seitenlängen übereinstimmen. In diesem Fall wird mindestens eine Seitenangabe benötigt, damit kongruente Dreiecke entstehen. Auch bei SSW können zwei verschiedene Dreiecke entstehen.
b) Falsch, denn der Winkel ist nicht korrekt eingetragen. Im Text gegeben ist der Winkel γ (bei C). Außerdem liegt γ der kürzeren Seite gegenüber, die Konstruktion wäre also nicht eindeutig.
c) Richtig, denn es handelt sich um ein Konstruktion nach SSW und die kürzere gegebene Seite liegt dem gegebenen Winkel gegenüber.
d) Falsch, es muss heißen: Liegt die längere Seite dem gegebenen Winkel gegenüber, so …
e) Falsch, denn es können auch nur Winkelangaben vorgegeben sein, so dass ähnliche Dreiecke entstehen.

► Lies bei Schwierigkeiten auf Seite 96 nach.
Bearbeite im Training die Aufgaben 5 und 6.

Training

Aufgabe 1: Betrachte die sechs Planfiguren.

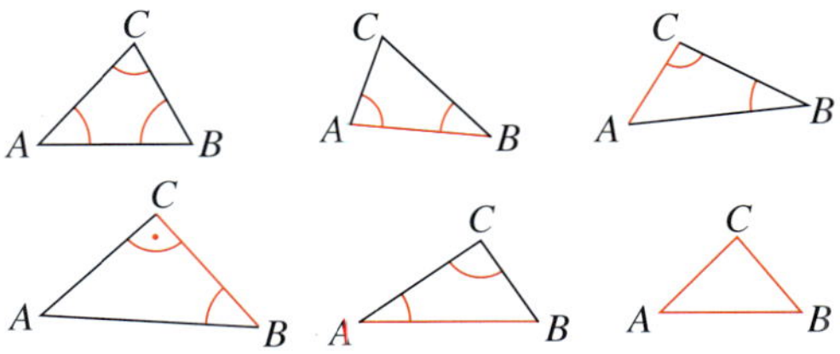

a) Ordne die folgenden Angaben den Planfiguren zu:
① $a = 7\,\text{cm};\ b = 4\,\text{cm};\ c = 8\,\text{cm}$
② $a = 7\,\text{cm};\ \beta = 30°;\ \gamma = 90°$
③ $\alpha = 40°;\ \beta = 65°;\ \gamma = 85°$
④ $c = 4{,}6\,\text{cm};\ \alpha = 36°;\ \gamma = 86°$
⑤ $b = 5{,}3\,\text{cm};\ \beta = 74°;\ \gamma = 50°$

b) Ergänze eigene mögliche Maße für die Planfigur, die noch übrig ist.

c) Gib jeweils an, zu welchem Konstruktionstyp diese Dreiecke gehören.

Aufgabe 2: Konstruiere die Dreiecke. Beginne jeweils mit einer Planfigur.

a) $a = 5\,\text{cm};\ \beta = 35°;\ \gamma = 90°$
b) $c = 4{,}6\,\text{cm};\ \alpha = 36°;\ \gamma = 86°$
c) $c = 3{,}6\,\text{cm};\ \alpha = 45°;\ \beta = 38°$
d) $b = 5{,}3\,\text{cm};\ \beta = 70°;\ \gamma = 42°$

Aufgabe 3: Konstruiere die Dreiecke. Beginne jeweils mit einer Planfigur.

a) $a = 6{,}2\,\text{cm};\ b = 4\,\text{cm};\ c = 5{,}4\,\text{cm}$
b) $a = 4\,\text{cm};\ b = 3{,}4\,\text{cm};\ c = 2{,}8\,\text{cm}$
c) $a = 5{,}2\,\text{cm};\ b = 2{,}9\,\text{cm};\ c = 6{,}7\,\text{cm}$

Aufgabe 4: Zeichne die beiden Figuren in dein Heft.

a)

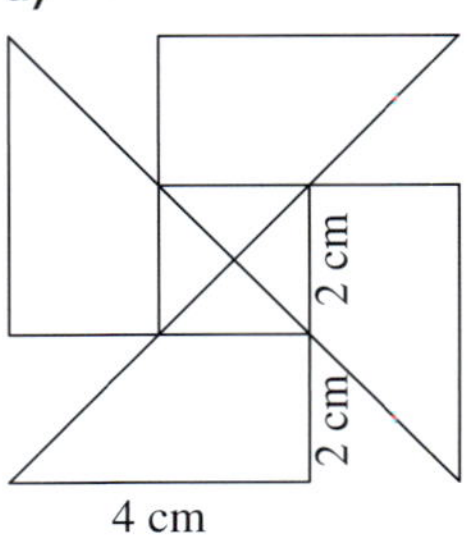

b)

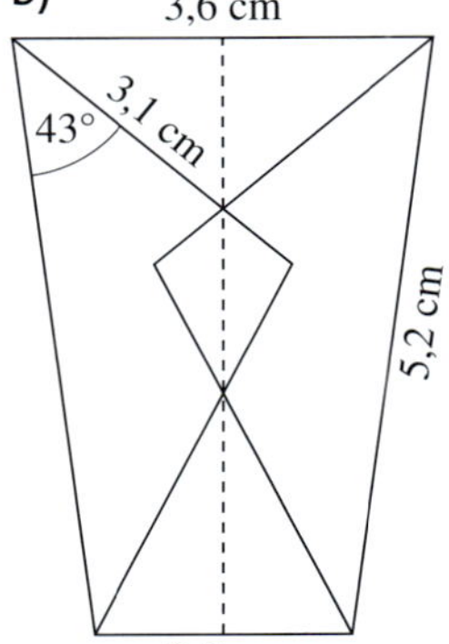

Aufgabe 5: Erstelle Planfiguren und konstruiere die zugehörigen Dreiecke.

a) $a = 5\,\text{cm};\ b = 4{,}5\,\text{cm};\ \beta = 35°$
b) $a = 6{,}7\,\text{cm};\ b = 5\,\text{cm};\ \beta = 45°$
c) $b = 5{,}6\,\text{cm};\ c = 3\,\text{cm};\ \beta = 50°$
d) $a = 6\,\text{cm};\ c = 4{,}5\,\text{cm};\ \gamma = 42°$

Aufgabe 6: Vervollständige die Sätze, die für die Konstruktion SSW gelten.

– „Es entsteht genau ein Dreieck, wenn …"
– „Es entstehen zwei Dreiecke, wenn …"

Aufgabe 7: Eine Sprossenstehleiter hat folgende Maße:
Die Länge ihrer Schenkel beträgt jeweils 1,70 m, der Öffnungswinkel zwischen ihren Schenkeln beträgt 55°.
Fertige jeweils eine maßstabsgerechte Zeichnung an, um die Fragen beantworten zu können:

a) Wie hoch reicht die Leiter, wenn sie ausgeklappt steht?

b) Wie lang müssten ihre Schenkel sein, damit sie ein Höhe von 1,80 m erreicht?

c) Wie groß wäre der Winkel, wenn ihre Schenkel 1,45 m lang wären und die Leiter eine Höhe von 1,40 m erreicht?

Aufgabe 8: Eine sehr steile Straße hat eine Steigung von 55 %.

a) Welchen Höhenunterschied überwindet sie bei 100 m Horizontalunterschied?

b) Wie groß ist der Steigungswinkel α?

c) Wie lang ist der Straßenabschnitt bei 150 m Horizontalunterschied?

Aufgabe 9: Der Florianturm im Westfalenpark in Dortmund wurde angepeilt. Er ist etwa 210 m hoch. Fertige maßstabsgerechte Zeichnungen an, um die folgenden Fragen beantworten zu können:

a) Der Turm wurde unter einem Winkel von $\alpha = 40°$ angepeilt. Wie weit stand der Theodolit vom Turm entfernt?

b) Der Turm wird aus einer Entfernung von 150 m angepeilt. Wie groß ist der Peilwinkel α?

Prozentrechnung

1 Prozentsatz und Prozentwert

a) Richtig, denn diese Zahl ist der Grundwert. (Das erkennt man an dem „davon".)
b) Falsch, denn es ist der Prozentwert. (Der Prozentsatz ist – normalerweise – in % angegeben, hier also 49,9 %.)
c) Richtig, denn bei den Berechnung wird die selbe Zuordnungstabelle benutzt wie bei proportionalen Zuordnungen. Man erkennt das auch grafisch, denn wenn man Prozentsatz und Prozentwert in einem Diagramm darstellt, so ergibt sich eine Gerade durch den Ursprung.
d) Falsch, es sind 25 %.
e) Falsch, es sind 15 Personen, denn $25 \cdot 0{,}6 = 15$.
f) Richtig; wenn 120 cm 100 % entsprechen, dann entsprechen 78 cm 65 %.
g) Richtig, denn $812 : 100 = 8{,}12$ und $8{,}12 \cdot 40 = 324{,}80$.

► Lies bei Schwierigkeiten auf Seite 108 nach.
Bearbeite dann im Training Aufgabe 1 bis 3.

2 Grundwert

a) Richtig, von unten nach oben geschrieben ergibt sich die Tabelle rechts. Dann kann man rechnen: $324{,}80 : 40 = 8{,}12$ und $8{,}12 \cdot 100 = 812$.

Anteil	Betrag (in €)
40 %	324,80
1 %	8,12
100 %	812

b) Falsch, die 500 Schülerinnen und Schüler sind schon der Grundwert, es wird nach dem Prozentwert gefragt.
c) Richtig, denn es handelt sich um eine proportionale Zuordnung und $25\,\% \cdot 4 = 100\,\%$.
d) Richtig, denn man kann rechnen:
40 % sind 80 Sportler. 10 % sind 20 Sportler. 100 % sind 200 Sportler.
e) Falsch, der Grundwert ist 110 kg, denn 10 % entsprechen 11 kg und 100 % entsprechen 110 kg.
f) Falsch, denn 10 % sind 2,5 km und 100 % sind 25 km..
g) Falsch, der dunkle Teil entspricht 500 Schülerinnen und Schüler (80 %; das sind die nicht teilnehmenden Schüler), insgesamt sind es 625 Schülerinnen und Schüler.

► Lies bei Schwierigkeiten auf Seite 114 nach.
Bearbeite dann im Training Aufgabe 4 bis 6.

3 Grundwert vermehren und vermindern

a) Richtig, denn 70 % sind 100 % – 30 %.
b) Falsch, der Bruttopreis mit Mehrwertsteuer entspricht 119 % und der Nettopreis ohne Mehrwertsteuer entspricht 100 %.
c) Richtig, der ursprüngliche Preis entspricht 100 %, der neue Preis entspricht 80 %.
Es wurde richtig gerechnet, denn $45{,}60 : 80 = 0{,}57$ und $0{,}57 \cdot 100 = 57$.
d) Richtig, 165 entsprechen 110 %, also sind 150 mit 100 % gleichzusetzen.

► Lies bei Schwierigkeiten auf Seite 118 nach.
Bearbeite dann im Training Aufgabe 7 bis 10.

Training

Aufgabe 1: Ordne die Begriffe Prozentwert, Prozentsatz und Grundwert richtig zu.

a) Von Köln bis München sind es 575 km. Nach 230 km wurden also 40 % des Weges zurückgelegt.

b) 60 % von 500 Euro sind 300 Euro.

c) 70 % aller Schülerinnen und Schüler besitzen ein Smartphone. Das sind in einer Schule mit 1200 Schülern insgesamt 840 Schüler.

Aufgabe 2: Ergänze die Tabelle.

	Prozentsatz	Prozentwert	Grundwert
a)	5 %		1200 km
b)		120 €	800 €
c)	63 %		900 Schüler
d)		9 Stunden	36 Stunden

Aufgabe 3: Eine Wohnung hat 112 m² Wohnfläche.

a) Das Kinderzimmer hat einen Anteil von 10 %. Wie groß ist es?

b) Das Wohnzimmer hat den größten Anteil an der Wohnfläche. Es ist 28 m² groß. Welchen Anteil hat es?

c) Das Gäste-WC ist der kleinste Raum. Es hat gerade mal 1,68 m². Welchem Prozentsatz entspricht das?

d) Die Schlafzimmergröße entspricht 25 % der restlichen Fläche. Wie groß ist es?

Aufgabe 4: Ergänze die Tabelle im Heft.

	Prozentsatz	Prozentwert	Grundwert
a)	12 %	90 m	
b)	35 %	249,2 km	
c)	4,5 %	5,40 €	

Aufgabe 5: Steffen wünscht sich ein neues Handy. 64 € hat er schon gespart. Das sind 20 % des Preises für sein neues Handy.

a) Wie viel kostet das Handy insgesamt?

b) Seine Oma schenkt ihm 100 € dazu und Steffen meint, dass er nun schon 60 % des Preises hat. Freut er sich zu Recht?

Aufgabe 6: Das Kreisdiagramm zeigt für eine Buchhandlung, wie groß der Anteil an verkauften Schulbüchern im letzten Monat ist. Der orangefarbene Teil entspricht 340 Büchern und damit 17 % des gesamten Verkaufs.

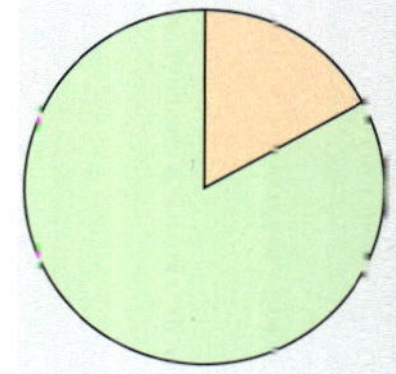

a) Wie viele Bücher wurden insgesamt verkauft?

b) Im Vormonat lag dieser Anteil noch bei 6 % und 132 verkauften Büchern. Wurden in diesem Monat insgesamt mehr oder weniger Bücher verkauft?

c) Zeichne ein Kreisdiagramm zu den Daten aus b).

Aufgabe 7: Berechne die Preise mit bzw. ohne 19 % Mehrwertsteuer. Runde auf Centbeträge.

	ohne Mehrwertsteuer	mit Mehrwertsteuer
a)	17,88 €	
b)	1647 €	
c)		84 €
d)		2,46 €

Aufgabe 8: Ein Laden für Fahrradzubehör reduziert seine Preise um 35 %.
Berechne die neuen bzw. alten Preise.

Zubehör	alter Preis	neuer Preis
Pumpe	9,99 €	
Kettenschloss	39,95 €	
Trinkflasche		3,22 €
Miniwerkzeug	12,99 €	
Beleuchtung		21,42 €

Aufgabe 9: Nach einer Reduzierung um 40 % kostet eine Jacke nur noch 23,40 €.
Wie viel kostete sie vorher?

Aufgabe 10: Die Einwohnerzahl eines Ortes stieg in den letzten 10 Jahren von 6293 auf 6419 Einwohner.

a) Auf das Wievielfache stieg die Einwohnerzahl?

b) Wie viel Prozent hatte der Ort an Zuwachs zu verzeichnen?

Rationale Zahlen

1 Rationale Zahlen addieren und subtrahieren

a) Falsch, denn $(-12) + (-4) = -12 - 4 = -16$.

b) Falsch, zum Beispiel ist $(+8) - (-8) = 8 + 8 = 16$. Die Summe einer Zahl und ihrer Gegenzahl ergibt stets null.

c) Richtig, denn „Unterschied“ meint „Differenz“, also $5 - (-3) = 5 + 3 = 8$.

d) Falsch, denn die Null ist eine Zahl ohne Gegenzahl.

e) Falsch, denn in der ersten Zeile wäre zu rechnen $4 - 6 = -2$ und in der dritten Zeile $-6 + 5 = -1$. Die zweite und vierte Zeile der Tabelle sind korrekt.

► Lies bei Schwierigkeiten auf den Seiten 132 nach.
Bearbeite im Training die Aufgaben 1 bis 7.

2 Rationale Zahlen multiplizieren und dividieren

a) Richtig, denn $2 \cdot 4 = 8$ und das Produkt zweier negativer Zahlen ist stets positiv.

b) Falsch, denn es wurde zwar richtig Zähler mit Zähler und Nenner mit Nenner multipliziert, aber das Vorzeichen des Produkts muss negativ sein, da die Faktoren unterschiedliche Vorzeichen haben.

c) Richtig, denn $3 \cdot 3 = 9$ und auch $(-3) \cdot (-3) = 9$.

d) Richtig, denn es gilt das Kommutativgesetz der Multiplikation (siehe auch Multiplikationsmauer rechts).

e) Falsch, denn zum Beispiel sind 3 und -8 Zahlen, deren Betrag größer als 1 ist, für deren Produkt gilt aber $3 \cdot (-8) = -24$ und es ist $-24 < 3$ und $-24 < -8$.

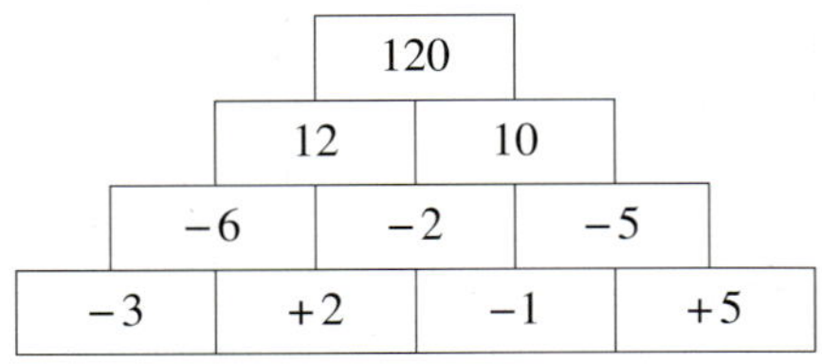

► Lies bei Schwierigkeiten auf Seite 138 nach.
Bearbeite im Training die Aufgaben 8 bis 10.

3 Rechengesetze vorteilhaft nutzen

a) Richtig, denn $12 \cdot (-8) \cdot 12{,}5 \cdot 25 \cdot (-4) = 12 \cdot (-100) \cdot (-100) = 12 \cdot 10\,000 = 120\,000$.

b) Falsch, denn das Distributivgesetz wurde nicht richtig angewendet.
Richtig wäre $17 \cdot 19 - 23 \cdot 19 = (17 - 23) \cdot 19 = -6 \cdot 9 = -54$.

c) Richtig, denn in beiden Divisionen ist der Divisor 2, es kann also das Distributivgesetz angewendet werden.

d) Falsch, im Beispiel ergeben sich unterschiedliche Ergebnisse, denn
$18 : 2 + 18 : 3 = 9 + 6 = 15$ und $18 : (2 + 3) = 18 : 5 = 3{,}6$

► Lies bei Schwierigkeiten auf Seite 142 nach.
Bearbeite im Training die Aufgaben 11 bis 13.

Training

Aufgabe 1: Berechne.

a) $-4-11$ b) $-34+18$ c) $-19+22$
d) $-5+13$ e) $-9-11$ f) $-35-53$
g) $7-8$ h) $5-18$ i) $-69+48$

Aufgabe 2: Beachte die Rechengesetze.

a) $-35+(-18)$ b) $-147-(-123)$
c) $7-(+18)$ d) $189+(-163)$
e) $-25-(-11)$ f) $-193-(+193)$
g) $22-(-19)$ h) $193-(-193)$

Aufgabe 3: Fasse zusammen.

a) $27+41-30$ b) $-84+76-18$
c) $-31-57+19$ d) $73-34-66$
e) $-17-86-14$ f) $39-50+11$

Aufgabe 4: Addiere oder subtrahiere.

a) $-3{,}2+0{,}9$ b) $-1{,}6-5{,}7$
c) $7{,}3+(-4{,}4)$ d) $-3{,}8+(-1{,}7)$
e) $3{,}15-19{,}95$ f) $0{,}33-(-2{,}76)$

Aufgabe 5: Berechne.

a) $-\frac{1}{3}-\frac{2}{5}$ b) $3\frac{1}{8}-6\frac{2}{3}$
c) $-\frac{3}{10}+\frac{3}{4}$ d) $1{,}6-3\frac{3}{8}+\frac{2}{5}$
e) $-\frac{1}{2}+3{,}25-0{,}5-\frac{3}{4}$ f) $3{,}4-(1{,}7-6)$

Aufgabe 6: Frau Meier hat auf ihrem Konto ein Guthaben von 368 €. Sie kauft mit der Kreditkarte Schuhe für 59 € und einen Laptop für 799 €.

a) Welchen Kontostand hat sie jetzt?
b) Frau Meier darf ihr Konto um 1200 € überziehen. Kann sie sich noch eine Kette für 749 € kaufen?

Aufgabe 7: Bei einem Kontoauszug ist eine Zeile unleserlich. Wie hoch war der unleserliche Betrag?

Kontoauszug		Sparkasse Kleckersdorf
Alter Kontostand:		−129,86 €
Datum	Vorgang	Betrag
11.04.	Kartenzahlung	−47,60 €
12.04.	Überweisung	−249,95 €
13.04.	Zahlungseingang	+50,00 €
14.04.	xxxxxxxxxxxxxxx	xxxxxxxxxx
Kontostand am 15.04.2014		−344,73 €

Aufgabe 8: Multipliziere.

a) $6\cdot(-3)$ b) $3\cdot(-4)$
c) $16\cdot 5$ d) $25\cdot(-5)$
e) $23\cdot(-4)$ f) $15\cdot 6$
g) $3\cdot(-4)\cdot(-25)$ h) $-2\cdot(-43)\cdot(-5)$
i) $-0{,}25\cdot(-9)\cdot 0{,}8$ j) $0{,}8\cdot(-1{,}2)$
k) $-2\cdot(-8)\cdot 5\cdot(-59)\cdot(-125)$

Aufgabe 9: Dividiere.

a) $-72:6$ b) $132:(-12)$
c) $-75:(-15)$ d) $-105:35$
e) $4{,}9:(-0{,}7)$ f) $-1{,}21:(-1{,}1)$
g) $-2{,}5:1{,}25$ h) $14{,}4:(-1{,}2)$
i) $-\frac{8}{9}:\left(-\frac{2}{3}\right)$ j) $\frac{5}{7}:\left(-\frac{15}{26}\right)$

Aufgabe 10: Welche Zahl steht in der Mitte dieser Rechenschlange?

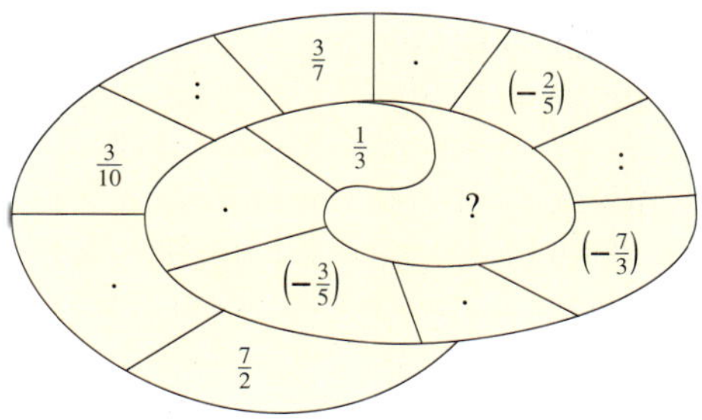

Aufgabe 11: Rechne vorteilhaft. Verwende das Kommutativgesetz.

a) $74+(-49)+26$
b) $(-25)+32+(-75)$
c) $-235+(-12)+35-28$
d) $17-179+(-27)-21$

Aufgabe 12: Beachte die Vorrangregeln.

a) $12-7\cdot 4$
b) $12-(8-25)$
c) $12:(-4)-121:(-11)$
d) $(98-120):\left(-\frac{1}{2}\right)$
e) $63-13\cdot 5+5:(-2)$

Aufgabe 13: Berechne möglichst geschickt und beachte die Vorrangregeln.

a) $17\cdot 19-23\cdot 19$
b) $18-(26+23)-18-(23-26)$
c) $-7\cdot(100+9)$
d) $\left(-\frac{3}{4}-\frac{7}{8}\right):\left(-\frac{1}{8}\right)$

Terme und Gleichungen

1 Terme aufstellen

a) Falsch, ein Term ist ein Ausdruck mit Variablen, Zahlen und deren Verbindungen mit Rechenzeichen.
b) Falsch, die ersten beiden Ausdrücke sind Terme, der dritte ist eine (falsche) Gleichung.
c) Richtig, denn das Doppelte einer Zahl x wird mit $2x$ dargestellt, dazu wird 12 addiert.
d) Falsch, denn im Term wird zu einer Zahl das Vierfache **einer anderen** Zahl addiert und dann 7 subtrahiert.
e) Falsch, der Term $20x$ gibt den Umfang der gegebenen Figur an.

► Lies bei Schwierigkeiten auf Seite 156 nach.
Bearbeite im Training die Aufgabe 1.

2 Terme berechnen und vereinfachen

a) Richtig, denn der Wert des Terms beträgt $2 \cdot 2 + 3 \cdot 7 = 4 + 21 = 25$.
b) Falsch, der Wert des Terms beträgt $10 \cdot \frac{1}{2} - 3 \cdot (-5) = 5 + 15 = 20$.
c) Falsch, es ist keine richtig, denn $13x - 13$ kann nicht weiter zusammengefasst werden.
d) Richtig, denn die erste und dritte Umformung sind falsch, richtig sind die zweite und vierte, denn die Koeffizienten von unterschiedlichen Variablen können nicht zusammengefasst werden.

► Lies bei Schwierigkeiten auf Seite 160 nach.
Bearbeite im Training die Aufgaben 2 bis 4.

3 Gleichungen aufstellen und lösen

a) Falsch, denn die erste Gleichung hat die Lösung $x = 2$, die zweite die Lösung $\frac{2}{3}$.
b) Richtig, denn wenn man bei der ersten Gleichung auf beiden Seiten $10z$ addiert, ergibt sich die zweite Gleichung.
c) Richtig, denn setzt man $z = -2$ auf beiden Seiten der Gleichung ein, so erhält man eine wahre Aussage: $-7 \cdot (-2) + 4 = -15 \cdot (-2) - 12$, also $14 + 4 = 30 - 12$, also $18 = 18$
d) Richtig, denn das Vierfache von x sind $4x$, das Erhöhen um 7 wird durch Addition von 7 dargestellt, auf der anderen Seite des Gleichheitszeichens steht das Ergebnis 35.
e) Falsch, die Gleichung muss $2x + 2\,(x + 8) = 36$ lauten, denn die Breite des Rechtecks ist $x + 8$ und tritt in der Umfangsberechnung zweimal auf.
f) Falsch, die Umformungsschritte lauten $|\,-x$ und $|\,+2$ (die Lösung $x = 5$ stimmt).

► Lies bei Schwierigkeiten auf Seite 168 nach.
Bearbeite im Training die Aufgaben 5 bis 10.

4 Lösen von Sachaufgaben

a) Falsch, denn die Gleichung muss dann $x + \frac{1}{2}x + \frac{1}{3}x = 28$ lauten.
b) Falsch, denn wenn man schon beim Aufstellen der Gleichung einen Fehler gemacht hat, findet man das durch Überprüfen der Rechnung nicht heraus.

► Lies bei Schwierigkeiten auf Seite 172 nach.
Bearbeite im Training die Aufgaben 11 bis 13.

Training

Aufgabe 1: Gib jeweils einen Term an, mit dem man den Umfang der Figur berechnen kann.
Vereinfache soweit wie möglich.

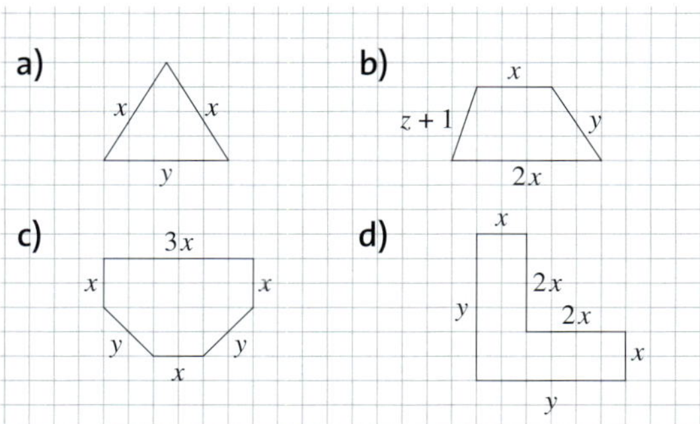

Aufgabe 2: Fasse zusammen.

a) $x + x + x$ b) $n + n + n + n$
c) $x + 17x + 3x$ d) $3a - 5a - 7a$
e) $2n + 100n + n$ f) $5y - 8y - 12y + 7y$
g) $9r - r + 3r$ h) $12{,}5m - 7{,}5m + 4m$

Aufgabe 3: Vereinfache die Terme.

a) $3a + 9b + 25a + 6b - 4a$
b) $11x - 2y - 3x - 9y - 15x$
c) $25ax - 13ax + 12a - 7ax - 5a$
d) $60 - 13m + 21a + 27m - 5$

Aufgabe 4: Berechne den Wert der Terme.

a) $3x + 7y - 5$ $x = 4;\ y = 5$
b) $4a - 3b - 2$ $a = 0{,}5;\ b = -2$
c) $10 - 6m + 3p$ $m = 2{,}5;\ p = -3$
d) $a \cdot b - 3a$ $a = -3;\ b = -2$
e) $x : y - y + 2x$ $x = 24;\ y = -3$

Aufgabe 5: Löse die Gleichungen.

a) $x + 46 = 95$ b) $x - 5 = 18$
c) $x + 6{,}4 = 13{,}5$ d) $x + 12{,}7 = -8{,}9$
e) $17 - x = 11$ f) $9{,}8 - x = 5{,}7$
g) $x + \frac{3}{4} = 1\frac{1}{2}$ h) $x - \frac{2}{5} = \frac{1}{3}$

Aufgabe 6: Löse die Gleichungen.
Prüfe deine Lösungen durch eine Probe.

a) $4x = 48$ b) $1{,}5x = 7{,}5$
c) $0{,}2x = 800$ d) $0{,}6 = 2x$
e) $\frac{x}{9} = 3$ f) $\frac{x}{5} = -4$
g) $\frac{2}{3}x = \frac{1}{6}$ h) $\frac{x}{10} = \frac{9}{15}$

Aufgabe 7: Bestimme jeweils die Variable.

a) $2u - 5 = 11$ b) $3 + 5v = 18$
c) $5x - 2 = 8$ d) $7x - 2 = 26$
e) $-4y + 5 = -27$ f) $3a + 17 = -1$
g) $4b + 6 = -50$ h) $8 - 6x = 14$
i) $-13 + 5x = 12$ j) $10 + 6y = -110$

Aufgabe 8: Bestimme die Lösung der Gleichung.

a) $3x + 4{,}2 = 8{,}1$ b) $2x - 0{,}7 = 0{,}1$
c) $5x + 5{,}5 = -2{,}5$ d) $21{,}1 - 6x = 37{,}9$
e) $4y - \frac{11}{6} = \frac{5}{6}$ f) $5\frac{2}{3}y - \frac{10}{3} = -\frac{1}{2}$
g) $3 - 2y = \frac{13}{4}$ h) $\frac{4}{15} + 2z = \frac{28}{15}$

Aufgabe 9: Löse die Gleichungen.

a) $5x + 11 = 3x + 17$
b) $9x - 23 = 25 - 3x$
c) $35x + 25 = 47x - 155$
d) $17x + 35 = 90 - 5x$
e) $4x - 3 + 2x = 33 + 3x$
f) $5x - 4 + 3x = 6x - 9$

Aufgabe 10: Erfinde zu den Termen eine Rechengeschichte.

a) $4x + 2y$
b) $2x + 4$
c) $25x - 5y$

Aufgabe 11: Melina hat eine Schwester, die doppelt so alt wie sie ist. Ihr Bruder ist 3 Jahre jünger. Zusammen sind die drei Geschwister 41 Jahre alt. Wie alt ist jeder der drei?

Aufgabe 12: Eine Bohnenpflanze ist jetzt 20 cm hoch und wächst wöchentlich um 8 cm. Eine zweite Bohnenpflanze von einer anderen Sorte ist 40 cm hoch und wächst wöchentlich um 6 cm. Nach wie vielen Wochen sind beide Pflanzen gleich hoch?

Aufgabe 13: In einem Bus sitzen Kinder und Erwachsene. Die Erwachsenen nehmen $\frac{2}{5}$ der Plätze ein. Die Kinder besetzen 5 Plätze mehr als die Erwachsenen. Es bleiben 6 Plätze leer. Wie viele Sitzplätze hat der Bus?

Lösungen zum Training

► Seite 181 Brüche multiplizieren und dividieren

1 **a)** $\frac{2}{3}$ **b)** $\frac{8}{9}$ **c)** $\frac{9}{11}$
d) $\frac{1}{2}$ **e)** $\frac{2}{3}$ **f)** $2\frac{1}{2}$
g) 14 **h)** $7\frac{1}{2}$ **i)** 78

2 **a)** $5\frac{1}{4}$ ℓ **b)** $12\frac{1}{4}$ ℓ
c) (30 Tage) $52\frac{1}{2}$ ℓ
d) (365 Tage) $638\frac{3}{4}$ ℓ

3 $5\frac{1}{2} - 1\frac{3}{4} = 3\frac{3}{4}$ $3\frac{3}{4} \cdot 2 = 7\frac{1}{2}$
Leon muss täglich $7\frac{1}{2}$ km fahren.

4 **a)** $\frac{1}{6}$ **b)** $\frac{6}{35}$ **c)** $\frac{8}{15}$ **d)** $\frac{9}{20}$ **e)** $\frac{24}{35}$ **f)** $\frac{8}{21}$

5 **a)** $\frac{3}{5}$ **b)** $\frac{2}{7}$ **c)** $\frac{9}{44}$ **d)** $\frac{9}{32}$
e) $\frac{3}{4}$ **f)** $\frac{10}{27}$ **g)** $\frac{1}{7}$ **h)** $\frac{7}{15}$

6 **a)** $\frac{3}{8}$ **b)** $\frac{3}{10}$ **c)** $\frac{3}{8}$ **d)** $\frac{1}{6}$
e) $\frac{7}{16}$ **f)** $\frac{1}{5}$ **g)** $1\frac{1}{4}$ **h)** $1\frac{2}{3}$
i) $1\frac{1}{4}$ **j)** $1\frac{13}{15}$ **k)** $3\frac{1}{3}$ **l)** $7\frac{2}{3}$

7 **a)** $\frac{1}{15}$ **b)** $\frac{1}{7}$ **c)** $\frac{1}{3}$ **d)** $\frac{1}{6}$ **e)** $\frac{7}{18}$ **f)** $\frac{3}{16}$

8 $2\frac{1}{4} \cdot \frac{2}{3} = \frac{9}{4} \cdot \frac{2}{3} = \frac{3}{2} = 1\frac{1}{2}$
Sie saßen $1\frac{1}{2}$ Stunden vor der Spielekonsole.

9 Man dividiert durch einen Bruch, indem man mit seinem Kehrwert multipliziert. Um den Kehrwert eines Bruchs zu erhalten, tauscht man Zähler und Nenner eines Bruchs.

10 **a)** 10 **b)** 12 **c)** 7 **d)** 6 **e)** $14\frac{2}{5}$ **f)** 15
g) $11\frac{1}{4}$ **h)** $21\frac{1}{3}$ **i)** $\frac{1}{64}$ **j)** $\frac{3}{10}$ **k)** $\frac{3}{5}$ **l)** $\frac{1}{24}$
m) $\frac{2}{25}$ **n)** $\frac{3}{22}$ **o)** $\frac{3}{34}$ **p)** $\frac{3}{46}$

11 **a)** $\frac{2}{3}$ **b)** $1\frac{1}{3}$ **c)** $\frac{12}{13}$ **d)** $1\frac{8}{17}$ **e)** $1\frac{4}{5}$ **f)** $1\frac{5}{11}$
g) $\frac{4}{5}$ **h)** $\frac{3}{4}$ **i)** 3 **j)** 5 **k)** 9 **l)** $3\frac{5}{9}$

12 **a)** $1\frac{7}{8}$ **b)** 2 **c)** 4 **d)** $2\frac{2}{7}$ **e)** $1\frac{1}{20}$ **f)** $\frac{4}{5}$
g) 3 **h)** $2\frac{7}{29}$ **i)** $\frac{69}{88}$ **j)** $1\frac{3}{29}$ **k)** $1\frac{24}{25}$ **l)** $1\frac{2}{117}$

13 **a)** 6 **b)** $3\frac{1}{3}$ **c)** $\frac{1}{6}$ **d)** 10 **e)** $\frac{5}{7}$ **f)** $1\frac{4}{7}$
g) $\frac{9}{14}$ **h)** $\frac{7}{8}$ **i)** $1\frac{11}{24}$ **j)** $1\frac{15}{32}$ **k)** $1\frac{11}{24}$ **l)** $10\frac{1}{2}$

14 **a)** $\frac{4}{15}$ **b)** $\frac{14}{15}$ **c)** $\frac{20}{39}$ **d)** $1\frac{7}{24}$

15 $2\frac{1}{2}\,\text{t} = 2500\,\text{kg}$
$2500 : \frac{1}{2} = 5000$
$2500 : 1\frac{1}{2} = 1666\frac{2}{3}$
$2500 : 2\frac{1}{2} = 1000$
Es werden täglich 5000 Pakete à $\frac{1}{2}$ kg oder 1666 Pakete à $1\frac{1}{2}$ kg oder 1000 Pakete à $2\frac{1}{2}$ kg abgefüllt.

16 $12 \cdot 1\frac{1}{2} = 18$ und $18 : 0{,}2 = 90$
Es wurden 90 Becher abgefüllt.

► Seite 183 Beziehungen zwischen Winkeln

1 **a)** $\beta = \delta = 31°$; $\gamma = 149°$
b) $\alpha_1 = 90° - 25° = 65°$; $\delta = 65°$; $\gamma = 90° - 31° = 59°$; $\beta_1 = 59°$; $\gamma_1 = 31°$; $\delta_1 = 25°$

2 $\alpha_2 = \alpha_4 = \delta_2 = \delta_4 = 125°$;
$\alpha_1 = \alpha_3 = \delta_1 = \delta_3 = 180° - 125° = 55°$;
$\beta_2 = \beta_4$; $\gamma_2 = \gamma_4 = 50°$;
$\beta_1 = \beta_3 = \gamma_1 = \gamma_3 = 180° - 50° = 130°$

3 Zeichenübung; gleichseitige Dreiecke

4 Zeichenübung; **c)** ist nicht konstruierbar.

5 **a)** $\beta = 49°$ **b)** $\alpha = 68°$ **c)** $\gamma = 34°$
d) $\alpha = 26°$ **e)** $\beta = 57°$ **f)** $\beta = 22°$

6 **a)** $\alpha = 85°$; $\gamma = 10°$ **b)** $\beta = 96°$; $\gamma = 42°$
c) $\beta = \gamma = 72{,}5°$

7
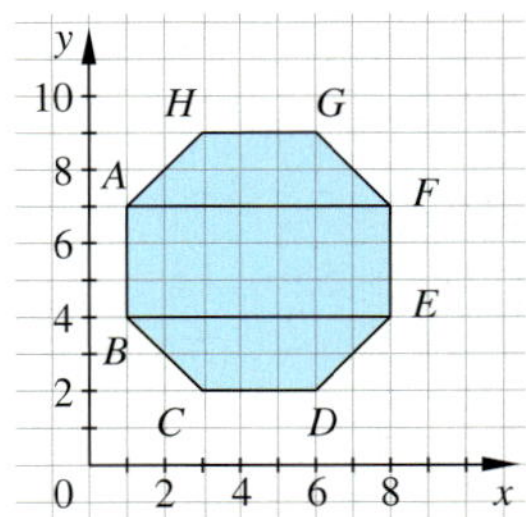

Das Achteck ist in drei Vierecke zerlegbar. Jedes Viereck hat die Winkelsumme 360°. Also hat das Achteck die Winkelsumme 1080°.

8 **a)**
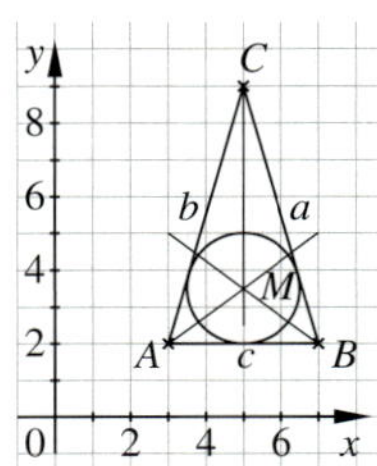

b)
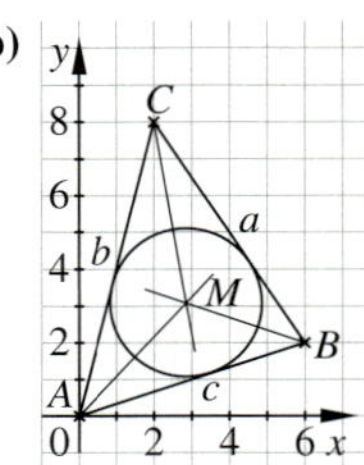

c)
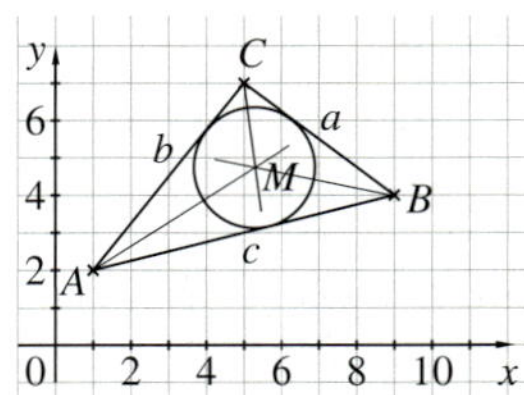

9 **a)**
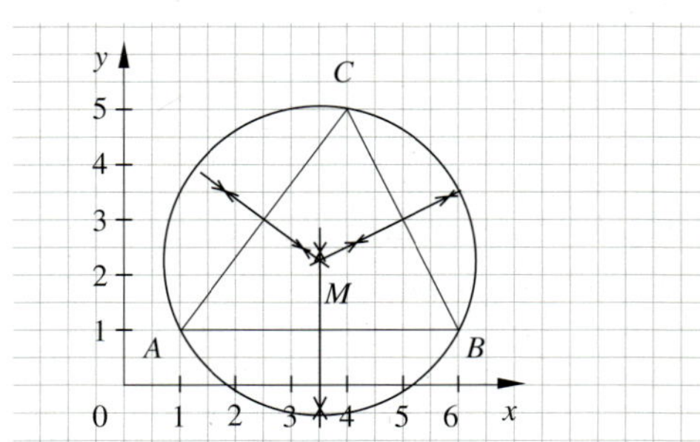

b)

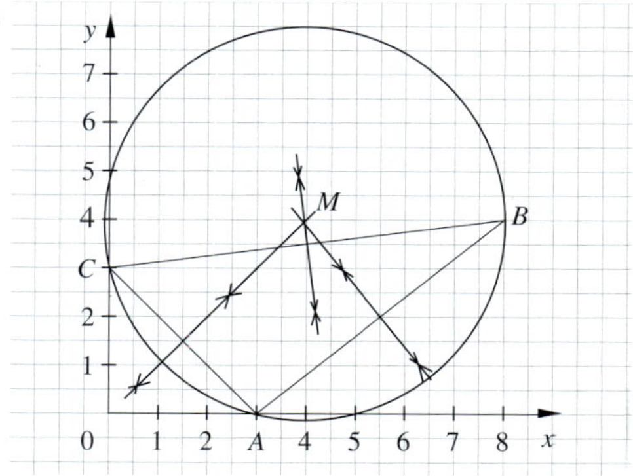

c)

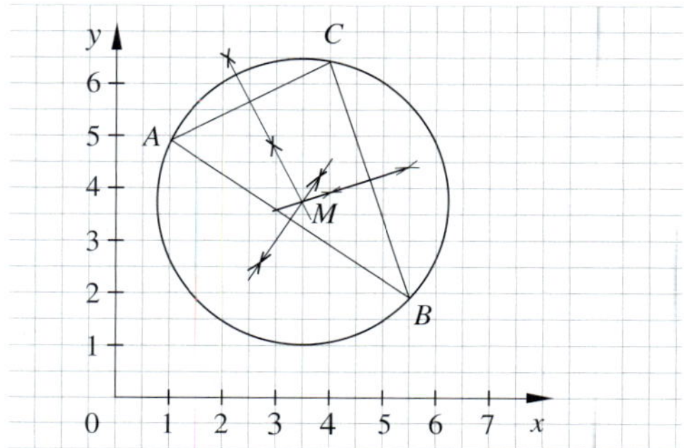

10

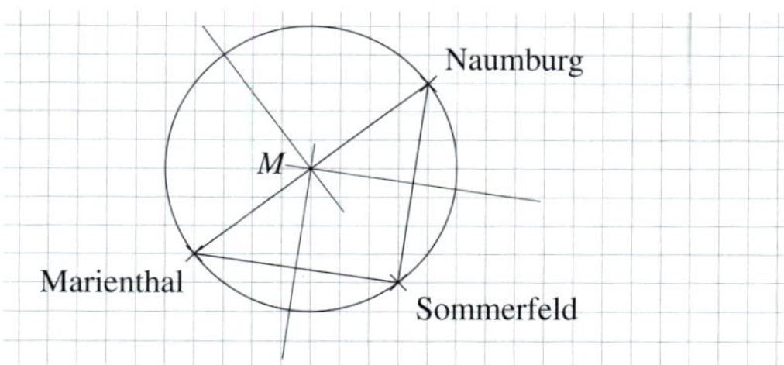

Das Schwimmbad ist 2,5 km von jedem Ort entfernt.

▶ Seite 185 Zuordnungen

1 **a)** proportional, bei gleicher Sorte und ohne Mengenrabatt
b) weder proportional noch antiproportional
c) antiproportional, bei gleichem Arbeitstempo
d) proportional, bei gleichem Quadratmeterpreis

2 **a)** Proportionale Zuordnungen

x	1	2	4	12
y	6	12	24	72

x	2	6	8	30
y	7	21	28	105

b) Antiproportionale Zuordnungen

x	1	2	3	6
y	18	9	6	3

x	$\frac{1}{2}$	1	4	12
y	48	24	6	2

3 **a)** Richtig, denn eine Vergrößerung der x-Werte führt zu einer Verkleinerung der y-Werte.
b) Falsch, Gegenbeispiel (steigend, aber nicht proportional):

x	0	1	2	3
y	5	6	7	8

c) Richtig, denn das Wertepaar (0|0) gehört zu jeder proportionalen Zuordnung.
d) Falsch, der Graph einer antiproportionalen Zuordnung ist eine Kurve, keine Gerade.

4 **a)** antiproportional; sechsmal
b) proportional; 5 Euro
c) weder proportional noch antiproportional; acht Autos brauchen genauso lange

5 Die Zuordnung ist proportional.

Anzahl Hefte	Preis (in €)
5	3,20
1	0,64
12	7,68

Daniel muss für die zwölf Hefte 7,68 € bezahlen.

6 Die Zuordnung ist antiproportional.

Arbeitskräfte	Zeit (in h)
6	18
1	108
4	27

4 Arbeitskräfte benötigen 27 Stunden.

7 Die Zuordnung ist antiproportional.

Zeit (in min)	Geschwindigkeit (in km/h)
66	100
6	1100
60	110

Der Zug muss die Strecke mit durchschnittlich $110\,\frac{\text{km}}{\text{h}}$ fahren.

8 Die Zuordnung ist weder proportional noch antiproportional. Auch bei drei Pizzen muss der Ofen auf 180 °C eingestellt werden.

9 Die Zuordnung ist proportional.

Gewicht der Orangen (in g)	Menge Saft (in ml)
2400	600
400	100
4000	1000
100	25
500	125

a) Um 1 ℓ Orangensaft zu pressen benötigt man 4 kg Orangen.
b) Aus 2 Orangen lassen sich etwa 125 ml Orangensaft pressen.

10 **a)** 66,7 s **b)** 5400 Schwingungen

10 Die Zuordnung ist proportional.

Zeit (in s)	Schwingungen
150	225
$\frac{2}{3}$	1
$66\frac{2}{3}$	100
1	1,5
3600	5400

a) Für 100 Schwingungen braucht das Pendel ungefähr 1 min 7 s.

b) In einer Stunde macht das Pendel 5400 Schwingungen.

▶ Seite 187 Dreiecke konstruieren

1 **a)** ③; –; ⑤; ②; ④; ①

b) individuell, Maße für c; α und β

c) ③ WWW; (neue Maße) WSW; ⑤ SWW (dann WSW); ② WSW; ④ SWW (dann WSW); ① SSS

2 Konstruktionen nach:
a) WSW **b)** SWW/WSW
c) WSW **d)** SWW/WSW

a)
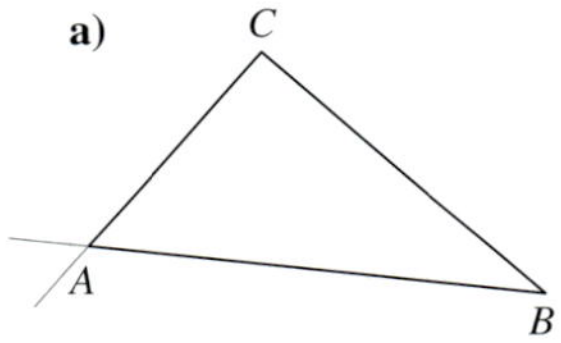

b)
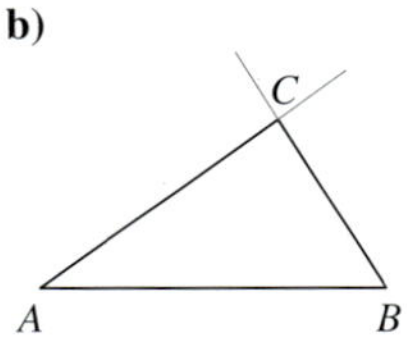

c)
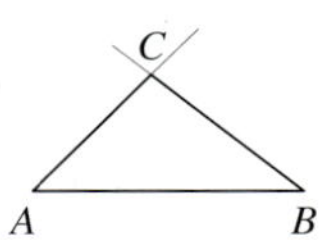

d)
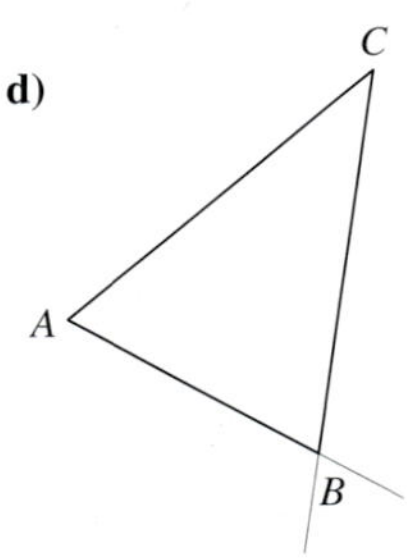

3 Alle Konstruktionen nach SSS

a)
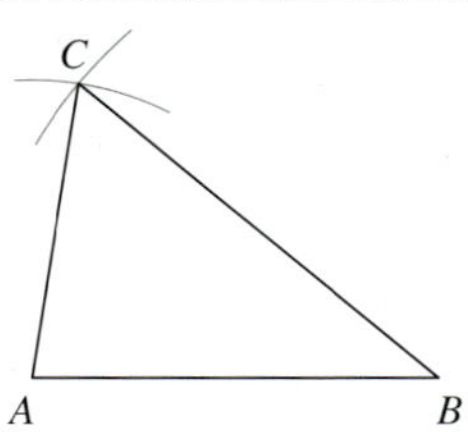

b)
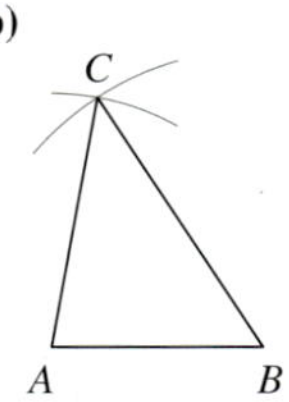

c)
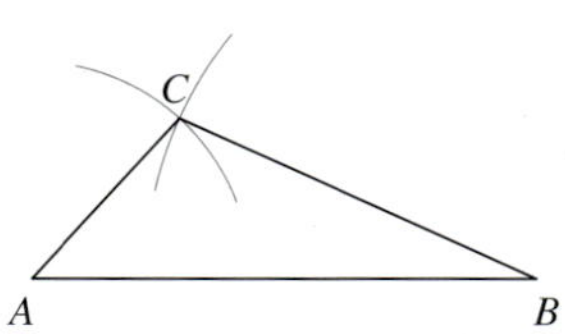

4 Zeichenübung

5 **a)**
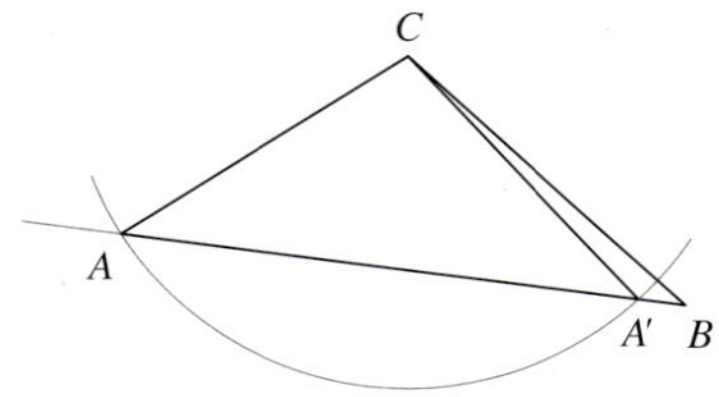

b)
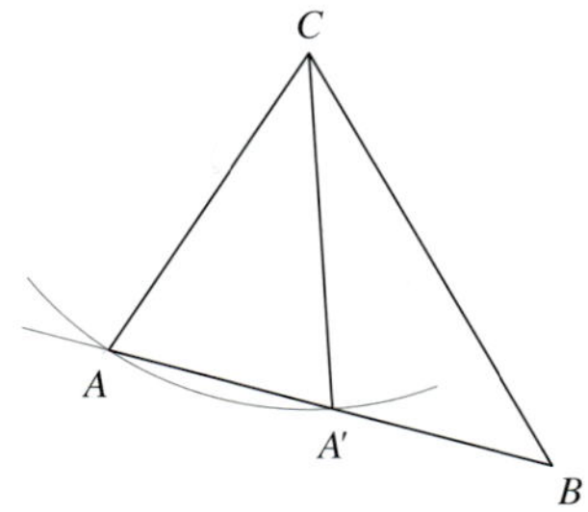

c)
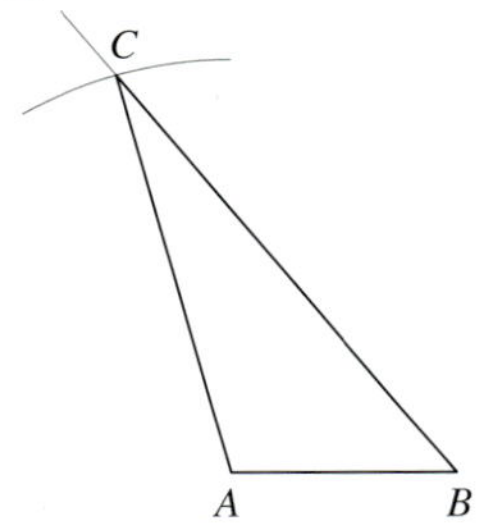

d)
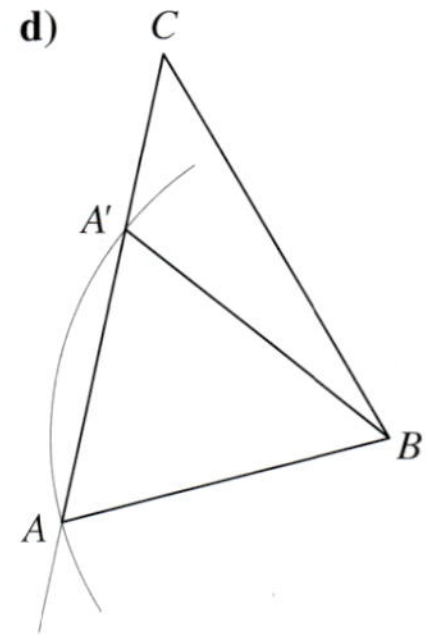

6 – „…, wenn die längere der beiden gegebenen Seiten dem gegebenen Winkel gegenüberliegt."
– „…, wenn die kürzere der beiden gegebenen Seiten dem gegebenen Winkel gegenüberliegt."

7 (Es bietet sich ein Maßstab von 1 : 20 an.)
a) ≈ 1,50 m **b)** ≈ 2 m (2,03 m) **c)** $\alpha = 30°$

8 **a)** 55 m **b)** $\alpha = 29°$ **c)** ca. 273 m

9 (Es bietet sich ein Maßstab von 1 : 3000 an.)
a) ≈ 250 m **b)** $\alpha = 54°$

▶ Seite 189 Prozentrechnung

1 **a)** Grundwert 575 km; Prozentwert 230 km; Prozentsatz 40 %
b) Grundwert 500 Euro; Prozentwert 300 Euro; Prozentsatz 60 %
c) Grundwert 1200; Prozentwert 840; Prozentsatz 70 %

2 **a)** 60 km **b)** 15 %
c) 567 Schüler **d)** 25 %

3 **a)** 11,2 m² **b)** 25 % **c)** 1,5 %
d) 25 % von 71,12 m² sind 17,78 m².

4 **a)** 750 m **b)** 712 km **c)** 120 €

5 **a)** Das Handy kostet 320 €.
b) Nein, denn 60 % von 320 € sind 192 € und nicht 164 €. (Er hat nur 51,25 %.)

6 **a)** Insgesamt wurden 2000 Bücher verkauft.
b) Es wurden mehr Bücher verkauft, nämlich 2200.
c) Der orangefarbene Anteil beträgt 21,6°.

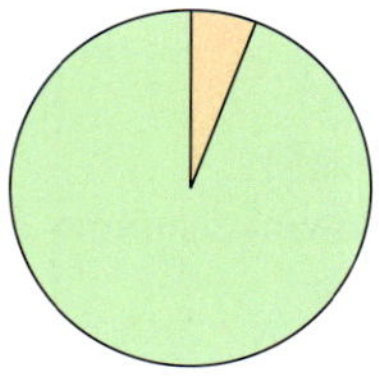

7 **a)** 21,28 € **b)** 1959,93 € **c)** 70,59 € **d)** 2,07 €

8 Pumpe neu 6,49 €; Kettenschloss neu 25,97 €; Trinkflasche vorher 4,95 €; Miniwerkzeug neu 8,44 €; Beleuchtung vorher 32,95 €

9 Vorher kostete die Jacke 39 €.

10 **a)** Die Einwohnerzahl stieg etwa auf das 1,02-fache.
b) Das entspricht einem Wachstum von etwa 2 %.

▶ Seite 191 Rationale Zahlen

1 **a)** −15 **b)** −16 **c)** 3 **d)** 8 **e)** −20 **f)** −88 **g)** −1 **h)** −13 **i)** −21

2 **a)** −53 **b)** −24 **c)** −11 **d)** 26 **e)** −14 **f)** −386 **g)** 41 **h)** 386

3 **a)** 38 **b)** −26 **c)** −69 **d)** −27 **e)** −117 **f)** 0

4 **a)** −2,3 **b)** −7,3 **c)** 2,9 **d)** −5,5 **e)** −16,8 **f)** 3,09

5 **a)** $-\frac{11}{15}$ **b)** $-3\frac{13}{24}$ **c)** $\frac{9}{20}$ **d)** $-1{,}375 = -1\frac{3}{8}$ **e)** 1,5 **f)** 7,7

6 **a)** neuer Kontostand −490 €
b) Nein, denn sonst würde ihr Konto einen Schuldenstand von 1239 € aufweisen.

7 Der fehlende Betrag ist +32,68 €.

8 **a)** −18 **b)** −12 **c)** 80 **d)** −125 **e)** −92 **f)** 90 **g)** 300 **h)** −430 **i)** 1,8 **j)** −0,96 **k)** 590 000

9 **a)** −12 **b)** −11 **c)** 5 **d)** −3 **e)** −7 **f)** 1,1 **g)** −2 **h)** −12 **i)** $\frac{4}{3}$ **j)** $-\frac{26}{21} = -1\frac{5}{21}$

10 $-\frac{21}{250}$

11 **a)** 51 **b)** −68 **c)** −240 **d)** −210

12 **a)** −16 **b)** 29 **c)** 8 **d)** 44 **e)** −4,5

13 **a)** −114 **b)** −46 **c)** −763 **d)** 13

▶ Seite 193 Terme und Gleichungen

1 **a)** $u = 2x + y$ **b)** $u = 3x + y + z + 1$ **c)** $u = 6x + 2y$ **d)** $u = 6x + 2y$

2 **a)** $3x$ **b)** $4n$ **c)** $21x$ **d)** $-9a$ **e)** $103n$ **f)** $-8y$ **g)** $11r$ **h)** $9m$

3 **a)** $24a + 15b$ **b)** $-7x - 11y$ **c)** $5ax + 7a$ **d)** $55 + 14m + 21a$

4 **a)** 42 **b)** 6 **c)** −14 **d)** 15 **e)** 43

5 **a)** $x = 49$ **b)** $x = 23$ **c)** $x = 7{,}1$ **d)** $x = -21{,}6$ **e)** $x = 6$ **f)** $x = 4{,}1$ **g)** $x = \frac{3}{4}$ **h)** $x = \frac{11}{15}$

6 **a)** $x = 12$ **b)** $x = 5$ **c)** $x = 4000$ **d)** $x = 0{,}3$ **e)** $x = 27$ **f)** $x = -20$ **g)** $x = \frac{1}{4}$ **h)** $x = 6$

7 **a)** $u = 8$ **b)** $v = 3$ **c)** $x = 2$ **d)** $x = 4$ **e)** $y = 8$ **f)** $a = -6$ **g)** $b = -14$ **h)** $x = -1$ **i)** $x = 5$ **j)** $y = -20$

8 **a)** $x = 1{,}3$ **b)** $x = 0{,}4$ **c)** $x = -1{,}6$ **d)** $x = -2{,}8$ **e)** $y = \frac{2}{3}$ **f)** $y = \frac{1}{2}$ **g)** $y = -\frac{1}{8}$ **h)** $z = \frac{4}{5}$

9 **a)** $x = 3$ **b)** $x = 4$ **c)** $x = 15$ **d)** $x = 2{,}5$ **e)** $x = 12$ **f)** $x = -2{,}5$

10 individuell verschieden

11 Alter von Melina: x;
$x + 2x + x - 3 = 41$; $x = 11$
Melina ist 11, ihre Schwester ist 22 und der Bruder ist 8 Jahre alt.

12 Anzahl der Wochen: x
$20 + 8x = 40 + 6x$; $x = 10$
Nach 10 Wochen sind die Pflanzen gleich hoch.

13 Anzahl der Sitzplätze im Bus: x
$x = \frac{2}{5}x + \frac{2}{5}x + 5 + 6$; $x = 55$
Der Bus hat 55 Sitzplätze.

Stichwortverzeichnis

Bildverzeichnis

0/1	Corbis/Harry Spurling
3/o. l.	Fotolia/Christian Schwier
3/m. l.	Shutterstock/Tiago Ladeira
3/o. r.	Shutterstock/Gemenacom
3/m. r.	Fotolia/lowsun
4/o. l.	Fotolia/pixarno
4/m. r.	Fotolia/Kovalenko Inna
4/o. r.	mauritius images/Alamy
5/1	Fotolia/Christian Schwier
7/1	Fotolia/Nadiyka
9/1	Fotolia/Martina Berg
10/1	Shutterstock/18percentgrey
13/1	Fotolia/emer
16/1	Torsten Feltes, Berlin
17/1	Fotolia /Wylezich
20/1	Fotolia/Christian Schwier
22/1	Kerstin Kälberer, Berlin
23/1	Shutterstock/Tish1
25/1	Shutterstock /Tiago Ladeira
27/1	Ines Knospe, Goch
27/2	Fotolia/Klaus Kaulitzki
27/3	Shutterstock/Blacknote
27/4	Shutterstock/Tiago Ladeira
28/1	Shutterstock/Jurjen Veerman
29/1	Shutterstock/Dejan Lazarevic
29/2	Fotolia/WestPic
31/1	Fotolia/VRD
31/2	mauritius images/Alamy
32/1	Ilona Gabriel, Dinslaken
37/1	Ilona Gabriel, Dinslaken
41/1	Ines Knospe, Goch
41/2	Ines Knospe, Goch
42/1	GlowImages
46/1	Ilona Gabriel, Dinslaken
48/1	Superbild Your_Photo_Today
48/2	Superbild Your_Photo_Today
48/3	Superbild Your_Photo_Today
51/1	Shutterstock/Gemenacom
54/1	Fotolia/RB-Pictures
56/1	Volker Döring, Hohen Neuendorf
57/1	Corbis/Harry Spurling
59/1	Fotolia/lebkuchen53
61/1	Torsten Feltes, Berlin
61/2	Torsten Feltes, Berlin
64/1	Jens Schacht, Düsseldorf
65/1	Fotolia/Smileus
65/2	Fotolia/inarik
66/1	Torsten Feltes, Berlin
70/1	Fotolia/RAW
71/1	Deutsche Bahn AG
74/1	Fotolia/ALCE
74/2	Fotolia/cook_inspire
75/1	Fotolia/photogoodwin
75/2	Fotolia/funkyfrogstock
78/1	Fotolia/v.poth
80/1	Shutterstock/Anton Balazh
83/1	Fotolia/lowsun
90/1	VISUM/Martin Zwick
90/2	Shutterstock/Matyas Rehak
91/1	Shutterstock/maximult
91/2	Ines Knospe, Goch
94/1	Fotolia/Jinna
94/2	Fotolia/Lukasz Panek
98/1	Fotolia/rrrob
98/2	Martina Verhoeven, Uedem
98/3	Martina Verhoeven, Uedem
98/4	Martina Verhoeven, Uedem
99/1	Shutterstock/christo mitkov christov
99/2	Melanie Tönnissen, Goch
105/1	Fotolia/pixarno
111/1	Fotolia/Anke van Wyk
112/1	Fotolia/juefraphoto
115/1	Fotolia/FedeCandoniPhoto
117/1	Fotolia/Daniel Ernst
122/1	Stiftung Weltbevölkerung
123/1	Fotolia/Ffelten
129/1	Fotolia/Kovalenko Inna
131/1	Udo Wenneckers, Goch
131/2	Udo Wenneckers, Goch
145/1	Shutterstock/DeSerg
148/1	Fotolia/SUNchese
150/1	Fotolia/lunamarina
153/1	mauritius images/Alamy
159/1	Ines Knospe, Goch
159/2	Shutterstock/Maryna Pleshkun
167/1	Heike Schulz, Berlin
175/1	Fotolia/photomarc_za
176/1	Ines Knospe, Goch
185/1	Fotolia/wsf-f
187/1	Fotolia/designz
187/2	Fotolia/odluap

Der Screenshot auf Seite 67 wurde mit Microsoft© Word© erstellt.
Die Screenshots auf den Seiten 164 bis 166 wurden mit Microsoft© Excel© erstellt.
Microsoft© Word© und Microsoft© Excel© sind eingetragene Warenzeichen der Microsoft Corporation.

$1\,d = 24\,h$

$1\,h = 60\,min$

$1\,min = 60\,s$

$1\,t = 1000\,kg$

$1\,kg = 1000\,g$

$1\,g = 1000\,mg$

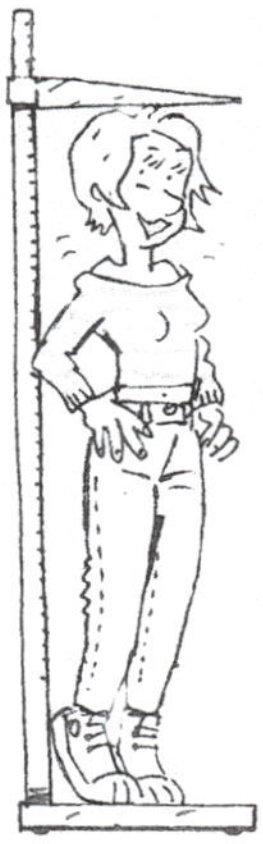

$1\,km = 1000\,m$

$1\,m = 10\,dm = 100\,cm = 1000\,mm$

$1\,dm = 10\,cm = 100\,mm$

$1\,cm = 10\,mm$

$1\,km^2 = 100\,ha$

$1\,ha = 100\,a$

$1\,a = 100\,m^2$

$1\,m^2 = 100\,dm^2$

$1\,dm^2 = 100\,cm^2$

$1\,cm^2 = 100\,mm^2$

$1\,m^3 = 1000\,dm^3$

$1\,dm^3 = 1000\,cm^3$

$1\,cm^3 = 1000\,mm^3$

$1\,\ell = 1\,dm^3 = 1000\,cm^3 = 1000\,ml$

$1\,ml = 1\,cm^3$